Teubner Studienbücher Angewandte Physik

A. Schlachetzki
Halbleiter-Elektronik

Teubner Studienbücher
Angewandte Physik

Herausgegeben von
Prof. Dr. rer. nat. Andreas Schlachetzki, Braunschweig
Prof. Dr. rer. nat. Max Schulz, Erlangen

Die Reihe „Angewandte Physik" befaßt sich mit Themen aus dem Grenzgebiet zwischen der Physik und den Ingenieurwissenschaften. Inhalt sind die allgemeinen Grundprinzipien der Anwendung von Naturgesetzen zur Lösung von Problemen, die sich dem Physiker und Ingenieur in der praktischen Arbeit stellen. Es wird ein breites Spektrum von Gebieten dargestellt, die durch die Nutzung physikalischer Vorstellungen und Methoden charakterisiert sind. Die Buchreihe richtet sich an Physiker und Ingenieure, wobei die einzelnen Bände der Reihe ebenso neben und zu Vorlesungen als auch zur Weiterbildung verwendet werden können.

Halbleiter-Elektronik

Grundlagen und moderne Entwicklung

Von Prof. Dr. rer. nat. Andreas Schlachetzki
Technische Universität Braunschweig

Mit zahlreichen Bildern

B.G. Teubner Stuttgart 1990

Prof. Dr. rer. nat. Andreas Schlachetzki

1938 in Breslau (Schlesien) geboren. 1958 bis 1970 Studium der Physik mit Promotion an der Universität Köln. 1970/71 wissenschaftliche Tätigkeit am Becton Center der Yale University, New Haven, USA. 1971 bis 1976 wissenschaftlicher Mitarbeiter am Forschungsinstitut der Deutschen Bundespost, Darmstadt. 1975 sechsmonatige Forschungstätigkeit am Electrical Communication Laboratory der Nippon Telegraph & Telephone Public Corp., Tokyo. 1976 bis 1984 Professor am Institut für Hochfrequenztechnik der Technischen Universität Braunschweig. 1984 bis 1987 Professor an der Technischen Universität Berlin und Leiter des Bereichs Integrierte Optik am Heinrich-Hertz-Institut für Nachrichtentechnik Berlin. Seit 1987 Leiter des Instituts für Halbleitertechnik der TU Braunschweig.

CIP-Titelaufnahme der Deutschen Bibliothek

Schlachetzki, Andreas:
Halbleiter-Elektronik : Grundlagen und moderne Entwicklung / von Andreas Schlachetzki. – Stuttgart : Teubner, 1990
  (Teubner-Studienbücher : Angewandte Physik)
  ISBN 3-519-03070-5

Das Werk einschließlich aller seiner Teile ist urheberrechtlich geschützt. Jede Verwertung außerhalb der engen Grenzen des Urheberrechtsgesetzes ist ohne Zustimmung des Verlages unzulässig und strafbar. Das gilt besonders für Vervielfältigungen, Übersetzungen, Mikroverfilmungen und die Einspeicherung und Verarbeitung in elektronischen Systemen.
© B. G. Teubner Stuttgart 1990
Printed in Germany

Herstellung: Druckhaus Beltz, Hemsbach/Bergstraße
Umschlaggestaltung: P.P.K, S-Konzepte, T. Koch, Ostfildern/Stuttgart

Vorwort

Mit der Erfindung des Transistors im Jahre 1948 ist eine dramatische Umwälzung der gesamten Elektronik eingeleitet worden. Vielleicht ist die wichtigste Etappe in dieser Entwicklung die Realisierung der ersten integrierten Schaltung um 1958, wobei ältere Ideen genutzt und zusammengefaßt wurden. Seither hat sich die Elektronik nahezu vollständig zu einer *Halbleiter*-Elektronik gewandelt. Silizium und die darauf aufbauenden planaren Herstellungsverfahren spielten dabei die Hauptrolle. Welche Auswirkungen wirtschaftlicher und gesellschaftlicher Natur sich mittlerweile weltweit gezeigt haben, mag durch das Stichwort Mikroelektronik angedeutet werden. Dieses Gebiet steht auf den drei Säulen der Herstellung integrierter Schaltungen, ihrer Simulation mit rechnergestützten Verfahren und schließlich ihrer Anwendung in einer unübersehbaren Fülle zu sehr unterschiedlichen Zwecken.

Eine Konsequenz der zunehmend besser beherrschten planaren Herstellungsverfahren, die eine immer kostengünstigere Massenproduktion integrierter Schaltungen erlauben, ist die stetig stärker werdende Durchdringung der Halbleiter-Elektronik mit digitalen Datenverarbeitungsmethoden. Dies ist beispielweise ganz deutlich in so wichtigen Gebieten wie der Nachrichtentechnik, der Rechnertechnik oder der Regelungstechnik.

Wegen ihres Erfolges strahlen die planaren Verfahren immer intensiver in die Optoelektronik aus. Hier muß allerdings Silizium durch III/V-Halbleiter, wie GaAs, GaP, InP und ihre Legierungen, ersetzt werden, weil Silizium als indirekter Halbleiter zum Bau optischer Sender - zumindest gegenwärtig - nicht in Frage kommt. Für die III/V-Halbleiter sind inzwischen Verfahren entwickelt worden, die nicht nur spezialisierte optoelektronische Komponenten zu konstruieren erlauben, sondern auch neuartige elektronische Bauelemente. High electron-mobility transistor oder HEMT ist hier das Stichwort.

Mit diesem Buch soll der Leser in das umrissene Gebiet eingeführt werden. Ausgehend von einigen Grundbegriffen der Halbleiterphysik wird er mit dem Transistor in seinen Grundtypen vertraut gemacht. Damit ist die Basis gelegt, um wesentliche Phänomene elektronischer Netzwerke zu erläutern. Dies führt schließlich zu den integrierten Schaltungen in ihrer Herstellung und in ihren wesentlichen Ausformungen.

Das Buch ist als Grundlage zu einer zweisemestrigen Vorlesung an der Technischen Universität Braunschweig entstanden. Die erste davon ist für alle Studierende der Elektrotechnik unmittelbar nach dem Vordiplom verbindlich. Der zugehörige Stoff ist im Inhaltsverzeichnis durch einen Stern (*) gekennzeichnet. Die markierten Kapitel sind, als Ganzes genommen, in sich verständlich; sie brauchen also nicht die restlichen Kapitel zur Erläuterung.

Die nicht ausgezeichneten Kapitel umfassen den Stoff des Folgesemesters, der zu einigen Studiengängen der Elektrotechnik an der TU Braunschweig gehört. Sie bauen auf den übrigen Kapiteln auf, aber so, daß das Buch auch hintereinander in der Folge seiner Kapitel durchgearbeitet werden kann. Auf beiden Wegen, der Lektüre in zwei Blöcken oder der Lektüre in aufeinanderfolgenden Kapiteln, ist das Buch in sich konsistent. Es setzt zum Verständnis Grundkenntnisse in Halbleiterphysik und Mathematik voraus, die Elektrotechnikern oder auch Physikern bis zum Vordiplom vermittelt worden sind.

Der Autor hat während der Konzeption und Fertigstellung des Buches von vielen Seiten großzügig Hilfe erhalten. Es ist eine angenehme Pflicht, auch an dieser Stelle dafür zu danken. An erster Stelle gilt dies für Prof. Dr. W. Schultz, der bereitwillig seine konstruktive Kritik sowie seine vielen Jahre Lehr- und Forschungserfahrung zur Verfügung stellte. Weiterhin sind die Herren Drs. E. Peiner, H.-H. Wehmann und G. Weinhausen sowie die Herren Dipl.-Ing. A. Lubnow und cand. el. R. Köning zu nennen. Herr Lubnow hat außerdem neben seinen fachlichen Beiträgen die mühevolle Arbeit der satztechnischen Realisierung des Buches beigesteuert, wobei er sich auf die Tatkraft und Einsatzbereitschaft von Frau S. Diedrichs, Frau S. Helmbrecht und Frau E. Viertel stützen konnte. Herr Dipl.-Phys. G. Zwinge hat sehr gründlich die Korrekturen gelesen. Die Abbildungen sind in ihrer endgültigen Form vom Verlag gefertigt worden, mit dem die Zusammenarbeit stets reibungslos ablief. Schließlich und endlich bleiben noch die zu erwähnen, die bei den üblichen beruflichen Belastungen ohnehin oft genug zurückstehen, die aber während der Fertigstellung dieses Buches obendrein auf viele Wochenenden Familienleben verzichten mußten.

Braunschweig, August 1990   A. Schlachetzki

Inhaltsverzeichnis

I. Halbleiterbauelemente

* 1	Grundlagen der Halbleiterphysik	9
* 1.1	Homogener Halbleiter	9
* 1.2	Halbleiterübergänge	43
1.3	Nichtidealer pn-Übergang	88
* 2	Transistoren	102
* 2.1	Bipolartransistor und Thyristor	102
2.2	Sonderformen bipolarer Transistoren	136
* 2.3	Feldeffekttransistoren	140
2.4	Neuere Entwicklungen bei Feldeffekttransistoren	170
* 3	Optoelektronische Bauelemente	186

II. Elektronische Netzwerke 219

* 1	Analoge Grundschaltungen	219
* 1.1	Verstärker	220
1.2	Sätze zur Berechnung elektronischer Schaltungen	233
1.3	Frequenzcharakteristik elektronischer Schaltungen	257
1.4	Rückkopplung	276
2	Grundlagen für Digitalschaltungen	303
3	Rauschen	315

III. Integrierte Schaltungen 345

* 1	Elemente der planaren Integrationstechnik	345
2	Schaltungsintegration	361
2.1	Operationsverstärker	361
2.2	Familien digitaler Schaltungen	375
2.3	Integration analoger und digitaler Komponenten	386

Literaturverzeichnis 393

Schlagwortverzeichnis 399

Die mit einem Stern (*) gekennzeichneten Kapitel können als Grundlage eines ersten Studiums dienen. Sie sind als Ganzes in sich verständlich abgefaßt.

I Halbleiterbauelemente

1. Grundlagen der Halbleiterphysik

Die Grundlage nahezu sämtlicher Halbleiterbauelemente ist die Materie in ihrem kristallinen Zustand. Wir beginnen daher mit der Beschreibung der wichtigsten Kristallstrukturen bei Halbleitern und der Orientierung im Kristallgitter mittels Miller-Indizes. Der einkristalline Aufbau der Halbleiter hat wichtige Konsequenzen einerseits im Hinblick auf die Energie, die Elektronen annehmen können, also auf das Bänderschema mit Begriffen wie Zustandsdichte, Fermi-Verteilung und effektiver Masse, andererseits im Hinblick auf die elektrische Leitfähigkeit, die durch Dotieren in weiten Grenzen beeinflußt werden kann.

Unterschiedliches Dotieren im Halbleiter eröffnet die Möglichkeit einer ersten technischen Nutzung. Weil nämlich an der Grenze der unterschiedlich dotierten Bereiche von beweglichen Ladungsträgern freie Zonen (Verarmungszonen) auftreten können, zeigt sich nach außen eine Diodencharakteristik mit Durchlaß- und Sperrverhalten. Ähnliche Phänomene können an Metall-Halbleiterübergängen oder an Übergängen verschiedener Halbleiter (Heteroübergang) beobachtet werden.

1.1 Homogener Halbleiter

Kristalle. Die geläufigen Halbleiter kristallisieren in nur wenigen Strukturen, die wir nun entwickeln wollen. Wir beginnen mit dem einfach kubischen Gitter (Abb. 1.1), das durch eine unendliche translatorische Aufeinanderfolge von Würfeln in allen Raumrichtungen aufgebaut wird. Das Gitter kann durch Aneinanderreihung einfacher Anordnungen, der sogenannten Einheitszellen, definiert werden. Wenn diese Einheitszelle, wie in Abb. 1.1 durch den stark ausgezogenen Würfel angedeutet, die kleinste ist, bezeichnet man sie als primitiv.

Das einfach kubische Gitter ist relativ lose gepackt mit vielen "leeren" Zwischenräumen. Es findet sich daher in der Natur praktisch nicht. Eine Möglichkeit der Auffüllung der Zwischenräume stellt das kubisch

Halbleiterbauelemente

raumzentrierte Gitter (body-centred cubic, b.c.c.) dar, bei dem sich außer an den Würfelecken auch in der Mitte der Raumdiagonale ein Gitterpunkt befindet; diese Punkte können also durch Atome besetzt wer-

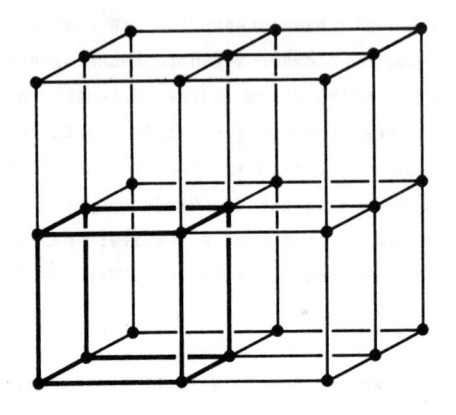

Abb. 1.1 Einfach kubisches Gitter.

den (schwarze Kugeln in Abb. 1.2). Das kubisch raumzentrierte Gitter wird durch eine Aufeinanderfolge der so definierten Einheitszelle auf-

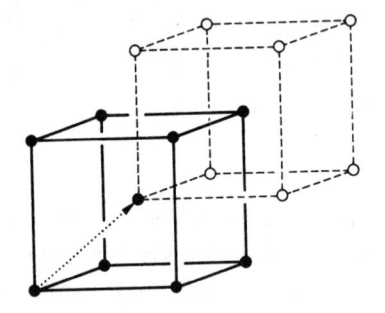

Abb. 1.2 Kubisch raumzentriertes Gitter.

gespannt, wie es in Abb. 1.2 für eine Richtung durch den gestrichelten Würfel angedeutet ist. Ein Beispiel eines solchen Gitters ist der Fe-Kristall. Sind die Atome an den Würfelecken andere als die in der Würfelmitte, dann spricht man vom Cäsiumchlorid-Gitter. Das CsCl-Gitter wird aufgespannt, indem ein Cs-Atom in der linken unteren Ecke zusammen mit einem Cl-Atom in der Würfelmitte periodisch nach der Art eines

Homogener Halbleiter

einfach kubischen Gitters wiederholt werden. Das Paar Cs und Cl bezeichnet man als Basis.

Befindet sich in den Mitten der Würfelflächen je ein Gitterpunkt, dann entsteht das kubisch flächenzentrierte Gitter (face-centred cubic, f.c.c.) nach Abb. 1.3. Wenn man es als Schichtenfolge in Ebenen senkrecht zur Raumdiagonalen aufgebaut denkt, kann es als eine Form einer

<u>Abb. 1.3</u> Kubisch flächenzentriertes Gitter

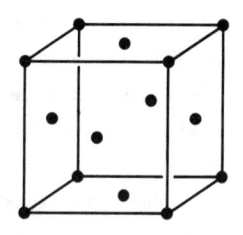

dichtesten Kugelpackung aufgefaßt werden. Dies ist ein Beispiel dafür, daß man Gitter je nach besserem Verständnis oder aus Bequemlichkeit in unterschiedlicher Weise konstruieren kann. Verschieben wir ein kubisch flächenzentriertes Gitter entlang der Würfeldiagonale um ein Viertel ihrer Länge gegenüber dem ursprünglichen Gitter, dann resultiert Abb. 1.4 mit dem für Halbleiter wichtigsten Gitter. Sind alle Atome

<u>Abb. 1.4</u> Um eine Viertel Würfeldiagonale gegeneinander verschobenes kubisch flächenzentriertes Gitter.
a) Diamantgitter: alle Atome sind gleich.
b) Zinkblendegitter: die Atome sind in dem einen Untergitter (dunkel) sind verschieden von denen im anderen Untergitter (hell).

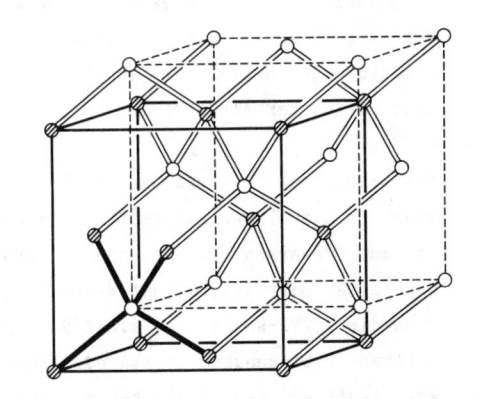

gleich, dann spricht man vom Diamantgitter. Die herausragenden Beispiele dafür sind Si, Ge und natürlich C in seiner Modifikation Diamant als

Halbleiterbauelemente

Namensgeber. Sind die Atome in den beiden Untergittern voneinander verschieden, also dunkel und hell wie in Abb. 1.4, dann liegt das Zinkblendegitter vor. Wichtige Beispiele von Halbleitern in dieser Struktur sind in der Tab. 1.1 mit ihren Gitterkonstanten a aufgeführt. Die in Abb. 1.4 eingeführte Gitterkonstante a muß vom Abstand benachbarter Atome im Kristall unterschieden werden.

Um die Bindungsverhältnisse im Kristall besser zu übersehen, ist die bisher gewählte Betrachtungsweise nicht immer günstig. Geeigneter ist für die in Tab. 1.1 aufgelisteten Halbleiter die Konstruktion des Kristalls über Tetraeder. Ein solcher Tetraeder ist in Abb. 1.4 in seinen Bindungen stark ausgezeichnet und enthält in seinem Zentrum ein

Tab. 1.1 Struktur und Gitterkonstante a wichtiger Halbleiter

Halbleiter		Gitterkonstante in nm bei Raumtemperatur
Diamantgitter	Si	0,543095
	Ge	0,565726
Zinkblendegitter	AlAs	0,5660
	GaP	0,54506
	GaAs	0,565325
	InP	0,58786
	InAs	0,60583

Atom (hell), das in gleicher Weise an seine Nachbaratome (dunkel) in den Tetraederecken gebunden ist. Dadurch wird die räumliche Ausrichtung der Bindungen betont, die durch die im Mittel vier Valenzelektronen pro Atom aufrechterhalten werden.

Man bezeichnet Si und Ge, die zur IV. Gruppe des Periodensystems gehören, als Elementhalbleiter. Die übrigen Verbindungen aus Tab. 1.1, die aus Elementen der III. und V. Gruppe gebildet sind, heißen III/V-Halbleiter oder allgemeiner Verbindungshalbleiter. Zu letzteren gehören auch die II/VI-Halbleiter wie CdS, HgTe oder CdTe. Während die beiden letzten Verbindungen Zinkblendestruktur haben, kristallisiert CdS im Wurtzitgitter. Das Wurtzitgitter entsteht, indem - ähnlich wie in Abb. 1.4 für kubisch flächenzentrierte Gitter - zwei hexagonale Untergitter entlang der hexagonalen Achse gegeneinander verschoben werden.

Miller-Indizes. Die kristalline Struktur der Halbleiter hat erheblichen Einfluß auf ihre chemischen, mechanischen, optischen und elektrischen Eigenschaften. Dabei kommt es weniger auf die absolute Lage einer Fläche im Raum als vielmehr auf deren Orientierung an. Um darüber eine Aussage machen zu können, haben sich die Miller-Indizes eingebürgert. Zu ihrer Einführung gehen wir von einer Ebene aus, die die x-Achse bei zwei Achsenabschnitten, die y-Achse ebenfalls bei zwei, und die z-Achse bei einem Achsenabschnitt schneidet (Abb. 1.5). Als Achsenabschnitt ist

Abb. 1.5 Zur Definition der Miller-Indizes.

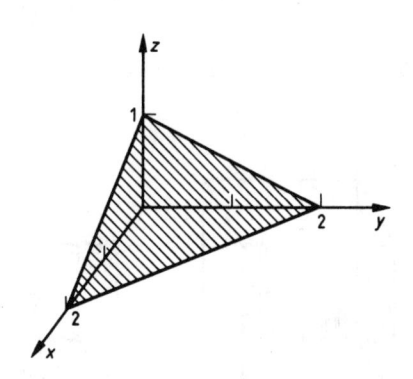

der Wert der jeweiligen Gitterkonstante, also in unseren bisherigen Fällen stets derselbe Wert, zu nehmen. Wir können die Ebene durch die Werte:

$$x = 2 \qquad y = 2 \qquad z = 1$$

charakterisieren. Die Kehrwerte lauten:

$$1/2 \qquad 1/2 \qquad 1.$$

Multiplizieren wir diese Werte mit dem kleinsten Faktor derart, daß alle zu ganzen Zahlen werden (in unserem Beispiel ist dies der Faktor 2), so folgen die Miller-Indizes der Ebene: (112). Sie werden im allgemeinen Fall mit (hkl) bezeichnet. Verläuft eine Gitterebene oder Netzebene parallel zu einer Achse, so schneidet sie diese im

Halbleiterbauelemente

Unendlichen, also beim Achsenabschnitt ∞. Der zugehörige Kehrwert und damit der Miller-Index werden folglich 0. Negative Achsenabschnitte werden durch einen Querbalken auf dem Miller-Index bezeichnet, z. B. $\bar{h}$.

In ähnlicher Weise werden Kristallrichtungen angegeben, indem die Vektorkomponenten in Gitterkonstanten gemessen werden. Wiederum wird aufmultipliziert, so daß alle Indizes ganzzahlig werden. Miller-Indizes von Richtungen bezeichnet man mit [uvw]. In kubischen Kristallen liegen insofern einfache Verhältnisse vor, als die Miller-Indizes einer Fläche mit den Indizes ihrer Normalenrichtung übereinstimmen.

Abb. 1.6 zeigt einige Beispiele niedrig indizierter Flächen.

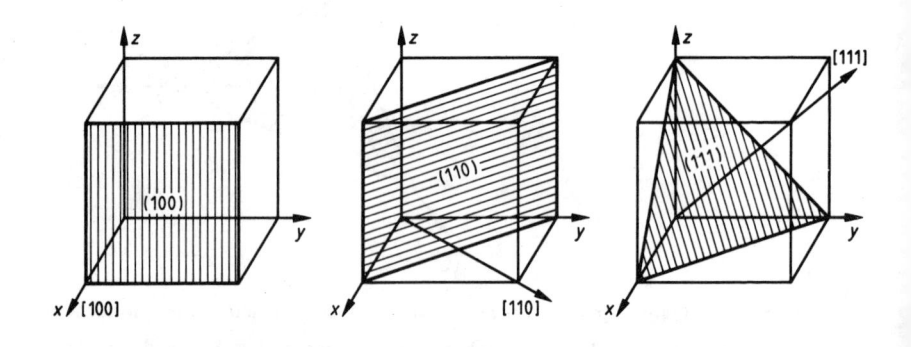

Abb. 1.6 Einige Flächen mit niedrigen Miller-Indizes in einem kubischen Gitter nebst den zugehörigen Flächennormalen.

(100) steht für alle Flächen, die entlang der x-Achse verschoben parallel zur ausgezeichneten Würfelfläche sind. Ebenen parallel zur x-z-Fläche werden mit (010) bezeichnet. Analog ist (001) zu verstehen. In kubischen Kristallen sind aus Symmetriegründen alle diese Flächen äquivalent. Man drückt dies durch geschweifte Klammern aus: {100}. Allgemein gilt die Konvention:

(hkl) einzelne Netzebene oder Satz paralleler Netzebenen,
{hkl} kompletter Satz von Netzebenen, die mittels Symmetrie

Homogener Halbleiter

einander äquivalent sind,

[uvw] Gitterrichtung,

⟨uvw⟩ kompletter Satz von Richtungen, die mittels Symmetrie einander äquivalent sind.

Elektronen- und Löcherleitung. Abb. 1.7 stellt ein in die Ebene projiziertes Modell der tetraedrischen Bindungsverhältnisse bei Halbleitern

Abb. 1.7 Prinzipbild zur Veranschaulichung der Bindungsverhältnisse in Halbleitern wie Si.

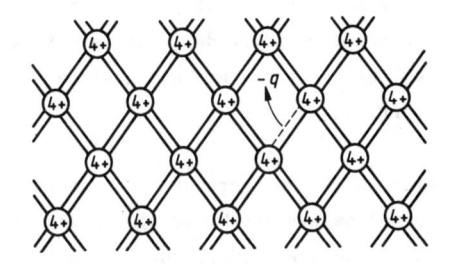

wie Si dar (vgl. Abb. 1.4), wobei jedes Si-Atom die vier Elektronen in den äußersten Schalen zur Bindung an seine Nachbarn bereitstellt. Damit wird jede dieser kovalenten Bindungen durch zwei Elektronen, entsprechend den zwei Linien in Abb. 1.7, aufrechterhalten. Ein Si-Atom wird durch 4+ symbolisiert; dies sind die den vier Bindungs- oder Valenzelektronen äquivalenten positiven Kernladungen. Insbesondere bei der Temperatur $T = 0$ sind sämtliche Elektronen ortsfest gebunden. Stromleitung ist also nicht möglich.

Bei höheren Temperaturen wird es allerdings durch die Wärmebewegung des Kristallgitters möglich sein, daß das ein oder andere Elektron aus seinem Bindungsverband herausgelöst wird, um sich quasifrei im Kristall zu bewegen. Quasifrei deshalb, weil es nach wie vor den Kräften im Gitter ausgesetzt ist und sich nicht völlig frei wie im Vakuum bewegen kann. Zur Herauslösung eines Elektrons mit seiner Ladung $-q$ aus seinem Bindungsverband (rechts der Mitte von Abb. 1.7) ist eine Mindestenergie erforderlich. Zurück bleibt ein Defektelektron oder Loch, weil ein Elektron in der Bindung fehlt. Das Loch kann sich ebenfalls durch den

Halbleiterbauelemente

Kristall bewegen, indem ein Elektron aus einer benachbarten Bindung es auffüllt, welches seinerseits an seinem ursprünglichen Platz ein Loch zurück läßt. Insgesamt kann man den Vorgang durch die Wanderung einer positiven Ladung q im Kristall beschreiben.

Bei endlichen Temperaturen ist also Stromleitung sowohl durch Elektronen als auch durch Löcher möglich. Dies gilt auch für hochreine Halbleiter. Deshalb spricht man von Eigenleitung (wegen des englischen "intrinsic conductivity" auch häufig als "intrinsische" Leitfähigkeit eingedeutscht). In der Tat ist Si mit nur einem Fremdatom auf rund 10^{10} Gitteratome der mit bei weitem größter Reinheit herstellbare Stoff.

Wird in Si in geringem Maß (meist weit unter einem Promille) ein Fremdatom aus der V. Gruppe eingebaut, z. B. P, dann hat dieses 5 statt zur Bindung erforderlicher 4 Elektronen in der äußersten Schale. Eines von ihnen kann aber sehr leicht abgelöst werden und sich quasifrei bewegen (Abb. 1.8). Man spricht vom Dotieren des Halbleiters mit Donatoren, das zur Leitung vom *n*-Typ führt. Der Strom wird nur von Elektronen getragen, ohne daß Löcher beim Dotieren entstanden wären.

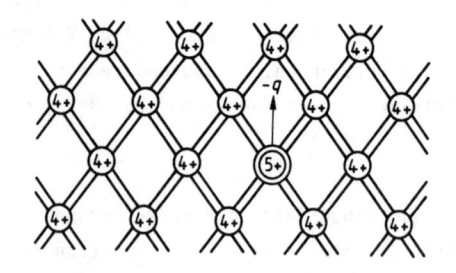

Abb. 1.8 Entstehen der *n*-Leitung durch Einbau eines Donators (aus der Gruppe V) in das Kristallgitter.

Wird demgegenüber Si mit einem Element aus der III. Gruppe dotiert, z. B. B, dann kann dieses nur 3 Elektronen zur Bindung beisteuern. Es entsteht ein Loch (Abb. 1.9), das durch ein benachbartes Elektron aufgefüllt werden kann. Man spricht von Löcher- oder *p*-Leitung. Der Dotierstoff heißt Akzeptor. Sind Akzeptoren und Donatoren in gleicher

Anzahl vorhanden, dann ist der Halbleiter kompensiert. Für $n-$ und p-Leitung existiert der Sammelbegriff Störleitung.

Abb. 1.9 Entstehen der p-Leitung durch Einbau eines Akzeptors (aus der III. Gruppe) in das Kristallgitter.

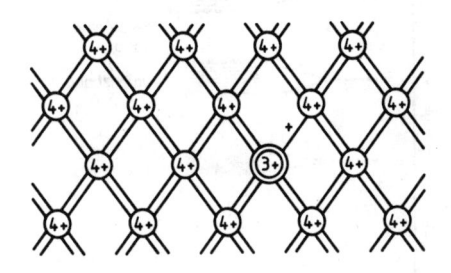

Bändermodell. Es ist offensichtlich, daß die Energie W eines Elektrons in seinem gebundenen oder quasifreien Zustand unterschiedlich ist. Um dies auszudrücken, bedient man sich des Bändermodells, das für ein Verständnis elektronischer Bauelemente von grundlegender Bedeutung ist. Das Bändermodell läßt sich nur mit komplexen quantenmechanischen Rechnungen ableiten. Wir beschränken uns auf die Darstellung der wesentlichen Ergebnisse, die sich mit einfachen Analogieschlüssen einsichtig machen lassen.

Der linke Teil der Abb. 1.10 zeigt die Energieniveaus, die ein Elektron in einem isolierten Atom einnehmen kann. Nähern sich zwei Einzelatome räumlich einander, so treten sie in Wechselwirkung, ähnlich wie zwei mechanische Pendel, die aneinander gekoppelt sind. Ebenso wie die Resonanzfrequenz ungekoppelter Pendel in zwei Eigenschwingungen beim gekoppelten Pendel aufspaltet, so spaltet jedes Energieniveau des Einzelatoms in zwei Niveaus bei sich gegenseitig beeinflussenden Atomen. Analog zum gekoppelten Pendel ist die Aufspaltung umso größer, je stärker die Kopplung ist. Da höhere Energieniveaus zu den äußeren Elektronenschalen eines Atoms gehören, spalten diese beim Einbau der Atome im Kristall besonders stark auf (Abb. 1.10 im rechten Teil). Da weiterhin im Kristall sehr viele Atome miteinander wechselwirken, erfolgt eine Aufspaltung nicht nur in zwei, sondern in eine Vielzahl von Energieniveaus. Sie liegen so dicht, daß man von Bändern zulässiger Energie sprechen kann (im rechten Teil von Abb. 1.10 angedeutet).

Halbleiterbauelemente

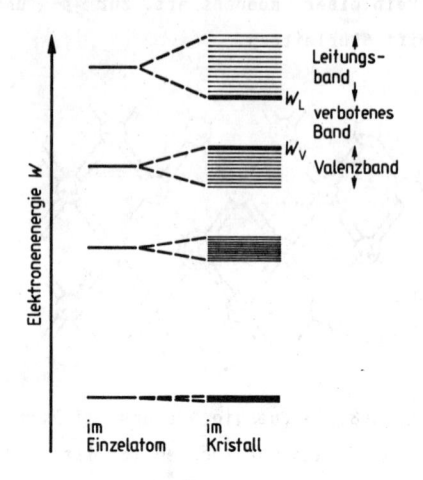

Abb. 1.10 Schematische Darstellung der für ein Elektron möglichen Energieniveaus in einen isolierten Atom bzw. in einen Kristall.

Abhängig von der Natur eines Atoms, d. h. von seiner Stellung im periodischen System der Elemente, sind nur die untersten Energieniveaus mit Elektronen besetzt, z. B. bis zur zweithöchsten Energie in Abb. 1.10. Im Kristallverband sind dann nur die aus diesen Niveaus hervorgehenden Bänder mit Elektronen gefüllt. Für Halbleiter sind das oberste gefüllte und das unterste leere Energieband besonders wichtig. Deshalb haben sie besondere Namen: Valenzband, weil sich darin die zur Bindung beitragenden Elektronen wiederfinden, und Leitungsband, weil dort die quasifreien Elektronen untergebracht sind. Zwischen der oberen Kante W_V des Valenzbandes und der unteren Kante W_L des Leitungsbandes befindet sich das verbotene Band der Breite $W_G = W_L - W_V$. Die Energien des verbotenen Bandes können von Elektronen in reinen oder eigenleitenden Halbleitern nicht angenommen werden. Man spricht auch von Bandlücke oder verbotener Zone.

Abb. 1.11 zeigt insofern eine Vereinfachung gegenüber Abb. 1.10, als nur die interessierenden Energiebänder wiedergegeben sind, eben das Bändermodell.

Homogener Halbleiter

Eine Erweiterung liegt darin, daß die bisherigen Betrachtungen natürlich für jeden Ort in einem ungestörten Kristall gelten. Stellvertre-

Abb. 1.11 Bändermodell im Ortsraum.

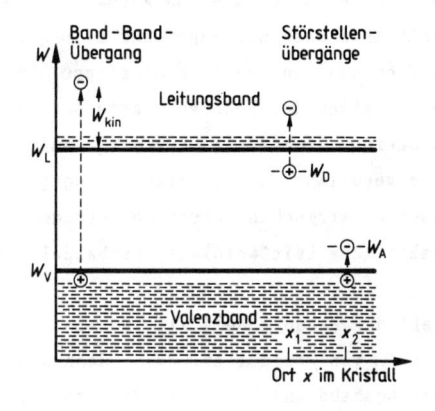

tend ist in dieser Darstellung im Ortsraum die Koordinate x aufgeführt. Die Loslösung eines Elektrons aus seinem Bindungsverband nach Abb. 1.7 entspricht im Bändermodell dem Übergang eines Elektrons aus dem Valenzband unter Zurücklassung eines positiv geladenen Lochs ins Leitungsband. Dies ist ein Band-Band-Übergang, der prinzipiell an jedem Ort im Kristall vorkommen kann. Die Leitungsbandkantenenergie W_L ist die Energie eines ungebundenen, ruhenden Elektrons irgendwo im Kristallgitter. Alle darüber hinausgehende Energie ist kinetische Energie W_{kin}, die das Elektron beim Band-Band-Übergang gewonnen haben mag. Ohne äußere Einwirkung wird das Elektron jedoch rasch zur Ruhe kommen und eine Energie sehr nahe W_L annehmen. Da bei endlichen Temperaturen immer einige Elektronen aus ihrer Bindung gelöst sind, finden sich überall im Kristall Elektronen mit Energien nahe W_L. Dies ist durch den gerasterten Streifen an der Leitungsbandkante angedeutet. Diese Elektronen fehlen in dem ansonsten gefüllten Valenzband. Dort findet sich ein ebenso breiter Streifen an Löchern nahe der Valenzbandkante (weiß markiert).

Halbleiterbauelemente

Metalle, Halbleiter, Isolatoren. Abb. 1.10 bietet die Möglichkeit für ein qualitatives Verständnis der drei Stoffklassen Metall, Halbleiter und Isolator. Je nach der chemischen Zusammensetzung eines Stoffes und nach seinem strukturellen Aufbau ist es möglich, daß das oberste mit Elektronen besetzte Band nur halb gefüllt ist oder daß es mit einem anderen Band energetisch überlappt. Ein Elektron in dem Band kann dann leicht einen der höherenergetischen unbesetzten Plätze einnehmen, d. h. es gewinnt kinetische Energie. Damit kann es durch ein elektrisches Feld veranlaßt werden, eine Vorzugsgeschwindigkeit anzunehmen, also zu einem elektrischen Strom beizutragen. Der Stoff hat also eine gute elektrische Leitfähigkeit; es handelt sich um ein Metall.

Sieht das Bändermodell wie in Abb. 1.10 und 11 (mit einer verbotenen Zone W_G von rund 1 eV) aus, dann sind nur die wenigen Elektronen im Leitungsband und Löcher im Valenzband zum Stromtransport vorhanden. Die Leitfähigkeit ist sehr viel schlechter. Es liegt ein Halbleiter vor.

Beträgt die Breite W_G des verbotenen Bandes mehrere eV, dann befinden sich bei normalen Temperaturen keine Elektronen im Leitungsband. Sie sind alle in kristallinen Bindungen örtlich festgelegt. Eine Stromleitung ist nicht möglich. Damit liegt das Verhalten eines elektrischen Isolators vor.

Bandlücke W_G bei Halbleitern. Die Breite W_G des verbotenen Bandes liegt bei den gebräuchlichen Halbleitern um 1 eV (Tab. 1.2), obwohl eine erhebliche Variation möglich ist. Von dieser Variationsmöglichkeit

Tab. 1.2 Bandabstand W_G typischer Halbleiter bei Raumtemperatur

Halbleiter	Bandabstand (in eV)	Übergang
Si	1,110	indirekt
Ge	0,664	indirekt
AlAs	2,153	indirekt
GaP	2,272	indirekt
GaAs	1,428	direkt
InP	1,351	direkt
InAs	0,356	direkt

wird bei der Herstellung spezieller Halbleiterlaser oder Photoempfänger Gebrauch gemacht, indem die Zusammensetzung des Halbleiters systematisch geändert wird. Ersetzt man z. B. in dem Verbindungshalbleiter GaAs das Kation Ga sukzessiv durch In, dann erhält man die Legierung $In_{1-x}Ga_xAs$ ($0 \leq x \leq 1$).

In Abb. 1.12 bewegen wir uns dabei entlang der Kante der Basisfläche, die mit InGaAs, einem sogenannten ternären Halbleiter, bezeichnet ist. GaAs u. ä. nennt man demgegenüber binäre Halbleiter. Auf dem genannten Weg reduziert sich der Bandabstand von 1,428 eV beim GaAs zu 0,356 bei InAs am anderen Ende. In ähnlicher Weise wie beim Kation kann man auch das Anion As substituieren, z. B. durch P. Dann erhält man die quaternären Halbleiterlegierungen $In_{1-x}Ga_xAs_yP_{1-y}$ ($0 \leq y \leq 1$), die durch die Punkte der Basisfläche von Abb. 1.12 symbolisiert werden. Die Fläche darüber gibt in ihrer Höhe die zugehörigen Werte von W_G an (gleiche

Abb. 1.12 Bandabstand (gestrichelte Linien) und Gitterkonstante (durchgezogene Linien) im Halbleitersystem $In_{1-x}Ga_xAs_yP_{1-y}$

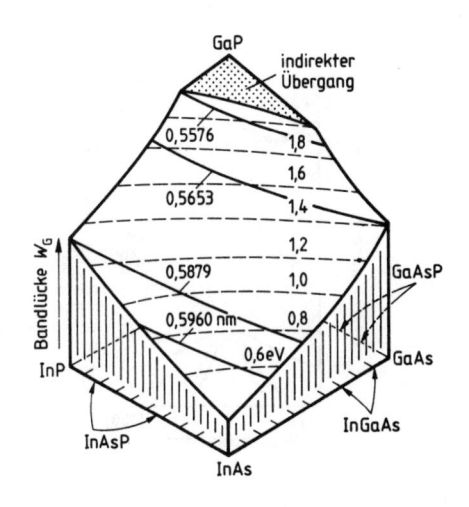

Werte entlang gestrichelten Linien). Da die zwei Parameter x und y verfügbar sind, haben wir die Möglichkeit, über die Zusammensetzung der Halbleiterlegierung den Bandabstand gezielt in weiten Grenzen zu variieren und zusätzlich die Gitterkonstante (gleiche Werte auf durchgezogenen Linien) frei zu wählen. Ein weiteres Beispiel dazu ist das

Halbleiterbauelemente

System $Ga_xAl_{1-x}As$, bei dem allerdings die Gitterkonstante über den gesamten Variationsbereich nahezu konstant bleibt (vgl. Tab. 1.1).

Bandstruktur im Impulsraum. In Tab. 1.2 sind die Begriffe direkter und indirekter Übergang genannt, die für optoelektronische Bauelemente (Laser, Leuchtdioden, Photodetektoren) eine sehr wichtige Rolle spielen. Sie lassen sich nur verstehen, wenn wir die Bänderstruktur im Impulsraum diskutieren, das Elektron also als Materiewelle im Kristall auffassen, der ein bestimmter Quasiimpuls p zugeordnet ist. p und Wellenlänge λ der Materiewelle sind über die Plancksche Konstante h miteinander verknüpft:

$$p = h/\lambda. \tag{1.1}$$

Die Kurven in Abb. 1.13 stellen die Energien dar, die für ein Elektron

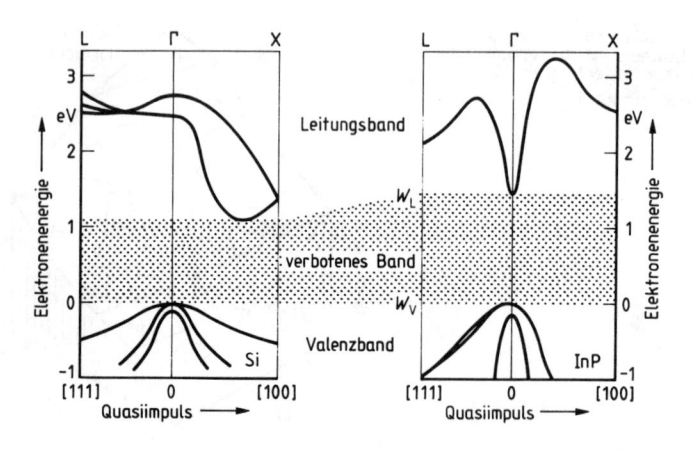

Abb. 1.13 Bänderstruktur im Impulsraum für den indirekten Halbleiter Si und für den direkten Halbleiter InP [1.1].

mit dem auf der Abszisse angegebenen Quasiimpuls p zulässig sind. Als Beispiel ist p, ausgehend vom kristallographischen Ursprung in den Richtungen [100] und [111] gegeben, wobei die Endwerte auf die

Gitterkonstante a normiert sind. Alles über diese Endwerte oder über die erste Brillouinsche Zone Hinausgehende ist eine periodische Wiederholung. Die Endpunkte werden mit X bzw. L bezeichnet. Abb. 1.11 folgt aus Abb. 1.13, indem alle (erlaubten) Energiewerte des Valenzbandes ohne Rücksicht auf die speziellen Impulse in den Ortsraum projiziert werden. Ebenso verfahren wir mit dem Leitungsband, das vom Valenzband durch das verbotene Band getrennt ist.

Der Übergang eines Elektrons von der oberen Kante des Valenzbandes (Abb. 1.13) zu den niedrigsten Werten des Leitungsbandes geht bei Si nur, wenn das Elektron seinen Impuls stark verändert. Da bei einem Übergang sowohl Impuls als auch Energie insgesamt erhalten bleiben müssen, ist die Mitwirkung eines Phonons (oder einer Gitterschwingung) als weiteres Teilchen erforderlich. Man spricht von einem indirekten Übergang.

Bei einem direkten Halbleiter, wie etwa InP, ist demgegenüber der Übergang eines Elektrons aus dem Valenzband im Γ-Punkt in den Leitungsbandzustand niedrigster Energie ohne Mitwirkung eines "impulsspendenden" weiteren Teilchens möglich, sofern nur die Bandlückenenergie W_G zur Verfügung steht. Natürlich kann es auch zu einem Übergang in umgekehrter Richtung kommen, d. h. zur Rekombination eines Elektrons aus dem Leitungsband mit einem Defektelektron im Valenzband, wobei unter günstigen Bedingungen die Differenzenergie W_G als Photon, also als Strahlung, abgegeben werden kann. Man spricht in diesem Fall von strahlender Rekombination.

Strahlende Rekombination, die für die Funktion von Leuchtdioden (light emitting diode, LED) oder Laser unbedingte Voraussetzung ist, tritt bei indirekten Halbleitern nur sehr schwach auf, weil immer die Mitwirkung von Phononen erforderlich ist. Deshalb kann mit Si kein Strahlungssender gebaut werden.

Zustandsdichte und effektive Masse. Ein Blick auf Abb. 1.13 zeigt, daß pro Energieintervall je nach Bänderstruktur unterschiedlich viele mit

Halbleiterbauelemente

Elektronen besetzbare Zustände vorhanden sind. Bei flachem Verlauf sind es mehr, bei steilem Verlauf weniger. Denn nach dem Pauli-Verbot darf jeder definierte Zustand nur von einem Elektron besetzt werden. Nach dem Gesagten ist die Größe, die dies beschreibt, von dem Verlauf der Energiebänder im einzelnen abhängig. Es ist die Zustandsdichte $D(W)$, deren Berechnung quantenmechanisch möglich ist. Wir wollen eine vereinfachte Ableitung geben, die mit der Heisenbergschen Unschärferelation beginnt. Danach ist ein bis auf die örtliche Unschärfe Δx lokalisiertes Elektron auf Grund seiner Wellennatur nur bis auf Δp in seinem Impuls festlegbar. Dabei muß die Beziehung $\Delta p \cdot \Delta x = h$ gelten.

Sie läßt sich auf das Dreidimensionale ausdehnen, wobei wir aber nur den Absolutbetrag p des Impulses betrachten, nicht seine Richtung. Damit müssen wir im Impulsraum alle Vektoren nehmen, die auf einer Kugelfläche vom Radius p enden, dies aber mit einer Unschärfe Δp. Daraus resultiert das Volumen einer Kugelschale mit der Fläche $4\pi p^2$ und der Dicke Δp. Wenn wir zu infinitesimalen Größen übergehen, lautet die Unschärferelation in drei Dimensionen:

$$4\pi p^2 \mathrm{d}p \mathrm{d}V = h^3 \qquad (1.2)$$

mit dem Volumenelement $\mathrm{d}V$. In diesem Volumen $\mathrm{d}V$ kann also ein Elektron in seinem Impuls höchstens bis auf $\mathrm{d}p$ festgelegt werden. Der so definierte Zustand kann nach dem Pauli-Verbot in demselben Volumenelement $\mathrm{d}V$ nicht von einem weiteren Elektron eingenommen werden; es muß vielmehr in dem nächsten Intervall $\mathrm{d}p$ untergebracht werden. Damit ist uns der Impulsabstand benachbarter Elektronenzustände bekannt. Wir nutzen noch die quantenmechanische Verknüpfung von p mit dem Wellenvektor k über $\hbar = h/2\pi$ (vgl. (1.1)):

$$p = \hbar \cdot k \qquad \text{oder auch:} \qquad \mathrm{d}p = \hbar \cdot \mathrm{d}k. \qquad (1.3)$$

Die Zustandsdichte ergibt sich als Zahl der Zustände pro Volumeneinheit und pro Energieeinheit:

Homogener Halbleiter

$$D(W) = \frac{1}{dW\,dV}.$$

Setzen wir (1.2) und (1.3) ein, so folgt:

$$D(W) = \frac{4\pi p^2}{h^3} \cdot \frac{dp}{dW} = \frac{k^2}{2\pi^2} \cdot \frac{dk}{dW}. \tag{1.4}$$

$D(W)$ ist also über dW/dk vom Verlauf der Elektronenbänder abhängig. Im allgemeinen reicht es aus, die über die Leitungsbandkante W_L hinausgehende Energie als kinetische Energie aufzufassen (vgl. Abb. 1.11):

$$W = W_L + \hbar^2 k^2/(2m_L). \tag{1.5}$$

Man bezeichnet dies als parabolische Näherung, die auf der Einführung einer einheitlichen effektiven Masse m_L für Elektronen im Leitungsband beruht. Damit folgt aus (1.4):

$$D(W) = (2\pi)^{-2}\,\hbar^{-3}\,(2m_L)^{3/2}\sqrt{W-W_L}. \tag{1.6}$$

Man definiert die Größe:

$$N_L = 2[m_L kT/(2\pi\hbar^2)]^{3/2}$$

als effektive Zustandsdichte. Hierbei sind k die Boltzmann-Konstante und T die absolute Temperatur. Damit wird (1.6) zu:

$$D(W) = N_L \frac{1}{\sqrt{\pi}} \left(\frac{W-W_L}{kT}\right)^{1/2} \frac{1}{kT}. \tag{1.7}$$

Jeder der mit dieser Dichte vorliegenden Zustände kann wegen des Pauli-Verbots nur durch zwei Elektronen besetzt werden, die entgegengerichteten Spin haben. Analoge Überlegungen können für das Valenzband angestellt werden, nur müssen wir dann die für Defektelektronen gültige effektive Masse m_V verwenden. Das Resultat lautet:

$$\begin{aligned}D(W) &= (2\pi)^{-2}\hbar^{-3}(2m_V)^{3/2}\sqrt{W_V - W} \\ &= N_V \frac{1}{\sqrt{\pi}} \left(\frac{W_V-W}{kT}\right)^{1/2} \frac{1}{kT}.\end{aligned}$$

Halbleiterbauelemente

Man kann nicht erwarten, daß ein Elektron oder ein Defektelektron sich im Kristall ähnlich unbeeinflußt bewegen können wie im Vakuum, weil sie dem periodischen Potential des Kristalls ausgesetzt sind. Deshalb haben wir von "quasifrei" und "Quasiimpuls" gesprochen. Trotzdem kann man in den meisten Fällen so vorgehen, als ob die Teilchen frei wären, wenn man nur ihre Masse im Vakuum durch geeignet modifizierte Werte ersetzt. Wir haben dies getan, indem wir die effektiven Massen m_L und m_V eingeführt haben. Auch sie sind von den Einzelheiten der Bänderstruktur abhängig, im allgemeinen Fall sogar von der Energie des Elektrons und von der kristallographischen Richtung. Da es bei elektronischen Bauelementen fast immer nur auf die Elektronen in der Nähe des Leitungsbandminimums W_L und auf die Löcher in der Nähe des Valenzbandmaximums W_V ankommt, beschränken wir uns auf diese Extrema. Wir nehmen weiterhin an, daß die Extrema im Γ-Punkt bei $k = 0$ (wie auf der rechten Seite von Abb. 1.13) liegen. Unter diesen Voraussetzungen können wir $W(k)$ für das Leitungsband in eine Taylor-Reihe entwickeln und diese nach dem quadratischen Glied abbrechen:

$$W(k) = W_L + \frac{1}{2} \left.\frac{d^2 W}{dk^2}\right|_{k=0} k^2. \tag{1.8}$$

Ein Vergleich mit (1.5) liefert die gesuchte Beziehung:

$$\frac{1}{m_L} = \frac{1}{\hbar^2} \left.\frac{d^2 W}{dk^2}\right|_{k=0}. \tag{1.9}$$

Eine analoge Überlegung läßt sich für das Valenzband anstellen. Generell trifft man die Vereinbarung, daß für den Fall der parabolischen Näherung, also wenn der Bandverlauf sich durch (1.8) beschreiben läßt, die effektive Masse durch die Krümmung des Bandes nach (1.9) am Ort des Extremums bestimmt wird. So gibt es z. B. für Löcher zwei Massen, weil das Valenzband in zwei Zweige mit unterschiedlichen Krümmungen aufgespalten sein kann (vgl. Abb. 1.13). Tab. 1.3 gibt die effektive Masse einiger Halbleiter für Löcher und Elektronen an.

Im Falle von zwei unterschiedlichen effektiven Elektronenmassen drückt sich darin die räumliche Anisotropie der Bandstruktur aus. So ist die longitudinale Masse m_l für Si aus der Krümmung in [100]-Richtung gemäß

Homogener Halbleiter

(1.9) ermittelt, die transversale Masse m_t gilt in den Richtungen senkrecht dazu. Für die direkten III-V-Halbleiter ist das Leitungsband isotrop; also gibt es nur eine Elektronenmasse. Die schwere und leichte effektive Lochmasse m_{hh} bzw. m_{lh} gilt für die beiden unterschiedlich gekrümmten Zweige des Valenzbandes (vgl. Abb. 1.13).

Tab. 1.3 Effektive Masse wichtiger Halbleiter, normiert auf die Masse m des freien Elektrons.

Halbleiter	effektive Masse, normiert auf die Masse m des freien Elektrons			
	Elektron		Defektelektron	
Si	0,916 long.	0,197 trans.	0,537	0,153
Ge	1,57	0,081	0,284	0,0438
AlAs	1,56	0,19	0,5	0,26
GaP	7,25	0,25	0,54	0,16
GaAs		0,067	0,5	0,068
InP		0,073	0,60	0,12
InAs		0,027	0,41	0,024

Fermi-Statistik. In unseren bisherigen Betrachtungen hatten wir uns im wesentlichen darauf beschränkt, die den Elektronen zur Besetzung verfügbaren Energiezustände zu ermitteln. Jetzt kommt es darauf an zu zeigen, welche Zustände aus dem erlaubten Spektrum nun tatsächlich besetzt werden und welche frei bleiben. Dies ist ein statistisches Problem, denn die Gesamtheit der Elektronen strebt die wahrscheinlichste Verteilung an, durch die der stationäre oder Gleichgewichtsfall bestimmt ist. Dieser Zustand ist durch die niedrigste Energie des Gesamtsystems charakterisiert. Das statistische Auswahlprinzip ist stets das gleiche. Die Differenzierung kommt durch die Natur der Teilchen herein, die auf die möglichen Energiezustände verteilt werden sollen. Kriterien sind die Unterscheidbarkeit der einzelnen Teilchen sowie ihre Zahl, die einen mikroskopischen Energiewert, also einen Zustand, einnehmen können. Entsprechend gibt es als Resultat die drei Verteilungsfunktionen, die in Tab. 1.4 aufgeführt sind.

Es hat sich eingebürgert, der Kürze wegen einen der beiden Eigennamen wegzulassen. Die beiden Parameter α und W_F müssen für ein gegebenes Problem jeweils bestimmt werden. Lassen wir sie zunächst außer Be-

Halbleiterbauelemente

Tab. 1.4 Verteilungsfunktionen und ihre Charakteristika

	Teilchen sind	pro Zustand unterbringbar	Funktion $f(W)$
Maxwell-Boltzmann	unterscheidbar	beliebig viele	$e^{-W/kT}$
Bose-Einstein	ununterscheidbar	beliebig viele	$[e^{(W-\alpha)/kT}-1]^{-1}$
Fermi-Dirac	ununterscheidbar	nur zwei (Pauli-Verbot)	$[e^{(W-W_F)/kT}+1]^{-1}$

tracht, dann gehen sowohl die Einstein- als auch die Fermi-Statistik für hohe Energien in die Boltzmann-Statistik über. Darauf werden wir noch oft zurückkommen, da die Bedingung $W \gg kT$ bei Zimmertemperatur mit kT = 26 meV häufig erfüllt ist.

Die Boltzmann-Statistik ist, neben dem erwähnten Grenzfall, bei allen klassischen Betrachtungen anwendbar. Die Einstein-Statistik, die ihren Ursprung im Planckschen Strahlungsgesetz hat, gilt für Licht- (Photonen) und Schallquanten (Phononen). Die Fermi-Statistik, auf die wir uns nun konzentrieren, muß für Elektronen eingesetzt werden. In Abb. 1.14c, in der wie generell in der Abbildung der Nullpunkt der Energieskala stark unterdrückt ist, ist die Fermi-Verteilung:

$$f(W) = \{e^{(W-W_F)/kT} +1\}^{-1} \qquad (1.10)$$

als gestrichelter Kasten für die Temperatur T = 0 eingezeichnet. Alle Energiezustände unterhalb von W_F sind mit Sicherheit besetzt ($f(W) = 1$), alle darüber mit Sicherheit frei ($f(W) = 0$). Bei höheren Temperaturen "schmilzt der Fermi-Block", und es kommt zu einem allmählichen Übergang mit endlichen Besetzungswahrscheinlichkeiten (durchgezogene Kurve). Bei der Fermi-Energie W_F nimmt die Fermi-Verteilung den Wert 0,5 an. Der Übergangsbereich, der sich um 2 kT nach beiden Seiten von W_F erstreckt, ist in Abb. 1.14c stark übertrieben (er entspricht mehreren tausend Grad).

Abb. 1.14a wiederholt das qualitative Bild von Abb. 1.11, wo die mit Elektronen besetzten Zustände durch Rasterung angedeutet sind. Um eine quantitative Aussage zu gewinnen, müssen wir die Zustandsdichte $D(W)$ nach (1.6) (Abb. 1.14b) mit der Fermi-Verteilung (1.10) multiplizieren. Das Ergebnis gibt die Konzentration der Elektronen im Leitungsband (bezogen auf die Energie- und Volumeneinheit) an, wenn wir noch einen Faktor 2 für Elektronen entgegengesetzten Spins hinzufügen. Die Gesamtzahl n der Elektronen, bezogen auf die Volumeneinheit, ergibt sich durch Integration über das gesamte Leitungsband (Abb. 1.14d), wobei die

Abb. 1.14

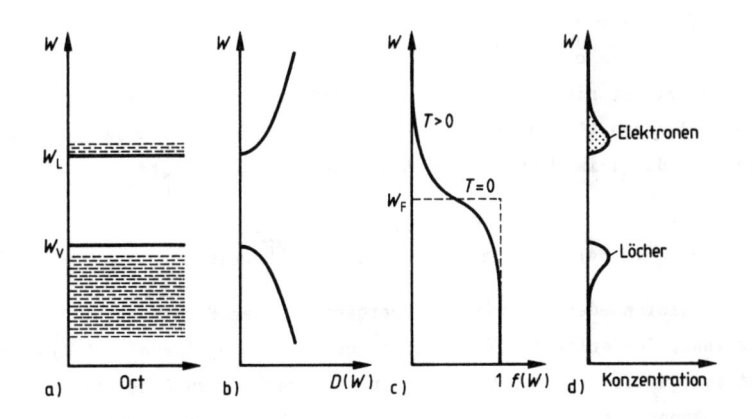

a) Bändermodell; b) Zustandsdichte; c) Fermi-Verteilung; d) Elektronen- und Löcherkonzentration.

obere Integrationsgrenze wegen des raschen Abklingens von $f(W)$ ins Unendliche verschoben werden kann:

$$n = 2 \int_{W_L}^{\infty} f(W)\, D_L(W)\, dW, \qquad (1.11)$$

wobei $D_L(W)$ aus (1.6) stammt. Da diese Elektronen aus dem Valenzband kommen, ist die Löcherkonzentration p der komplementäre Wert:

$$p = 2 \int_{-\infty}^{W_V} [1-f(W)]\, D_V(W)\, dW. \qquad (1.12)$$

Halbleiterbauelemente

$D_V(W)$ ist die Zustandsdichte im Valenzband, die wir auf S. 25 abgeleitet haben. Setzen wir (1.10) ein, so folgt:

$$n = \frac{2}{\sqrt{\pi}} N_L F_{1/2} \left(\frac{W_F - W_L}{kT} \right) \tag{1.13a}$$

$$p = \frac{2}{\sqrt{\pi}} N_V F_{1/2} \left(\frac{W_V - W_F}{kT} \right) \tag{1.13b}$$

mit der als Fermi-Integral bezeichneten Größe:

$$F_{1/2}(x) = \int_0^\infty \frac{y^{1/2}}{1+\exp(y-x)} \, dy.$$

Das Integral ist nicht geschlossen lösbar, liegt aber in Tabellen vor. Ist $x < -4$, dann können wir in guter Näherung für jedes y im Integrationsbereich die 1 im Nenner vernachlässigen, so daß folgt:

$$F_{1/2}(x<-4) \approx \exp x \int_0^\infty \sqrt{y} \exp(-y) \, dy = \frac{\sqrt{\pi}}{2} \exp x.$$

Dies ist gleichbedeutend mit dem Übergang von der Fermi- zur Boltzmann-Verteilung, der erlaubt ist, sobald nur die Fermi-Energie W_F hinreichend weit entfernt von W_V und W_L in der verbotenen Zone liegt. Dann nämlich kann die Fermi-Verteilung durch ihren "Boltzmann-Ausläufer" angenähert werden. Man spricht dann von einem nichtentarteten Halbleiter. Statt (1.13) gilt:

$$n = N_L \exp \frac{W_F - W_L}{kT} \tag{1.14a}$$

$$p = N_V \exp \frac{W_V - W_F}{kT}. \tag{1.14b}$$

Für diesen Fall sind stets $n \ll N_L$ und $p \ll N_V$. N_L und N_V werden auch als Entartungskonzentrationen bezeichnet. Zu ihrer Berechnung müssen bei anisotropen Bändern die geeignet gemittelten effektiven Massen entlang der Hauptachsen genommen werden, also z. B. für N_L:

$$m_L = \nu^{2/3} (m_1 \, m_2 \, m_3)^{1/3}$$

mit ν als der Zahl des Extrema in äquivalenten Kristallrichtungen. Speziell für Si ist dann nach S. 26f: $m_L = 6^{2/3}(m_l \cdot m_t^2)^{1/3}$, denn Si hat nach Abb. 1.13 sechs Minima im Leitungsband, jeweils zwei in den positiven und negativen Richtungen von x, y und z. Für die Löcher müssen die schweren und leichten Massen gemittelt werden:

$$m_V = (m_{hh}^{3/2} + m_{lh}^{3/2})^{2/3}$$

m_L und m_V heißen im Englischen "density-of-states effective mass".

Im eigenleitenden Halbleiter müssen Elektronen- und Löcherkonzentration einander gleich sein. Gleichsetzen von n und p nach (1.14) liefert dann die Lage der Fermi-Energie:

$$W_i = W_F = (W_V + W_L)/2 + 1/2 \, kT \ln N_V/N_L. \tag{1.15}$$

Bis auf die temperaturabhängige geringe Korrektur, die vom Unterschied zwischen den Zustandsdichten in Leitungs- und Valenzband herrührt, liegt W_F in der Mitte des verbotenen Bandes. Der nach (1.15) gefundene Wert wird als Eigenleitungsniveau W_i bezeichnet.

Die Produktbildung mit (1.14) liefert die Eigenleitungskonzentration n_i (intrinsic carrier concentration):

$$n_i^2 = np = N_L N_V \exp \frac{W_V - W_L}{kT} = N_L N_V \exp - \frac{W_G}{kT}. \tag{1.16}$$

Sämtliche Größen in dieser Beziehung sind bekannt, so daß wir n_i berechnen können. Für Raumtemperatur ergeben sich die Werte:

$$
\begin{aligned}
n_i = \;& 2,3 \cdot 10^{13} \text{ cm}^{-3} \text{ bei Ge} \\
& 1,0 \cdot 10^{10} \quad\quad\quad\;\; \text{Si} \\
& 1,6 \cdot 10^{6} \quad\quad\quad\;\;\; \text{GaAs} \\
& 1,2 \cdot 10^{8} \quad\quad\quad\;\;\; \text{InP} \\
& 8,3 \cdot 10^{14} \quad\quad\quad\;\; \text{InAs.}
\end{aligned}
$$

Halbleiterbauelemente

(1.16) ist ein allgemeines Ergebnis, das insbesondere nicht von der Dotierung abhängt. Denn betrachten wir den Vorgang der Rekombination, bei dem ein quasifreies Elektron im Leitungsband bei seiner Bewegung durch den Kristall auf ein Defektelektron trifft und ins Valenzband zurückfällt. Die Rekombinationsrate w ist proportional der Elektronen- und Löcherkonzentration, wenn hinreichende Verdünnung vorliegt:

$$w = rnp.$$

Die Erzeugung eines Elektron-Loch-Paares, also das Anheben eines Elektrons aus dem Valenzband ins Leitungsband, hängt andererseits nicht von n oder p ab, weil freie Plätze im Leitungsband in hinreichender Zahl vorhanden sind. Da im detaillierten Gleichgewicht Erzeugungsrate g und w gleich sein müssen, folgt:

$$g = w = rnp \qquad \text{oder:} \quad np = n_i^2,$$

wenn wir über $g/r = n_i^2$ die Eigenleitungskonzentration eingeführt haben. Dazu sind wir in der Tat berechtigt, da die ganz allgemein abgeleitete Beziehung $np = g/r$ auch für den Spezialfall der Eigenleitung gelten muß. Dort hatten wir aber nach (1.16) gerade $np = n_i^2$ gefunden.

Wir wollen diese Diskussion zum Anlaß nehmen, um den Begriff des Gleichgewichts zu erläutern. Wir sprechen vom thermodynamischen oder thermischen Gleichgewicht, wenn in einem abgegrenzten System alle von außen einwirkenden Störungen abgeklungen sind. Dies bedeutet nicht, daß das System mikroskopisch in Ruhe ist. So kann z. B. im Halbleiter bei endlichen Temperaturen ein einzelnes Elektron einer thermischen Bewegung unterworfen sein und folglich einen Strom tragen. Aber im thermodynamischen Gleichgewicht muß immer der von einem Elektron hervorgerufene Stromanteil im statistischen Mittel von einem entgegengesetzt laufenden Elektron kompensiert werden. Im thermodynamischen Gleichgewicht fließt also über alles gesehen kein Strom. Darüber hinaus befinden sich Schallquanten, Photonen sowie Elektronen und Löcher jeder für sich im Gleichgewicht, so daß wir die Einstein-Verteilung für die ersten beiden sowie die Fermi-Verteilung für Elektronen und Löcher erwarten (vgl. S. 28).

Im thermodynamischen Gleichgewicht gilt das Prinzip des detaillierten Gleichgewichts, nach dem jeder Mikroprozeß ebenso häufig wie sein Gegenprozeß abläuft. Als Beispiel hatten wir oben die beiden Gegensätze Rekombination und Paarerzeugung herangezogen.

Dotierung. Durch Einbau von geeigneten Fremdatomen in kleinen Mengen in den Halbleiterkristall kann seine Leitfähigkeit in weiten Grenzen gezielt variiert werden. Diesen Vorgang nennt man Dotierung. Wir haben in Abb. 1.8 und 1.9 in einem Modell gezeigt, wie die Bindungsverhältnisse beeinflußt werden. So kann ein Donator sehr leicht ein Elektron abgeben, das sich im Leitungsband wiederfindet. Mit den Begriffen der Abb. 1.11 heißt dies, daß das Donatorniveau W_D nur wenig unter der Leitungsbandkante W_L liegt. Entsprechend leicht ist es, das am Donator gebundene Elektron ins Leitungsband zu heben. Dazu ist nur die Ionisierungsenergie ($W_L - W_D$) des Donators erforderlich. Ganz analoge Betrachtungen gelten für einen Akzeptor mit seiner Ionisierungsenergie ($W_A - W_V$). Während der ortsfeste Donatorrumpf nach der Ionisierung mit einer positiven Ladung zurückbleibt, nimmt das im Kristall eingebaute Akzeptoratom nach Aufnahme eines Elektrons aus dem Valenzband, also nach Abgabe eines Defektelektrons ins Valenzband, eine negative Ladung an. Die folgende Tabelle listet die Ionisierungsenergien einer Reihe von praktisch wichtigen Dotierstoffen auf. Neben den aufgeführten Atomen gibt es noch zahlreiche weitere Dotierstoffe, die weiter im Inneren des verbotenen Bandes liegen.

Der Einbau von Dotierstoffen in einen Halbleiter ist im Einzelfall sehr komplex. So kommt es z. B. darauf an, auf welchem Weg - etwa während der Kristallzucht - der Dotierstoff eingebracht worden ist. Daher kann ein und derselbe Dotierstoff unterschiedliche Ionisierungsenergien oder gar, wie Si in GaAs, entgegengesetztes elektrisches Verhalten aufweisen.

Halbleiterbauelemente

Tab. 1.5 Ionisierungsenergien ($W_L - W_D$) bzw. ($W_A - W_V$) einiger wichtiger Dotierstoffe

	Donatoren			Akzeptoren	
Si	Li	34 meV	B	45	meV
	P	45	Al	67	
	As	54	Ga	74	
	Sb	43	In	153	
	Te	140			
GaAs	Si	5,8 meV	Be	28	meV
	S	5,9	C	27	
	Ge	5,9	Mg	29	
	Se	5,8	Si	35	
	Sn	6	Zn	31	
	Te	30	Cd	35	

Die Frage nach der Besetzungswahrscheinlichkeit von Dotierniveaus läßt sich nicht direkt mit der Fermi-Verteilung (1.10) beantworten, da sie für sich gegenseitig nicht beeinflussende Elektronen gilt (Einelektronennäherung). Bei Dotieratomen kommt dagegen die elektrostatische Wechselwirkung hinzu. So kann z. B. ein Donatorniveau ein Elektron aufnehmen, dessen Spin in einer der beiden erlaubten Richtungen orientiert sein kann. Sobald aber einmal das Donatorniveau besetzt ist, kann kein zweites Elektron mehr aufgenommen werden; es wird abgestoßen. Zur Ermittlung der Besetzungswahrscheinlichkeit müssen dieselben statistischen Betrachtungen angestellt werden wie bei der Fermi-Verteilung. Wegen der geänderten Voraussetzungen sind allerdings die Ergebnisse andere. Bei einer Gesamtkonzentration N_D der ionisierten Donatoren ist die Konzentration N_D^+ der ionisierten Donatoren, also derer, die ein Elektron ins Leitungsband abgegeben haben, durch:

$$N_D^+ = N_D \left[1 - \left(\frac{1}{g} e^{(W_D - W_F)/kT} + 1 \right)^{-1} \right]$$

$$= N_D \left(g\, e^{(W_F - W_D)/kT} + 1 \right)^{-1} \qquad \text{mit } g = 2 \qquad (1.17a)$$

bestimmt. Analoge Betrachtungen führen bei einer Konzentration N_A aller Akzeptoren auf die Konzentration:

$$N_A^- = N_A \left(g\, e^{(W_A - W_F)/kT} + 1 \right)^{-1} \qquad \text{mit } g = 4 \qquad (1.17b)$$

der ionisierten Akzeptoren, also derer, die ein Elektron aufgenommen haben. In diesen Ausdrücken ist W_F in seiner Lage noch unbekannt. Um sie zu bestimmen, machen wir einige Näherungen, die in praktischen Fällen meist erfüllt sind. Man dotiert möglichst mit flachen Donatoren oder Akzeptoren, deren Energieniveaus also dicht am Rand der verbotenen Zone liegen. Betrachten wir zunächst nur flache Donatoren, dann sind sie bei Raumtemperatur nahezu vollständig ionisiert, d. h. nach (1.17a), daß W_F gemessen in Einheiten von kT sehr weit unterhalb von W_D liegt.

Damit wird der Exponentialausdruck gegenüber der Eins sehr klein, und es gilt:

$$N_D^+ \approx N_D . \qquad (1.18)$$

Damit können wir die Lage von W_F, zunächst für Dotierung mit überwiegend Donatoren ($N_D \gg N_A$), ermitteln. Als zusätzliche Information steht zur Verfügung, daß im thermodynamischen Gleichgewicht überall im Kristall Elektroneutralität herrschen muß, d. h. die Konzentration der negativen Ladungen (Elektronen plus ionisierte Akzeptoren) muß gleich der der positiven Ladungen (Löcher plus ionisierte Donatoren) sein:

$$n + N_A^- = p + N_D^+ . \qquad (1.19)$$

Für unseren Fall $N_D \gg N_A$ folgt zunächst aus dieser allgemein gültigen Beziehung:

$$n \approx p + N_D ,$$

wenn wir (1.18) verwenden. Da (1.16) stets gültig ist und da die Dotierungskonzentration meist sehr viel größer als die Eigenleitungskonzentration ist, gilt weiterhin:

$$p = n_i^2/n \ll n ,$$

und folglich: $n \approx N_D$. $\qquad (1.20)$

Dies ist gleichbedeutend damit, daß wir die Vorgänge im Valenzband und sogar in der unteren Hälfte der verbotenen Zone vernachlässigen können. Da (1.14a) seine Gültigkeit unabhängig von der Lage von W_F behält, wenn nur W_F hinreichend weit von der Leitungsbandkante entfernt ist, folgt schließlich in unserer Näherung :

$$W_F = W_L - kT \ln N_L/N_D. \qquad (1.21a)$$

Wir erhalten die wichtige Aussage, daß die Lage W_F des Fermi-Niveaus direkt durch die Donatorenkonzentration N_D bestimmt wird. Umgekehrt können wir mit (1.14a) aus dem nun bekannten W_F durch Verschieben der Fermi-Verteilung entlang der Energieskala die Elektronenkonzentration n ermitteln (Abb. 1.15).

<u>Abb. 1.15</u> Mit den Donatoren der Konzentration N_D dotierter Halbleiter.

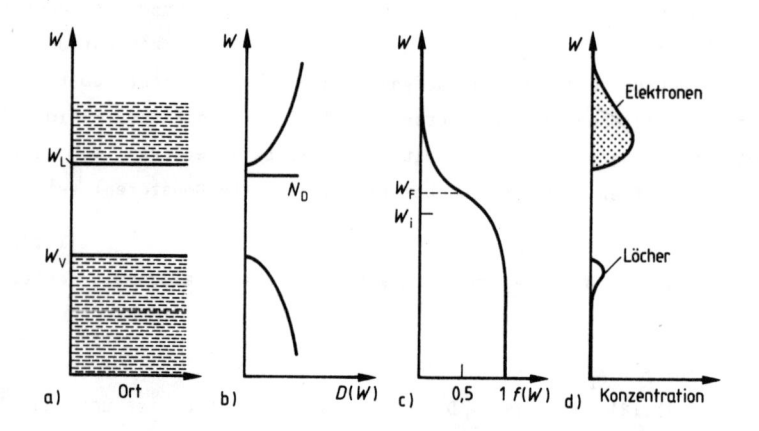

a) Bändermodell   b) Zustandsdichte $D(W)$ c) gegenüber Eigenleitungsniveau W_i verschobene Fermiverteilung   d) Elektronen- und Löcherkonzentration

Eine ganz entsprechende Diskussion führt für Akzeptorendotierung ($N_A \gg N_D$) auf das Ergebnis:

$$W_F = W_V + kT \ln N_V/N_A. \qquad (1.21b)$$

Homogener Halbleiter

Im ersten Fall spricht man von n-Leitung, im Fall (1.21b) von p-Leitung. Beides gilt nur für die praktisch wichtigen nichtentarteten Halbleiter, bei denen die Dotierungskonzentration nicht zu hoch wird. Die Grenze zum Entartungsbereich ist durch N_L bzw. N_V nach S. 25 gegeben.

Im Fall der Entartung liegt W_F entweder innerhalb des Leitungsbandes oder des Valenzbandes. Dies gilt für sehr hohe Dotierungen: der Halbleiter nimmt metallischen Charakter an. Die meisten unserer vereinfachenden Näherungen dürfen wir dann nicht mehr vornehmen.

Stromleitung. Die Elektronen als freie Ladungsträger im Halbleiter führen eine statistisch ungeordnete Bewegung aus, die über alle Elektronen gemittelt verschwindet. Ein einzelnes Elektron bewegt sich so lange ungestört durch den Kristall, bis es gestreut wird, wobei es seine Geschwindigkeit ändert und Energie aufnehmen oder abgeben kann. Als Streuungsursachen kommen vorwiegend elektrisch geladene Störstellen oder Dotieratome sowie Gitterschwingungen (Phononen) infrage. Die Zeit, die zwischen zwei Streuungen vergeht, nennt man - etwas ungenau - die Stoßzeit τ. In dieser Zeit kann das Elektron ungestört die freie Weglänge λ zurücklegen. Beide Größen sind, gemessen an den Dimensionen der meisten Halbleiterbauelemente, sehr klein. In besonderen Fällen ist man allerdings bereits in der Lage, die kritischen Dimensionen von Bauelementen bis in die Größenordnung von λ zu verkleinern. Wir wollen von den Komplikationen, die dabei entstehen, zunächst absehen.

Wenn im Halbleiter ein elektrisches Feld E herrscht, dann wird jedem Elektron während der Stoßzeit τ eine Zusatzgeschwindigkeit erteilt. Bei Mittelung über alle Elektronen verschwindet ihre statistisch ungeordnete Bewegung, aber es bleibt die durch E erzwungene Vorzugs- oder Driftgeschwindigkeit v_n erhalten, mit der sich das Elektronenensemble durch den Kristall bewegt (zur Vorzeichendefinition s. Abb. 1.16). v_n ist proportional zu E:

$$v_n = - \mu_n E, \qquad (1.22)$$

Halbleiterbauelemente

wobei μ_n als Beweglichkeit bezeichnet wird. Im allgemeinsten Fall sind v_n und E Vektoren. Bei diesen wie auch ähnlichen Größen verzichten wir auf eine besondere Kennzeichnung, weil wir meist ohnehin nur eindimensionale Betrachtungen anstellen. Wir beschränken uns daher von vornherein nur auf eine Komponente. Die Streuprozesse lassen sich in der Bewegungsgleichung des Elektrons summarisch als ein zur Geschwindigkeit

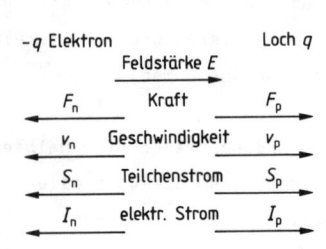

$-q$ Elektron		Loch q
	Feldstärke E	
F_n	Kraft	F_p
v_n	Geschwindigkeit	v_p
S_n	Teilchenstrom	S_p
I_n	elektr. Strom	I_p

Abb. 1.16 Zur Vorzeichenkonvention. Es handelt sich stets um Stromdichten.

proportionaler Reibungsterm einführen. Es zeigt sich, daß der Proportionalitätsfaktor durch $1/\tau$ gegeben ist:

$$m \left(\frac{dv_n}{dt} + \frac{1}{\tau} v_n \right) = -qE. \qquad (1.23)$$

Eine partikuläre Lösung dieser Gleichung ist:

$$v_n = -q\tau E/m. \qquad (1.24)$$

Offensichtlich gilt sie für den stationären Fall ($dv_n/dt = 0$), wenn Trägheitseffekte keine Rolle spielen. Ein Vergleich von (1.22) mit (1.24) liefert:

$$\mu_n = q\tau/m. \qquad (1.25)$$

In allen Gleichungen muß die effektive Masse verwendet werden. Wir können unmittelbar die Dichte des elektrischen Stromes angeben:

$$I_n = -qnv, \qquad (1.26)$$

wobei n die Konzentration der Elektronen ist. Zusammen mit (1.24) und (1.25) liefert dies:

Homogener Halbleiter

$$I_n = (q^2 n\tau/m) E = q m \mu_n E. \qquad (1.27)$$

Dies ist das Ohmsche Gesetz in seiner differentiellen Form. Meist wird es unter Verwendung der elektrischen spezifischen Leitfähigkeit σ_n bzw. deren Reziprokwert, des spezifischen Widerstandes ρ_n, geschrieben:

$$\sigma_n = 1/\rho_n = q m \mu_n. \qquad (1.28)$$

Analoge Überlegungen wie bei Elektronen lassen sich auch für Löcher anstellen. Die dann ermittelte Löcherbeweglichkeit μ_p ist meist kleiner als μ_n. Tab. 1.6 gibt einige Beweglichkeitswerte, die allerdings mit zunehmender Dotierung kleiner werden.

Tab. 1.6 Beweglichkeitswerte für Raumtemperatur, Beweglichkeit in cm^2/Vs

Halbleiter	Elektronen	Löcher
Si	1450	500
Ge	3800	1800
GaAs	8000	400
InP	4900	150
$In_{0,53}Ga_{0,47}As$	11000	200

Weiterhin gelten sie nur für relativ kleine Feldstärken, da nach Abb. 1.17 für große Feldstärken die Driftgeschwindigkeit auf einen Sättigungswert von rund 10^7 cm/s zustrebt. Natürlich gilt dann das Ohmsche Gesetz (1.27) nicht mehr.

Der Gesamtstrom, der bei angelegtem Feld E fließt und der sich aus einem Elektronen- und Löcheranteil zusammensetzt, ist:

$$\begin{aligned} I_F &= I_{nF} + I_{pF} = q(n\mu_n + p\mu_p) E \\ &= (\sigma_n + \sigma_p) E = \sigma E \quad \text{mit: } \sigma = q(n\mu_n + p\mu_p). \end{aligned} \qquad (1.29)$$

Wir haben den Index F hinzugefügt, um auf das Feld als treibende Ursache hinzuweisen. Denn neben dem Feldstrom kann noch ein

Halbleiterbauelemente

Diffusionsstrom fließen (Index D), der bei inhomogener Verteilung der freien Ladungsträger auftritt. Denn dann liegt ein nichtverschwindender

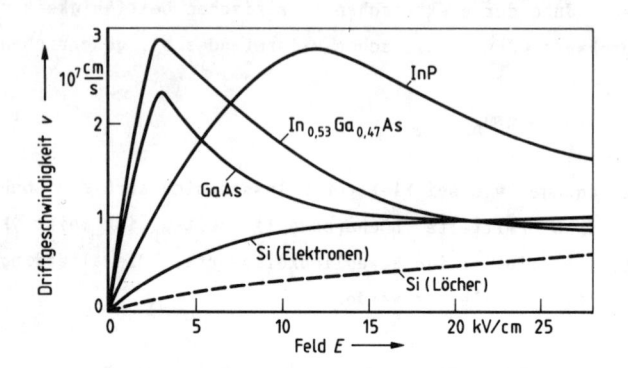

Abb. 1.17 Driftgeschwindigkeit von freien Ladungsträgern bei Anliegen eines elektrischen Feldes E. Die gestrichelte Kurve gilt für Defektelektonen in Si, alle anderen für Elektronen.

Gradient der Ladungsträgerkonzentration vor, der nach dem ersten Diffusionsgesetz zu einem Teilchenstrom führt. Besteht beispielsweise ein Gradient in der Elektronenkonzentration, so folgt daraus der Teilchenstrom (vgl. Abb. 1.16):

$$S_n = - D_n \text{ grad } n, \qquad (1.30a)$$

durch den ein Ausgleich der Inhomogenität in der Verteilung erstrebt wird. Also fließt ein elektrischer Diffusionsstrom:

$$I_{nD} = qD_n \text{ grad } n. \qquad (1.31a)$$

Ganz entsprechende Gleichungen ergeben sich für die Löcher:

$$S_p = - D_p \text{ grad } p \qquad (1.30b)$$

$$I_{pD} = - qD_p \text{ grad } p. \qquad (1.31b)$$

Im allgemeinen Fall fließt der Gesamtstrom:

$$I = I_n + I_p, \qquad (1.32)$$

der sich aus den Elektronen- und Löcheranteilen:

$$I_n = I_{nF} + I_{nD} = \sigma_n E + qD_n \text{ grad } n \qquad (1.33a)$$
$$I_p = I_{pF} + I_{pD} = \sigma_p E - qD_p \text{ grad } p \qquad (1.33b)$$

aufsummiert. Häufig ist die Verwendung der Einstein-Beziehung nützlich, die für nichtentartete Halbleiter gilt. Sie verknüpft den Diffusionskoeffizienten $D_{n,p}$, der als Proportionalitätsfaktor im ersten Diffusionsgesetz (1.30) definiert ist, mit der Beweglichkeit:

$$D_n = kT\mu_n/q, \qquad D_p = kT\mu_p/q. \qquad (1.34)$$

Einige wichtige Gleichungen. Wir wollen noch einige Beziehungen aufführen, die die Grundlage zur Behandlung aller Halbleiterbauelemente sind, die aber allgemeinere Gültigkeit haben. Zunächst fragen wir, wie sich zeitlich die Konzentration n von Elektronen in einem Volumenelement ändern kann. Eine erste Ursache kann sein, daß mehr Elektronen zu- als abfließen oder umgekehrt. Mathematisch heißt dies, daß die Divergenz des Elektronenstroms am betrachteten Ort nicht verschwindet. Eine zweite Ursache kann sein, daß im Volumenelement thermisch Elektronen erzeugt werden oder daß sie rekombinieren. Dies haben wir durch die Generations- und Rekombinationsrate g bzw. r nach S. 32 beschrieben. Sie geben an, wieviel Elektronen pro Raum- und Zeiteinheit erzeugt oder durch Rekombination gebunden werden. Damit gilt wegen $S_n = -I_n/q$:

$$\frac{dn}{dt} = \frac{1}{q} \text{ div } I_n - r + g, \qquad (1.35a)$$

wobei I_n als Vektor aufzufassen ist. Dies ist die Kontinuitätsgleichung für Elektronen. Das Gegenstück für Löcher lautet:

$$\frac{dp}{dt} = -\frac{1}{q} \text{ div } I_p - r + g. \qquad (1.35b)$$

Halbleiterbauelemente

Wir wollen im folgenden die magnetischen Effekte in Halbleiterbauelementen nicht weiter diskutieren. Daher vereinfachen sich die Maxwellschen Gleichungen erheblich. Insbesondere ist die magnetische Permeabilität als Proportionalitätsfaktor zwischen magnetischem Feld H und magnetischer Induktion B konstant. Dasselbe soll für die Dielektrizitätskonstante ϵ gelten, die den elektrischen Verschiebungsvektor mit dem Feld E verknüpft. Die erste und die vierte Maxwellsche Gleichung lauten dann:

$$\text{rot } H = \epsilon \frac{\partial E}{\partial t} + J \quad \text{und} \quad \text{div } B = \text{div } H = 0,$$

wobei alle Größen vektoriell gemeint sind. Da die Divergenz einer Rotation stets verschwindet (oder im Nabla-Kalkül: $\nabla \cdot \nabla \times v = 0$ mit v als Vektor), ergibt sich sofort daraus:

$$\text{div } (\epsilon \frac{\partial E}{\partial t} + J) = 0. \tag{1.36}$$

Die dritte Maxwellsche Gleichung besagt, daß der Verschiebungsvektor oder bei unseren Annahmen der elektrische Feldvektor E aus den elektrischen Ladungen der Dichte ρ entspringen:

$$\epsilon \text{ div } E = \rho. \tag{1.37}$$

Da wir die Energieskala W für ein Elektron (z. B. in Abb. 1.11) bisher nur relativ festgelegt haben, können wir vereinbaren, daß die Leitungsbandkante W_L der Energie des Elektrons in dem elektrostatischen Potential φ entspricht:

$$W_L = - q\varphi$$

oder: $\quad \text{grad } W_L = \text{grad } W_V = - q \text{ grad } \varphi = qE, \tag{1.38}$

wobei wir den konstanten Abstand zwischen W_L und W_V genutzt haben. Wenn also ein elektrisches Feld auftritt, bekommt das Leitungsband eine Neigung, die durch E bestimmt wird. Wenn wir nun (1.37) und (1.38)

Homogener Halbleiter

verknüpfen, ergibt sich unter Verwendung des Laplace-Operators (div grad = $\nabla \cdot \nabla = \Delta$):

$$\Delta W_L = q \, \text{div} \, E = \frac{q}{\epsilon} \rho = \frac{q^2}{\epsilon} (N_D^+ + p - N_A^- - n). \tag{1.39}$$

Dies ist die Poisson-Gleichung. Sie stellt eine Verbindung zwischen dem Potential und der Raumladung her, die sich aus den ionisierten Störstellen und den beweglichen Ladungsträgern zusammensetzt.

1.2 Halbleiterübergänge

Die Möglichkeit, Halbleiter unterschiedlich dotieren zu können, ist die Grundlage zahlreicher Bauelemente. Wir wollen zunächst den *pn*-Übergang behandeln, bei dem ein *n*-leitender und ein *p*-leitender Halbleiterbereich aneinandergrenzen. In der Si-Technik läßt sich ein *pn*-Übergang am einfachsten in einem *n*-dotierten Si-Film realisieren, der auf einem hochdotierten Si-Substrat aufgewachsen ist (Abb. 1.18a). *n* steht für mittlere Donatorenkonzentrationen, etwa 10^{16} cm^{-3}. n^+ deutet hohe Dotierung an (im Bereich 10^{18} cm^{-3} und mehr). Ein Substratkristall ist 200 - 500 µm dick, der Einkristallfilm 2 - 10 µm. Auf Si läßt sich durch Oxidation sehr einfach ein maskierender und isolierender SiO_2-Film von einigen hundert nm Dicke aufbringen, in dem mit fotografischen Mitteln Fenster geöffnet werden. In diesen Fenstern und etwas unter ihren Rändern kann als Dotierstoff ein Akzeptor in das Si eindiffundiert werden, wodurch ein *pn*-Übergang entsteht. Wir werden später in Kap. III.1 diese für die Elektronikindustrie überaus wichtige planare Technologie eingehender beschreiben. In den meisten Fällen ist dafür kennzeichnend, daß die eine Dimension (in unserem Fall die Diffusionstiefe von um 1 µm) sehr viel kleiner als die transversalen Dimensionen ist (die Öffnung der SiO_2-Fenster von mindestens mehreren µm). Damit sind wir berechtigt, Randeffekte zu vernachlässigen und nur noch den Mittenbereich von Abb. 1.18a in einem senkrechten Ausschnitt zu berücksichtigen. Da wegen seiner hohen Dotierung das n^+-Substrat nur wenig zum Widerstand beiträgt (vgl. (1.28)), kommen wir zu Abb. 1.18b.

Halbleiterbauelemente

Der pn-Übergang ist beidseits durch Metallschichten angeschlossen, die verschwindenden Kontaktwiderstand garantieren sollen.

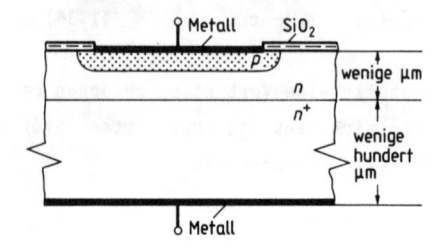

Abb. 1.18
a) Aufbau eines pn-Überganges in planarer Technik,
b) daraus abgeleitetes Modell eines pn-Übergangs.

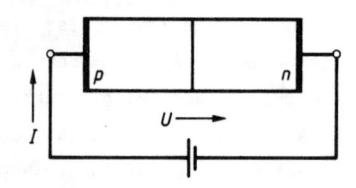

Die an einer solchen Struktur gemessene Strom-Spannungs-Charakteristik zeigt eine ausgeprägte Asymmetrie, die in Abb. 1.19 noch dadurch unterdrückt ist, daß im Sperrbereich mit seinem geringen Stromfluß die Skalen stark gestaucht sind. Demgegenüber beginnt im Durchlaßbereich, sobald einmal die Knick- oder Einsatzspannung von rund 0,7 V überschritten ist, ein kräftiger Stromfluß. Im Sperrbereich steigt der Strom erst dann drastisch an, wenn die Durchbruchspannung U_B erreicht ist. Wenn die Zerstörung des Bauelements vermieden werden soll, dann muß der Stromfluß in diesem Fall durch einen Reihenwiderstand begrenzt werden.

In diesem Kapitel kommt es darauf an, die angesprochenen Phänomene zu deuten. Wir beginnen mit dem stromlosen Zustand. Vorab ist noch eine Anmerkung notwendig. Selbst einfache Messungen können von einer Vielzahl von Größen beeinflußt werden, die nicht immer leicht abzuschätzen sind. Dies gilt auch für das Ergebnis in Abb. 1.19, bei dem unerwünschte Parameter wie Serienwiderstände und Oberflächenströme spürbar sind. Uns kommt es hier nur darauf an, die wichtigsten halbleiterspezifischen Vorgänge zu beschreiben, ohne allzusehr auf überlagerte Einflußgrößen einzugehen.

Abb. 1.19 Gemessene Kennlinie eines *pn*-Übergangs in Si. Die Achsen sind stark unterschiedlich in ihren negativen und positiven Abschnitten skaliert, woraus der scheinbare Kennlinienknick resultiert.

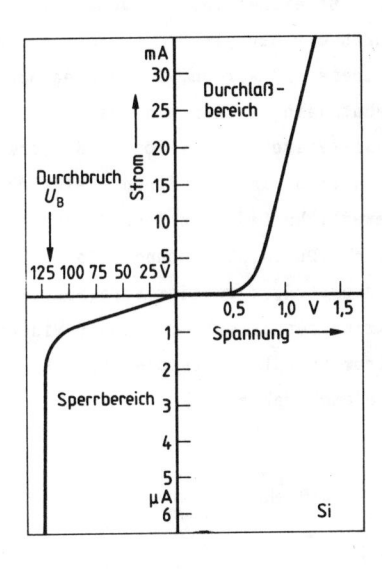

Abrupter *pn*-Übergang. Für die quantitative Behandlung setzen wir voraus, daß die gegensätzlich dotierten Halbleiterbereiche ohne Übergang aneinanderstoßen und daß sie auf der einen Seite nur mit Akzeptoren der Konzentration N_A sowie auf der Gegenseite nur mit Donatoren der Konzentration N_D dotiert sind (Abb. 1.20a). Man spricht von einem abrupten *pn*-Übergang. Die Grenzfläche heißt metallurgischer *pn*-Übergang. An dieser Stelle diffundieren die beweglichen Elektronen nach links in das *p*-Gebiet, weil auf der rechten Seite eine hohe Elektronenkonzentration und im *p*-Gebiet eine verschwindende Elektronenkonzentration herrschen. Ebenso diffundieren Löcher in umgekehrter Richtung. Beide Ladungsträgersorten rekombinieren im jeweils entgegengesetzten Gebiet. Damit bleiben ortsfeste geladene Dotieratome zurück, positive Donatoren rechts vom metallurgischen *pn*-Übergang und negativ geladene Akzeptoren links davon. Diese unkompensierten Ladungen haben ein

Halbleiterbauelemente

elektrisches Feld E zur Folge (Abb. 1.20b), das die Diffusionsströme zum Stehen bringt. Das Resultat ist eine Verarmungszone oder Sperrschicht (depletion layer), in der - wie sich zeigen wird - praktisch keine beweglichen Ladungen vorhanden sind. Links und rechts schließen sich Bereiche an, in denen die ortsfesten Ladungen der Dotieratome durch die beweglichen Elektronen bzw. Löcher bis zur Elektroneutralität kompensiert werden. In diesen Bereichen, die hinreichend weit ausgedehnt sein sollen, herrscht dann natürlich kein Feld. Aus dieser qualitativen Diskussion wird bereits das Ergebnis von Abb. 1.19 verständlich. In der einen Feldrichtung wird die Verarmungszone durch bewegliche Ladungsträger "zugeschwemmt": es fließt sehr bald ein hoher Strom (Durchlaßrichtung). In der Gegenrichtung werden die beweglichen Ladungsträger von der Verarmungszone weggezogen: sie weitet sich auf. Daraus resultiert ein hoher Widerstand, der nur einen sehr geringen Strom zuläßt (Sperrbereich). Ein pn-Übergang zeigt also ausgeprägten Diodencharakter.

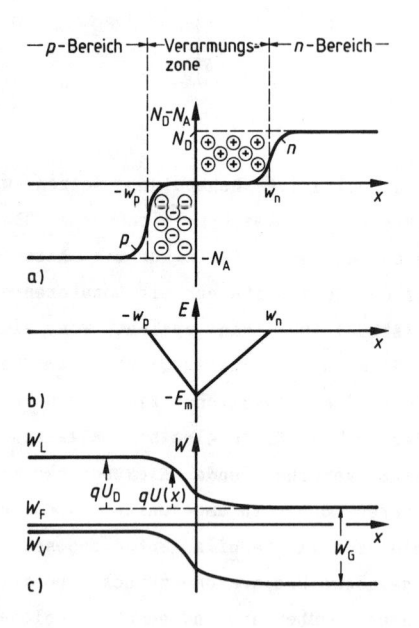

Abb. 1.20 Abrupter pn-Übergang.
a) Örtlicher Ladungsverlauf,
b) Feldstärkeverlauf,
c) Bändermodell.

Halbleiterübergänge

Wir kehren zu dem stromlosen Fall zurück. Es liegt also keine äußere Spannung an. Es fließt dann auch kein Elektronenstrom. Da wir uns auf eine eindimensionale Behandlung beschränken, folgt aus (1.33a) und (1.34):

$$I_n = 0 = q\mu_n \left(nE + \frac{kT}{q}\frac{dn}{dx}\right). \tag{1.40}$$

Wir differenzieren (1.14a) mit dem Ergebnis:

$$\frac{dn}{dx} = \frac{n}{kT}\left(\frac{dW_F}{dx} - \frac{dW_L}{dx}\right). \tag{1.41}$$

Wenn wir nun noch (1.38) nutzen, dann nimmt (1.40) die Form:

$$I_n = 0 = m\mu_n \frac{dW_F}{dx} \tag{1.42}$$

an. Eine analoge Betrachtung läßt sich für den Löcherstrom anstellen, so daß wir für den gesamten Halbleiter im stromlosen Fall zu dem Ergebnis (Abb. 1.20c):

$$dW_F/dx = 0 \tag{1.43}$$

kommen. Die Lage des Ferminiveaus ist örtlich konstant. Da die Lage von Valenz- und Leitungsbandkante relativ zu W_F über (1.21) durch die Dotierung im neutralen n- und p-Bereich festliegt, erhalten wir Abb. 1.20c. Durch die Bandverschiebung wird die Diffusionsspannung U_D (built-in voltage) bestimmt. Sie errechnet sich als Integral über die Feldstärke (Abb. 1.20b). Integrieren wir (1.40) unter Verwendung von (1.38) von einem Ort x in der Verarmungszone bis tief in das n-Gebiet hinein (bis zum Ort ∞), dann folgt:

$$n(x) = N_D \exp{-\frac{W_L(x) - W_L(\infty)}{kT}}, \tag{1.44}$$

d. h. die Elektronenkonzentration nimmt am Rande der Verarmungszone exponentiell vom Wert N_D zu vernachlässigbaren Werten ab. Dies ist die Rechtfertigung dafür, daß wir die Verarmungszone als praktisch frei von beweglichen Ladungsträgern angenommen haben; denn dieselbe Überlegung wie oben können wir für den p-Teil des Halbleiters anstellen. Wenn wir

Halbleiterbauelemente

mit $U(x)$ die lokale Potentialdifferenz gegenüber der n-Seite bezeichnen, können wir auch schreiben (vgl. Abb. 1.20c):

$$n(x) = N_D \exp - \frac{qU(x)}{kT}. \tag{1.45}$$

Mit Hilfe von (1.38) können wir den Bezug zum elektrischen Potential als $U(x) = -\varphi(x) = W_L(x)/q$ herstellen, alles wiederum bezogen auf das n-Gebiet. Speziell für den neutralen p-Bereich folgt daraus:

$$n_{p0} = n_{n0} \exp - \frac{qU_D}{kT}. \tag{1.46a}$$

n_{p0} bedeutet die Elektronenkonzentration im p-Gebiet (Index p) im Gleichgewichtszustand (Index 0). n_{n0} ist demnach die Elektronenkonzentration im n-Bereich (Index n), entsprechend N_D, ebenfalls im Gleichgewicht (Index 0). Mit dieser Bezeichnungsweise wird das analoge Resultat für die Löcherkonzentration verständlich:

$$p_{n0} = p_{p0} \exp - \frac{qU_D}{kT} = n_i^2/n_{n0}. \tag{1.46b}$$

Dabei haben wir noch (1.16) verwendet. Beide Gleichungen können wir umformen, um einen Ausdruck für die Diffusionsspannung zu erhalten:

$$U_D = \frac{kT}{q} \ln \frac{n_{n0}}{n_{p0}} = \frac{kT}{q} \ln \frac{p_{p0}}{p_{n0}}. \tag{1.46c}$$

Eine einfache Beziehung für die Ausdehnung der Verarmungszone ergibt sich aus der Forderung, daß die p- und n-Bereiche weit vom pn-Übergang entfernt feldfrei sein sollen. Dann müssen sich die ortsfesten Ladungen in der Verarmungszone, gerechnet pro Flächeneinheit des pn-Übergangs, gegenseitig kompensieren:

$$N_A w_p = N_D w_n. \tag{1.47}$$

Die Verarmungszone erstreckt sich also immer in das Gebiet tiefer hinein, das niedriger dotiert ist.

Den Feldverlauf in der Verarmungszone gewinnen wir aus der Poisson-Gleichung (1.39):

$$dE/dx = \frac{q}{\epsilon} (N_D^+ + p - N_A^- - n)$$

oder spezialisiert für die beiden Teile der Verarmungszone:

$$dE/dx = qN_D/\epsilon \quad \text{bzw.} \quad dE/dx = -qN_A/\epsilon.$$

Daraus folgt durch Integration:

$$E(x) = -E_m + qN_D x/\epsilon = \frac{qN_D}{\epsilon} (x - w_n) \quad \text{für} \quad 0 < x \le w_n \quad (1.48a)$$

sowie:

$$E(x) = -\frac{qN_A}{\epsilon} (x + w_p) \quad \text{für} \quad -w_p \le x < 0 \quad (1.48b)$$

mit:

$$|E_m| = qN_D w_n/\epsilon = qN_A w_p/\epsilon. \quad (1.49)$$

Das in seinem Absolutwert maximale Feld E_m herrscht immer am metallurgischen pn-Übergang, also bei $x = 0$. Wegen des linearen Zusammenhangs zwischen x und E können wir sofort aus Abb. 1.20b entnehmen:

$$U_D = \frac{1}{2} E_m (w_n + w_p) = E_m w/2, \quad (1.50)$$

wobei $w = w_n + w_p$ die Gesamtdicke der Verarmungszone ist. Aus (1.49) und (1.50) können wir E_m eliminieren mit dem Resultat:

$$w = \sqrt{2\epsilon U_D (\frac{1}{N_D} + \frac{1}{N_A})/q}. \quad (1.51)$$

Auf demselben Weg ergeben sich zusammen mit (1.47) die beiden Abschnitte der Verarmungszone:

$$w_n = \sqrt{\frac{2\epsilon N_A U_D}{qN_D(N_A+N_D)}} \quad \text{und} \quad w_p = \sqrt{\frac{2\epsilon N_D U_D}{qN_A(N_A+N_D)}}. \quad (1.52)$$

Schließlich liefert eine nochmalige Integration von (1.48a):

$$U(x) = \frac{qN_D}{2\epsilon} (x - w_n)^2. \quad (1.53)$$

Halbleiterbauelemente

Bei vielen elektronischen Bauelementen ist eine Seite des pn-Übergangs sehr viel stärker als die andere dotiert. Daraus ergeben sich erhebliche Vereinfachungen für die abgeleiteten Resultate. Handelt es sich z. B. um einen p^+n-Übergang, also mit $N_A \gg N_D$, so erhalten wir aus (1.51) und (1.52):

$$w \approx w_n \approx \sqrt{\frac{2\epsilon U_D}{qN_D}} = L_D \sqrt{\frac{2qU_D}{kT}} \qquad (1.54)$$

mit: $L_D = \sqrt{\frac{\epsilon kT}{q^2 N_D}}$.

Entsprechendes gilt für den umgekehrten Dotierungsfall $N_D \gg N_A$. L_D heißt Debye-Länge und gibt ein Maß dafür an, wie rasch eine Inhomogenität beweglicher Ladungsträger örtlich abklingt. Gemessen in Einheiten von L_D liegt im stromlosen Zustand die Dicke der Verarmungszone bei typischen Halbleitern zwischen 5 und 10.

Sperrschichtkapazität. Wir nehmen nun an, daß an dem pn-Übergang eine Spannung U in dem Sinn anliegt, daß die p-Seite positiv gegenüber der n-Seite ist (vgl. Abb. 1.18b). Dann fließt ein Strom, weil die Diffusionsspannung U_D abgebaut wird. Dies bedeutet, daß die Verarmungszone teilweise von Ladungsträgern zugeweht wird. Für die Elektronenbänder heißt dies ein Anheben der n-Seite gegenüber der p-Seite (Abb. 1.21). Wir können davon ausgehen, daß der fließende Strom klein genug ist, um die Potentialverhältnisse in der Verarmungszone von nun reduzierter Dicke nicht wesentlich zu beeinflussen. Man spricht vom Fall schwacher Injektion. Weiterhin soll U nicht an den quasineutralen p- und n-Bereichen, den Bahngebieten, abfallen, sondern an der hochohmigen Verarmungszone.

Unter diesen Bedingungen bleibt die Rechnung, die oben mit der Poisson-Gleichung begann, nebst ihrer Resultate erhalten, wenn wir nur U_D durch die tatsächlich wirksame Spannung ($U_D - U$) ersetzen. Insbesondere erhalten (1.50) bis (1.52) die Form:

Halbleiterübergänge

$$|E_m| = 2(U_D - U)/w \qquad (1.50a)$$

$$w = \sqrt{2\epsilon(U_D-U)(\frac{1}{N_D} + \frac{1}{N_A})/q} \qquad (1.51a)$$

$$w_n = \sqrt{\frac{2\epsilon N_A(U_D-U)}{qN_D(N_A+N_D)}} \quad \text{und} \quad w_p = \sqrt{\frac{2\epsilon N_D(U_D-U)}{qN_A(N_A+N_D)}}. \qquad (1.52a)$$

Wenn der Richtungssinn von U geändert wird, wenn also eine Sperrspannung anliegt, dann vergrößert sich die Dicke w der Sperrschicht. Eine Änderung der anliegenden Spannung ist daher mit einer teilweisen Umladung der Verarmungszone verknüpft (Abb. 1.21a).

Abb. 1.21
a) Ladungsverhältnisse und
b) Bändermodell eines abrupten pn-Übergangs, wenn eine äußere Spannung U in Durchlaßrichtung anliegt. Der gestrichelte Bänderverlauf entspricht dem Fall fehlender äußerer Spannung.

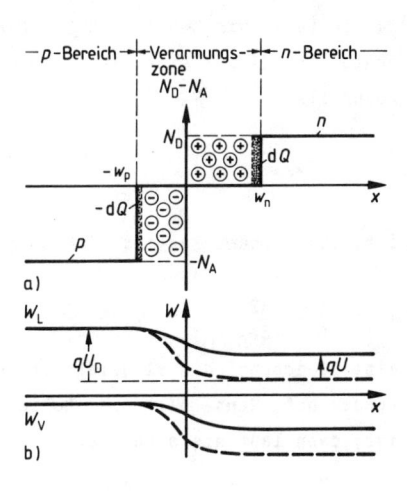

Pro Flächeneinheit des pn-Übergangs hat sie die Größe:

$$dQ = qN_D dw_n = qN_A dw_p \qquad (1.55)$$

wobei dw_n und dw_p die Vergrößerung der Sperrschichtdicke ist. Wir können diesen Vorgang als die Umladung eines Kondensators auffassen, dessen differentielle Kapazität durch:

$$c_s = -\frac{dQ}{dU}$$

gegeben ist. Das negative Vorzeichen resultiert aus der Abnahme der Sperrschichtdicke (und damit der Ladung) mit zunehmender Spannung. c_s

Halbleiterbauelemente

wird, gerechnet pro Flächeneinheit des pn-Übergangs, als Sperrschichtkapazität bezeichnet. Setzen wir (1.55) ein und verwenden (1.51a) und (1.52a), so folgt:

$$c_S = -q\, N_D \frac{dw_n}{dU} = \epsilon \sqrt{\frac{q N_A N_D}{2\epsilon(N_A+N_D)(U_D-U)}} = \frac{\epsilon}{w}. \tag{1.56}$$

Ein pn-Übergang verhält sich also wie ein Kondensator, dessen Plattenabstand durch die Sperrschichtdicke w und dessen Fläche durch die Fläche des pn-Übergangs bestimmt wird. Die relative Dielektrizitätskonstante ϵ/ϵ_0 (ϵ_0 absolute Dielektrizitätskonstante) liegt bei typischen Halbleitern zwischen 10 und 12. Für einen p^+n-Übergang läßt sich im Anschluß an (1.54) eine ähnliche Überlegung anstellen, deren Ergebnis ebenfalls:

$$c_S = \epsilon/w \tag{1.56a}$$

ist. Insbesondere ergibt sich auch:

$$1/c_S^2 = \frac{2}{\epsilon q N_D}(U_D - U),$$

eine Gleichung, die allgemeinere Bedeutung auch für inhomogene Dotierungen hat. Wenn $N(w)$ die Dotierung an der Sperrschichtgrenze bei w ist, dann läßt sie sich aus:

$$\frac{d(1/c_S)^2}{dU} = \frac{2}{\epsilon q\, N(w)} \tag{1.57}$$

ermitteln. (1.57) ist die Grundlage zu einem wichtigen Meßverfahren zur Bestimmung von Dotierungsprofilen in Halbleitern. Aus der gemessenen Spannungsabhängigkeit von c_S leitet sich $N(w)$ ab. Die Beziehung von c_S mit dem Ort w im Halbleiter folgt aus (1.56).

Varaktor. Eine Anwendung findet die Spannungsabhängigkeit der Sperrschichtkapazität nach (1.56) im Varaktor (Kunstwort nach variable reactor). Ein Varaktor ist eine Diode, deren Blindwiderstand (Reaktanz) über die angelegte Sperrspannung gesteuert wird. Man spricht deshalb auch von Kapazitätsdiode oder Sperrschichtvaraktor. Ein Varaktor dient

Halbleiterübergänge

zur elektronischen Abstimmung von Schwingkreisen, zur parametrischen Verstärkung, als Mischer oder zur Erzeugung von Harmonischen.

Offensichtlich ist es möglich, über die Auslegung des Dotierungsprofils die Eigenschaften des Varaktors zu optimieren. Wir gehen von einem einseitig sehr hoch dotierten *pn*-Übergang aus, dessen niedrig dotierte Seite $x > 0$ gemäß:

$$N = a\ x^m$$

dotiert ist. $m = 0$ entspricht dem bisher stets diskutierten Fall der homogenen Dotierung; $m = 1$ heißt linearer *pn*-Übergang (linearly graded). Nutzen wir den Ansatz zur Lösung der Poisson-Gleichung in Analogie zu dem Vorhergehenden, dann folgen:

$$c_S = - \frac{dQ}{dU} \sim (U_D - U)^{-\frac{1}{m+2}}$$

und als ein Gütemaß des Varaktors die Kapazitätssteilheit:

$$\frac{dc_S}{c_S}\ \frac{U}{dU} = -\frac{1}{m+2}.$$

Wählen wir m aus dem Bereich zwischen -2 und 0, dann werden sowohl Kapazitätshub als auch -steilheit besonders groß. Damit beim metallurgischen *pn*-Übergang $x = 0$ die Dotierung nicht singulär wird, muß dort ein allerdings hoher Wert angesetzt werden, der etwa der Löslichkeitsgrenze des Dotierstoffs im Wirtskristall entspricht.

Alle diese Betrachtungen gelten für den Sperrbereich. Vordergründig könnte man meinen, daß noch größere Kapazitätsänderungen bei Aussteuerung in den Durchlaßbereich möglich sind. Dann fließen jedoch hohe Ströme, die die Verluste des Varaktors stark vergrößern.

Strom-Spannungscharakteristik. Wenn eine Spannung U in Durchlaßrichtung an einem *pn*-Übergang anliegt, dann bedeutet dies eine Reduzierung der Dicke der Verarmungszone bei gleichzeitiger Erhöhung der Konzentration der freien Ladungsträger. Innerhalb der Verarmungszone gilt nun

Halbleiterbauelemente

$np > n_i^2$, weil durch den Stromfluß das Gleichgewicht gestört ist. Nach wie vor fallen n und p jeder für sich um mehrere Zehnerpotenzen mit wachsendem Abstand vom Verarmungszonenrand ab, wie es in Abb. 1.22b angedeutet ist; dort sollte die Ordinate in dekadischem Maßstab skaliert sein. Wegen der erhöhten Ladungsträgerinjektion in die Verarmungszone steigt auch die Minoritätsträgerkonzentration (n im p-Bereich und p im n-Bereich) über den Gleichgewichtswert an. Die Gleichgewichtswerte n_{p0} bzw. p_{n0} werden erst nach einem langen Abfall tief im Bahngebiet erreicht. Dort herrscht dann wieder $n_{p0} p_{p0} = n_{n0} p_{n0} = n_i^2$. Während des Abfalls kommt es nach S. 32 wegen des erhöhten np-Produktes zu einer verstärkten Rekombination.

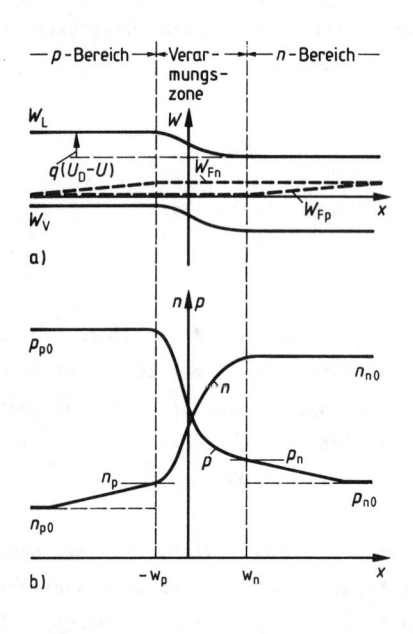

Abb. 1.22 pn-Übergang im Durchlaßbereich.

a) Verlauf der Quasi-Ferminiveaus für Elektronen (W_{Fn}) und Löcher (W_{Fp}).

b) Örtliche Verteilung der Ladungsträgerkonzentration. Der Abfall in die Bahngebiete hinein ist stark verkürzt gezeichnet, so daß erst in großer Ferne von der Verarmungszone die Gleichgewichtswerte n_{p0} bzw. p_{n0} erreicht werden.

Der Strom durch den pn-Übergang ist zunächst ganz links im p-Bereich (Abb. 1.22) ein reiner Löcherstrom. Ab dem Anstieg der Minoritätsträger vom Wert n_{p0} aus wird er mehr und mehr zu einem Elektronenstrom, bis beide Anteile - vorausgesetzt wir hätten einen symmetrischen pn-Übergang vorliegen - an der Grenze zur Verarmungszone bei $-w_p$ etwa gleich groß werden. Daran ändert sich auch in der im Vergleich zu den abfal-

Halbleiterübergänge

lenden Kurventeilen in den Bahngebieten sehr dünnen Verarmungszone wenig, d. h. wir vernachlässigen die Rekombination in der Sperrschicht. Erst ab w_n nimmt der Löcherstrom als Minoritätsträgeranteil wieder kontinuierlich ab. Tief im n-Bereich liegt wieder ein reiner Elektronenstrom vor. In den Übergangsteilen der nach wie vor quasineutralen p- und n-Bereiche ist der Minoritätsträgerstrom (Elektronen im p-, Löcher im n-Bereich) ein Diffusionsstrom, der durch den Konzentrationsgradienten angetrieben wird. Der Majoritätsträgerstrom ist ein Feldstrom, weil die vielen Löcher im p-Bereich und Elektronen im n-Bereich als Majoritätsträger auch bei einem nahezu vernachlässigbaren Feld einen erheblichen Beitrag liefern.

Diese Diskussion wollen wir im folgenden quantifizieren. Dabei spielt das Konzept des Quasi-Ferminiveaus (imref) eine Rolle, das bei Ungleichgewichtszuständen angebracht ist. Danach sind die Elektronen und Löcher jeder für sich im Gleichgewicht, so daß für sie eine jeweils getrennte Fermi-Verteilung – oder bei nicht-entarteten Halbleitern: Boltzmann-Verteilung – angesetzt werden darf. Diese beiden Fermi-Verteilungen sind eben durch die Quasi-Ferminiveaus W_{Fn} bzw. W_{Fp} charakterisiert. Wir setzen Nichtentartung voraus, d. h. nach S. 30, daß wir die Boltzmann-Näherung nutzen können. Die Verknüpfung von (1.15), (1.16) und (1.21a) liefert dann:

$$n = N_D = n_i \exp \frac{W_F - W_i}{kT}, \tag{1.58a}$$

wobei wir vollständige Ionisierung der Donatoren annehmen. Ebenso folgt mit (1.21b) für die Löcher:

$$p = N_A = n_i \exp \frac{W_i - W_F}{kT}. \tag{1.58b}$$

Für den Fall einer Störung des Gleichgewichts durch Stromfluß definieren wir die Quasi-Ferminiveaus durch:

$$n = n_i \exp \frac{W_{Fn} - W_i}{kT}, \tag{1.59a}$$

$$p = n_i \exp \frac{W_i - W_{Fp}}{kT}. \tag{1.59b}$$

Halbleiterbauelemente

Daraus folgt:

$$np = n_i^2 \exp \frac{W_{Fn} - W_{Fp}}{kT}.\qquad(1.60)$$

Sobald W_{Fn} über W_{Fp} liegt, haben wir $np > n_i^2$, d. h. wegen S. 32 erhöhte Rekombination über den Gleichgewichtszustand hinaus. Die dafür benötigten Ladungsträger müssen durch Stromfluß zugeführt werden. Für den umgekehrten Fall, W_{Fp} über W_{Fn}, liegt reduzierte Rekombination, also Nettogeneration vor.

Das Quasi-Ferminiveau ist direkt mit dem Stromfluß verbunden. Denn ersetzen wir in dem Stromausdruck (1.33a) in Verbindung mit (1.34) das Feld durch (1.38) und (1.28), so folgt:

$$I_n = n\mu_n \operatorname{grad} W_i + n\mu_n(\operatorname{grad} W_{Fn} - \operatorname{grad} W_i)$$

$$= n\mu_n \operatorname{grad} W_{Fn}.\qquad(1.61a)$$

Dabei haben wir noch (1.59a) verwendet. Ganz entsprechend ergibt sich für den Löcherstrom:

$$I_p = p\mu_p \operatorname{grad} W_{Fp}.\qquad(1.61b)$$

Der Strom ist also dem Gradienten des Quasi-Ferminiveaus proportional. Im thermodynamischen Gleichgewicht ist $W_{Fp} = W_{Fn} = W_F = \text{const.}$, so daß alle Ströme verschwinden.

Diese Ergebnisse wenden wir auf den eindimensionalen Fall von Abb. 1.22 an. Wir hatten festgestellt, daß sich der Elektronenstrom in der vergleichsweise dünnen Verarmungszone nicht ändert. Daher folgt mit (1.61a):

$$I_n(w_n) = n\mu_n \left.\frac{dW_{Fn}}{dx}\right|_{w_n} = n\mu_n \left.\frac{dW_{Fn}}{dx}\right|_{-w_p} = I_n(-w_p).$$

Da sich n an den gewählten Stellen um viele Größenordnungen unterscheidet, muß gelten:

$$\left.\frac{dW_{Fn}}{dx}\right|_{w_n} \ll \left.\frac{dW_{Fn}}{dx}\right|_{-w_p'}$$

d. h. die räumliche Änderung des Quasi-Ferminiveaus W_{Fn} geschieht ganz überwiegend im p-Gebiet, während W_{Fn} in der Verarmungszone nahezu konstant ist. Analoges gilt für W_{Fp}. Daher folgt der Verlauf der Quasi-Ferminiveaus nach Abb. 1.22a. Weit in den Bahngebieten fallen W_{Fn} und W_{Fp} zusammen und bilden ein gemeinsames Ferminiveau W_F. Die Differenz der Lage von W_F in den Außengebieten ist durch die anliegende Spannung U bestimmt. Da U in unserer Näherung nahezu völlig über der Verarmungszone abfällt, gilt dort:

$$qU = W_{Fn} - W_{Fp}. \tag{1.62}$$

Wir setzen dieses Ergebnis in (1.60) ein und diskutieren das Resultat zunächst an der Stelle w_n. Dort sollen die Löcherkonzentration den Wert p_n und die Elektronenkonzentration den Wert $n_n = n_{n0}$ haben. Es folgt dann:

$$n_n p_n = n_i^2 \exp\frac{qU}{kT}$$

$$p_n = \frac{n_i^2}{n_n} \exp\frac{qU}{kT} = p_{n0} \exp\frac{qU}{kT}. \tag{1.63a}$$

Ganz entsprechend ergibt sich am gegenüberliegenden Rand $-w_p$ der Verarmungszone:

$$n_p = n_{p0} \exp\frac{qU}{kT}. \tag{1.63b}$$

Damit ist die Konzentration der Minoritätsträger an den Rändern der Bahngebiete in Abhängigkeit von der außen anliegenden Spannung bekannt. Diese Werte werden wir nutzen, um die durch den pn-Übergang fließenden Ströme zu berechnen. Wir gehen von den Kontinuitätsgleichungen (1.35) aus, die sich aber vereinfachen, weil im eingeschwungenen Zustand die Ladungsträgerkonzentrationen zeitlich unverändert bleiben. Außerdem ist bei Stromfluß die Rekombination gegenüber der Generation im Gleichgewichtszustand vergrößert, so daß insgesamt eine Nettorekombination r_{net} resultiert. Damit erhalten die beiden Kontinuitätsgleichungen die Form:

Halbleiterbauelemente

$$\frac{dn}{dt} = \frac{1}{q} \operatorname{div} I_n - r_{net} = 0$$

$$\frac{dp}{dt} = -\frac{1}{q} \operatorname{div} I_p - r_{net} = 0.$$

I_n und I_p können wir für den eindimensionalen Fall nach (1.33) ersetzen mit dem Resultat:

$$\mu_n E \frac{dn_n}{dx} + n_n \mu_n \frac{dE}{dx} + D_n \frac{d^2 n_n}{dx^2} - r_{net} = 0 \qquad (1.64a)$$

$$-\mu_p E \frac{dp_n}{dx} - p_n \mu_p \frac{dE}{dx} + D_p \frac{d^2 p_n}{dx^2} - r_{net} = 0. \qquad (1.64b)$$

Die Gleichungen gelten für jeden Ort x; wir setzen sie zunächst für das n-Gebiet an. Wir multiplizieren die erste Gleichung mit $p_n \mu_p$, die zweite mit $n_n \mu_n$ und addieren die Ergebnisse. Im n-Gebiet herrscht nahezu Ladungsneutralität, also auch $p_n - p_{n0} \approx n_n - n_{n0}$, so daß auch die örtlichen Ableitungen von p_n und n_n miteinander übereinstimmen. Damit folgt das Ergebnis:

$$\mu_n \mu_p (p_n - n_n) E \frac{dp_n}{dx} + \frac{kT}{q} \mu_n \mu_p (p_n + n_n) \frac{d^2 p_n}{dx^2} - r_{net}(\mu_p p_n + \mu_n n_n) = 0,$$

wobei wir noch die Einstein-Beziehung $D = kT\mu/q$ verwendet haben. Im gesamten n-Gebiet sind die Löcher Minoritätsladungsträger, also $p_n \ll n_n \approx n_{n0}$. Damit vereinfacht sich die letzte Gleichung zu:

$$-\mu_p E \frac{dp_n}{dx} + \frac{kT}{q} \mu_p \frac{d^2 p_n}{dx^2} - r_{net} = 0,$$

weil auch die Beweglichkeit der Löcher sehr viel kleiner als die der Elektronen ist (vgl. Tab. 1.6). Da im gesamten n-Bereich das elektrische Feld wegen der Elektroneutralität verschwindend klein ist, folgt weiter:

$$\frac{kT}{q} \mu_p \frac{d^2 p_n}{dx^2} - r_{net} = D_p \frac{d^2 p_n}{dx^2} - r_{net} = 0. \qquad (1.65)$$

Wir machen nun den denkbar einfachsten Ansatz für die Rekombinationsrate, nämlich, daß r_{net} umso größer ist, je stärker die Abweichung vom

Halbleiterübergänge

Gleichgewichtszustand ist, wobei wir den Proportionalitätsfaktor τ_p als Lebensdauer der Löcher im n-Gebiet bezeichnen:

$$r_{net} = (p_n - p_{n0})/\tau_p. \tag{1.66}$$

Damit wird aus (1.65):

$$\frac{d^2 p_n}{dx^2} - \frac{p_n - p_{n0}}{D_p \tau_p} = 0 \tag{1.67}$$

mit der Lösung:

$$p_n(x) - p_{n0} = p_{n0}(\exp\frac{qU}{kT} - 1)\, e^{-(x-w_n)/L_p}, \tag{1.68}$$

wobei wir die Randbedingung (1.63a) und die Tatsache verwendet haben, daß die Löcherkonzentration weit im Innern des n-Bereichs den Gleichgewichtswert p_{n0} annimmt. Die Größe:

$$L_p = \sqrt{D_p \tau_p} \tag{1.69}$$

wird als Diffusionslänge der Löcher im n-Gebiet bezeichnet. Sie entspricht dem Weg, den ein Defektelektron als freier Ladungsträger im n-Halbleiter diffundieren kann, ehe es rekombiniert. Wir hatten auf S. 54f bereits festgehalten, daß in den Übergangszonen der Bahngebiete der Minoritätsträgerstrom ein reiner Diffusionsstrom ist, weil dort der elektrische praktisch verschwindet. Spezialisieren wir daher (1.68) auf die Stelle w_n, so folgt:

$$I_p = -qD_p \left.\frac{dp_n}{dx}\right|_{w_n} = \frac{qD_p p_{n0}}{L_p} (\exp\frac{qU}{kT} - 1). \tag{1.70a}$$

In einer ähnlichen Rechnung folgt für den Elektronenstrom I_n am Rand $-w_p$ der Verarmungszone:

$$I_n = \frac{qD_n n_{p0}}{L_n} (\exp\frac{qU}{kT} - 1), \tag{1.70b}$$

wobei die Indizes n auf die für Elektronen definierten Größen hinweisen. Da sich die Ströme bei ihrem Weg durch die Verarmungszone voraussetzungsgemäß nicht ändern, erhalten wir den Gesamtstrom durch den *pn*-Übergang als Summe der Teilströme:

$$I = I_p + I_n = I_s (\exp \frac{qU}{kT} - 1) \tag{1.71}$$

mit: $I_s = \frac{qD_p p_{n0}}{L_p} + \frac{qD_n n_{p0}}{L_n}$.

Dies ist die Strom-Spannungscharakteristik eines idealen *pn*-Übergangs mit dem exponentiellen Anstieg im Durchlaßbereich und mit dem Sättigungswert I_s im tieferen Sperrbereich (Abb. 1.23).

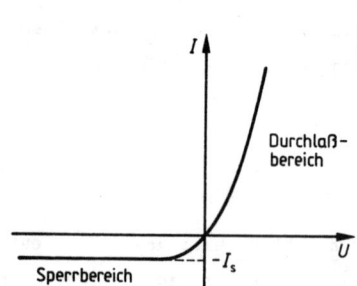

Abb. 1.23 Stromspannungscharakteristik eines idealen *pn*-Überganges. Alle Achsen sind im gleichen Maßstab mit linearer Skalierung gemeint.

Wir bringen I_s mit (1.16) und mit der Einstein-Beziehung in die Form:

$$I_s = \frac{kT\mu_p n_i^2}{L_p} \frac{1}{N_D} + \frac{kT\mu_n n_i^2}{L_n} \frac{1}{N_A}. \tag{1.72}$$

Danach ist für einen abrupten, einseitig hochdotierten Übergang der Strom nahezu vollständig durch die Majoritätsträger der hochdotierten Seite bestimmt. In einem n^+p-Übergang ($N_D \gg N_A$) fließt also nahezu ein reiner Elektronenstrom, eine für die Technik der integrierten Schaltungen sehr wichtige Tatsache.

Wegen (1.16) folgt aus (1.72), daß die Temperaturabhängigkeit des Sperrstroms:

$$I_s \sim T \exp - \frac{W_G}{kT}$$

überwiegend durch den Exponentialausdruck bestimmt ist. Für den Durchlaßbereich, in dem die Eins sehr bald vernachlässigt werden kann, kommt nach (1.71) der spannungsabhängige Exponentialterm hinzu, so daß dann die Temperatur im wesentlichen über $\exp(qU - W_G)/kT$ eingeht; da im allgemeinen $qU < W_G$ ist, folgt dasselbe Temperaturverhalten wie im Sperrbereich.

Abb. 1.24 faßt die Vorgänge am pn-Übergang schematisch zusammen.

Abb. 1.24 Schematische Darstellung der Ströme in einem pn-Übergang. Den Rekombinationsstrom I_{rg} in der Verarmungszone haben wir bisher vernachläßigt.

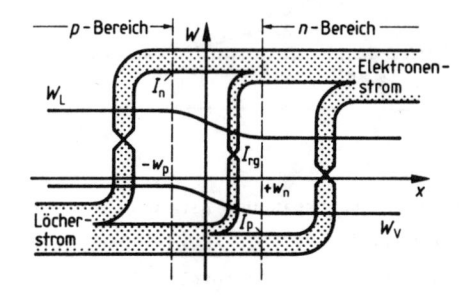

Der zunächst reine Elektronenstrom aus dem n-Gebiet rekombiniert teilweise mit dem Löcherstrom, dessen Größe I_p bei w_n durch (1.70a) gegeben ist. I_p ist ein reiner Diffusionsstrom. Die Rekombination geschieht in einem Bereich, der sich wenige L_p in das n-Gebiet von w_n aus erstreckt. Der restliche Elektronenstrom, dessen Größe durch (1.70b) gegeben ist, erscheint bei $-w_p$, weil wir den Strom I_{rg} durch Rekombination und Generation im Verarmungsgebiet bisher vernachlässigt haben. I_n rekombiniert mit dem ihm entsprechenden Anteil des reinen Löcherstroms in einer Tiefe von wenigen L_n jenseits von $-w_p$.

Wechselstromverhalten. Wir haben bereits früher besprochen, daß mit einem pn-Übergang eine Sperrschichtkapazität c_S nach (1.56) verknüpft ist. c_S bestimmt das Wechselstromverhalten fast ausschließlich im Sperrbereich. Im Durchlaßbereich dominiert die Diffusionskapazität c_D,

Halbleiterbauelemente

die mit Abb. 1.25 veranschaulicht werden kann. Wenn nämlich die Durchlaßspannung U um den Betrag ΔU erhöht wird, wächst die Minoritätsträgerkonzentration p_n nach (1.63a) am Rand w_n der Verarmungszone an, so daß insgesamt eine Umladung um die in Abb. 1.25 gerasterte Fläche notwendig wird. Dies entspricht einem kapazitiven Verhalten. Bei an-

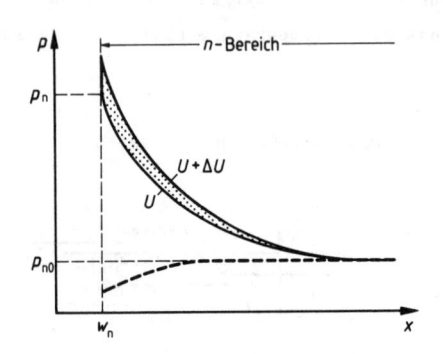

Abb. 1.25 Deutung der Diffusionskapazität c_D eines pn-Übergangs durch Umladung der Löcherkonzentration im n-Gebiet mit wachsender Spannung.

liegender Sperrspannung hingegen wird die ohnehin niedrige Löcherkonzentration (punktierte Kurve) kaum geändert, so daß die Diffusionskapazität keine Rolle spielt. Dieses nicht ganz zutreffende Bild wollen wir präzisieren, indem wir eine kleine Wechselspannung der Amplitude u im Arbeitspunkt U_o annehmen:

$$U(t) = U_o + u\, e^{j\omega t}.$$

Demzufolge fließt der Strom:

$$I(t) = I_o + i\, e^{j\omega t}.$$

Im gleichen Rhythmus ändert sich die Minoritätsträgerkonzentration an den Rändern der Verarmungszone, also auch die Löcherkonzentration nach (1.63a). Weil $u \ll U_o$ sowie $u \ll kT/q$ sind, folgt damit:

$$p_n = p_{no} \exp \frac{q(U_o + u\, e^{j\omega t})}{kT}$$

$$\approx p_{no} \exp \frac{qU_o}{kT} + p_{no} \frac{qu}{kT} \exp \frac{qU_o}{kT} \exp(j\omega t)$$

bei Vernachlässigung von in höherer Ordnung kleinen Gliedern. Der erste Term ist der Gleichstromwert, der sich im Arbeitspunkt einstellt. Die

Halbleiterübergänge

Amplitude des zweiten Terms $\tilde{p}_n$, der als Wechselanteil die Abweichung vom eingestellten Geichgewicht ist, stellt ein Maß für die Umladungsvorgänge nach Abb. 1.25 dar. Wir setzen für diesen Wechselanteil die Kontinuitätsgleichung (1.35b) an und berücksichtigen, daß der Minoritätsträgerstrom ein reiner Diffusionsstrom ist (also $E = 0$). Damit folgt mit (1.33b) und (1.66):

$$j\omega \tilde{p}_n = D_p \frac{d^2 \tilde{p}_n}{dx^2} - \frac{\tilde{p}_n}{\tau_p}$$

oder: $\frac{d^2 \tilde{p}_n}{dx^2} - \frac{\tilde{p}_n}{D_p \tau_p} (1 + j\omega \tau_p) = 0,$

denn das Maß für die Nettorekombination ist gerade die Abweichung $\tilde{p}_n$ vom Gleichgewicht. Ein Vergleich mit (1.67) zeigt, daß nur τ_p durch $\tau_p/(1 + j\omega\tau_p)$ ersetzt ist. Wir können also die darauf folgende Rechnung nachvollziehen, und dies auch für die Elektronen am jenseitigen Rand der Verarmungszone. Wenn wir also die Amplitude von $\tilde{p}_n$ und die entsprechende Größe für die Elektronen sowie die modifizierten Lebensdauern in (1.71) einsetzen, gewinnen wir den Wechselanteil des Stroms:

$$i = \frac{qu}{kT} \exp \frac{qU_o}{kT} [\frac{qD_p p_{no}}{L_p} \sqrt{1+j\omega\tau_p} + \frac{qD_n n_{po}}{L_n} \sqrt{1+j\omega\tau_n}].$$

Daraus folgt der komplexe Leitwert pro Flächeneinheit des pn-Übergangs:

$$Y = \frac{i}{u} = \frac{1}{r} + j\omega c_D$$

durch Koeffizientenvergleich. Beschränken wir uns auf niedrige Kreisfrequenzen im Vergleich zu τ_p und τ_n, also $\omega\tau_{p,n} \ll 1$, dann können wir die Wurzelausdrücke entwickeln und erhalten als Kehrwert des differentiellen Widerstandes r des pn-Übergangs:

$$\frac{1}{r} = \frac{q}{kT} \exp \frac{qU_o}{kT} [\frac{qD_p p_{no}}{L_p} + \frac{qD_n n_{po}}{L_n}] = \frac{qI_s}{kT} \exp \frac{qU_o}{kT}. \qquad (1.73)$$

Dies ist genau dasselbe Ergebnis, das wir durch Differenzieren direkt aus der Gleichstromkennlinie (1.71) erhalten hätten. Für die Diffusionskapazität folgt:

Halbleiterbauelemente

$$c_D = \frac{q}{2kT} \exp\frac{qU_o}{kT} (qL_p p_{no} + qL_n n_{po}). \tag{1.74}$$

c_D wird mit wachsender Aussteuerung über U_o sehr rasch größer, während r ebenso rasch abnimmt. c_D ist also insbesondere bei hohen Durchlaßströmen wichtig. Nach hohen Frequenzen hin wird c_D demgegenüber kleiner. Dies folgt aus einer genaueren Analyse von $Y = i/u$ ohne Beschränkung auf niedrige Frequenzen.

Zusammenfassend erhalten wir für die Halbleiterdiode das Ersatzschaltbild in Abb. 1.26. Die Stromquelle I ist durch (1.71) gegeben. c_s ist die Sperrschichtkapazität (1.56), während c_D die Diffusionskapazität (1.74) repräsentiert. c_s berechnet sich aus den Ladungen in der Verarmungszone, c_D aus jenen in den Bahngebieten. Schließlich liegt in Reihe zu diesen Komponenten der Bahnwiderstand R_B, den die Halbleitergebiete darstellen, die für die Stromzuführung zum eigentlichen pn-Übergang sorgen. Auch R_B haben wir bisher immer vernachlässigt.

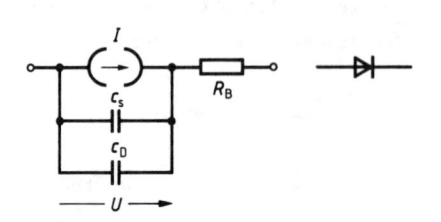

Abb. 1.26 Ersatzschaltbild und Schaltzeichen einer Halbleiterdiode.

Durchbruchsverhalten. Wie die Messung in Abb. 1.19 zeigt, nimmt der Absolutwert des Stroms außerordentlich stark zu, sobald der pn-Übergang weit in den Sperrbereich vorgespannt wird. Man spricht daher vom Durchbruch (break down). Die zwei Mechanismen, die in Abb. 1.27a schematisch dargestellt sind, sind dafür überwiegend verantwortlich. Der erste ist das Tunneln eines ursprünglich im Valenzband ortsfest gebundenen Elektrons durch die bei hoher Sperrspannung nur schmale Barriere des verbotenen Bandes in das örtlich benachbarte Leitungsband. Dort ist das Elektron, das im Valenzband an seinem alten Ort ein De-

Halbleiterübergänge

fektelektron zurückläßt, frei beweglich. Durch diesen Vorgang, der dem quantenmechanischen Tunneln eines Teilchens durch eine Potentialbarriere entspricht, werden Elektronen und Löcher über den normalerweise fließenden Sperrstrom I_s hinaus zur Stromführung bereitgestellt.

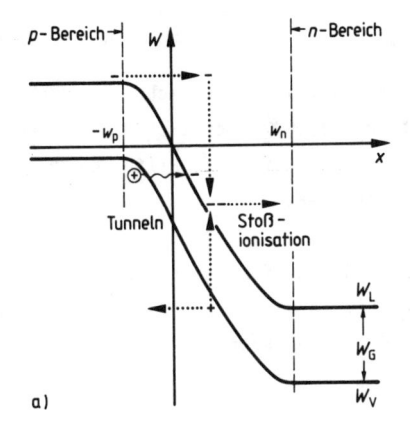

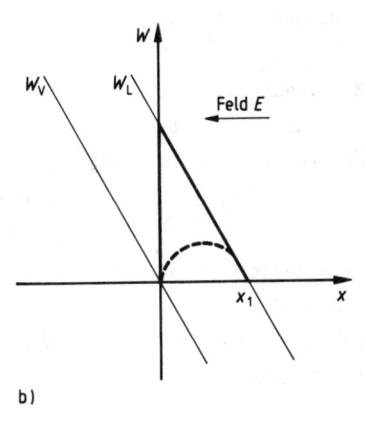

Abb. 1.27 a) Durchbruchsmechanismus am gesperrten pn-Übergang.

b) Dreiecksförmiger (stark ausgezogene Geraden) und parabolischer Potentialverlauf (punktiert) beim Tunneln aus dem Valenzband ins Leitungsband unter Wirkung eines starken Sperrfeldes in der Verarmungszone.

Der zweite Vorgang ist die Stoßionisation, die schließlich zum Lawinendurchbruch führt. Wenn eines der wenigen Elektronen im p-Gebiet über die Stelle $-w_p$ hinweg diffundiert, wird es von den starken Feldern der Verarmungszone erfaßt und in Richtung auf den n-Bereich hin beschleunigt. Es gewinnt also eine hohe kinetische Energie, wenn es nicht durch einen der statistischen Stoßprozesse vorher abgebremst wird. Damit hat das Elektron im Innern der Verarmungszone eine energetische Position, die weit über der dort gültigen Leitungsbandkante W_L liegt. Wenn diese Energiedifferenz größer als etwa das 1,5-fache des Bandabstands W_G ist, kann es zur Stoßionisation kommen, d. h. das beschleunigte Elektron schlägt ein ortsfestes Elektron aus seinem Bindungsverband heraus, hebt

Halbleiterbauelemente

es also ins Leitungsband, wo danach zwei Elektronen vorhanden sind. Zusätzlich bleibt ein Loch im Valenzband zurück. Die Stoßionisation hat also ein Elektron-Loch-Paar erzeugt. Die nun vorhandenen Elektronen und das Loch können ihrerseits wieder in den hohen Feldern der Verarmungszone beschleunigt werden und weitere Stoßprozesse initiieren. Dadurch kommt es zu einem lawinenartigen Ansteigen des Sperrstroms, eben dem Lawinendurchbruch.

Zum Lawinendurchbruch sind in der Regel Felder von mehr als 10^5 V/cm notwendig. Der oben zitierte Wert von 1,5 W_G, der zur Stoßionisation gefordert wird, resultiert aus einer Abschätzung mit Hilfe von Energie- und Impulserhaltungssatz für den Stoßprozeß.

Lawinendurchbruch. Wir behandeln zunächst den Lawinendurchbruch und führen die Ionisationsrate durch Stoßionisation ein, die im allgemeinen für Elektronen und Löcher verschieden sein kann. Die Ionisationsrate für Elektronen ist durch:

$$\alpha_n = \frac{1}{n} \frac{dn}{dx} \qquad (1.75)$$

als die Zunahme der Elektronenkonzentration n pro Wegstrecke und pro Elektron definiert. Eine entsprechende Größe α_p gilt für Löcher. Die Ionisationsraten, deren Messung mit großen Unsicherheiten behaftet ist, beschreibt man meist in ihrer Feldstärkeabhängigkeit durch:

$$\alpha(E) = \alpha_0 \exp(-E_0/E)^m \qquad (1.76a)$$

oder auch näherungsweise bei Bauelementberechnungen durch:

$$\alpha(E) \approx \alpha_0 (E/E_0)^c \qquad (1.76b)$$

mit c meist nahe bei 6. In Tab. 1.7 sind die Werte der Parameter für einige Halbleiter aufgelistet, für die alle $m = 1$ ist.

Wir nehmen nun an, daß in die Verarmungszone (Abb. 1.27a) nur Elektronen und keine Löcher injiziert werden, so daß an der Stelle w_n ein reiner Elektronenstrom $I = I_n(w_n)$ fließt. Nach (1.72) soll also ein einseitig hochdotierter n^+p-Übergang vorliegen. Der Gesamtstrom

Halbleiterübergänge

Tab. 1.7 Zu den Ionisationsraten einiger Halbleiter

Halbleiter	α_o (cm^{-1})		E_o (V/cm)	
	Elektronen	Löcher	Elektronen	Löcher
Si	$3{,}8 \cdot 10^6$	$2{,}3 \cdot 10^7$	$1{,}8 \cdot 10^6$	$3{,}3 \cdot 10^6$
Ge	$1{,}6 \cdot 10^7$	$1 \cdot 10^6$	$1{,}6 \cdot 10^6$	$1{,}3 \cdot 10^6$
GaAs	$1{,}2 \cdot 10^7$	$3{,}6 \cdot 10^8$	$2{,}3 \cdot 10^6$	$2{,}9 \cdot 10^6$
InAs	$1 \cdot 10^5$	$4{,}7 \cdot 10^5$	$1{,}6 \cdot 10^5$	$8{,}8 \cdot 10^4$
In$_{0,53}$Ga$_{0,47}$As	$7{,}2 \cdot 10^7$	$1 \cdot 10^8$	$2 \cdot 10^6$	$2{,}2 \cdot 10^6$

$I = I_n(w_n)$ hat sich durch Stoßionisation in der Verarmungszone aus dem injizierten Elektronenstrom $I_n(-w_p)$ am linken Rand aufgebaut. Damit können wir einen Multiplikationsfaktor:

$$M_n = I_n(w_n) / I_n(-w_p) \tag{1.77}$$

definieren. Natürlich addieren sich die durch Stoßionisation erzeugten Löcher zu einem Löcherstrom auf, dessen Wert bei $-w_p$ sich aus der Konstanz des Gesamtstroms:

$$I = I_n(-w_p) + I_p(-w_p)$$

errechnen läßt. Im einzelnen ergibt sich die inkrementelle Zunahme der Elektronenkonzentration:

$$d(I_n/q) = (I_p/q)(\alpha_p dx) + (I_n/q)(\alpha_n dx)$$

über der kleinen Strecke dx aus den Ionisationsraten nach (1.75) als die Summe der Stoßprozesse durch Löcher und Elektronen. Da an jedem Ort $I = I_n + I_p$ gilt, können wir auch schreiben:

$$dI_n/dx - (\alpha_n - \alpha_p) I_n = \alpha_p I. \tag{1.78}$$

Halbleiterbauelemente

Diese lineare Differentialgleichung, die in Bezug auf I_n und dessen Ableitung inhomogen ist, hat die allgemeine Lösung:

$$I_n(x) = I\{\int_{-W_p}^{x} \alpha_p \exp[-\int_{-W_p}^{x}(\alpha_n - \alpha_p)dx']\,dx + \frac{1}{M_n}\} / \exp[-\int_{-W_p}^{x}(\alpha_n - \alpha_p)dx', \quad (1.79)$$

wobei wir die Integrationskonstante über die Randbedingung (1.77) ermittelt haben. Spezialisieren wir (1.79) für die Stelle W_n, so folgt nach einigen Umrechnungen:

$$M_n = \{1 - \int_{-W_p}^{W_n} \alpha_n \exp[-\int_{-W_p}^{x}(\alpha_n - \alpha_p)dx']\,dx\}^{-1}, \quad (1.80a)$$

wobei die Identität:

$$-\int_{-W_p}^{W_n}(\alpha_n - \alpha_p)\exp[-\int_{-W_p}^{x}(\alpha_n - \alpha_p)dx']\,dx = \exp[-\int_{-W_p}^{W_n}(\alpha_n - \alpha_p)dx] - 1 \quad (1.81)$$

nützlich ist. Eine entsprechende Beziehung läßt sich ableiten, wenn wir von dem anderen Grenzfall der reinen Löcherinjektion ausgehen. Das Resultat:

$$M_p = \{1 - \int_{-W_p}^{W_n} \alpha_p \exp[\int_{x}^{W_n}(\alpha_n - \alpha_p)dx']dx\}^{-1} \quad (1.80b)$$

ist mit (1.80a) gleichwertig, wie sich wiederum mit Hilfe von (1.81) nachweisen läßt. Da wir prinzipiell, z. B. über (1.76a), die Feldstärkeabhängigkeit von α_n und α_p kennen, können wir für jeden Feldverlauf in der Verarmungszone und jede vorgegebene Sperrspannung M_n und M_p berechnen. Offensichtlich kommt es nach (1.77) zum Durchbruch, also zum unbegrenzten Stromanstieg, wenn das Integral in (1.80a) den Wert 1 annimmt:

$$\int_{-W_p}^{W_n} \alpha_n \exp[-\int_{-W_p}^{x}(\alpha_n-\alpha_p)dx']\,dx = 1. \quad (1.82)$$

Eine entsprechende Durchbruchbedingung folgt aus (1.80b). Sind α_n und α_p einander gleich, dann verschmelzen beide Ergebnisse zu:

$$\int_{-w_p}^{w_n} \alpha\, dx = 1 \tag{1.83a}$$

ebenso wie beide Multiplikationsfaktoren in den einen einzigen

$$M = \{1 - \int_{-w_p}^{w_n} \alpha\, dx\}^{-1} \tag{1.83b}$$

übergehen. Das Integral können wir wiederum prinzipiell berechnen. Um die Durchbruchspannung U_B zu ermitteln, nimmt man einen Wert für die angelegte Sperrspannung an, errechnet den Feldverlauf nach der Poisson-Gleichung (1.39), kennt damit über (1.76) auch α und somit das Integral in (1.83a). In einem iterativen Verfahren wird dann versucht, (1.83a) zu erfüllen. Kennt man die Ausdehnung w_p der Verarmungszone eines einseitig hochdotierten, abrupten n^+p-Übergangs beim Druchbruch, dann lautet das Ergebnis dafür:

$$U_B = E_m w_p/2 = \frac{\varepsilon E_m^2}{2q}\, \frac{1}{N_A}, \tag{1.84}$$

wobei wir (1.50) und (1.54) in passender Form benutzt haben. Da man in erster Näherung E_m als dotierungsunabhängig ansetzen kann, besteht die Möglichkeit, über N_A die Durchbruchspannung U_B gezielt einzustellen. Da die Beschleunigung der Ladungsträger im Feld der Verarmungszone auf die für die Stoßionisation notwendigen hohen Energien bei wachsender Wärmebewegung zunehmend gestört wird, nimmt der Absolutwert von U_B mit wachsender Temperatur zu.

Tunneldurchbruch. Bei relativ hoher beidseitiger Dotierung des pn-Übergangs und starken Feldern E (mehr als 10^6 V/cm) in der Verarmungszone kann es zum Tunneldurchbruch (Zener-Durchbruch) kommen. Wir nehmen einen homogenen Feldverlauf an, so daß Abb. 1.27b einen Ausschnitt aus der Verarmungszone bei Sperrpolung darstellt. Weil ein Elektron quantenmechanisch als eine Welle aufgefaßt werden kann, kann es z. B. bei $x = 0$ von der Valenzbandkante ohne Energieänderung ins Leitungsband bei x_1 tunneln, so daß es nun als freier Ladungsträger einen Strom liefert.

Halbleiterbauelemente

Dabei hat es die dreieckförmige Potentialbarriere der Höhe $W_G = W_L - W_V$ durchtunnelt, deren Breite x_1 von E abhängt. Der Gesamtstrom, der auf Grund dieses Mechanismus fließt, wird durch die Wahrscheinlichkeit, mit der die Elektronen den dreieckförmigen Potentialwall durchtunneln können, bestimmt. Wir zitieren als Ergebnis der quantenmechanischen Rechnung die Tunnelwahrscheinlichkeit

$$T = \exp\left[-\frac{4\sqrt{2}}{3}\frac{\sqrt{m^*}\,W_G^{3/2}}{q\hbar E}\right]. \tag{1.85a}$$

Für einen parabolischen Potentialverlauf lautet das Ergebnis:

$$T = \exp\left[-\frac{\pi}{2\sqrt{2}}\frac{\sqrt{m^*}W_G^{3/2}}{q\hbar E}\right], \tag{1.85b}$$

das sich nur geringfügig durch den Vorfaktor von (1.85a) unterscheidet. Allerdings sollte (1.85b) die Verhältnisse beim Halbleiterübergang besser beschreiben. Als effektive Masse ist:

$$\frac{1}{m^*} = \frac{1}{m_L} + \frac{1}{m_V}$$

zugrundezulegen. In die Tunnelwahrscheinlichkeit geht also wesentlich der Bandabstand W_G ein, der allerdings bei indirekten Halbleitern um die Phononenergie reduziert werden muß. Da W_G mit zunehmender Temperatur abnimmt, wächst entsprechend der Tunnelstrom. Folglich nimmt auch der Absolutwert von U_B beim Tunneldurchbruch mit wachsender Temperatur ab. Dieses Verhalten ist geradezu ein Unterscheidungsmerkmal gegenüber dem Lawinendurchbruch.

Als weitere materialspezifische Größe geht die effektive Masse in (1.85) ein. Daher tragen III/V-Halbleiter häufig hohe Tunnelströme (vgl. Tab. 1.3).

Die bisherigen Ergebnisse haben wir in Abb. 1.28 zusammengefaßt. Man nutzt sowohl die Einsatz- oder Kniespannung als auch die Durchbruchspannung U_B zur Spannungsstabilisierung in elektronischen Schaltungen. Nach der Diskussion auf S. 61 nimmt die Einsatzspannung mit wachsender Temperatur ab. Da U_B sowohl beim Lawinendurchbruch nach (1.84) als auch beim Tunneldurchbruch über die Neigung der Bänder in Abb. 1.27

durch die Dotierung beeinflußbar ist, kann man das Durchbruchverhalten gezielt in weiten Grenzen einstellen. Hohe Durchbruchspannungen sind durch Lawinendurchbruch und niedrige durch Tunneldurchbruch erreichbar. In einem Grenzbereich dazwischen liegt gemischter Druchbruch vor.

Im Sperrbereich betriebene Dioden, die dann summarisch Z-Dioden genannt werden, stehen für technische Anwendungen in einer Vielzahl von Typen zur Verfügung. Neben dem bereits erwähnten Einsatz zur Spannungsstabilisierung und als Referenzspannungsquelle werden Z-Dioden in der Meß-

Abb. 1.28 Qualitative Beschreibung einer Diodenkennlinie. Die angegebenen Zahlenwerte sind typisch für Si.

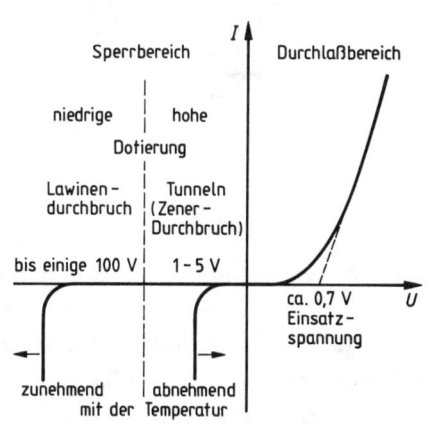

technik zur Nullpunktunterdrückung sowie zur Meßbereichsabgrenzung und in der Leistungselektronik als Schutzdioden sowie gemeinsam mit Transistoren und Thyristoren zur Triggerung und Gleichspannungskopplung eingesetzt.

Tunneldiode. Der Tunnelmechanismus wird gezielt bei der Tunneldiode ausgenutzt. Um die Potentialbarriere möglichst schmal zu machen, werden beide Seiten des *pn*-Übergangs sehr hoch dotiert. Dadurch wird die Verarmungszone sehr dünn (vgl. (1.51)). Weil die Dotierung sehr hoch ist, verschiebt sich die Fermikante W_F aus der verbotenen Zone in die Bänder hinein. Dies ist in Abb. 1.29 für $I = U = 0$ skizziert. Dies ist im Gegensatz zu allen bisherigen Betrachtungen. Man spricht daher von

Halbleiterbauelemente

entarteten Halbleitergebieten, deren Dotierung weit über der auf S. 25 eingeführten effektiven Zustandsdichte liegt.

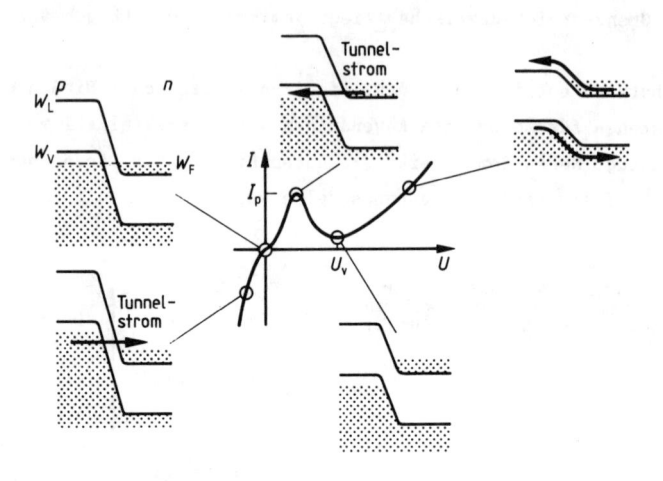

Abb. 1.29 Kennlinie und Bändermodell einer Tunneldiode.

Wird eine solche Struktur in Sperrichtung vorgespannt, dann wird das n-Gebiet in seinem Potential relativ zum p-Gebiet abgesenkt. Dadurch schieben sich die mit Elektronen besetzten Valenzbandzustände des p-Gebietes auf das gleiche Energieniveau der unbesetzten Leitungsbandzustände des n-Gebietes (Abb. 1.29). Dazwischen liegt nur der sehr schmale Potentialwall der Verarmungszone. Daher kann ein kräftiger Tunnelstrom fließen. Dies weicht völlig von dem bisher betrachteten Sperrverhalten eines gewöhnlichen pn-Übergangs ab, bei dem nur der kleine Sperrstrom I_s nach (1.71) fließt.

Ein ebenfalls abweichendes Verhalten ergibt sich bei relativ kleinen Durchlaßspannungen, weil dann besetzte Leitungsbandzustände im n-Bereich unbesetzten Valenzbandzuständen im p-Bereich gegenüberstehen. Es fließt wiederum ein Tunnelstrom, der dann seinen Spitzenwert I_p (peak current) erreicht, wenn die erwähnten Bandzustände genau das gleiche Energieintervall einnehmen. Wächst die Spannung darüber hinaus an, dann sinkt der Strom, bis er seinen Minimalwert bei U_V (valley) erreicht. Dann finden die besetzten Leitungsbandzustände auf der n-Seite keinen geeigneten Gegenpart auf der p-Seite. Zwischen I_p und U_V hat die I-U-Kennlinie der Tunneldiode einen fallenden Bereich. Aus dessen Steigung kann man einen negativen differentiellen Widerstand ableiten.

Wächst die Vorspannung U weiter an, dann beobachten wir das übliche Verhalten eines pn-Übergangs in Durchlaßrichtung, d. h. es fließen die diffusionsbegrenzten Ströme nach (1.71). Die Minoritätsträger spielen also eine wesentliche Rolle.

Aus dieser Diskussion wird klar, daß die Tunneldiode im Kennlinienbereich der Tunnelströme ein außerordentlich schnelles Bauelement mit Grenzfrequenzen von weit in den GHz-Bereich darstellt. Allerdings sind Strom- und Spannungsbereich begrenzt. U_V liegt unterhalb der Einsatzspannung im Bereich von 0,3 bis 0,6 V je nach Halbleiter. Tunneldioden werden in Oszillatoren und Kleinsignalverstärkern verwendet, wobei der Arbeitspunkt in den fallenden Kennlinienbereich gelegt wird. In dem dann gültigen Ersatzschaltbild Abb. 1.30 tritt der negative differentielle Widerstand $-r$ parallel zur Sperrschichtkapazität c_s auf. Als parasitäre Komponenten erscheinen der Bahnwiderstand R_B der stromzuführenden Halbleiterbereiche sowie deren Induktivität L. In L sind auch die Beiträge von Anschlußdrähten enthalten, die insbesondere bei hohen Frequenzen merkbar werden.

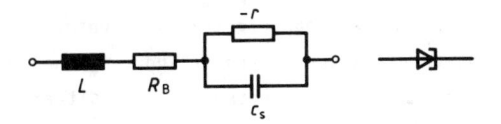

<u>Abb. 1.30</u> Wechselstrom-Ersatzschaltbild und Symbol einer Tunneldiode.

Die Rückwärtsdiode (backward diode) kann als eine Spezialform der Tunneldiode aufgefaßt werden, bei der die Dotierung so weit reduziert ist, daß im spannungslosen Fall die Bandkante W_L im n-Gebiet mit der Valenzbandkante W_V im p-Gebiet energetisch zusammenfällt. Dann fließt im Durchlaßbereich der normale Durchlaßstrom, d. h. der Höcker der Tunneldiode ist verschwunden. Im Sperrbereich fließt aber nach wie vor der hohe Strom einer Tunneldiode. Es resultiert die Kennlinie nach Abb. 1.31. Sofern hohe Durchlaßströme vermieden werden, zeigt die Rückwärtsdiode keine Minoritätsträger-Speicherungseffekte. Sie ist als schneller Schalter, Mikrowellendetektor und Mischer geeignet, ebenso generell zur wirkungsvollen Gleichrichtung kleiner Signale.

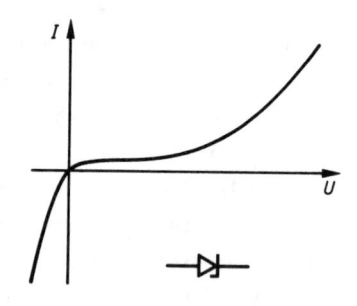

Abb. 1.31 Kennlinie und Symbol einer Rückwärtsdiode.

Heteroübergang. Bisher hatten wir uns nur mit den Vorgängen in einem gleichartigen Halbleiter beschäftigt, der allerdings wie bei einem *pn*-Übergang auch bereichsweise unterschiedlich dotiert sein konnte (Homoübergang). Heute ist die Halbleitertechnologie in der Lage, Kristalle herzustellen, die aus unterschiedlich gearteten Halbleitern aufgebaut sind. Beispiele sind einkristalline Ge-Filme auf Si-Substraten oder GaAs-Filme auf Ge. Die aneinandergrenzenden, unterschiedlichen Halbleiter können unterschiedlichen Bandabstand W_G haben (vgl. Tab. 1.2). Sie können zusätzlich noch unterschiedliche Gitterkonstanten besitzen (vgl. Tab. 1.1). Natürlich gibt es außerdem noch die Möglichkeit, die Halbleiter unterschiedlich zu dotieren.

In allen diesen Fällen nennt man die Grenzschicht zwischen den Halbleitern einen Heteroübergang. Ist die Dotierung auf beiden Seiten vom gleichen Typ ($n - n$ oder $p - p$), dann spricht man vom isotypen

Heteroübergang, andernfalls ($n - p$ oder $p - n$) vom anisotypen. Bei gleichen Gitterkonstanten der angrenzenden Halbleiter liegt Gitteranpassung vor, andernfalls Gitterfehlanpassung (lattice mismatch). Diese zahlreichen Varianten lassen vermuten, daß durch Heteroübergänge besonders leistungsfähige Bauelemente realisiert werden können, ja geradezu erst möglich werden. Hierzu gehören Halbleiter-Laser, Heterostruktur-Bipolartransistoren, Feldeffekt-Transistoren besonders hoher Steilheit (high electron-mobility transistor, HEMT) oder auch Heterostruktur-Solarzellen mit extrem hohem Wirkungsgrad.

Abb. 1.32, die die Grenze zwischen den Halbleitern A und B mit den Bandabständen W_{GA} bzw. W_{GB} stark vereinfacht darstellt, zeigt, daß sowohl die Elektronen aus B als auch die Löcher in A durch die Bandkantensprünge vom Heteroübergang weg nach links getrieben werden. Wir können dies als ein "eingebautes" Potential auffassen, das beide Ladungsträgersorten in die gleiche Richtung treibt, was einem überlagerten, von außen aufgebrachten elektrischen Feld (vgl. Abb. 1.16) nicht möglich ist. Darin liegen die besonderen Möglichkeiten eines Heteroüberganges. Vor einer genaueren Diskussion des Heteroübergangs wollen wir festhalten, daß zahlreiche Einzelfragen noch nicht oder nur sehr unsicher geklärt sind. Dies liegt an nur ungenau bekannten Materialkonstanten, an dem Einfluß der Herstellung durch Zwischenschichten oder Fehlstellen sowie auch an Unsicherheiten bei Messungen am Heteroübergang.

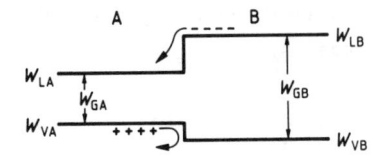

Abb. 1.32 Prinzipbild eines Heteroübergangs.

Wir teilen die Behandlung des Heteroübergangs in zwei Schritte auf. Wir besprechen zunächst, wie sich die aus der Differenz der Bandabstände

Halbleiterbauelemente

($W_{GB} - W_{GA}$) resultierenden Bandkantendiskontinuitäten (offset) auf Valenz- und Leitungsband aufteilen. Es handelt sich um eine Frage der Bindungsverhältnisse an den Rändern der beiden angrenzenden Halbleiter, die möglicherweise durch das chemische Verhalten miteingebauter Fremdatome verkompliziert sein kann. Daher spielen die Valenzelektronen eine wichtige Rolle. Die Vorgänge zu diesem Teil des Problems spielen sich sehr nahe am metallurgischen Heteroübergang (bis maximal 6 Gitterkonstanten) ab, sind also als nahezu streng lokalisiert anzusehen.

Die Größe der Bandsprünge sagt noch nichts über die Lage relativ zum Ferminiveau W_F aus. Aus der örtlichen Konstanz von W_F ergeben sich Bandaufwölbungen, die sich, verglichen mit den Bandsprüngen, über mehr als eine Größenordnung weiter in das Halbleiterinnere hinein erstrecken. Dieser Teil des Problems ist in Abb. 1.32 ignoriert.

Bandkantensprünge. Wir betrachten das Bändermodell der beiden Halbleiter wenige Gitterkonstanten vom Rand entfernt, ehe sie miteinander verbunden werden (Abb. 1.33). Man bezeichnet die Energie χ, die aufgewendet werden muß, um ein Elektron von der Leitungsbandkante W_L auf das Vakuumniveau außerhalb des Halbleiters anzuheben, als Elektronenaffinität. Dagegen ist die Ionisierungsenergie Φ_V nötig, um ein Elektron von der Valenzbandkante W_V auf dieselbe Energie zu bringen. Offensichtlich stehen beide Größen über: $\Phi_V - \Phi_G = \chi$ in Verbindung. Tab. 1.8 [1.2] listet einige experimentelle Werte von Φ_V auf. Ein Vergleich mit Tab. 1.2 zeigt, daß χ etwa 4 eV beträgt. Der zu erwartende Sprung ΔW_{VO} der Valenzbandkante und die entsprechende Größe ΔW_{LO} für das Leitungsband, sind also klein gegen Φ_V.

Sicherlich muß in jedem Fall:

$$\Delta W_{VO} + \Delta W_{LO} = \Delta W_G = W_{GB} - W_{GA} \tag{1.86}$$

gelten. Wir brauchen also nur ΔW_{VO} für das Valenzband zu bestimmen, um aus (1.86) sofort den Sprung im Leitungsband zu erhalten.

Tab. 1.8 Ionisierungsenergie von Valenzelektronen für einige Halbleiter [1.2]

Halbleiter	Φ_V (in eV)
Si	5,12
Ge	4,8
AlAs	6,0
GaP	6,05
GaAs	5,5
InP	5,7
InAs	5,3

Abb. 1.33 Definition von Elektronenaffinität χ und Ionisierungsenergie Φ von Valenzbandelektronen.

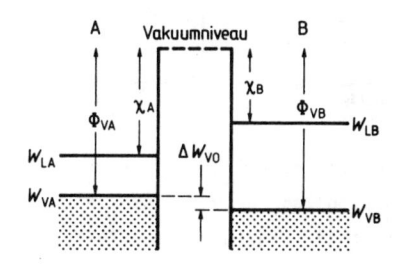

Die durch Abb. 1.33 suggerierte Bestimmung des Valenzbandsprungs ΔW_{VO} aus der Differenz der Φ_V ist nur eine erste Näherung, weil mit einem Nettotunneln von Valenzelektronen von Halbleiter A nach B gerechnet werden muß. Denn die Elektronen aus den oberen Zuständen des Valenzbandes von A mit der Breite $W_{VA} - W_{VB}$ können in den Halbleiter B tunneln, wie dies im Zustandsdichtediagramm Abb. 1.34 angedeutet ist (vgl. Abb. 1.14b). Dies ist möglich, weil die Zustandsdichte von A sich bis in den Halbleiter B erhält, ehe sie nach 5 bis 6 Atomlagen vom Rand die Zustandsdichte $D_B(W)$ von B annimmt. Dadurch kommt es zu einer negativen Überschußladung im Randgebiet von B durch Elektronen, der durch die zurückgebliebene positive Überschußladung im Randgebiet von A die Waage gehalten wird. Es hat sich ein Dipol ausgebildet, dessen negativ geladene Seite sich etwa 0,1 nm in den Halbleiter B und dessen positive Seite sich etwa 1 nm in A erstrecken. Der Ladungstransfer bewirkt, daß die Bänder von B angehoben und jene von A abgesenkt werden, d. h. der Bandsprung ΔW_{VO} wird verringert auf ΔW_V.

Die Rechnungen im beschriebenen Modell [1.2] können die atomistische

Halbleiterbauelemente

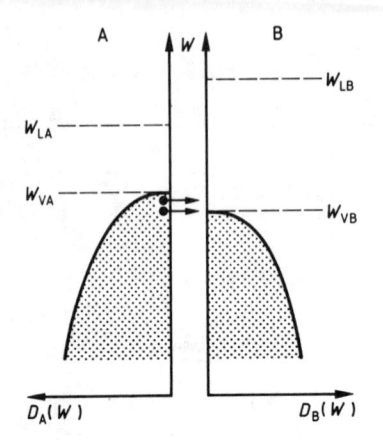

Abb. 1.34 Zustandsdichte $D(W)$ in den Valenzbändern der aneinandergrenzenden Halbleiter.

Struktur der Halbleiter außer acht lassen. Zur Ermittlung der effektiven Dipolladung wird die Poissongleichung genutzt. Nach Abb. 1.34 reicht die Näherung der effektiven Massen aus, so daß insbesondere für das tunnelnde Elektron die zutreffende Löchermasse in A eingesetzt werden kann. Prinzipiell müßte man daher auch einen Einfluß der Kristallorientierung erwarten können. Ein Vergleich der so ermittelten Werte ΔW_V mit experimentellen Ergebnissen ist für einige Halbleiterkombinationen in Tab. 1.9 gegeben.

Tab. 1.9 Valenzbandsprung ΔW_V für einige Halbleiterkombinationen [1.2]

A/B	$\Delta a/a_{sub}$ (in %)	ΔW_V (in eV) theoret.	ΔW_V (in eV) experim.
Ge/Si	4,2	0,22	0,16-0,4
Ge/GaAs	0,07	0,51	0,25-0,65
Si/InAs	11,6	0,10	0,15
Si/InP	8,2	0,36	0,57
Si/GaAs	4,1	0,22	0,05
Si/GaP	0,2	0,62	0,80
GaAs/AlAs	0,12	0,36	0,19-0,50

Man kann erwarten, daß die Gitterfehlanpassung zur Ausbildung nicht abgesättigter Bindungen oder zu Gitterfehlstellen führt. Deshalb kann der effektive Dipol am Heteroübergang eine größere Rolle spielen. Wir führen in Tab. 1.9 als Maß für die Gitterfehlanpassung die Größe

$(a - a_{sub})/a_{sub} = \Delta a/a_{sub}$ auf, wobei a_{sub} die Gitterkonstante des Substrats, als das wir meist Si oder gelegentlich GaAs ansehen, darstellt. Ergänzend erwähnen wir noch, daß die Fälle nicht-überlappender Bandlücken, also $W_{VA} > W_{LB}$, nach einigen Modifikationen in ähnlicher Form wie oben skizziert behandelt werden können.

Bändermodell eines Heteroübergangs. Zur Konstruktion des Bandverlaufs am Heteroübergang nutzen wir zunächst ΔW_V oder – unmittelbar über (1.86) daraus ableitbar $-\Delta W_L$, deren Wert allerdings heute noch in den meisten Fällen mit großen Unsicherheiten behaftet ist. Deshalb kann man ΔW_V (oder ΔW_L) als in relativ weiten Grenzen offenen Parameter ansehen. Die zweite Bedingung ist räumliche Konstanz (1.43) des Ferminiveaus W_F im stromlosen Fall. Das Resultat ist in Abb. 1.35 für einen pn-Heteroübergang dargestellt, wobei sich die beidseitigen Bandwölbungen in den

Abb. 1.35 Bändermodell eines pn-Heteroübergangs für den stromlosen Fall.

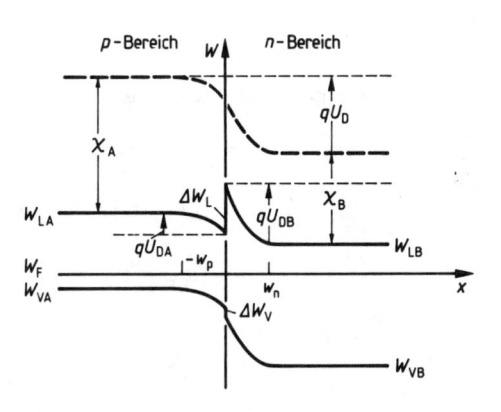

Verarmungszonen wie beim pn-Homoübergang aus der Poisson-Gleichung ergeben. Das Makropotential (gestrichelte Kurve) folgt den Bandkrümmungen und macht am metallurgischen Heteroübergang bei $x = 0$ einen Sprung, wenn – wie es nach der obigen Diskussion meist der Fall ist – eine Dipolschicht zur Bänderdiskontinuität beiträgt und diese nicht einfach aus der Differenz der Elektronenaffinitäten oder der Ionisierungsenergie Φ_V errechenbar ist. Das Makropotential resultiert aus dem Vakuumniveau (vgl. Abb. 1.33), denn sowohl χ als auch Φ_V sind Kristalleigen-

Halbleiterbauelemente

schaften und bleiben auch beim Zusammenfügen der beiden Halbleiter A und B aneinander erhalten. Sicherlich macht das Potential bei $x = 0$ einen Knick, weil bei fehlenden Grenzflächenladungen zwar die dielektrische Verschiebung stetig sein muß:

$$\varepsilon_A E_A = \varepsilon_B E_B \qquad \text{bei } x = 0, \qquad (1.87)$$

nicht jedoch das Feld (vgl. (1.38)).

Wir nehmen an, daß keine Grenzflächenladungen am Heteroübergang vorhanden sind, die in der Tat erheblichen Einfluß haben können. Sind sie negativ, dann ziehen sie die Bänder in der Nähe von $x = 0$ nach oben, gegebenenfalls so weit, daß die Kerbe (notch) im Leitungsbandverlauf verschwindet. Bei positiver Ladung werden die Bänder zu niedrigen Energien hin abgebogen, im Grenzfall derart, daß die Spitze (spike) in W_L unwirksam wird.

Zur Berechnung der Diffusionsspannung $U_D = U_{DA} + U_{DB}$ können wir aus Abb. 1.35 ablesen:

$$q U_{DB} + (W_{LB} - W_F)_B = (W_{LA} - W_F)_A - q U_{DA} + \Delta W_L$$

oder:
$$q U_D = q(U_{DA} + U_{DB})$$

$$= \Delta W_L + W_{GA} + kT \ln \frac{N_A N_D}{N_{VA} N_{LB}}, \qquad (1.88)$$

wobei wir mit (1.21) die Zustandsdichten N_{VA} und N_{LB} an den Bandkanten der aneinandergrenzenden Halbleiter sowie die Akzeptorkonzentration N_A in A und die Donatorkonzentration N_D in B eingeführt haben. Die Aufteilung der beiden Beiträge zur Diffusionsspannung U_D ergibt sich aus der Ladungsgleichheit (1.47) in den beiden Seiten der Verarmungszone und aus der Kontinuität (1.87) der Verschiebung. Zusätzlich können noch U_{DA} und U_{DB} durch Integrale über das Feld dargestellt werden (vgl. Abb. 1.20b), wobei jedoch E_A und E_B am Heteroübergang voneinander verschieden sind. Das Resultat lautet mit ε_A und ε_B als Dielektrizitätskonstante für A bzw. B:

$$\frac{U_{DA}}{U_{DB}} = \frac{\varepsilon_B}{\varepsilon_A} \frac{N_D}{N_A} \qquad (1.89a)$$

oder, wenn wir noch zusätzlich (1.88) nutzen:

$$\frac{U_{DA}}{U_D} = \frac{1}{1+(\varepsilon_A N_A / \varepsilon_B N_D)}. \qquad (1.89b)$$

Zur Berechnung der Verarmungszone können wir den gleichen Mechanismus wie beim Homoübergang nach S. 49 wählen. Liegt eine äußere Spannung U an, dann können wir ebenso wie auf S. 51f beim Homoübergang auch für den Heteroübergang eine Sperrschichtkapazität c_S errechnen, die wiederum pro Flächeneinheit zu verstehen ist. Die Ergebnisse lauten:

$$w_n = \sqrt{\frac{2\varepsilon_A \varepsilon_B N_A (U_D - U)}{qN_D(\varepsilon_A N_A + \varepsilon_B N_D)}}, \qquad w_p = \sqrt{\frac{2\varepsilon_A \varepsilon_B N_D (U_D - U)}{qN_A(\varepsilon_A N_A + \varepsilon_B N_D)}} \qquad (1.90a)$$

$$c_S = \sqrt{\frac{q\varepsilon_A \varepsilon_B N_A N_D}{2(\varepsilon_A N_A + \varepsilon_B N_D)(U_D - U)}} \qquad (1.90b)$$

mit: $\quad \dfrac{c_{sA}}{c_{sB}} = \dfrac{\varepsilon_A w_p}{\varepsilon_B w_n}$

als Aufteilung der Sperrschichtbeiträge auf die beiden Seiten der Verarmungszone des Heteroübergangs.

Schottky-Kontakt. Ein Spezialfall des Zusammentreffens sehr ungleichartiger Materialien ist der Schottky-Kontakt, bei dem ein Metall auf einen Halbleiter aufgebracht wird. Nach S. 20 ist ein Metall dadurch gekennzeichnet, daß wie in Abb. 1.36a links das Ferminiveau W_F mitten in einem Band liegt. Der Abstand Φ_M bis zum Vakuumniveau wird als Austrittsarbeit des Metalls bezeichnet. Wird das Metall auf einen n-Halbleiter aufgebracht (Abb. 1.36b), dann muß W_F durch das gesamte System im stromlosen Fall konstant sein. Da ähnlich dem Heteroübergang der Bandverlauf direkt an der Grenzfläche $x = 0$ durch die Differenz $(\Phi_M - \chi)$ und eventuell auftretende Dipole bestimmt wird, kommt es zur Bandaufwölbung. Denn beim ersten Kontakt zwischen Metall und Halbleiter sind Elektronen von diesem ins Metall geflossen und haben dort die positiv geladenen Donatorrümpfe zurückgelassen. Sie sorgen für ein rücktreibendes Feld, so daß der Elektronenstrom schließlich zum Stehen

Halbleiterbauelemente

kommt. Den positiven Donatorladungen im Halbleiter steht im Metall eine negative Grenzflächenladung gegenüber, die sich wegen der hohen Elektronenkonzentration nur ganz wenig in das Metallinnere hinein erstreckt. Damit dehnt sich die Verarmungszone bis zur Tiefe w nur in den Halbleiter hinein aus. Dieser Punkt ist analog zum einseitig hochdotierten, abrupten p^+n-Übergang.

Abb. 1.36 Bändermodell eines Metall-Halbleiter-Übergangs (Schottky-Kontakt) im stromlosen Fall.

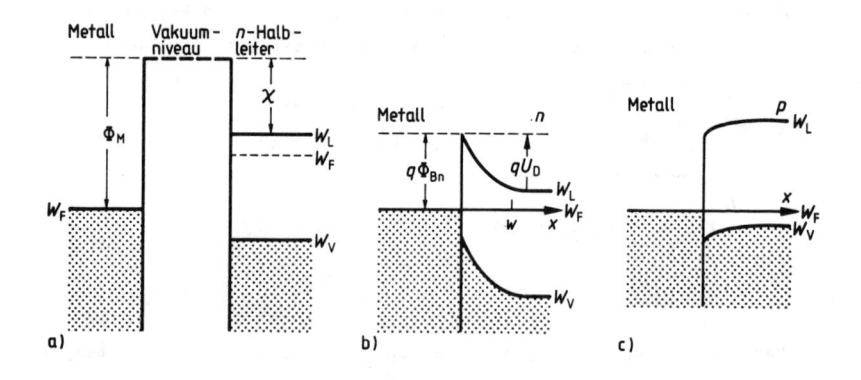

a) Räumlich getrennter Zustand b) Gleichgewicht für den n-Halbleiter c) Gleichgewicht für den p-Halbleiter

Wenn wir den Bänderverlauf am Übergang zweier Materialien konstruieren wollen, gehen wir von folgenden Richtlinien aus. Wenn wir die beiden Materialien in Kontakt bringen (z. B. Übergang von Abb. 1.36a zu Abb. 1.36b), dann bleibt die Lage von Leitungsbandkante und damit auch von Valenzbandkante direkt an der Grenzfläche erhalten, weil sie durch die Bindungsverhältnisse an dieser Stelle bestimmt ist. Da das Ferminiveau W_F nach (1.43) im stromlosen Fall überall den gleichen Wert haben muß, sinkt es im Halbleiter ab. Die Ladungsverhältnisse tief im Halbleiterinnern sind von der Grenzfläche unbeeinflußt, d. h. im Halbleiterinneren muß der Abstand zwischen W_F und Leitungsbandkante W_L erhalten bleiben (Abb. 1.36b). Um alle Forderungen miteinander in Einklang zu bringen, kommt es daher zu einer Bandaufwölbung. Der

Halbleiterübergänge

wachsende Abstand zwischen W_L und W_F ist dann gleichbedeutend mit der Ausbildung einer Verarmungszone.

Zur mathematischen Behandlung gehen wir von der Poisson-Gleichung aus, können also die geeignet modifizierten Ergebnisse vom pn-Übergang zitieren. So gilt nach (1.48a) für den Feldverlauf:

$$E(x) = -E_m + qN_D x/\epsilon = \frac{qN_D}{\epsilon}(x-w) \quad \text{für } 0 \leq x \leq w \qquad (1.91)$$

mit: $|E_m| = qN_D w/\epsilon = 2\, U_D/w$.

U_D ist die Diffusionsspannung des Schottky-Kontaktes. Liegt zusätzlich von außen eine Spannung U an, dann erhalten wir analog zu (1.51a) die Sperrschichtdicke als:

$$w = \sqrt{2\epsilon(U_D - U)/qN_D} \qquad (1.92)$$

und die Sperrschichtkapazität analog zu (1.56) zu:

$$c_S = \sqrt{q\epsilon N_D/2(U_D - U)} = \epsilon/w. \qquad (1.93)$$

Entsprechende Betrachtungen können wir für einen p-Halbleiter anstellen, wobei Abb. 1.36c als Ausgangspunkt dient. Auch dann kommt es zu einer Verarmungszone im Halbleiter. In beiden Fällen haben wir insofern erhebliche Idealisierungen vorgenommen, als wir von geladenen Grenzflächenzuständen abgesehen haben. Diese sorgen auch dann schon für eine Wölbung der Bänder am Rand des Halbleiters, wenn er ohne Metallbelegung direkt ans Vakuum grenzt. Oberflächenzustände haben für die Praxis erhebliche Bedeutung, sind aber mit einfachen Modellen nicht zu beschreiben.

Wenn wir uns nun mit dem Stromfluß durch eine Metall-Halbleiter-Grenzfläche befassen, dann haben die Elektronen auf ihrem Weg vom Metall zum Halbleiter stets eine gleichbleibend hohe Barriere $q\Phi_{Bn}$ zu überwinden (Abb. 1.36b). In umgekehrter Richtung jedoch ist die Barriere durch eine außen angelegte Spannung beeinflußbar. Ist der Halbleiter negativ gegenüber dem Metall, dann werden die Bänder im Halbleiter angehoben. Elektronen der Energie W_L können also leicht ins Metall gelangen; es

Halbleiterbauelemente

handelt sich um die Flußrichtung. Bei umgekehrter Polung dagegen wird der Stromfluß erschwert. Der Schottky-Kontakt hat also eine ausgeprägte Diodencharakteristik. Da er im Gegensatz zum pn-Übergang nur mit Majoritätsträgern arbeitet, entfallen Ladungsspeicherungseffekte von Minoritätsträgern im Bahngebiet. Beim Umschalten brauchen diese Ladungen nicht durch die relativ langsamen Diffusionsprozesse beim pn-Übergang abtransportiert zu werden. Schottky-Kontakte werden daher in sehr schnellen Dioden eingesetzt.

Wenn wir dafür sorgen, daß der Randbereich des Halbleiters sehr hoch dotiert wird, dann wird die Verarmungszone nach (1.92) sehr dünn. Elektronen können die dünne Potentialbarriere in beiden Richtungen leicht durchtunneln. Dies ist die Funktionsweise der meisten Ohmschen Kontakte an Halbleitern, die einen möglichst geringen Widerstand in beiden Stromrichtungen bieten sollen. Dies kann auch erreicht werden, wenn es durch geeignete Wahl von Φ_M relativ zur Elektronenaffinität χ gelingt, eine Anreicherungszone durch Abwölbung der Bänder im n-Halbleiter oder Aufwärtswölbung im p-Halbleiter zu realisieren. Nur in seltenen Fällen ist dies möglich.

Diffusionstheorie. Eine Reihe von Mechanismen tragen zum Stromfluß durch eine Schottky-Barriere bei. Zunächst handelt es sich um das Tunneln von Elektronen auf dem Niveau W_L in Abb. 1.36b. Weiter höher im Leitungsband wird die Barriere schmaler, aber die Elektronen müssen vor dem Tunneln energetisch angehoben werden (thermisch unterstütztes Tunneln). Weiterhin können Elektronen mit Energien, die größer als die Barrierenhöhe sind, direkt ins Metall emittiert werden; man spricht von Emissionsmodell, bei dem den Elektronen in der Verarmungszone kein energieverzehrender Stoßprozeß widerfährt. Schließlich tritt noch der Diffusionsstrom auf. Dabei erfahren die Elektronen in der Verarmungszone zahlreiche Streuprozesse, während sie über die Barriere ins Metall wandern. Alle Modelle führen auf eine Diodencharakteristik. Die beiden letzten Strommechanismen, Emissions- und Diffusionsmodell, sind von besonderer Wichtigkeit. Sie zeigen in ihrer mathematischen Formulierung darüber hinaus deutlich den Einfluß der Barriere. Für uns genügt die Diskussion der Diffusionstheorie.

Halbleiterübergänge

Dazu betrachten wir mit Abb. 1.36b den Elektronenstrom vom Halbleiter ins Metall. Da für die Löcher eine sehr viel höhere Barriere wirksam ist, vernachlässigen wir ihren Beitrag. Damit folgt aus (1.33a) mit (1.28), (1.38) und der Einstein-Beziehung für nicht entartete Halbleiter:

$$I_n = qD_n \left(\frac{n(x)}{kT} \frac{dW_L}{dx} + \frac{dn}{dx} \right).$$

Dies ist eine in Bezug auf n und dn/dx inhomogene Differentialgleichung, die man unter Verwendung des integrierenden Faktors:

$$\exp \int \frac{1}{kT} \frac{dW_L}{dx} dx = \exp \{W_L(x)/kT\}$$

lösen kann. Das Ergebnis lautet:

$$I_n \int_0^W \exp\{W_L(x)/kT\} dx = qD_n [n(x) \exp\{W_L(x)/kT\}]_0^W, \qquad (1.94)$$

wobei wir die Integration über die gesamte Verarmungszone nehmen. Deren Grenze w ändert sich, sobald wir eine externe Spannung U anlegen, die nur an der Verarmungszone, nicht aber am niederohmigen Bahngebiet abfallen soll. In (1.94) konnten wir I_n als räumlich konstant vor das Integral ziehen. Wir formulieren nun die Randbedingungen für die Elektronenkonzentration $n(x)$ mit (1.21a). Die Elektronenkonzentration:

$$n(0) = N_L \exp(-q\Phi_{Bn}/kT)$$

am Metall-Halbleiterübergang soll bei allen Stromzuständen unverändert bleiben. Wenn der Index 0 auf den Gleichgewichtsfall im Bahngebiet hindeutet, gilt zusammen mit (1.21a):

$$n(w) = N_L \exp \left(\frac{W_F - W_L}{kT} \right)_0.$$

Dies setzen wir in den Klammerausdruck von (1.94) ein:

$$[n(x) \exp \{W_L(x)/kT\}]_0^W =$$

$$N_L \exp \left(\frac{W_F - W_L}{kT} \right)_0 \exp \frac{W_L(w)}{kT} - N_L \exp(-q\Phi_{Bn}/kT) \exp \frac{W_L(0)}{kT}$$

Halbleiterbauelemente

$$= N_L (\exp \frac{qU}{kT} - 1),$$

denn im ersten Term erscheint die Anhebung der Leitungsbandkante gegenüber dem Gleichgewicht bei am Halbleiter anliegender Spannung, die andrerseits an der Metall-Halbleitergrenze keinen Einfluß hat, woraus die Eins resultiert. Setzen wir dies in (1.94) ein, so folgt:

$$I_n = q D_n N_L (\exp \frac{qU}{kT} - 1) / \int_0^W \exp\{W_L(x)/kT\} dx. \qquad (1.95)$$

Das Problem ist die Ermittlung des Integrals im Nenner. Dazu brauchen wir den Potentialverlauf in der Verarmungszone, den wir mit (1.38) aus (1.91) erhalten. Da bei $x = 0$ das Potential bei $q\Phi_{Bn}$ liegt, folgt:

$$W_L(x) = \frac{q^2 N_D x}{\epsilon} (x/2 - w) + q\Phi_{Bn}.$$

Um das Integral in (1.95) lösen zu können, machen wir die Näherung $x/2 \ll w$, was sicherlich für einen Teil des Integrationsbereichs gilt. Außerdem stammt der größte Beitrag zum Integral aus diesem Bereich. Wenn wir zusätzlich noch die Dicke w der Verarmungszone nach (1.92) einsetzen, wird aus (1.95):

$$I_n = \frac{q^2 D_n N_L}{kT} \sqrt{\frac{2qN_D(U_D - U)}{\epsilon}} \exp\left(-\frac{q\Phi_{Bn}}{kT}\right) \cdot \frac{\exp\frac{qU}{kT} - 1}{1 - \exp\frac{2q(U_D - U)}{kT}}.$$

Für verglichen mit U_D hohe Spannungen kann der Exponentialterm im Nenner vernachlässigt werden, wonach der Strom:

$$I = \frac{q^2 D_n N_L}{kT} \sqrt{\frac{2qN_D(U_D - U)}{\epsilon}} \exp\left(-\frac{q\Phi_{Bn}}{kT}\right) [\exp \frac{qU}{kT} - 1]$$

$$= I_{sD} (\exp \frac{qU}{kT} - 1) \qquad (1.96)$$

folgt. Da der Diodenstrom nach unseren Annahmen nur von den Elektronen getragen wird, haben wir den Index n fortgelassen. Weiterhin haben wir den Sättigungsstrom I_{sD} eingeführt, wie es bei der Beschreibung von Schottky-Dioden allgemein üblich ist. I_{sD} ist offensichtlich über $\sqrt{U_D - U}$ von der anliegenden Spannung abhängig, sättigt also in unserem Modell nicht. Weiterhin geht in I_{sD} die Barriere $q\Phi_{Bn}$ stark ein. Das Resultat

Halbleiterübergänge

in der Form (1.96) entspricht der Charakteristik (1.71) eines pn-Übergangs.

Das Emissionsmodell liefert:

$$I = A^* T^2 \exp\left(-\frac{q\Phi_{Bn}}{kT}\right)\left[\exp\frac{qU}{kT} - 1\right]$$

$$= I_{sT}\left[\exp\frac{qU}{kT} - 1\right] \quad \text{mit} \quad A^* = 4\pi q m_L k^2/h^3. \quad (1.97)$$

Darin erscheint wieder die Barriere, die nur von hinreichend hochenergetischen Elektronen überwunden werden kann. Die Richardson-Konstante A^* enthält die effektive Masse m_L der Elektronen, die bei anisotropem Bändermodell entsprechend modifiziert werden muß. Meist wird A^* als Parameter zur Anpassung an Meßergebnisse verwendet.

Bei allen Betrachtungen haben wir Grenzflächenzustände und Bildkräfte an der Metallgrenzfläche vernachlässigt. Trotz allem ergibt sich ein komplexes Bild. Die Meßergebnisse und unsere Kenntnisse über den Metall-Halbleiterübergang sind meist nicht eindeutig genug, um zwischen den verschiedenen Modellen und deren Mischformen entscheiden zu können. Bei praktischen Auswertungen behilft man sich daher meist mit der Charakteristik:

$$I = I_s\left[\exp\frac{qU}{\eta kT} - 1\right]. \quad (1.98)$$

Der Idealitätsfaktor η wird aus der Anpassung an die Experimente gefunden und sollte bei Eins liegen.

Damit können wir das Kleinsignal-Ersatzschaltbild (Abb. 1.37) für eine Schottky-Diode aufstellen. R_B ist der Widerstand des Halbleiterbahngebietes. Da Speichereffekte entfallen, tritt an der Verarmungszone nur die pro Flächeneinheit gerechnete Sperrschichtkapazität c_s nach (1.93) auf. Schließlich errechnet sich analog zum pn-Übergang nach (1.73) der differentielle Widerstand über:

$$\frac{1}{r} = \frac{dI}{dU} = \frac{q}{\eta kT}(I + I_s)$$

aus (1.98).

Halbleiterbauelemente

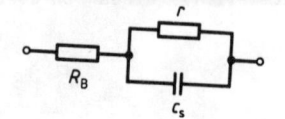

Abb. 1.37 Kleinsignal-Ersatzschaltbild einer Schottkydiode.

Stromfluß im Heteroübergang. Beim anisotypen Heteroübergang nach Abb. 1.35 können wir auf Grund der Spitze im Leitungsbandverlauf ähnliche Resultate wie beim Schottky-Kontakt erwarten. Die theoretisch behandelten Modelle führen denn auch für die Durchlaßcharakteristik zu:

$$I = A \exp\left(-\frac{qU_{DB}}{kT}\right) \exp\frac{qU}{\eta kT}. \tag{1.99}$$

Diese Gleichung wird meist zur Ermittlung des Leitungsbandsprungs eingesetzt. Für Durchlaßspannungen gilt in vielen Fällen die empirische Beziehung:

$I \sim \exp aU$

mit der weitgehend spannungs- und temperaturunabhängigen Konstanten a. Allerdings gilt dies nur für jeweils begrenzte Spannungsbereiche, in denen ein spezieller Stromleitungsmechanismus vorherrscht. Die Durchlaßkennlinie zeigt also bei logarithmischer Auftragung einen Knick.

Der Strom im Sperrbereich ist spannungsabhängig, meist gefolgt von einem relativ sanften Durchbruch zu hohen Sperrspannungen hin.

1.3 Nichtidealer pn-Übergang

Messungen an *pn*-Übergängen lassen sich nur in ihren wesentlichen Zügen und auch nur qualitativ mit den Modellen beschreiben, die wir bisher entwickelt haben. Der Grund liegt in Idealisierungen, die wir vorgenommen haben. Um der Wirklichkeit näher zu kommen, wollen wir nun einige Effekte besprechen, die bei nichtidealen *pn*-Übergängen auftreten.

Hierzu gehören zunächst die Generation von Ladungsträgern und deren Rekombination in der Sperrschicht, zu deren Verständnis wir ein physikalisches Modell mit Rekombinationszentren im verbotenen Band

Nichtidealer pn-Übergang

zugrundelegen. Weiterhin müssen wir für den Fall hoher Durchlaßströme, d. h. bei starker Injektion von freien Ladungsträgern, deren Raumladung mitberücksichtigen. Diese Phänomene sind dem Halbleiter inhärent, können also durch Materialparameter und Dotierungsverhältnisse - sofern sie überhaupt in der erforderlichen Präzision bekannt sind - prinzipiell erfaßt werden.

Demgegenüber ist der Widerstand der Bahngebiete, den wir bisher immer vernachlässigt haben, von der speziellen geometrischen Anordnung abhängig. Dies gilt natürlich auch für den Einfluß, den die endliche Länge der Bahngebiete nimmt. Sehr schwer zu erfassen sind die dem normalen Diodenstrom überlagerten Leckströme, die u. a. auch von technologischen Herstellungsschritten abhängen. Da sie in der modernen Planartechnik weitgehend unterdrückt werden können, lassen wir sie außer Betracht.

Übergänge bei Phononenmitwirkung. Es gibt eine Vielzahl von Generations- und Rekombinationsmechanismen, die in technisch wichtigen Fällen auch unter Mitwirkung von Rekombinationszentren ablaufen können. Zur weiteren Diskussion nehmen wir Abb. 1.38, die aus Abb. 1.11 abgeleitet ist, bedenken aber, daß ein Elektron an der Bandkante W_L nur dann Energie aufnehmen kann, wenn es sich entlang der Energiekurven des Leitungsbandes in Abb. 1.13 bewegt, d.h. es muß seinen Impuls ändern. Dies geschieht unter Mitwirkung von Phononen (vgl. S. 23), die zwar als einzelne nur Energie in kleinen Beträgen, aber hohe Impulswerte beisteuern können. Analoges gilt für Löcher, die bei Energieaufnahme tiefer ins Valenzband eintauchen.

Wir nehmen an, daß bei der Energie W_R im verbotenen Band ein Rekombinationszentrum liegt (Abb. 1.38). Solche Zentren können Störungen im Kristallaufbau oder auch Störatome sein. Wenn ein quasifreies Elektron mit der Energie W_L der Leitungsbandkante von einem Rekombinationszentrum eingefangen wird (Prozeß 1 in Abb. 1.38), dann gibt es die Energiedifferenz an Phononen ab. Von W_R kann das Elektron mit einem Defektelektron im Valenzband rekombinieren. Man bezeichnet diesen Vorgang auch als indirekte Rekombination. Ein derartiger Prozeß kann auch über

Halbleiterbauelemente

mehrere Rekombinationsniveaus ablaufen, die unterschiedlich in der verbotenen Zone verteilt sind.

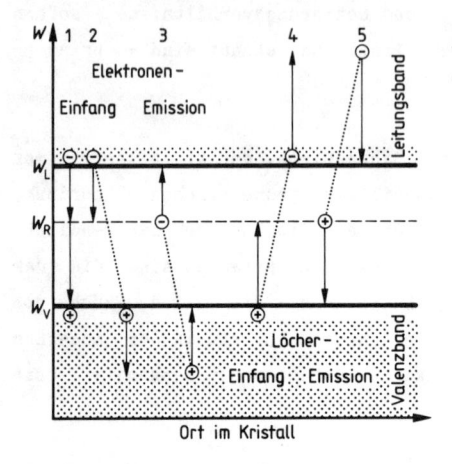

Abb. 1.38 Wechselwirkungsmechanismen eines Elektron-Loch-Paares über ein Rekombinationsniveau der Energie W_R.

Ein Elektron kann aber auch vom Rekombinationszentrum eingefangen werden, indem es die überschüssige Energie an ein Loch abgibt (Prozeß 2). Das energetisch angeregte Loch relaxiert sehr rasch (in 10^{-12} bis 10^{-14}s) zur Valenzbandkante W_V zurück, wobei seine Energie an Gitterschwingungen, also letztlich als Wärme an das Kristallgitter abgegeben wird.

Umgekehrt kann ein mit einem Elektron geladenes Rekonbinationszentrum dieses an das Leitungsband abgeben, indem ein in der Nähe befindliches, energetisch angeregtes Loch die dazu notwendige Energie beisteuert (Prozeß 3).

Es ist vorstellbar, wie der Einfang (Prozeß 4) bzw. die Emission (Prozeß 5) eines Lochs durch das Rekombinationszentrum vorsichgehen, wenn ein Elektron mitbeteiligt ist.

Als wesentlichen Punkt halten wir fest, daß ein Rekombinationszentrum durch die erwähnten Prozesse sowohl mit dem Leitungsband, als auch mit dem Valenzband in Wechselwirkung treten kann. Sollte ein Elektron vom

Nichtidealer pn-Übergang

Zentrum nur eingefangen und nach einer gewissen Zeit wieder an das Leitungsband zurückgegeben werden, dann hat es nur als Haftstelle (trap) fungiert. Erst in den anderen Fällen hat es seine eigentliche Aufgabe als Rekombinationszentrum erfüllt.

Wir geben eine Formulierung dieser Vorgänge in einer Weise, die auch als Shockley-Read-Hall-Theorie bezeichnet wird. Dazu setzen wir die Dichte der Rekombinationszentren mit N_R an, die mit der Wahrscheinlichkeit f_R mit einem eingefangenen Elektron besetzt sind. Dann ist die Zahl der Elektronen, die pro Zeiteinheit von den Rekombinationszentren eingefangen werden, proportional zur Zahl $N_R(1-f_R)$ der nichtbesetzten Zentren und zur Konzentration n der Elektronen im Leitungsband. Den Proportionalitätsfaktor nennen wir e_n. Analog ist die Zahl der von den Zentren in das Leitungsband abgegebenen Elektronen durch $a_n N_R f_R$ bestimmt, wobei a_n ein Proportionalitätsfaktor ist. Damit folgt als Nettoeinfangrate von Elektronen aus dem Leitungsband:

$$E_n = e_n n N_R (1-f_R) - a_n N_R f_R. \qquad (1.100a)$$

Im zweiten Term ist die sehr große Dichte der freien Plätze im Leitungsband, die durch das demgegenüber sehr kleine n kaum beeinflußt wird, im Proportionalitätsfaktor a_n enthalten.

Die Einfangrate der Löcher aus dem Valenzband ist nach entsprechender Argumentation durch $e_p p N_R f_R$ gegeben; wir könnten dies ebensogut mit Emissionsrate von Elektronen ins Valenzband bezeichnen. Umgekehrt ist die Emissionsrate von Löchern aus den Zentren in das Valenzband durch $a_p N_R(1-f_R)$ bestimmt. Also ist die Nettoeinfangrate für Löcher in die Rekombinationszentren:

$$E_p = e_p p N_R f_R - a_p N_R (1-f_R). \qquad (1.100b)$$

Die letzten beiden Gleichungen gelten allgemein, also auch dann, wenn stationäres Gleichgewicht herrscht. In diesem Fall müssen sowohl E_n als auch E_p jeder für sich verschwinden. Damit erhalten wir z. B. aus (1.100a) die Beziehung:

Halbleiterbauelemente

$$a_n = e_n n(1 - f_R)/f_R$$

zwischen den Proportionalitätsfaktoren. Entsprechend folgt aus (1.100b):

$$a_p = e_p p f_R/(1 - f_R).$$

n und p kennen wir nach (1.14) aus Kap. I.1.1, ebenso wie die Besetzungswahrscheinlichkeit $f_R = f(W_R)$ der Zentren aus (1.10) folgt. Damit erhalten wir:

$$a_n = e_n N_L \exp\frac{W_R - W_L}{kT} = e_n n_1, \tag{1.101a}$$

$$a_p = e_p N_V \exp\frac{W_V - W_R}{kT} = e_p p_1. \tag{1.101b}$$

Greifen wir zum Vergleich wiederum auf (1.14) zurück, dann erhalten die Abkürzungen n_1 und p_1 eine einfache Deutung. Denn sie geben die Elektronen- und Löcherkonzentration im Gleichgewicht an, wenn das Ferminiveau genau bei W_R liegt. Natürlich müssen sie die allgemein gültige Beziehung:

$$n_1 p_1 = n_i^2, \tag{1.102}$$

die wir als (1.16) für den Gleichgewichtsfall abgeleitet haben, erfüllen.

Wir gehen zu dem allgemeinen Fall zurück, indem wir eine Störung des Gleichgewichts zulassen. So mögen - etwa über einen *pn*-Übergang - Elektronen und Löcher injiziert werden, so daß n und p erhöhte Werte annehmen. Wenn wir dann stationäre Verhältnisse abwarten, müssen die in (1.100) gegebenen Einfangraten einander gleich sein; denn es müssen ebensoviel Elektronen wie Löcher den Rekombinationszentren zufließen. In anderen Worten muß der Strom der Elektronen vom Leitungsband über die Zentren zum Valenzband kontinuierlich sein. Aus $E_n = E_p$ nach (1.100) können wir mit (1.101) und (1.102) das jeweils gültige f_R berechnen. Setzen wir diesen Wert in (1.100) ein, so folgt:

Nichtidealer pn-Übergang

$$E_n = E_p = \frac{np - n_i^2}{(n+n_1)/(N_R e_p) + (p+p_1)/(N_R e_n)}.$$

Zur Abkürzung führen wir Lebensdauern über:

$\tau_p = 1/(N_R e_p)$ und: $\tau_n = 1/(N_R e_n)$

ein. Damit folgt als Nettorekombinationsrate der Elektronen und Löcher:

$$r = \frac{np - n_i^2}{\tau_p(n+n_1) + \tau_n(p+p_1)}. \qquad (1.103)$$

Diese Beziehung ist allgemein gültig. Haben wir z. B. einen kontinuierlichen Zufluß von Elektronen und Löchern ($np > n_i^2$), dann folgt eine erhöhte Rekombinationsrate ($r > 0$). Ziehen wir dagegen freie Ladungsträger ab ($np < n_i^2$), so herrscht Elektron-Loch-Paarerzeugung vor ($r < 0$).

Wir betrachten (1.103) für den Spezialfall eines mit Donatoren der Konzentration N_D hochdotierten Halbleiters. Dann haben wir die Gleichgewichtselektronenkonzentration $n_0 \approx N_D$ vorliegen, gegenüber der alle Größen im Nenner von (1.103) vernachlässigbar sind. Da zudem $n \approx n_0$ ist, folgt:

$r = (p-p_0)/\tau_p,$

denn es gilt natürlich auch:

$p_0 = n_i^2/n_0 \approx n_i^2/N_D.$

Damit haben wir dasselbe Ergebnis erhalten, das wir als (1.66), Kap. I.1.2 angesetzt hatten.

Entsprechend folgt für einen stark p-dotierten Halbleiter:

$r = (n-n_0)/\tau_n.$

τ_n und τ_p bekommen also die Bedeutung von Lebensdauern für Minoritätsladungsträger.

Generation und Rekombination im Verarmungsgebiet. Wir wenden die errechneten Ergebnisse auf den pn-Übergang an, bei dem wir bisher nur

Halbleiterbauelemente

die Diffusionsströme an den Rändern der Bahngebiete mitgenommen haben (vgl. Abb. 1.24). Der Rekombinations-Generationsstrom I_{rg}, den wir bisher vernachlässigt haben, kann aber insbesondere bei relativ breiten Verarmungszonen zum Tragen kommen. Wenn zudem $n < n_i$ und $p < n_i$ sind, dann erhalten wir nach (1.103) eine Nettogeneration im Verarmungsgebiet. Dies ist immer dann der Fall, wenn der pn-Übergang in Sperrichtung oder schwach in Durchlaßrichtung betrieben wird.

Wir diskutieren zunächst die Sperrichtung. Sowohl n als auch p sind dann stets stark reduziert, so daß wir (1.103) als :

$$r \approx \frac{-n_i^2}{\tau_p n_1 + \tau_n p_1} = \frac{-n_i}{\tau_p n_1/n_i + \tau_n p_1/n_i} = -n_i/\tau_e \qquad (1.104)$$

mit der effektiven Ladungsträgerlebensdauer τ_e nähern können. Zur Berechnung des Stromes, der durch Generation in der Verarmungszone entspringt, gehen wir von der Kontinuitätsgleichung (1.35) aus, die wir für den eindimensionalen Fall spezialisieren. Warten wir noch das Gleichgewicht ab ($dn/dt = dp/dt = 0$), so folgt:

$$\partial I_n/\partial x = qr \qquad \text{und:} \qquad \partial I_p/\partial x = -qr.$$

Mit den Bezeichnungen von Abb. 1.24 liefert die Integration über die Verarmungszone:

$$I_n(w_n) = I_p(-w_p) = I_{rg} = q \int_{-w_p}^{w_n} r \, dx. \qquad (1.105)$$

Setzen wir (1.104) ein, dann können wir leicht über die gesamte Dicke w der Verarmungszone integrieren und erhalten als Dichte des Generationsstromes:

$$I_{rg} = -qn_i w/\tau_e. \qquad (1.106)$$

Dieser Wert ist der Diodengleichung (1.71) hinzuzufügen. Er ist über w von der angelegten Spannung U abhängig. Denn erinnern wir uns an (1.51a) für den abrupten pn-Übergang, so folgt die Proportionalität:

Nichtidealer pn-Übergang

$$I_{rg} \sim \sqrt{U_D - U}.$$

Da τ_e nur wenig von der Temperatur abhängt, ist n_i nach (1.16) der dafür bestimmende Term in I_{rg}.

Wenn wir das Gewicht von I_{rg} nach (1.106) gegenüber dem Diffusionsterm I_s nach (1.71) oder (1.72) abschätzen wollen, nehmen wir vereinfachend einen einseitig hochdotierten pn-Übergang an, also z. B. $N_A \gg N_D$. Dann folgt:

$$\frac{|I_{rg}|}{I_s} = \frac{qwL_pN_D}{\tau_e kT\mu_p n_i} = \frac{wL_p}{\tau_e D_p} \cdot \frac{N_D}{n_i}.$$

Der Vorfaktor ändert sich von Halbleiter zu Halbleiter vergleichsweise wenig, nicht jedoch n_i (vgl. S. 31). Also wird der Rekombinations-Generationsstrom I_{rg} umso wichtiger, je kleiner die Eigenleitungskonzentration n_i ist.

Zur Diskussion der Durchlaßrichtung bei relativ kleinen Vorspannungen gehen wir von (1.105) aus und setzen (1.103) ein, wobei wir allerdings wieder n_1 und p_1 nach (1.101) substituieren. Da die Konzentration der injizierten Ladungsträger von der Spannung U am pn-Übergang abhängt, wie wir es bereits mit (1.63a) ausgenutzt haben, folgt:

$$r = \frac{n_i^2(\exp\frac{qU}{kT} - 1)}{\tau_p(n+N_L \exp\frac{W_R-W_L}{kT}) + \tau_n(p+N_V \exp\frac{W_V-W_R}{kT})}.$$

Wir wollen damit nicht das Integral (1.105) auswerten, weil das Resultat sehr unübersichtlich wird. Stattdessen machen wir vereinfachende Näherungen, weil das dann erreichte Ergebnis häufig zur Anpassung von Meßergebnissen genutzt wird. Wir setzen $\tau_n = \tau_p = \tau$ und legen das Rekombinationsniveau $W_R = (W_L+W_V)/2$ in die Mitte des verbotenen Bandes W_G. Wenn zudem noch $N_L = N_V$ ist, so folgt mit (1.16):

$$r = \frac{n_i^2(\exp\frac{qU}{kT} - 1)}{\tau(n+p+2n_i)}.$$

Halbleiterbauelemente

r liefert also dann den größten Beitrag zu I_{rg} nach (1.105), wenn der Nenner am kleinsten ist. Bei einem symmetrischen pn-Übergang ist dies gerade in der Mitte der Verarmungszone der Fall, wo $n = p$ ist und wo beide den kleinsten Wert annehmen. Nutzen wir wiederum (1.63a), so ergibt sich:

$$r = \frac{n_i^2 (\exp\frac{qU}{kT} - 1)}{2\tau n_i (\exp\frac{qU}{2kT} + 1)} \approx \frac{n_i}{2\tau} \exp\frac{qU}{2kT},$$

wobei die letzte Näherung für einigermaßen ausreichende Durchlaßspannungen gilt. Einsetzen in (1.105) liefert schließlich:

$$I_{rg} \approx \frac{qwn_i}{2\tau} \exp\frac{qU}{2kT}. \tag{1.107}$$

Dieser Beitrag ist also dem Diodenstrom (1.71) in Durchlaßrichtung hinzuzufügen, weil in der Sperrschicht Ladungsträger rekombinieren. Im Gegensatz zum Diffusionsstrom ist die Spannungsabhängigkeit durch die Zwei im Exponentialausdruck reduziert.

Die Meßergebnisse nähert man häufig durch die empirische Formel:

$$I \sim \exp\frac{qU}{nkT} \tag{1.108}$$

an, wobei der Idealitätsfaktor n (ideality factor) als Anpaßparameter dient. Ist n nahe 1, so herrscht der Diffusionsstrom nach (1.71) vor. Am anderen Ende des Variationsbereichs bei $n = 2$ dominiert der Rekombinationsstrom nach (1.107). Der Buchstabe n in diesem Sinn genutzt ist streng von seiner sonstigen Bedeutung als Elektronenkonzentration zu unterscheiden.

Starke Injektion. Wenn der pn-Übergang stark in Durchlaßrichtung getrieben wird, kommt es zur starken Injektion, d. h. die Konzentration der in das jeweilig gegenüber liegende Bahngebiet injizierten Minoritätsträger ist nicht mehr gegen die Dotierung vernachlässigbar. Wir wiederholen in Abb. 1.39a zunächst einmal die Ladungsträgerkonzentrationen, die wir früher bereits in Abb. 1.22b für schwache Injektion diskutiert haben. Die Ordinate für n und p ist logarithmisch skaliert.

Nichtidealer pn-Übergang

Um die Diskussion vereinfachen zu können, nehmen wir hohe Konzentration der p-Seite gegenüber der n-Seite an, d. h. es liegt ein p^+n-Übergang vor, bei dem überwiegend Defektelektronen injiziert werden.

Wenn wir zur starken Injektion übergehen (Abb. 1.39b), dann nimmt die Dicke der Sperrschicht weiter ab. Die Löcherkonzentration am Rand w_n des n-Bereiches wächst aber auch über die dort normalerweise herrschende Gleichgewichtselektronenkonzentration $n_{n0} \approx N_D$ hinaus an. Um die gestörte Quasineutralität wiederherzustellen, muß in diesem Gebiet die Elektronenkonzentration n in gleichem Maß anwachsen wie p. Dies geschieht bald so rasch, daß wir die Ladungen der Donatoren am Rand des n-Bereichs für die folgende Diskussion vernachlässigen können.

<u>Abb. 1.39</u> Örtliche Verteilung der Ladungsträgerkonzentration in logarithmischer Auftragung in einem pn-Übergang. Der Abfall ins quasineutrale Bahngebiet ist gegenüber der Verarmungszone stark verkürzt gezeichnet.
a) Schwache Injektion;
b) starke Injektion.

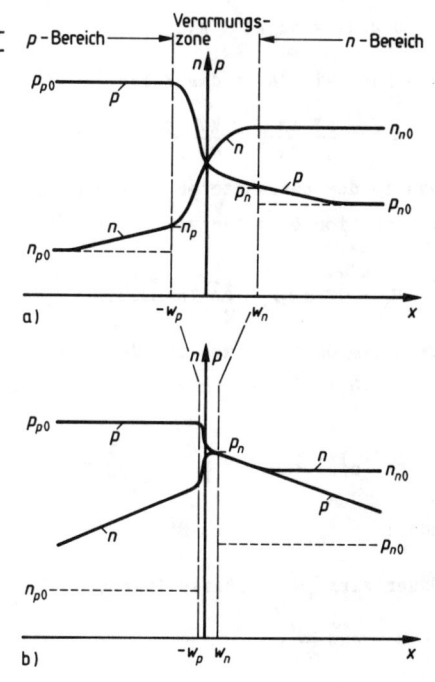

Die Spannung U, die an der Struktur anliegt, fällt nicht mehr - wie wir bisher immer angenommen hatten - einzig an der Verarmungszone ab. Dies ist nun nur noch der Anteil U_V.

Halbleiterbauelemente

Ein weiterer Anteil U_b fällt über dem Bahngebiet mit über dem Wert n_{n0} liegender Löcherkonzentration p ab. Also gilt:

$$U = U_v + U_b.$$

Wenn wir (1.68) nutzen, können wir damit die Löcherkonzentration am Rand des n-Bereichs als:

$$p_n(w_n) = p_{n0} \exp \frac{qU_v}{kT} = p_{n0} \exp \frac{qU}{kT} \exp - \frac{qU_b}{kT} \qquad (1.109)$$

angeben. Zur Abschätzung von U_b verwenden wir nebst (1.34) die Stromgleichung (1.33a) unter der Maßgabe, daß für einen p^+n-Übergang der Elektronenstrom nahezu verschwindet. Aus:

$$0 \approx I_n = q\mu_n nE + kT\mu_n \frac{dn}{dx}$$

gewinnen wir damit das Feld:

$$E = - \frac{kT}{qn} \frac{dn}{dx} \approx - \frac{kT}{qp} \frac{dp}{dx},$$

das in dem betrachteten Teil des n-Bereichs mit $n \approx p$ herrscht. Durch Integration erhalten wir:

$$U_b = \int E \, dx \approx - \frac{kT}{q} \ln \frac{N_D}{p_n(w_n)},$$

denn die obere Grenze ist durch $p = n_{n0} \approx N_D$ festgelegt. Setzen wir U_b in (1.109) ein, so folgt:

$$p_n(w_n) = p_{n0} \exp \frac{qU}{kT} \cdot \frac{N_D}{p_n(w_n)}$$

oder: $\quad p_n(w_n) \sim \exp \frac{qU}{2kT}.$

Daher wirkt sich starke Injektion im Strom des pn-Übergangs als:

$$I \sim \exp \frac{qU}{2kT} \qquad (1.110)$$

aus. Es bleibt uns noch, die Wirkung des Bahnwiderstandes R_B zu betrachten, den wir im Ersatzschaltbild Abb. 1.26 angegeben haben und der ebenfalls bei hohen Strömen bemerkbar wird. R_B ist der Widerstand aller

Nichtidealer pn-Übergang

bisher nicht berücksichtigten Teile der Bahngebiete und etwaiger Kontaktwiderstände des Halbleiters zu den nach außen führenden Metallanschlüssen. R_B führt zu einem Ohmschen Spannungsabfall, so daß wir (1.110) zu:

$$I \sim \exp\{\frac{q}{2kT}(U - IR_B)\} \tag{1.111}$$

zu modifizieren haben.

Endlich lange Bahngebiete. Die Kennlinie eines *pn*-Übergangs mit endlich langen Bahngebieten können wir mit demselben mathematischen Formalismus bestimmen, den wir in Kap. I.1.2 für den idealisierten Fall entwickelt haben. Wir benutzen Abb. 1.40, die insofern eine Vereinfachung gegenüber Abb. 1.39a oder 1.22b darstellt, als nur die Minoritätsträgerkonzentrationen in den quasineutralen Bahngebieten eingezeichnet sind. Außerdem sind die metallischen Kontakte, die für den Anschluß der Halbleiterstruktur nach außen sorgen, bis auf die Strecken d_p bzw. d_n an die Grenzen der Verarmungszone herangerückt. Wir sehen von Rekombination und Generation in der Verarmungszone ebenso ab wie von den Effekten starker Injektion. Ebenso wie früher im Kap. 1.2 können wir:

$$\frac{d^2p}{dx^2} - \frac{p - p_{n0}}{D_p \tau_p} = 0 \tag{1.67}$$

für den Verlauf der Minoritätsträger im *n*-Bereich ansetzen sowie entsprechend:

$$\frac{d^2n}{dx^2} - \frac{n - n_{p0}}{D_n \tau_n} = 0 \tag{1.67a}$$

für das *p*-Gebiet. Wir suchen die Lösungen zu diesen Differentialgleichungen, die in Abb. 1.40 als Kurven angedeutet sind. Die für sie gültigen Randbedingungen an den Grenzen zur Verarmungszone können wir sofort aus (1.63) ableiten:

$$p(w_n) = p_{n0} \exp \frac{qU}{kT} \quad \text{und:} \quad n(-w_p) = n_{p0} \exp \frac{qU}{kT},$$

Halbleiterbauelemente

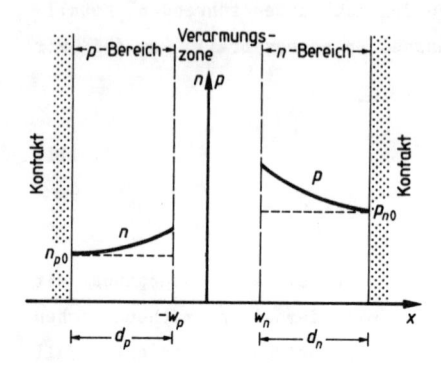

Abb. 1.40 Verteilung der injizierten Ladungsträger für einen pn-Übergang mit endlich langen Bahngebieten.

wobei U die an der Verarmungszone liegende Spannung ist. Die Bahngebiete sollen also keinen Spannungsabfall beitragen. An den Grenzen zu den Kontakten sollen die Gleichgewichtskonzentrationen der Minoritätsträger wiederhergestellt sein, d. h. die Kontakte sollen für unendlich hohe Rekombinationsgeschwindigkeit sorgen. Dies ist geradezu eine Forderung, die man an gute Metall-Halbleiterkontakte stellt. Wir bekommen daher als zweiten Satz von Randbedingungen:

$$p(w_n+d_n) \approx p_{n0} \quad \text{und:} \quad n(-w_p-d_p) \approx n_{p0}.$$

Mit den zwei Sätzen von Randbedingungen lauten die Lösungen der beiden Differentialgleichungen (1.67):

$$p(x) - p_{n0} = p_{n0}(\exp \frac{qU}{kT} - 1) \frac{\sinh\{(w_n+d_n-x)/L_p\}}{\sinh(d_n/L_p)}, \quad (1.112a)$$

$$n(x) - n_{p0} = n_{p0}(\exp \frac{qU}{kT} - 1) \frac{\sinh\{(d_p+w_p+x)/L_n\}}{\sinh(d_p/L_n)}. \quad (1.112b)$$

Diese Lösungen sind mit (1.68) für den idealisierten Fall zu vergleichen. Ganz entsprechend zu (1.70) erhalten wir die Strombeiträge daraus durch Differentiation:

$$I_p = -qD_p \frac{dp}{dx}\bigg|_{w_n} = q\frac{D_p p_{n0}}{L_p} \coth \frac{d_n}{L_p} (\exp \frac{qU}{kT} - 1), \quad (1.113a)$$

$$I_n = q \frac{D_n n_{p0}}{L_n} \coth \frac{d_p}{L_n} (\exp \frac{qU}{kT} - 1). \tag{1.113b}$$

Die Summe beider Anteile ist die $I(U)$-Kennlinie des *pn*-Übergangs.

Sind die Bahngebiete "lang", d. h. $d_n \gg L_p$ und $d_p \gg L_n$, dann nähert sich der hyperbolische Kotangens der Eins. Damit geht (1.113) erwartungsgemäß in (1.71) über. Für den anderen Grenzfall "kurzer" Bahngebiete, also kleiner Argumente im coth, entwickeln wir diese Funktion in eine Reihe und nehmen nur das erste Glied mit (coth $z \to 1/z$ für kleine z). Wir bekommen wiederum ein Ergebnis wie in (1.71), nur daß L_p durch d_n und L_n durch d_p ersetzt sind. Für diesen Grenzfall werden die Konzentrationsverläufe (1.112) linear, denn wir können für kleine Argumente den hyperbolischen Sinus durch sein Argument ersetzen (sinh $z \to z$ für kleine z).

Zusammenfassung. Wir haben die bisherigen Ergebnisse in Abb. 1.41 schematisch zusammengefaßt. Sie ist gegenüber Abb. 1.23 geändert, indem

Abb. 1.41 Schematische Darstellung der $I(U)$-Kennlinie eines *pn*-Übergangs mit den wirksamen Stromleitungsmechanismen. Zur klareren Veranschaulichung sind die positive Stromskala in logarithmischem und alle anderen in linearem Maßstab zu verstehen.

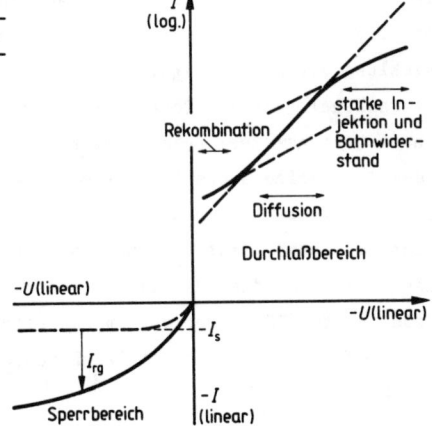

die für den Durchlaßbereich relevante positive Stromachse mit logarithmischer Skala aufzufassen ist. Im Sperrbereich stellt die gestrichelte Kurve den idealisierten Sperrstrom nach (1.71) mit dem Sättigungswert

Halbleiterbauelemente

I_s dar. Hinzu kommt der durch Generation in der Verarmungszone entstehende Anteil I_{rg} nach (1.106).

Bei geringer Polung in Durchlaßrichtung dominiert die Rekombination in dem Verarmungsbereich mit einem Strom nach (1.107) oder auch (1.108). Bei dem in Abb. 1.41 gewählten logarithmischen Maßstab für positive Ströme ist die Steigung des Rekombinationsstroms um den Faktor 2 (oder auch n) gegenüber dem bei stärkerer Durchlaßpolung vorherrschenden Diffusionsstrom nach (1.71) reduziert. Im Hochstrombereich schließlich wirken sich die starke Injektion nach (1.110) - wiederum mit halbiertem Anstieg - und die Widerstände der Bahngebiete nach (1.111) aus. Beide Effekte sind in der Praxis schwer voneinander zu trennen.

2. Transistoren

Eine der wichtigsten Erfindungen dieses Jahrhunderts ist der Transistor. Er beruht auf Arbeiten von J. Bardeen, W. H. Brattain und W. Shockley aus dem Jahr 1948. Wir werden zunächst den Transistor in seiner bipolaren Bauform behandeln, die am Anfang der stürmischen Entwicklung der Halbleiterelektronik stand. Wir werden als typisches Leistungsbauelement den Thyristor anschließen, der zwar drei pn-Übergänge - statt nur zwei beim Transistor - besitzt, dessen Funktion aber mit der Terminologie des Transistors relativ leicht zu verstehen ist. Schließlich wenden wir uns den Feldeffekttransistoren (FET) zu, die vom Konzept her sehr einfach sind. Sie konnten aber erst dann gebaut werden, nachdem die Halbleitertechnik einen erheblichen Reifegrad erreicht hatte. FETs gibt es in zahlreichen Bauformen. Heute sind sie insbesondere für die digitale Datenverarbeitung von fundamentaler Wichtigkeit.

2.1 Bipolartransistor und Thyristor

Die für die Massenfabrikation am besten geeignete Bauform eines bipolaren Transistors in einfachster Ausführung ist in Abb. 2.1a dargestellt.

Bipolartransistor und Thyristor

Es handelt sich um die planare Technologie, die wir bereits im Zusammenhang mit Abb. 1.18a auf S. 44 (Kap. I.1.2) erwähnt haben. Hier haben wir jedoch den Unterschied, daß das Si-Substrat p-dotiert ist. Wenn wir dagegen die n-dotierte epitaktische Schicht positiv vorspannen, ist der pn-Übergang zwischen Substrat und epitaktischem Film gesperrt. Damit haben wir eine wirkungsvolle elektrische Isolation des Films und der darin eingebauten Bauelemente erreicht.

Abb. 2.1 Bipolarer Transistor

a) Aufbau in planarer Technologie;

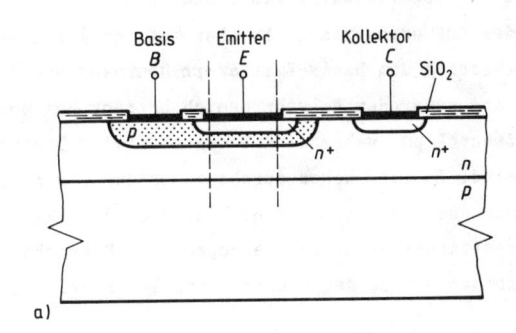

b) schematische Aufteilung der Ströme;

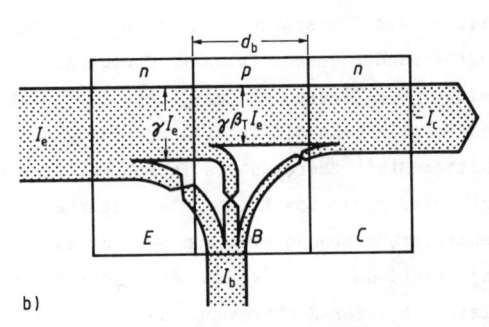

c) zur Demonstration der Spannungsverstärkung in der Basisschaltung.

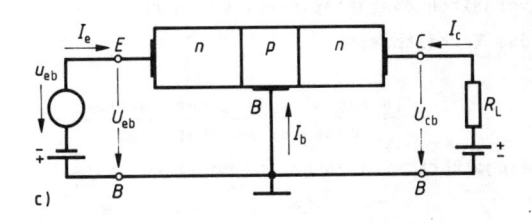

Halbleiterbauelemente

Der p-dotierte, mit Basis B bezeichnete Bereich wird ebenso wie in Abb. 1.18a mit Diffusion erzeugt, wobei mehr Akzeptoren in den Halbleiter eingebracht werden, als im epitaktischen Film an Donatoren vorhanden ist. Für den Film mag $n = 10^{15}$ cm^{-3} gelten. Das Dotierungsprofil im Basisbereich fällt typischerweise von 10^{17} cm^{-3} an der Halbleiteroberfläche ins Halbleiterinnere ab. Der Emitterbereich E, der mit einer weiteren Diffusion ebenso wie der Kollektoranschluß eingebracht wird, hat eine hohe Donatorkonzentration n^+; dadurch wurden die betroffenen Teile der Basisdiffusionszone umdotiert. Die Oberflächenkonzentration des Dotierprofils im Emitter ist größer als 10^{18} cm^{-3}. Der Abstand d_b zwischen dem Basis-Emitter-pn-Übergang und dem Basis-Kollektor-pn-Übergang unter dem Emitterbereich beträgt bei modernen Transistoren wenige Zehntel µm, während die transversalen Dimensionen einige µm und mehr sind. Es ist daher durchaus erlaubt, von einer planaren Struktur zu sprechen und in erster Näherung die Randeffekte außerhalb des mit gestrichelten Linien abgegrenzten Bereichs zu vernachlässigen. Damit kommen wir zu dem eindimensionalen Modell der Abb. 2.1b.

Prinzip des Transistors. Nach Abb. 2.1 besteht ein Transistor aus zwei gegeneinander geschalteten pn-Übergängen, die aber räumlich so dicht beieinander liegen müssen, daß sie sich gegenseitig beeinflussen. Andernfalls geht die Transistorwirkung verloren. Wir nehmen an, daß der Emitter-Basis-Übergang wie in Abb. 2.1c in Durchlaßrichtung geschaltet ist. Dann wird vom Emitter ein starker Elektronenstrom in die Basis "emittiert". Ebenso wird von der Basis ein Löcherstrom in den Emitter injiziert, der aber wegen der Dotierungsverhältnisse n^+p sehr viel kleiner als der Elektronenstrom ist (vgl. Abb. 2.1b). Wir haben dies bereits im Zusammenhang mit (1.72) diskutiert. Dieses sehr erwünschte Verhalten charakterisiert man durch die Emitterergiebigkeit, die über das Verhältnis:

$$\gamma = \frac{\text{in die Basis injizierter Emitterstrom}}{\text{gesamter Emitterstrom}} \tag{2.1}$$

eingeführt wird. γ sollte möglichst nahe bei Eins liegen.

Bipolartransistor und Thyristor

Der Elektronenstrom diffundiert fast ungeschwächt durch die dünne Basis und wird vollständig vom Kollektor-Basis-Übergang aufgenommen, der nach Abb. 2.1c in Sperrichtung gepolt ist; d. h. der Stromfluß im gesperrten Kollektor-Basis-Übergang wird nicht durch die Sperrcharakteristik, sondern durch den injizierten Emitterstrom bestimmt. Dies ist das Wesentliche an der Funktionsweise eines Transistors. Natürlich geht in der Basis wegen Rekombination der Minoritätsträger Elektronen ein Teil des injizierten Emitterstroms verloren, der durch den Basisstrom I_b bereitgestellt werden muß (Abb. 2.1b). Dieser Teil wird durch den Transportfaktor:

$$\beta_T = \frac{\text{den Kollektor-Basis-Übergang erreichender Strom}}{\text{in die Basis injizierter Elektronenstrom}} \qquad (2.2)$$

beschrieben. Auch β_T sollte dicht bei Eins liegen. Als dritter Anteil des Basisstroms I_b ist der ohnehin kleine Sperrstrom der Kollektor-Basis-Diode zu nennen, von dem wir zunächst absehen wollen. Wir können nach Abb. 2.1b die Strombilanz:

$$I_e + I_b = - I_c \qquad (2.3)$$

aufstellen. Schließlich führen wir noch die "Stromverstärkung":

$$\alpha = \frac{\text{Kollektorstrom}}{\text{Emitterstrom}} \qquad (2.4)$$

ein. α sollte möglichst nahe an Eins herankommen. Bei Vernachlässigung des Kollektorsperrstroms gilt:

$$\alpha = \beta_T \gamma. \qquad (2.5)$$

In Abb. 2.1c wird der Transistor in der Basisschaltung betrieben, weil B sowohl am Eingang als auch am Ausgang liegt. Nach (1.71) fließt der Emitterstrom:

$$I_e = - I_s \left(\exp \frac{-qU_{eb}}{kT} - 1\right).$$

Überlagern wir dem Eingang eine kleine Wechselspannung u_{eb}, so fließt nach (1.73) ein zusätzlicher Wechselstrom:

$$i_e = \frac{1}{r} u_{eb} \approx \frac{q|I_e|}{kT} u_{eb}, \qquad (2.6)$$

Halbleiterbauelemente

weil die Emitter-Basis-Diode hinreichend weit vorgespannt ist, um die Eins in (1.71) zu vernachlässigen. Da derselbe Emitterwechselstrom nahezu ungeschwächt den Kollektor erreicht (α fast gleich Eins), fällt am Lastwiderstand R_L die Signalspannung:

$$u_L = \alpha i_e R_L = \alpha \frac{R_L}{r} u_{eb}$$

ab, wobei wir (2.4) und (2.6) benutzt haben. Damit bekommen wir eine erhebliche Spannungsverstärkung, die im wesentlichen durch R_L/r gegeben ist (r um 1 Ω, R_L im kΩ-Bereich).

Weil nach unserer bisherigen Diskussion beide Ladungsträgersorten eine wichtige Rolle spielen, spricht man in exakterer Ausdrucksweise von einem bipolaren Transistor. Er ist ein stromgesteuertes Bauelement, weil I_c über I_e bestimmt wird. Sein Symbol ist in Abb. 2.2 angegeben,

Abb. 2.2

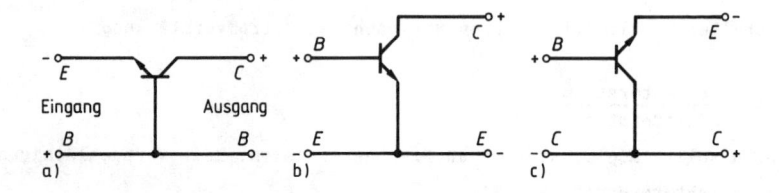

a) Basisschaltung   b) Emitterschaltung   c) Kollektorschaltung

wobei der Emitter mit einem Pfeil ausgezeichnet ist. Dieser weist stets vom p-Gebiet weg, also beim npn-Transsistor von der Basis weg (wie in Abb. 2.1 und 2.2) und beim pnp-Transistor auf die Basis hin. Je nach Beschaltung mit den Eingangs- und Ausgangsklemmen sind die Basisschaltung wie in Abb. 2.1 und Abb. 2.2a, die Emitterschaltung (Abb. 2.2b) und die Kollektorschaltung (Abb. 2.2c) möglich, die sich sehr wesentlich in ihrem Verhalten unterscheiden. Wir werden dies in der weiteren Diskussion erläutern. Dann werden wir auch schärfer zwischen den Gleichstromgrößen (wie I_e und U_{eb}), die zur Einstellung des Arbeits-

Bipolartransistor und Thyristor

punktes dienen, und den Wechselstromgrößen (wie i_e und u_{eb}) als Nutzsignale zu unterscheiden haben. Dies führt zu einer genaueren Definition der Größen (2.1) bis (2.3) über Differentialquotienten.

Strom-Spannungskennlinien eines Transistors. Zur Berechnung der Ströme im Transistor gehen wir von dem eindimensionalen Modell der Abb. 2.3 aus. Wir setzen voraus, daß die anliegenden Spannungen an den Sperrschichten und nicht an den Bahngebieten abfallen. Weiterhin sollen die Bahngebiete von Emitter und Kollektor hinreichend lang sein, weshalb wir die in Kap. I.1.2 abgeleiteten Beziehungen für den pn-Übergang nutzen. Allerdings muß der Abstand d_{b0} der beiden metallurgischen pn-Übergänge gering genug sein, damit es überhaupt zur Transistorfunktion, d. h. zur gegenseitigen Beeinflussung der pn-Übergänge kommt. Natürlich wird dann die effektive Basisdicke d_b, die durch die basisseitigen Ränder der Verarmungszonen definiert wird, noch kleiner. Schließlich soll noch die Generation und Rekombination in den Verarmungszonen vernachlässigbar sein.

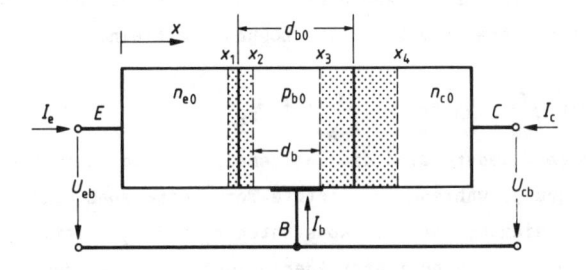

Abb. 2.3 Eindimensionales Modell zur Berechnung der Ströme in einem Transistor.

Im normalen Betrieb ist die Verarmungszone des Kollektor-pn-Übergangs sehr viel dicker als der Emitterübergang, weil der erste in Sperrichtung, der zweite aber in Durchlaßrichtung gepolt ist. Wir berechnen zunächst den Emitterstrom I_e, indem wir ähnlich wie beim pn-Übergang in Kap. I.1.2 vorgehen. I_e ist die Summe aus dem Löcherstrom an der Stelle x_1 und dem Elektronenstrom an der Stelle x_2. Den ersten Term können wir aus (1.70a) entnehmen:

Halbleiterbauelemente

$$I_p(x_1) = -\frac{qD_{pe}p_{e0}}{L_{pe}} [\exp(-\frac{qU_{eb}}{kT}) - 1]. \qquad (2.7)$$

Im zweiten Term macht sich die begrenzte Dicke der Basis bemerkbar. Wir setzen für das Basisgebiet die Kontinuitätsgleichung für Elektronen im stationären Zustand an; sie lautet gemäß (1.67):

$$\frac{d^2 n_b}{dx^2} - \frac{n_b - n_{b0}}{D_{nb}\tau_{nb}} = 0, \qquad (2.8)$$

wobei wir noch die Diffusionslänge $L_{nb} = \sqrt{D_{nb}\tau_{nb}}$ aus (1.69) einführen können. Die Lösung der Differentialgleichung (2.8) liefert mit (1.31a) als:

$$I_n = qD_{nb} \frac{dn_b}{dx} \qquad (2.9)$$

den gesuchten Elektronenstrom. (2.8) ist eine lineare Differentialgleichung zweiter Ordnung, die wegen des mit der Gleichgewichtskonzentration n_{b0} der Elektronen in der Basis verbundenen Gliedes inhomogen ist. Setzen wir für die homogene Gleichung als eine spezielle Lösung die Exponentialfunktion in der Ortskoordinate x an, so können wir nach den üblichen Lösungsverfahren die komplette Lösung ermitteln. Sie lautet:

$$n_b(x) = c_1 \exp \frac{x}{L_{nb}} - c_2 \exp(-\frac{x}{L_{nb}}) + n_{b0}.$$

Die beiden ersten Glieder sind die allgemeine Lösung der homogenen Differentialgleichung, während der letzte Term eine spezielle Lösung der inhomogenen Gleichung ist. Die Konstanten c_1 und c_2 bestimmen sich aus den Randwerten. Die Minoritätsträgerkonzentration an den Rändern der Verarmungszonen wird nach (1.63) durch die anliegenden Spannungen bestimmt. Spezialisieren wir dies auf die Basis, so gilt:

$$n(x_2) = n_{b0} \exp(-\frac{qU_{eb}}{kT})$$

$$n(x_3) = n_{b0} \exp(-\frac{qU_{cb}}{kT}).$$

Damit lassen sich c_1 und c_2 bestimmen, und die Lösung lautet endgültig:

Bipolartransistor und Thyristor

$$n_b(x) - n_{b0} = \frac{n_{b0}}{\sinh \frac{d_b}{L_{nb}}} \{\sinh \frac{x_3-x}{L_{nb}} [\exp(-\frac{qU_{eb}}{kT}) - 1]$$

$$+ \sinh \frac{x-x_2}{L_{nb}} [\exp(-\frac{qU_{cb}}{kT}) - 1]\}. \quad (2.10)$$

Wir haben $d_b = x_3 - x_2$ als effektive Basisdicke eingeführt, die von den anliegenden Spannungen, insbesondere von U_{cb}, abhängt, weil sich die Dicken der Verarmungszonen mit der Spannung ändern. Wir setzen die Lösung (2.10) in (2.9) ein, um den Elektronenstrom am bassiseitigen Rand der Emittersperrschicht zu ermitteln:

$$I_n(x_2) = -\frac{qD_{nb}n_{b0}}{L_{nb}\tanh \frac{d_b}{L_{nb}}} \{[\exp(-\frac{qU_{eb}}{kT}) - 1 - \frac{1}{\cosh \frac{d_b}{L_{nb}}} \exp(-\frac{qU_{cb}}{kT}) - 1]\}$$

$$(2.11)$$

Der Gesamtemitterstrom setzt sich ganz ähnlich wie früher beim pn-Übergang aus den Minoritätsträgerstromdichten (2.7) und (2.11) an den Rändern der Emitterverarmungszone zusammen:

$$I_e = -[\frac{qD_{nb}n_{b0}}{L_{nb}\tanh \frac{d_b}{L_{nb}}} + \frac{qD_{pe}p_{e0}}{L_{pe}}] \cdot [\exp(-\frac{qU_{eb}}{kT}) - 1]$$

$$+ \frac{qD_{nb}\,n_{b0}}{L_{nb}\tanh \frac{d_b}{L_{nb}}} \frac{1}{\cosh \frac{d_b}{L_{nb}}} [\exp(-\frac{qU_{cb}}{kT}) - 1]. \quad (2.12)$$

Eine analoge Diskussion können wir für den Kollektorübergang durchführen, woraus der Kollektorstrom folgt:

$$I_c = -[\frac{qD_{nb}n_{b0}}{L_{nb}\tanh \frac{d_b}{L_{nb}}} + \frac{qD_{pc}p_{c0}}{L_{pc}}] \cdot [\exp(-\frac{qU_{cb}}{kT}) - 1]$$

$$+ \frac{qD_{nb}n_{b0}}{L_{nb}\tanh \frac{d_b}{L_{nb}}} \cdot \frac{1}{\cosh \frac{d_b}{L_{nb}}} [\exp(-\frac{qU_{eb}}{kT}) - 1]. \quad (2.13)$$

Wie alle Stromgrößen bisher auch, so ist I_c auf die Flächeneinheit des Kollektorübergangs bezogen; es handelte sich also immer um Stromdichten.

Halbleiterbauelemente

Vergleichen wir den ersten Term von (2.13) mit (1.71), so können wir ihn als den Stromfluß durch die Kollektordiode auffassen, nur daß durch den hyperbolischen Tangens berücksichtigt wird, daß das Bahngebiet der p-Seite des pn-Übergangs (also die Basis) nicht beliebig weit ausgedehnt ist. Dieser Strombeitrag ist klein, weil der Kollektorübergang im allgemeinen in Sperrichtung gepolt ist. Der zweite Beitrag zu (2.13) ist der mit einem Faktor versehene Strom der Emitterdiode und stellt den größeren Teil dar, es sei denn, d_b und damit $\cosh(d_b/L_{nb})$ würden sehr groß und die Transistorfunktion würde verlorengehen. Erwartungsgemäß haben wir das in Abb. 2.1b angedeutete Ergebnis erhalten. Die Diskussion für den Emitterstrom I_e (2.12) verläuft invers. Es fließt der hohe Durchlaßstrom der Emitterdiode (erster Term), der durch den in den Emittersperrbereich diffundierenden, geringen Sperrstrom der Kollektordiode (zweiter Term) beeinflußt wird, was sich durch einen Vorfaktor ausdrückt. Über (2.3) können wir sofort den Basisstrom I_b berechnen.

Transistorparameter. Wir haben nun alle Mittel für eine Berechnung der Transistorparameter zur Verfügung. Der Stromverstärkungsfaktor in der Basisschaltung ist definiert als (vgl. (2.4)):

$$\alpha = h_{FB} = \frac{\partial(-I_c)}{\partial I_e} = \frac{\partial I_n(x_2)}{\partial I_e} \cdot \frac{\partial I_n(x_3)}{\partial I_n(x_2)} \cdot \frac{\partial(-I_c)}{\partial I_n(x_3)}. \qquad (2.14)$$

Da man α als hybriden Vierpolparameter auffassen kann, ist im angelsächsischen Schrifttum auch die Bezeichnung h_{FB} üblich, wobei sich der Index F auf "forward" und B auf "Basisschaltung" bezieht. Der erste Faktor in (2.14) stellt das differentielle Anwachsen des in die Basis injizierten Elektronenstroms mit dem Gesamtemitterstrom dar, ist also der Emitterwirkungsgrad (vgl. (2.1)):

$$\gamma = \frac{\partial I_n(x_2)}{\partial I_e}$$

Zur Berechnung von γ verknüpfen wir (2.11) und (2.12), lassen aber alle Terme mit U_{cb} weg, da im normalen Transistorbetrieb $U_{cb} \gg kT/q$ ist, die Kollektordiode also stark in Sperrichtung vorgepolt ist. Ebenso können wir die Eins neben den Exponentialfunktionen mit U_{eb} vernachlässigen, weil schon bei mäßiger Vorpolung der Emitterdiode in Durchlaß-

Bipolartransistor und Thyristor

richtung die Exponentialfunktion rasch ansteigt. Damit erhalten wir:

$$\gamma = \frac{\partial I_n(x_2)}{\partial I_e} = [1 + \frac{D_{pe} p_{e0} L_{nb}}{D_{nb} n_{b0} L_{pe}} \tanh \frac{d_b}{L_{nb}}]^{-1}. \qquad (2.15)$$

γ ist also stets kleiner Eins. Um aber möglichst dicht an Eins heranzukommen, sollte $d_b \ll L_{nb}$ sein, damit der hyperbolische Tangens gegen 0 geht. Wie wir bereits in Kap. I.1.2 bei (1.72) erwähnten, sollte zusätzlich der Emitter gegenüber der Basis hoch dotiert sein, d. h. bei einem guten Transistor sollte der Emitterübergang als n^+p ausgebildet sein. Beide Effekte zusammen bringen γ sehr nahe an Eins.

Der Basistransportfaktor (vgl. (2.2)) ist definiert als der zweite Faktor in (2.14). $I_n(x_2)$ ist als (2.11) gegeben, $I_n(x_3)$ läßt sich leicht aus (2.10) berechnen. Machen wir dieselben Näherungen für den normalen Transistorbetrieb wie eben, so folgt:

$$\beta_T = \frac{\partial I_n(x_3)}{\partial I_n(x_2)} = [\cosh \frac{d_b}{L_{nb}}]^{-1} \approx 1 - \frac{d_b^2}{2 L_{nb}^2}. \qquad (2.16)$$

Auch hier zeigt sich, daß β_T stets kleiner Eins ist. Um β_T bis auf Promille an Eins heranzubringen, sollte für einen gut entworfenen Transistor $d_b \ll L_{nb}$ sein. Da im normalen Betrieb die Kollektordiode zwar in Sperrichtung, aber doch weit vom Durchbruch betrieben wird, ist der letzte Faktor in (2.14), der Multiplikationsfaktor:

$$M = \frac{\partial(-I_c)}{\partial I_n(x_3)}, \qquad (2.17)$$

praktisch gleich Eins. Damit folgt aus (2.14) die schon oben erwähnte Beziehung:

$$\alpha = \gamma \beta_T M \approx \gamma \beta_T. \qquad (2.5)$$

Mit (2.15) und (2.16) können wir leicht (2.13) in:

$$I_c = -I_{cd} + \alpha I_{ed} \qquad (2.13a)$$

umformen, wobei I_{cd} der Diodenstrom des Kollektorübergangs (also der Sperrstrom) und I_{ed} der Diodenstrom des Emitterübergangs (also der Durchlaßstrom) sind. Beide sind durch (1.71) gegeben mit Berücksichtigung des endlichen Basisbahngebietes durch den hyperbolischen Tangens. (2.13a) drückt erwartungsgemäß aus, daß der Kollektorstrom I_c sich aus dem Sperrstrom I_{cd} der Kollektordiode und dem durch α modifizierten Durchlaßstrom I_{ed} der Emitterdiode zusammensetzt. Aus Symmetriegründen können wir einen inversen Stromverstärkungsfaktor α_I einführen, der angibt, wie sich der Kollektorsperrstrom I_{cd} im Emitterstrom auswirkt. Die Rechnung verläuft analog zu der obigen und führt zu ein dem γ in (2.15) entsprechenden γ_I des Kollektorübergangs. Aus (2.5) wird:

$$\alpha_I = \gamma_I \beta_T. \tag{2.5a}$$

Danach läßt sich (2.12) umformen mit dem Resultat:

$$I_e = - I_{ed} + \alpha_I I_{cd}. \tag{2.12a}$$

Die Stromverstärkung der Emitterschaltung nach Abb. 2.2b ist als:

$$\beta = h_{FE} = \frac{\partial I_c}{\partial I_b} \tag{2.18}$$

definiert. Nutzen wir (2.14) zusammen mit (2.3) und (2.16), so folgt:

$$\beta = \frac{\alpha}{1-\alpha} \approx 2 L_{nb}^2 / d_b^2. \tag{2.19}$$

β liegt bei einigen Hundert, kann aber auch viele Tausend annehmen.

Heterostruktur - Bipolartransistor. Man kann die Möglichkeiten eines *pn*-Heteroübergangs nutzen, um die Eigenschaften eines Transistors zu verbessern. Wir gehen von Abb. 1.35 aus, wählen aber eine Halbleiterkombination, bei der sich der Sprung in den Bandkanten hauptsächlich als ΔW_V im Valenzband wiederfindet. Damit kommen wir, wenn wir uns auf den Emitterübergang des Transistors beziehen, zu Abb. 2.4. Wenn wir nun

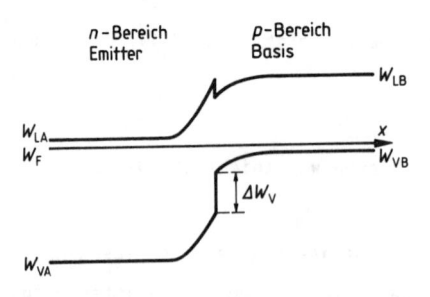

<u>Abb. 2.4</u> Bändermodell der Emitterdiode eines Heterostruktur-Bipolartransistors (wide-gap emitter).

den Emitter in Durchlaßrichtung vorspannen, dann fließt kein Löcherstrom in den Emitter, weil die Löcher aus der Basis den Valenzbandsprung ΔW_V nicht überwinden können. Der Emitterwirkungsgrad γ eines solchen Heterostruktur-Bipolartransistors (heterojunction bipolar transistor, HBT) wird also zu Eins, und zwar ohne die Dotierungsbeschränkung, die wir im Zusammenhang mit (2.15) diskutiert haben. Auch die Basis eines HBT kann hoch dotiert werden, so daß der Basisbahnwiderstand sehr klein gemacht werden kann. Obendrein werden die Elektronen auf Grund der Spitze im Leitungsbandverlauf mit hoher Geschwindigkeit aus dem Emitter in die Basis injiziert.

Damit versprechen HBTs einen hohen Emitterwirkungsgrad, sehr kleine Basisbahnwiderstände und daraus folgend sehr hohe Schnelligkeit. Es liegt an technologischen Schwierigkeiten, daß HBTs bisher noch nicht in allen Punkten befriedigen. Immerhin zeigen sie hervorragende Werte für die Stromverstärkung.

Kennlinienfelder eines Transistors. Wie in Abb. 2.2 faßt man den Transistor meist als Vierpol auf, weil man sich für das Verhalten von Strom und Spannung an Ein- und Ausgang interessiert. Dementsprechend ist ein Kennlinienfeld und nicht mehr nur eine einzige Charakteristik für die Beschreibung des Transistors notwendig. Wir befassen uns zunächst mit der Basisschaltung. Da im normalen Betrieb $U_{cb} \gg kT/q$ ist, können wir die mit U_{cb} verbundene Exponentialfunktion in (2.12) und (2.13) vernachlässigen, d. h. eine direkte Abhängigkeit von U_{cb} ist in den Kennlinienfeldern meist nicht zu spüren. Allerdings nimmt U_{cb} indirekt über die effektive Basisdicke d_b Einfluß, weil sie sich – wenn wir (1.51a) für die Kollektorsperrschicht anwenden – mit wachsendem U_{cb} verringert. Dies ist der Early-Effekt. Demgegenüber spielt der Emitterübergang keine Rolle, weil der Emitter meist in Durchlaßrichtung betrieben wird.

Unter diesen Voraussetzungen liefern (2.12) oder (2.12a) den Zusammenhang zwischen den Eingangskenngrößen U_{eb} und I_e, also im wesentlichen die Kennlinien der Emitterdiode (Abb. 2.5). Als Parameter erscheint an den Kurven U_{cb}, wachsend mit der durch den Pfeil angedeuteten Richtung.

Halbleiterbauelemente

U_{cb} macht sich indirekt über d_b in den hyperbolischen Funktionen bemerkbar. I_e liegt im mA-Bereich, während U_{cb} mehrere 10 V annehmen kann. Diese Werte hängen in weiten Grenzen vom Anwendungszweck ab, für den der Transistor entworfen ist. Abb. 2.5 ist mit dem Durchlaßbereich von Abb. 1.28 vergleichbar.

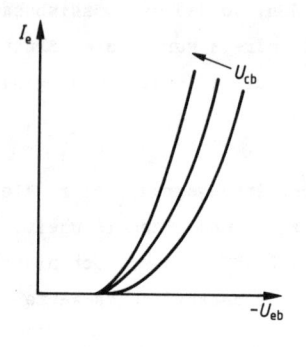

Abb. 2.5 Eingangskennlinie eines *npn*-Transistors in Basisschaltung.

Das Feld der Ausgangsgrößen I_c und U_{cb} zeigt Abb. 2.6, wobei I_e als Parameter an den Kurven gilt. Weil $\alpha \approx 1$ ist, haben I_c und I_e nach (2.13) oder (2.13a) praktisch dieselbe absolute Größe. Im gesamten

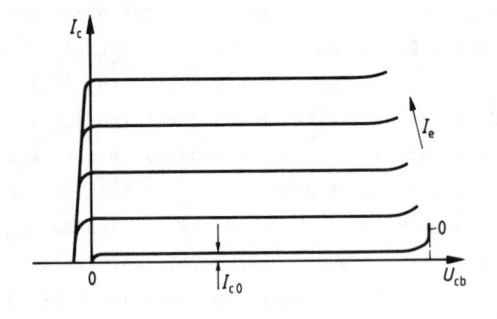

Abb. 2.6 Ausgangskennlinie eines *npn*-Transistors in Basisschaltung.

ersten Quadranten ist U_{cb} nahezu ohne Einfluß; nur eine geringe Steigung der Kennlinien drückt den Early-Effekt aus. Erst bei sehr hohen Werten von U_{cb} kommt es zum Durchbruch der Kollektordiode, wie wir es in Kap. I.1.2 im Zusammenhang mit Abb. 1.28 erläutert haben. Selbst wenn $I_e = 0$ ist (offener Emitter), fließt ein Kollektorstrom, der aber kleiner als der für einen üblichen *pn*-Übergang erwartete Sperrstrom ist. Denn wegen $I_e = 0$ verschwindet gemäß (2.11) über (2.9) der Gradient der Elektronenkonzentration am emitterseitigen Ende der Basis, und folglich reduziert sich der Gradient auch am kollektorseitigen Ende. Es fließt nur der Kollektorstrom I_{co}. Erst wenn der Emitter in Sperrichtung betrieben wird, also $I_e > 0$ wird, reduziert sich I_c weiter. Man nennt daher das Gebiet unterhalb der Kurve mit $I_e = 0$ den Sperrbereich. Der Rest des ersten Quadranten von Abb. 2.6 ist der aktive Bereich des Transistors, also der normale Betriebsbereich.

Selbst bei $U_{cb} = 0$ fließt ein Kollektorstrom, weil die die Kollektorsperrschicht bei x_3 (vgl. Abb. 2.3) erreichenden Elektronen ins Kollektorgebiet abgezogen werden. Erst wenn die Kollektordiode in Durchlaßrichtung gepolt wird ($U_{cb} < 0$), kann die Elektronenkonzentration bei x_3 gleich groß wie bei x_2 gemacht, I_c also zum Verschwinden gebracht werden. Dieser Teil des Kennlinienfeldes im zweiten Quadranten von Abb. 2.6 heißt der Sättigungsbereich.

Das auffallende Kennzeichen der Ausgangskennlinien für die Emitterschaltung ist ihre nur schwach ausgeprägte Sättigung, das durch den Early-Effekt bedingt ist (Abb. 2.7). Während in der Basisschaltung $I_c \approx |I_e|$ ist, erscheinen in der Emitterschaltung die Änderungen von β mit U_{ce} nach (2.19) voll in I_c. Denn zunächst gilt nach (2.13a):

$$I_c = - I_{cd} - \alpha I_e$$

wobei I_{cd} der Kollektorstrom bei verschwindendem Emitterstrom ist und sofern $\alpha_I I_{cd}$ vernachlässigt werden kann. Ersetzen wir darin I_e nach (2.3), so folgt mit (2.19):

$$I_c = - \frac{1}{1-\alpha} I_{cd} + \frac{\alpha}{1-\alpha} I_b = - \frac{1}{1-\alpha} I_{cd} + \beta I_b. \qquad (2.20)$$

I_{cd} kann als vergleichsweise klein weggelassen werden. Nutzen wir (2.5) mit $\gamma \approx 1$ sowie (2.16), so folgt:

$$\beta = \frac{\alpha}{1-\alpha} \approx \frac{2L_{nb}^2}{d_b^2}, \qquad (2.21)$$

d. h. die Änderungen der effektiven Basisdicke d_b mit U_{ce} machen sich

Halbleiterbauelemente

stark in β und damit in I_c bemerkbar, wie die Steigungen in Abb. 2.7 zeigen.

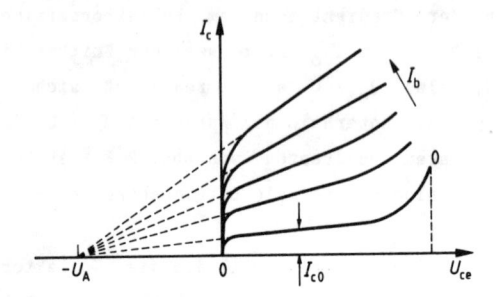

Abb. 2.7 Ausgangskennlinie eines *npn*-Transistors in Emitterschaltung.

Für kleine Werte von U_{ce} nimmt I_c rasch ab. Da U_{ce} über beiden Dioden des Transistors abfällt, bleibt für die Kollektordiode schließlich nur noch wenig übrig, wenn ein bestimmter Wert von I_b aufrechterhalten bleiben soll. Schließlich kann sogar die Kollektordiode schwach in Durchlaßrichtung vorgepolt sein.

Aus (2.20) folgt, daß für $I_b = 0$ der Kollektorstrom I_{c0} merklich größer als der Kollektorsperrstrom ist, im Gegensatz zur entsprechenden Diskussion für die Basisschaltung. Der durch Extrapolation der Kennlinien in Abb. 2.7 gefundene Wert U_A wird mit Early-Spannung bezeichnet.

Für Kleinsignal-Transistoren liegen die Werte von I_c zwischen 0,1 bis 100 mA bei Basisströmen aus dem Bereich von 0,05 bis 500 µA. U_{ce} kann bis zu 120 V ansteigen. Der Bereich der β-Werte erstreckt sich von 10 bis 800; in der Forschung werden gelegentlich Werte bis zu 10^4 erreicht. Die aus den Kennlinienfeldern abgeleiteten Early-Spannungen liegen bei 30 bis 90 V. Die entsprechenden Wertebereiche für Leistungstransistoren, die Verlustleistungen bis zu 120 W verarbeiten können, sind:

$I_c = 100$ mA ... 12 A, $\beta = 0{,}8$ ... 100,
$I_b = 1$ ... 100 mA, $U_A = 5$ ... 30 V,
U_{ce} bis zu 500 V.

Alle Werte gelten für Silizium, mit Ausnahme von $\beta = 10^4$, was bei Heterostruktur-Transistoren gemessen wurde.

Entwicklung eines Ersatzschaltbildes. Komplexe elektronische Schaltungen werden in zunehmendem Maß in integrierter Bauweise realisiert, wobei die in Abb. 1.18a und 2.1a angedeuteten Prinzipien der planaren Technologie eingesetzt werden. Nun ist die Herstellung einer monolithisch integrierten Schaltung ein langwieriger und kostspieliger Prozeß. Man ist daher sehr daran interessiert, die in der Schaltung vorkommenden Bauelemente in ihrem Verhalten möglichst genau rechnerisch zu simulieren. Vor der eigentlichen Realisierung der integrierten Schaltung können dann auf dem elektronischen Rechner Probeläufe durchgeführt werden, um den Schaltungsentwurf zu optimieren.

Eine Möglichkeit zur mathematischen Beschreibung eines Transistors sind die analytischen Ausdrücke wie z. B. (2.12) und (2.13), die ihre graphische Darstellung in den Abb. 2.5 bis 2.7 finden. In ausgiebiger Form werden sie von den Transistorherstellern als Datenblätter geliefert. Eine weitere Möglichkeit zur Transistorbeschreibung ist ein Ersatzschaltbild. Wir werden diese Möglichkeit im folgenden eingehender behandeln. Schließlich ist die dritte Möglichkeit zur Beschreibung des Transistors die Entwicklung von Vierpolparametern, wie wir sie als Beispiel in (2.14) bis (2.16) eingeführt haben.

Ersatzschaltbilder haben für die Entwicklung integrierter Schaltungen besonderes Gewicht. Wir gehen für den Transistor von dem ersten Vorschlag von J. J. Ebers und J. L. Moll aus, der auf der Gegeneinanderschaltung zweier idealisierter Dioden beruht (Abb. 2.8). Jedes Diodensymbol in Abb. 2.8 steht für eine ideale Diode, deren Strom sich gemäß (1.71) aus der an ihr liegenden Spannung ergibt und die mit einem Durchlaßwiderstand nach (1.73) verbunden ist. Parallel liegt zu dieser Kombination der meist hohe Sperrschichtwiderstand. Die durch die Emitter- und Kollektordiode fließenden Ströme I_{ed} bzw. I_{cd} sind allerdings nach den Ergebnissen von (2.12) oder (2.13) zu modifizieren, weil für die Basis mit endlich ausgedehntem Bahngebiet zu rechnen ist. In diesen Gleichungen ist die eigentliche Transistorfunktion enthalten,

Halbleiterbauelemente

die sich in Abb. 2.8 hauptsächlich in der Stromquelle αI_{ed} nach (2.13a) wiederfindet. Umgekehrt koppelt der im allgemeinen kleine Kollektorsperrstrom über die Stromquelle $\alpha_I I_{cd}$ gemäß (2.12a) auf den Emitter zurück. Da aber auch die Sperrschichtkapazitäten der pn-Übergänge im Transistor wirksam sind, haben wir in Abb. 2.8 C_{eb} und C_{bc} eingeführt, die sich nach (1.56) berechnen lassen. Dabei müssen die geometrischen Flächen des Emitterübergangs und des Kollektorübergangs (vgl. Abb. 2.1a) mitberücksichtigt werden. Schließlich ist der Early-Effekt durch die Stromquelle $(U_{c'e'}/U_A) I_{ed}$ eingeführt, wobei U_A aus Abb. 2.7 entnommen werden kann.

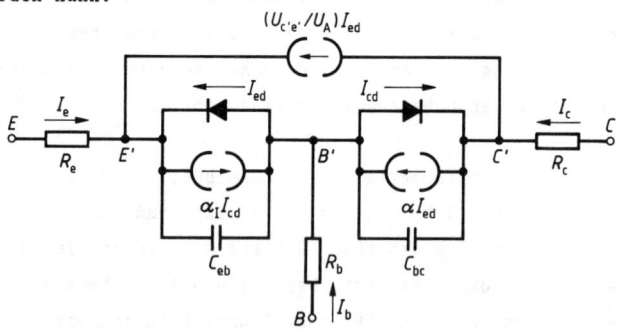

Abb. 2.8 Erweitertes Ebers-Moll-Ersatzschaltbild eines npn-Transistors.

Damit ist der innere Transistor beschrieben, dessen Anschlußpunkte E', B' und C' von außen aber nicht zugänglich sind. An ihnen liegt die Spannung $U_{c'e'}$ an. Ein Blick auf Abb. 2.1a zeigt, daß die äußeren Anschlußpunkte E, B und C über Bahnwiderstände R_e, R_b und R_c mit E', B' bzw. C' verbunden sind. Ihre Widerstandswerte errechnen sich aus den Dimensionen der entsprechenden Halbleitergebiete und deren spezifischem Widerstand. α und α_I sind nicht unabhängig voneinander, wie aus dem Rechenweg folgt, auf dem wir sie ermittelt haben. Prinzipiell sind sie ineinander umrechenbar, wenn man den Aufbau des Transistors genau kennt. Damit enthält das Transistormodell in Abb. 2.8 insgesamt neun Parameter, die aber zur exakten Beschreibung experimenteller Ergebnisse häufig nicht ausreichen. Man ist daher in diesen Fällen genötigt, aufwendigere Ersatzschaltbilder mit bis zu dreißig Komponenten zu verwenden. Ein weit verbreitetes Ersatzschaltbild, das die Ladungen in der Basis zum Ausgangspunkt nimmt, ist von H. K. Gummel und H. C. Poon ausgearbeitet worden. Es wird zur Simulation von Transistoren in integrierten Schaltungen mit Hilfe von elektronischen Rechnern genutzt.

Hat man demgegenüber die Verwendung eines Transistors in einer aus Einzelkomponenten aufgebauten Schaltung im Auge, dann kommt man je nach den Anforderungen an diese Schaltung mit einem stark vereinfachten Ersatzschaltbild aus. Wenn wir als Beispiel eine Schaltung für niedrige Frequenzen wählen, dann können zunächst alle Kapazitäten in Abb. 2.8 wegfallen. Weiterhin wird im normalen Betrieb die Emitterdiode in Durchlaßrichtung, die Kollektordiode aber in Sperrichtung betrieben. Damit fällt im Emitterzweig die Stromquelle mit dem niedrigen Sperrstrom I_{cd} weg, und die Emitterdiode reduziert sich auf den differentiellen Widerstand r_e nach (1.73). Im Kollektorzweig bleiben der hohe Sperrwiderstand des Kollektorübergangs und die vom Transistoreffekt herrührende Stromquelle αI_{ed}. Wenn wir uns schließlich noch auf Kleinsignalanwendungen beschränken, nimmt der Basisbahnwiderstand seinen differentiellen Wert an. Der Emitterbahnwiderstand ist allgemein sehr klein, so daß er ebenso wie die Early-Stromquelle wegfallen kann. Den Kollektorbahnwiderstand rechnen wir zur äußeren Beschaltung. So erhalten wir das vereinfachte Ersatzschaltbild in Abb. 2.9, das nur noch durch vier Größen bestimmt wird. Daher werden in den Datenblättern der Hersteller die Transistoren durch vier Parameter charakterisiert, die wir nun mit dem Ersatzschaltbild verbinden wollen.

<u>Abb. 2.9</u> Vereinfachtes Kleinsignal-Ersatzschaltbild eines Transistors für niedrige Frequenzen.

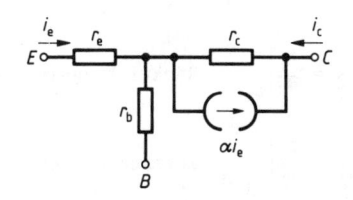

Vierpolparameter. Bei einem dreipoligen Bauelement wie dem Transistor muß immer ein Anschluß mit Eingang und Ausgang gleichzeitig verbunden sein. Daraus ergaben sich die in Abb. 2.2 aufgeführten Schaltungsvarianten. Wir wählen als die gebräuchlichste unter ihnen die Emitterschal-

Halbleiterbauelemente

tung. Wir können dann den Transistor formal als Vierpol auffassen, wenn wir uns nur für die aus dem gerasterten Kasten in Abb. 2.10 herausragenden Anschlüsse interessieren, das Innere aber außer acht lassen. Eine mögliche Beschreibung des Vierpols ist die über die y-Parameter (Leitwert-Matrix), die die Eingangs- und Ausgangsgrößen miteinander verknüpfen:

$$i_1 = y_{11} u_1 + y_{12} u_2 \tag{2.22a}$$

$$i_2 = y_{21} u_1 + y_{22} u_2. \tag{2.22b}$$

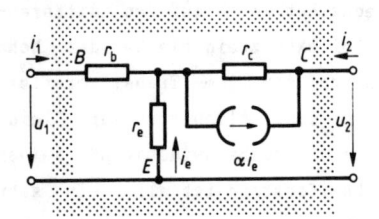

Abb. 2.10 Zur Vierpoldarstellung eines Transistors für niedrige Frequenzen.

Die y-Parameter haben die Dimensionen eines Leitwerts und sind die vier Größen, die beim Entwurf von Hochfrequenzschaltungen bevorzugt werden. Sie lassen sich mit den Kleinsignalgrößen folgendermaßen deuten:

$y_{11} = \left. \dfrac{i_1}{u_1} \right|_{u_2=0}$ Eingangsleitwert bei kurzgeschlossenem Ausgang,

$y_{12} = \left. \dfrac{i_1}{u_2} \right|_{u_1=0}$ Rückwirkungsleitwert bei kurzgeschlossenem Eingang,

$y_{21} = \left. \dfrac{i_2}{u_1} \right|_{u_2=0}$ Kurzschlußsteilheit,

$y_{22} = \left. \dfrac{i_2}{u_2} \right|_{u_1=0}$ Ausgangsleitwert bei kurzgeschlossenem Eingang.

Für Transistorschaltungen im niederfrequenten Bereich sind die h-Parameter üblich, die sich aus der hybriden Matrix:

Bipolartransistor und Thyristor

$$u_1 = h_{11} i_1 + h_{12} u_2 \tag{2.23a}$$

$$i_2 = h_{21} i_1 + h_{22} u_2 \tag{2.23b}$$

ableiten. y- und h-Parameter lassen sich ineinander überführen, indem wir z. B. in (2.22b) u_1 mittels (2.23a) ersetzen und darauf einen Koeffizientenvergleich mit (2.23b) vornehmen. Zu noch höheren Frequenzen hin, im Mikrowellengebiet, werden die S-Parameter (scattering parameter) wegen ihrer relativ einfachen Meßbarkeit eingesetzt. Die Streumatrix, die durch die S-Parameter aufgespannt wird, verbindet die an Ein- und Ausgang einfallenden bzw. reflektierten Wellen miteinander.

Wir wollen nun die h-Parameter, als die nach den Kennlinien und dem Ersatzschaltbild dritte Möglichkeit der Transistorbeschreibung, mit den Elementen des Ersatzschaltbilds in Verbindung bringen. Da wir uns als Beispiel unter den drei Beschaltungsmöglichkeiten auf Abb. 2.10 beziehen, müssen wir die abzuleitenden h-Parameter durch einen zusätzlichen Index e als nur für die Emitterschaltung gültig auszeichnen. Wir lesen aus Abb. 2.10 ab:

$$u_1 = r_b\, i_1 + r_e (i_1 + i_2)$$

$$u_2 = r_c [i_2 - \alpha(i_1 + i_2)] + r_e(i_1 + i_2).$$

Nach dem gleichen Vorgehen wie bei der Umrechnung der y-Parameter in die h-Parameter bringen wir diese Gleichungen in die Form von (2.23). Danach liefert ein Koeffizientenvergleich:

$$h_{11e} = r_b + \frac{r_e r_c}{r_e + r_c(1-\alpha)} \approx r_b + \frac{r_e}{1-\alpha} \tag{2.24a}$$

$$h_{12e} = \frac{r_e}{r_e + r_c(1-\alpha)} \approx \frac{r_e}{r_c(1-\alpha)} \tag{2.24b}$$

$$h_{21e} = \frac{\alpha r_c - r_e}{r_e + r_c(1-\alpha)} \approx \frac{\alpha}{1-\alpha} \tag{2.24c}$$

$$h_{22e} = \frac{1}{r_e + r_c(1-\alpha)} \approx \frac{1}{r_c(1-\alpha)}. \tag{2.24d}$$

Halbleiterbauelemente

Die Näherungen in diesen Gleichungen folgen aus:

$r_e \ll \alpha r_c$ und: $r_e \ll (1-\alpha) r_c$.

Denn setzen wir in (1.73) zur Ermittlung von r_e bei Zimmertemperatur $kT \approx 25$ meV und als Emitterstrom einige mA, dann liegt r_e bei einigen Ω, was in der Tat sehr viel kleiner als der Sperrwiderstand r_c der Kollektordiode oder auch kleiner als $(1-\alpha) r_c$ ist, auch wenn α nahe an Eins herankommt.

Aus Abb. 2.10 und (2.23) folgt die Verknüpfung der h-Parameter mit den Transistorkennlinien:

$$h_{11e} = \left.\frac{u_1}{i_1}\right|_{u_2=0} = \left|-\left.\frac{\partial U_{eb}}{\partial I_b}\right|_{U_{ce}}\right| \quad \text{Eingangswiderstand} \quad (2.25a)$$

$$h_{12e} = \left.\frac{u_1}{u_2}\right|_{i_1=0} = \left.\frac{\partial U_{eb}}{\partial U_{ce}}\right|_{I_b} \quad \text{Leerlauf-Spannungsrückwirkung} \quad (2.25b)$$

$$h_{21e} = \left.\frac{i_2}{i_1}\right|_{u_2=0} = \left.\frac{\partial I_c}{\partial I_b}\right|_{U_{ce}} \quad \text{Kurzschluß-Stromverstärkung} \quad (2.25c)$$

$$h_{22e} = \left.\frac{i_2}{u_2}\right|_{i_1=0} = \left.\frac{\partial I_c}{\partial U_{ce}}\right|_{I_b} \quad \text{Ausgangsleitwert.} \quad (2.25d)$$

Wir haben die Quotienten der (kleingeschriebenen) Wechselstromgrößen durch die Differentialquotienten im Arbeitspunkt ersetzt. Beispielsweise läßt sich der Ausgangsleitwert (2.25d) für einen vorgegebenen Basisstrom aus dem Kennlinienfeld Abb. 2.7 entnehmen. Das Gleiche gilt für die anderen Größen, die aus den vom Transistorhersteller herausgegebenen Kennlinien ermittelt werden können.

Ähnlich wie bei der Emitterschaltung können wir auch für Basis- und Kollektorschaltung vorgehen mit jeweils anderen h-Parametern als Resultat, die natürlich wiederum vom Arbeitspunkt abhängig sind. Ein Transistor wird also durch insgesamt 12 h-Parameter beschrieben, die von Grundschaltung zu Grundschaltung ineinander umrechenbar sind.

Grenzfrequenzen. Man kann nicht erwarten, daß das Verhalten eines

Bipolartransistor und Thyristor

Transistors auch zu hohen Frequenzen hin ungeändert bleibt. Betrachten wir zunächst die Basisschaltung, so ändert das Signal an der Emitterdiode bei hohen Frequenzen schon sein Vorzeichen, noch ehe die Elektronen auf ihrem Weg durch die Basis den Kollektor erreicht haben. Es ist zu erwarten, daß die Stromverstärkung bei hohen Frequenzen abfällt, weil zum Umladen der Basis eine Mindestzeit τ_B notwendig ist. Zur quantitativen Formulierung gehen wir von (2.5) aus, setzen aber den Emitterwirkungsgrad von der Frequenz unabhängig zu Eins an. Verwenden wir (2.16) zusammen mit (1.69), so gilt:

$$\alpha \approx \beta_T = [\cosh \frac{d_b}{L_{nb}}]^{-1} \approx [1 + \frac{d_b^2}{2D_{nb}\tau_{nb}}]^{-1}.$$

Wir haben bei der Behandlung des Wechselstromverhaltens eines pn-Übergangs gefunden (S. 63, Kap. I.1.2), daß Trägheitseffekte berücksichtigt werden können, indem die Lebensdauer der Ladungsträger durch die komplexe Größe $\tau/(1+j\omega\tau)$ ersetzt wird. Wir tun dies auch in der obigen Beziehung und erhalten:

$$\alpha = [1 + \frac{d_b^2}{2D_{nb}\tau_{nb}}(1+j\omega\tau_{nb})]^{-1} = [1 + \frac{d_b^2}{2D_{nb}\tau_{nb}} + j\frac{d_b^2}{2D_{nb}}\omega]^{-1} \approx \frac{\alpha_0}{1+j\omega/\omega_\alpha}$$

(2.26)

mit:

$$\omega_\alpha = 2D_{nb}/d_b^2 = \frac{2L_{nb}^2}{d_b^2} \cdot \frac{1}{\tau_{nb}} \quad \text{und:} \quad \alpha_0 = [1 + \frac{d_b^2}{2D_{nb}\tau_{nb}}]^{-1}.$$

α_0 ist der Niederfrequenzwert der Stromverstärkung und sollte nahe bei Eins liegen, so daß wir den Quotienten in α_0 als kleine Größe behandeln können. $f_\alpha = \omega_\alpha/2\pi$ wird als die α-Grenzfrequenz des Transistors bezeichnet. Bei ω_α ist der Betrag der Stromverstärkung eines Transistors in Basisschaltung um den Faktor $1/\sqrt{2}$, entsprechend 3 db, von seinem Niederfrequenzwert abgesunken.

Wir wenden uns nun der Emitterschaltung zu, deren Stromverstärkung β nach (2.24c) durch (2.19) gegeben ist. Wie eben setzen wir einen komplexen Wert für die Lebensdauer der freien Ladungsträger in der Basis an. Wir nutzen (2.26) im Zusammenhang mit (2.19) und erhalten als Ergebnis:

Halbleiterbauelemente

$$h_{21e} \approx \beta \approx \frac{\alpha_0}{1-\alpha_0} \cdot \frac{1}{1+j\omega\tau_{nb}} = \frac{\alpha_0}{1-\alpha_0} \cdot \frac{1}{1+j\omega/\omega_\beta} = \beta_0 \frac{1}{1+j\omega/\omega_\beta} \qquad (2.27)$$

mit: $\quad \omega_\beta = \frac{1}{\tau_{nb}} = \frac{d_b^2}{2L^2_{nb}} \omega_\alpha \approx \frac{1}{\beta_0} \omega_\alpha.$ $\qquad (2.27a)$

Wir haben den Index 0 eingeführt, um anzudeuten, daß die Niederfrequenzwerte von α und β zu nehmen sind. Weiterhin haben wir die Näherung (2.19) verwendet. $f_\beta = \omega_\beta/2\pi$ heißt die β-Grenzfrequenz. Bei ω_β ist der Betrag der Stromverstärkung eines Transistors in Emitterschaltung um 3 db abgesunken. Wegen (2.27a) ist ω_β meist um Größenordnungen kleiner als ω_α. Dies ist einer der Gründe, die für die Verwendung der Basisschaltung bei hochfrequenten Anwendungen sprechen. (2.27a) zeigt, daß das Produkt aus Grenzfrequenz und Verstärkung, das Verstärkungs-Bandbreiteprodukt, konstant ist:

$$\beta_0 \omega_\beta \approx \omega_\alpha \approx \alpha_0 \omega_\alpha.$$

Betrachten wir (2.27) für Frequenzen, die groß gegen ω_β sind, dann finden wir für h_{21e} einen Frequenzabfall mit $\beta_0 \omega_\beta = \omega_\alpha$. Dasselbe folgt aus (2.26) für hinreichend hohe Frequenzen, so daß beide Stromverstärkungsfaktoren schließlich denselben Verlauf nehmen. Man nennt die Frequenz, bei der die Stromverstärkung der Emitterschaltung durch den Wert 1 geht, die Transitfrequenz. Die Transitfrequenz $f_T = \omega_T/2\pi$, die nach dieser Betrachtung f_α gleich ist, läßt sich mit den physikalischen Parametern des Transistors in Verbindung bringen, indem wir alle auftretenden Verzögerungszeiten aufsummieren. Dadurch gewinnen wir einen Einblick, welche Größen die Schnelligkeit eines Transistors beeinflussen. Wir haben bereits die Umladezeit τ_B der Basis erwähnt, die wir aus (2.26) gewinnen:

$$\tau_B = \frac{1}{\omega_\alpha} = d_b^2/(2D_{nb}).$$

Der zweite Beitrag ist die Umladezeit τ_E der Emitterverarmungszone, die über den differentiellen Emitterwiderstand r_e nach (1.73) aufgeladen wird. Als Kapazitäten sind die Emitterkapazität C_{eb}, die Kollektorkapazität C_{bc} sowie parasitäre Kapazitäten C_{pb}, die mit dem Basisanschluß verbunden sind, wirksam. Damit wird:

$$\tau_E = r_e(C_{eb} + C_{bc} + C_{pb}) = \frac{kT}{qI_e}(C_{eb} + C_{bc} + C_{pb}).$$

Ein weiterer Beitrag ist die Laufzeit τ_C der Elektronen durch die Kollektorverarmungszone, deren Dicke nach Abb. 2.3 als $(x_4 - x_3)$ gegeben ist. In dem dort herrschenden hohen Feld nehmen die Elektronen rasch ihre Sättigungsgeschwindigkeit v_s an (vgl. Abb. 1.17). Also folgt:

$$\tau_C = (x_4 - x_3)/v_s.$$

Wir fassen alle drei Beiträge zusammen:

$$2\pi f_T = (\tau_B + \tau_E + \tau_C)^{-1}$$

$$f_T = \frac{1}{2\pi}\left[\frac{kT}{qI_e}(C_{eb} + C_{bc} + C_{pb}) + d_b^2/(2D_{nb}) + (x_4 - x_3)/v_s\right]^{-1} \quad (2.28)$$

Nach diesem Resultat sind hohe Grenzfrequenzen durch folgende Maßnahmen zu erreichen: 1) der Emitterstrom I_e (oder äquivalent der Kollektorstrom) sollte hoch sein; 2) die Kapazitäten sollten klein gehalten werden; 3) die Dicke d_b der Basis sollte möglichst reduziert werden; 4) das Halbleitermaterial sollte wegen $D_{nb} = kT\mu_{nb}/q$ eine möglichst große Beweglichkeit haben.

Stromabhängigkeit der Stromverstärkung. Wir haben mit (2.4) die Stromverstärkung α für die Basisschaltung und mit (2.18) die entsprechende Größe β für die Emitterschaltung eingeführt, die beide über (2.19) miteinander verknüpft sind. Nach (2.5) sollten die Stromverstärkungsfaktoren stromunabhängig sein. Experimente bestätigen dies nur für einen mittleren Strombereich. Zu den Grenzen hin fällt die Stromverstärkung ab, wie es in Abb. 2.11 angegeben ist, in der β und I_c im logarithmischen Maßstab aufgetragen sind. Für einen Leistungstransistor kann der Strombereich von 10 mA bis 10 A als Beispiel gelten, in dem β von 50 bis 3000 variiert.

Um derartige Messungen zu verstehen, reicht es, α oder β zu diskutieren, da beide wegen (2.19) den gleichen Verlauf nehmen. Wir wählen α,

Halbleiterbauelemente

weil wir mit (2.5) einen Ansatzpunkt zum Verständnis der Vorgänge haben. Dazu müssen wir Phänomene zusätzlich betrachten, die wir bisher vernachlässigen konnten.

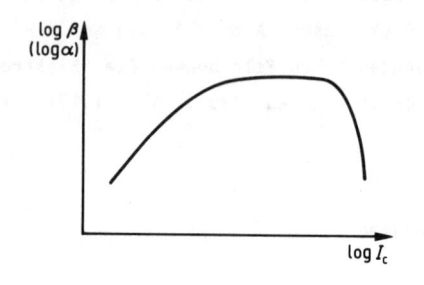

Abb. 2.11 Stromabhängigkeit der Stromverstärkung eines Transistors.

Bei sehr niedrigen Strömen und entsprechend geringer Vorspannung des Emitterübergangs ist die Rekombination an den Rändern der Bahngebiete noch so schwach, daß die Rekombination in der Verarmungszone nicht vernachlässigt werden kann. Für den Emitterübergang heißt dies, daß ein sehr erheblicher Anteil des Emitterstroms als Rekombinationsstrom in der Verarmungszone fließt, also für die eigentliche Transistorfunktion verlorengeht. Die Elektronen als Minoritätsträger eines *npn*-Transistors erreichen nur zum Teil die Basis. Dies läuft auf eine Reduzierung des Emitterwirkungsgrades γ in (2.5) und damit von α (oder β) hinaus. Dieser Effekt schwächt sich mit zunehmender Aussteuerung ab, so daß α und folglich auch β mit zunehmendem Strom einen Maximalwert erreichen.

Zu hohen Strömen hin wird die Basis durch Minoritätsträger überschwemmt. Bei einem *npn*-Transistor kann die Elektronenkonzentration n in der Basis vergleichbar mit der Majoritätsträgerkonzentration p werden. Dies hat zur Folge, daß die Rekombinationsrate im Basisbahngebiet nach S. 32, Kap. I.1.1, drastisch ansteigt. Damit sinken der Transportfaktor β_T und nach (2.5) als Konsequenz α und β. Die Stromabhängigkeit von α hat wichtige Konsequenzen für die Arbeitsweise des Thyristors.

Thyristor. Der Thyristor enthält drei *pn*-Übergänge und ist in seinem

Aufbau in Abb. 2.12 skizziert. Eine niedrig dotierte Si-Scheibe von wenigen hundert μm Dicke ($n \approx 10^{14}$ cm^{-3}) wird einem Diffusionsprozeß unterworfen, so daß beidseitig bis zu einer Tiefe von wenigen zehn μm Akzeptoren mit einer Konzentration bis zu 10^{19} cm^{-3} eindringen. Schließlich wird über den größten Teil der Oberfläche eine Umdotierung in Richtung auf n^+ vorgenommen, wodurch Donatorkonzentration bis in den Bereich von 10^{20} cm^{-3} erreicht werden. Die untere p-Zone, die als Anode bezeichnet wird, erhält eine ganzflächige, Ohmsche Kontaktierung. Sie wird an den Kühlkörper angeschlossen, um die Verlustwärme abzuführen. Der obere n^+-Bereich, der sich lateral fast über die gesamte Halbleiterscheibe von vielen cm erstrecken kann, ist die Kathode und wird ebenfalls möglichst niederohmig kontaktiert. Der obere p-Bereich ist teilweise bis an die obere Grenzfläche geführt, um den Kontakt zur Steuerelektrode (gate) zu ermöglichen. Damit erhalten wir einen kathodenseitig steuerbaren Thyristor. Liegt die Steuerelektrode am n-Bereich, dann spricht man von anodenseitiger Steuerung.

Abb. 2.12 Aufbau eines Thyristors in planarer Technologie.

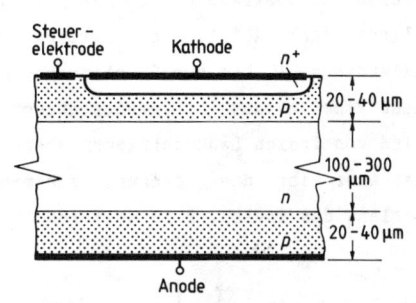

Aufgrund der relativ großen Querausdehnung des Thyristors sind wir - ebenso wie früher beim Transistor - berechtigt, zu einem eindimensionalen Modell überzugehen und Randeffekte zu vernachlässigen. Damit resultiert die Abb. 2.13. Die seitliche Anbringung der Steuerelektrode soll andeuten, daß Verzögerungen auftreten können, ehe sich der Steuerstrom I_G über die ganze Breite des Thyristors ausgebreitet hat.

Wenn wir die Anode auf negatives Potential gegenüber der Kathode legen (negative Anodenspannung U_A), dann sind die pn-Übergänge 1 und 3 gesperrt, und es fließt der durch den hochohmigen Übergang bestimmte Sperrstrom. Der Thyristor befindet sich im Rückwärts-Sperrbereich

Halbleiterbauelemente

(Abb. 2.14) mit einer Sperrkennlinie, wie wir sie anhand von Abb. 1.28 besprochen haben. Daran ändert sich nichts Grundsätzliches, wenn wir zu

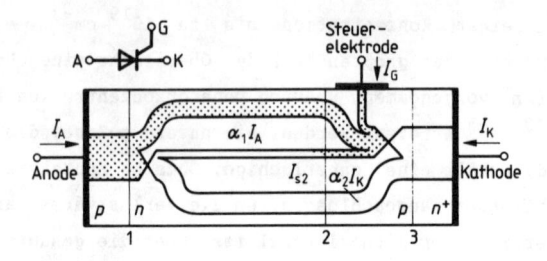

Abb. 2.13 Eindimensionales Modell eines Thyristors mit Schema der fließenden Ströme. Als Einschub Schaltzeichen eines kathodenseitig steuerbaren Thyristors.

positiven Anodenspannungen U_A übergehen, weil nun der pn-Übergang 2 gesperrt ist. Die zugehörige Verarmungszone ist nahezu völlig von freien Ladungsträgern entblößt, so daß nur der kleine Sperrstrom I_{s2} fließt (Abb. 2.13). Man spricht vom Vorwärts-Sperrbereich. Sollte allerdings U_A bis zur Durchbruchspannung U_B des Übergangs 2 anwachsen, dann kommt es zum Lawinendurchbruch. Die Verarmungszone des Übergangs wird von freien Ladungsträgern überschwemmt, wird also hochleitend, so daß über ihr die Spannung zusammenbricht. Der Thyristor schaltet entlang des in Abb. 2.14 gestrichelt gezeichneten Kennlinienastes in

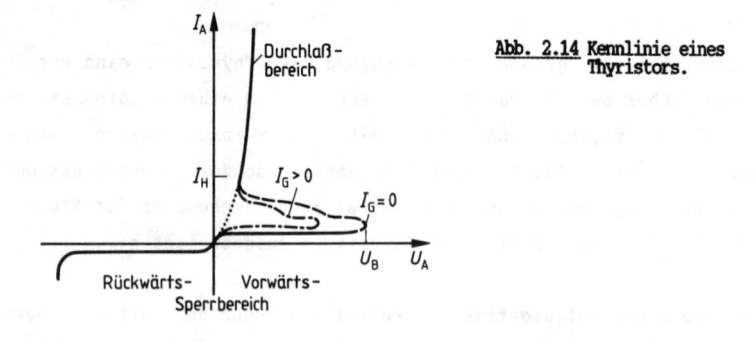

Abb. 2.14 Kennlinie eines Thyristors.

den Durchlaßbereich, der dem entsprechenden Kennlinienast in Abb. 1.28 entspricht. Der Zustand hohen Stroms bei geringer Spannung am Thyristor

Bipolartransistor und Thyristor

wird aufrechterhalten, weil die in Durchlaßrichtung gepolten Übergänge 1 und 3 erhebliche Ströme in die Verarmungszone von 2 injizieren. Dies gilt so lange, als der Haltestrom I_H (Abb. 2.14) nicht unterschritten wird. Dann schaltet allerdings der Thyristor in den Vorwärts-Sperrbereich zurück.

Es ist verständlich, daß das Schaltverhalten des Thyristors vom Steuerstrom I_G beeinflußt wird. Denn I_G treibt den Übergang 3 stärker in Durchlaßrichtung, erhöht also einerseits den Sperrstrom im Vorwärts-Sperrbereich und schaltet andererseits den Thyristor bei einem niedrigeren Wert von U_A in den Durchlaßbereich (strichpunktierter Kennlinienast in Abb. 2.14).

Dieses Verhalten erklärt sich leichter anhand von Abb. 2.13, wenn wir uns den Thyristor als aus zwei Transistoren aufgebaut vorstellen: den pnp-Transistor, der die Übergänge 1 und 2 enthält, sowie den - gewissermaßen parallelgelegten - npn^+-Transistor, der die Übergänge 2 und 3 enthält. Bei allen positiven Anodenspannungen U_A fließt nach wie vor der Sperrstrom I_{s2}. Wir nehmen nun einmal an, daß der Emitter 1 des pnp-Transistors einen hohen Löcherstrom I_A führt, von dem der Anteil $\alpha_1 I_A$ durch den n-Bereich (die sogenannte n-Basis) in den p-Bereich diffundiert. α_1 ist die Stromverstärkung des pnp-Transistors. Damit wird der Übergang 3, der Emitterübergang des npn^+-Transistors, stärker in Durchlaßrichtung getrieben, und zwar noch verstärkt, falls ein Steuerstrom I_G unterstützend fließt. Dadurch wird der npn^+-Transistor eingeschaltet, und es fließt der Elektronenstrom I_K. Der Anteil $\alpha_2 I_K$ davon - mit α_2 als Stromverstärkung des npn^+-Transistors - diffundiert durch die p-Basis in die n-Basis, wodurch der Emitter 1 des pnp-Transistors stärker in Durchlaßrichtung getrieben wird. Wir erhalten also einen Rückkopplungseffekt der beiden Transistoren aufeinander, der noch durch das wachsende α mit zunehmendem Strom (vgl. Abb. 2.11) verstärkt wird. Es kommt noch hinzu, daß es in den hohen Feldern der Sperrschicht des Übergangs 2 zur Lawinenmultiplikation kommen kann, wie wir sie in Kap. I.1.2, S. 66f diskutiert haben. Bei hinreichend hohen Steuerströmen I_G kann das Einschalten des Thyristors so früh erfolgen, daß die Durchlaßkennlinie (punktiert in Abb. 2.14) befolgt wird.

Halbleiterbauelemente

Kennlinie des Thyristors. Aus Abb. 2.13, in der zur Vereinfachung der Emitterwirkungsgrad der Übergänge 1 und 3 zu Eins gesetzt ist, können wir als Kirchhoffsche Regel:

$$- I_K = I_A + I_G$$

ablesen. Wenn wir berücksichtigen, daß die Ströme in der Verarmungszone von 2 durch Stoßionisation um den Multiplikationsfaktor M verstärkt werden können, gilt:

$$I_A = M (\alpha_1 I_A + I_{s2} - \alpha_2 I_K).$$

Durch Verknüpfen beider Gleichungen folgt bereits die Kennlinie des Thyristors:

$$I_A = \frac{M(I_{s2} + \alpha_2 I_G)}{1 - M(\alpha_1 + \alpha_2)}. \tag{2.29}$$

Eine geschlossene analytische Behandlung der Kennlinie liegt nicht vor, weil sie einerseits die Stromabhängigkeit der Stromverstärkungsfaktoren (vgl. Abb. 2.11) und andererseits die Spannungsabhängigkeit von M (vgl. S. 67ff.) enthalten muß. Wir diskutieren (2.29) bereichsweise, wobei wir für die ersten Fälle stets $I_G = 0$ setzen.

Wirken die Übergänge 1 und 3 nicht auf den mittleren ein, ist also $\alpha_1 = \alpha_2 = 0$, dann folgt aus (2.29):

$$I_A = M I_{s2}.$$

I_{s2} wird durch die Anodenspannung U_A, die fast völlig am Übergang 2 abfällt, eingestellt. Es liegt die Sperrkennlinie vor, die erst nahe U_B durch rasches Anwachsen von M abknickt (Abb. 2.14). Falls α_1 und α_2 von Null verschieden sind, aber beide zusammen noch sehr klein sind ($\alpha_1 + \alpha_2 \ll 1$), dann führt dies nach (2.29) nur zu einem unwesentlichen Anwachsen von I_A.

Wächst die Summe ($\alpha_1 + \alpha_2$), dann reduziert sich M auf 1, seinen kleinsten möglichen Wert. Bei $\alpha_1 + \alpha_2 = 1$ muß, damit I_A endlich bleibt, I_{s2} verschwinden, da voraussetzungsgemäß $I_G = 0$ ist. An dem Übergang 2 darf folglich keine Spannung auftreten. U_A fällt nur an den in Durchlaß gepolten Übergängen 1 und 3 ab ($U_A = U_1 + U_3$). Der Thyristor befindet sich auf dem Übergang in den Durchlaßbereich.

Wird $\alpha_1 + \alpha_2 > 1$, dann muß auch der Zähler von (2.29) negativ werden, weil I_A stets in gleicher Richtung fließt. I_{s2} kehrt seine Richtung um, d. h. der Übergang 2 wird in Durchlaß betrieben. Daher muß auch eine Durchlaßspannung an 2 anliegen, oder $U_A < (U_1 + U_3)$, weil die Spannung an 2 den beiden anderen Übergangsspannungen entgegengerichtet ist.

Lassen wir nun einen endlichen Steuerstrom $I_G > 0$ zu, so ist aus (2.29) sofort ersichtlich, daß der Vorwärtssperrstrom des Thyristors höher wird. Weiterhin sinkt die Kippspannung gegenüber U_B ab, und schließlich wird der fallende Kennlinienast zu kleineren Strömen hin verschoben. Alle drei Effekte sind in Abb. 2.14 angedeutet.

Thyristor-Kenndaten. Abb. 2.15 illustriert eine Schaltung zur Regelung der Leistung, die an einen Verbraucher R_L gegeben wird. Sie stammt aus

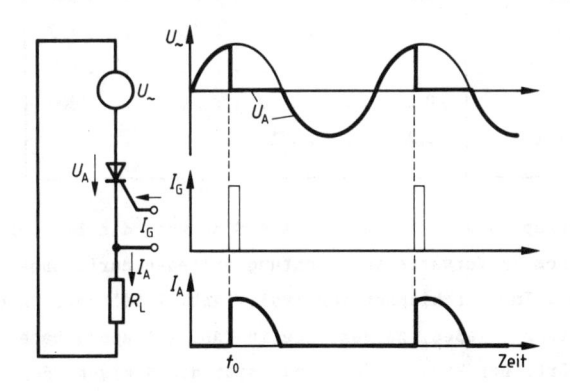

<u>Abb. 2.15</u> Schaltung eines Thyristors zur Steuerung der Leistung am Verbraucher R_L mit dem zeitlichen Verlauf der wichtigsten elektrischen Größen.

Halbleiterbauelemente

der Wechselspannungsquelle $U_\sim$. Wenn der Thyristor während der positiven Halbwelle in den Vorwärts-Sperrbereich gesteuert wird, kann er mit einem Steuerimpuls I_G zu einem kontrollierten Zeitpunkt t_0 in den Durchlaßbereich geschaltet werden. Es fließt ein hoher Anodenstrom I_A so lange, bis $U_\sim$ die negative Halbwelle beginnt, der Thyristor also in den Rückwärts-Sperrbereich getrieben wird. Durch die Wahl von t_0 relativ zum Nulldurchgang von $U_\sim$ kann in diesem Phasenanschnittverfahren die Leistung am Verbraucher gesteuert werden. Thyristoren werden für ein sehr breites Anwendungsspektrum als steuerbare Gleichrichter gebaut. Sie sind das einzige Halbleiterbauelement, das in den ausgesprochenen Starkstrombereich eingedrungen ist. Leistungen bis in das Megawattgebiet können geschaltet werden. Die folgende Tabelle gibt den Umfang einiger wichtiger Kenndaten, die für Thyristoren charakteristisch sind.

Tab. 2.1 Kenndaten von Thyristoren

Kenndaten	Kleinthyristoren	Industrie- und Leistungsthyristoren
Vorwärtssperrspannung (V)	50 500	 2000
Dauergrenzstrom (A)	0,2 5	 1500
Durchlaßspannung (V)	$\approx$ 1 2	. . . . $\approx$ 3
Ersatzwiderstand (mΩ)		3 0,5
Haltestrom (mA)	0,2 10	 300
Zündzeit (μs)	0,2 1,5	 2

Die Vorwärtssperrspannung ist die maximale Spannung, die bei verschwindendem Steuerstrom in Vorwärts-Sperrichtung anliegen darf, ohne daß der Thyristor zündet. Im Durchlaßbereich (vgl. Abb. 2.14) darf höchstens der Dauergrenzstrom fließen, zu dem die in Tab. 2.1 angegebene Durchlaßspannung gehört. Der Ersatzwiderstand gibt die Steigung der Durchlaßkennlinie an. Er spielt die Hauptrolle bei der Berechnung der Thyristorverluste; demgegenüber sind die Steuerverluste meist vernachlässigbar. Tab. 2.1 zeigt, daß der Haltestrom I_H gegenüber dem Durchlaßstrom in der Tat sehr gering ist. Mit der Zündzeit wird das zeitliche Verhalten des Thyristors beschrieben. Sie gilt für einen sprungförmigen Anstieg des Steuerstroms und verstreicht vom Zeitpunkt dieses Sprungs, bis daß die Anodenspannung U_A im Thyristor auf 10 % ihres Ausgangswertes abgefallen ist.

Thyristor-Sonderformen. Eine Reihe von Sonderbauformen sind vom Thyristor abgeleitet, von denen wir den lichtzündbaren Thyristor erst in Kap. I.3 besprechen können. Im folgenden beschreiben wir nur den abschaltbaren Thyristor und den Triac.

Normalerweise schaltet der Thyristor ab, wenn seine Anodenspannung U_A unter die zu I_H gehörende Haltespannung abgesunken ist (Abb. 2.14). Beim abschaltbaren Thyristor oder GTO (gate turn-off thyristor) wird der Thyristor durch einen negativen Steuerstrom I_G gesperrt (Abb. 2.13). Wir gehen von (2.29) aus, setzen aber $M = 1$, weil im durchgeschalteten Zustand die Stromverstärkungsfaktoren groß und folglich M auf seinen kleinstmöglichen Wert abgefallen ist. Der Umschaltpunkt des Thyristors ist dadurch gekennzeichnet, daß der Übergang 2 vom Durchlaß- in den Sperrbereich wechselt, an ihm also keine Spannung abfällt und folglich auch der Strom I_{s2} verschwindet. Damit spezialisiert sich (2.29) auf:

$$I_{A0} = \frac{\alpha_2 \, I_G}{1 - (\alpha_1 + \alpha_2)}.$$

Da $\alpha_1 + \alpha_2 > 1$ ist, läßt sich damit abschätzen, wieviel negativer Steuerstrom mindestens zur Verfügung stehen muß, um den Thyristor abzuschalten:

$$I_G < [1 - (\alpha_1 + \alpha_2)] \, I_{A0}/\alpha_2.$$

Daraus leitet sich die Abschaltverstärkung:

$$\beta_0 = \frac{I_{A0}}{|I_G|} = \frac{\alpha_2}{\alpha_1 + \alpha_2 - 1}$$

als Kenngröße eines abschaltbaren Thyristors ab. Für optimalen Aufbau des Bauelements sollte α_2 möglichst dicht bei Eins liegen und der Nenner sollte möglichst klein werden. Durch die letzte Bedingung wird allerdings die Sättigungsladung in den Basiszonen des Thyristors und

Halbleiterbauelemente

damit die Flußpolung von U_2 reduziert. Daraus folgt eine erhöhte Durchlaßspannung des abschaltbaren Thyristors mit den damit verbundenen größeren Durchlaßverlusten.

Die Zweirichtungs-Thyristortriode oder der Triac (Akronym aus triode ac switch) läßt sich als die Antiparallelschaltung zweier Thyristoren auffassen. Abb. 2.16 zeigt den Aufbau und das Schaltungssymbol eines Triacs. Wir weisen besonders darauf hin, daß die beiden Anodenanschlüsse Kontakt sowohl zu den Diffusionszonen n_1 bzw. n_2 als auch zu den sie umgebenden p-Gebieten haben. Ebenso verbindet die Metallisierung der Steuerelektrode die n_G-Wanne mit dem sie umschließenden p-Gebiet.

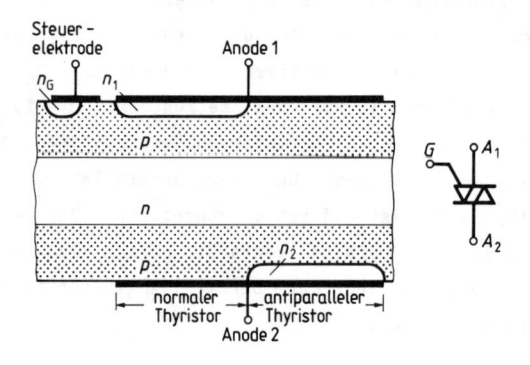

Abb. 2.16 Aufbau und Schaltungssymbol eines Triac.

Für die positive Halbwelle der am Triac liegenden Wechselspannung, also wenn die Anode 2 positiv gegenüber der Anode 1 ist, verhält sich die linke Triac-Hälfte wie ein normaler Thyristor, während die rechte wegen des gesperrten Übergangs $n_2 p$ inaktiv ist. Ist die Steuerelektrode positiv gegenüber A_1, so ist der Übergang $n_G p$ gesperrt, und der Steuerstrom fließt direkt ins p-Gebiet. Wird die Steuerelektrode negativ, dann schaltet der Hilfsthyristor $pnpn_G$ ein. Die Stromverstärkung des Transistors $n_G pn$ wächst, wodurch seinerseits der normale Thyristor $pnpn_1$ zündet. Auf diesem Weg läßt sich also der Stromeinsatz über die Steuerelektrode während der positiven Halbwelle kontrollieren.

Bipolartransistor und Thyristor

In der negativen Halbwelle ist A_2 negativ gegenüber A_1. Wiederum gibt es zwei Möglichkeiten, den Triac zu zünden, wobei aber nun der Strom über den antiparallelen Thyristor, also die rechte Seite von Abb. 2.16 geführt wird. Wenn nämlich die Steuerelektrode positiv gegenüber A_1 ist, wird zunächst der Übergang pn_1 in Durchlaßrichtung gepolt, so daß Elektronen von n_1 in das umgebende p injiziert werden, um in das n-Gebiet weiter zu diffundieren. Dadurch wird der zugehörige pn-Übergang in die Durchlaßrichtung getrieben: der antiparallele Thyristor schaltet ein. In diesem Modus ist der Übergang pn_G gesperrt. Wird andererseits die Steuerelektrode negativ, dann werden über pn_G Elektronen injiziert, die schließlich in das n-Gebiet gelangen. Sein Potential wird erniedrigt, so daß Löcher vom oberen p-Gebiet in das n-Gebiet fließen. Der Transistor pnp wird leitend, so daß schließlich der antiparallele Thyristor einschaltet.

Mit Triacs ist es möglich, die Wechselstromleistung an einem Verbraucher zu kontrollieren. Abb. 2.17 zeigt ihre Kennlinie. Daher werden sie

Abb. 2.17 Strom I_A durch einen Triac in Abhängigkeit von der Spannung U_{12} zwischen dessen Anoden. Die Einschaltspannung kann in beiden Quadranten durch Steuerströme jeder Richtung kontrolliert werden.

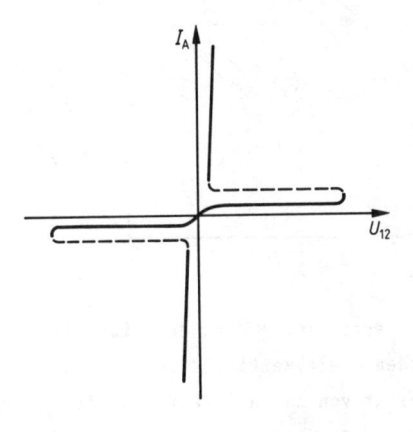

zu Motorregelungen, zur Lichtsteuerung und für Regelungen von Haushaltsgeräten eingesetzt. Sie kommen mit nur einer Steuerung und nur einem Kühlkörper zur Abführung der Verlustleistung aus. Allerdings ist die Nutzung des Halbleitermaterials nur schlecht, weil der Strom zwischen den beiden antiparallel verkoppelten Teilthyristoren hin- und hergeschaltet wird.

Halbleiterbauelemente

2.2 Sonderformen bipolarer Transistoren

In Kap. I.2.1 haben wir den bipolaren Transistor in seiner typischen Bauform, die mit den Verfahren der planaren Technologie hergestellt wird, besprochen. Im engeren Sinn nennt man diese Struktur auch den Vertikaltransistor, weil der Strom im wesentlichen senkrecht zur Oberfläche fließt (vgl. Abb. 2.1a). Wenn auch nicht in ähnlich breitem Umfang wird daneben noch der laterale Transistor eingesetzt. Weiterhin haben wir den Heterostruktur-Bipolartransistor erwähnt. Sowohl diesen als auch den lateralen Transistor wollen wir im folgenden näher diskutieren.

Lateraler Transistor. Schon der Name deutet an, daß der Strom, auf den es ankommt, beim lateralen Transistor parallel zur Halbleiteroberfläche fließt. Der Aufbau dieses Transistors ist in Abb. 2.18 skizziert. Der

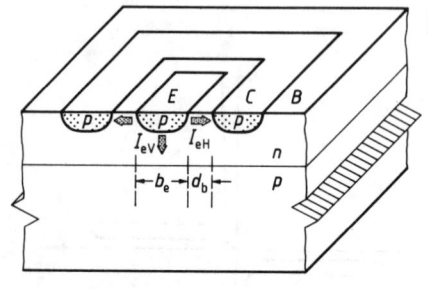

Abb. 2.18 Lateraler Transistor in planarer Bauweise.

Emitterbereich E und der ihn allseitig umgebende Kollektorbereich C werden gleichzeitig flächenselektiv in die n-dotierte epitaktische Schicht von der Halbleiteroberfläche aus eindiffundiert. Der Vergleich mit der Struktur des vertikalen Transistors nach Abb. 2.1a zeigt die Ähnlichkeit der beiden Transistorformen. Beide werden in eine epitaktische Schicht gebaut, die auf einem p-Substrat ruht. Für Emitter und Kollektor des lateralen Transistors kann die Basisdiffusion des vertikalen Transistors verwendet werden.

Diese Kompatibilität der Herstellungsprozesse macht den lateralen

Sonderformen bipolarer Transistoren

Transistor für den Einsatz in integrierten Schaltungen neben den vertikalen Transistoren geeignet. Daher bilden laterale Transistoren, die als *pnp*-Transistoren arbeiten, häufig bei Analoganwendungen zusammen mit vertikalen *npn*-Transistoren komplementäre Ausgangsstufen. Weiterhin werden sie in speziellen bipolaren Logikschaltungen (integrated injection logic, I²L) verwendet. Der Emitter E, der bei lateralen Transistoren auch Injektor genannt wird, injiziert einen Löcherstrom mit einer horizontalen Komponente I_{eH} und einer vertikalen Komponente I_{eV} in das umgebende Bahngebiet. Nur der Anteil I_{eH}, der die Basis der Dicke d_b zum Kollektor C durchquert, ist für die Transistorfunktion nutzbar. Man versucht daher, I_{eV} möglichst klein zu machen, was einmal durch Reduzierung der Emitterbreite b_e geschehen kann. Zum anderen wird aber auch eine hoch *n*-dotierte Schicht in den epitaktischen Film an der Grenze zum *p*-Substrat eingebaut. Der entstandene n^+n-Übergang baut durch einen ähnlichen Diffusionsvorgang, wie wir ihn im Zusammenhang mit Abb. 1.20 erläutert haben, ein Feld auf, das die mit I_{eV} injizierten Löcher in Richtung auf E zurücktreibt.

I_{eV} gibt Anlaß, für laterale Transistoren nach (2.1) mit:

$$\gamma = \frac{I_{eH}}{I_{eH}+I_{eVR}+I_n} = \frac{1}{1+(I_{eV}+I_n)/I_{eH}} \qquad (2.30)$$

einen geänderten Emitterwirkungsgrad zu definieren. Nutzen wir sinngemäß (2.16), so folgt als Transportfaktor:

$$\beta_T \approx 1 - d_b^2/(2L_{pb}^2). \qquad (2.31)$$

Aus beiden Gleichungen wird klar, daß laterale Transistoren im allgemeinen schlechtere Eigenschaften als vertikale Transistoren haben. Nach (2.30) liegt dies einerseits an der bei lateralen Transistoren prinzipiell immer vorhandenen Stromkomponente I_{eV}. Zum anderen läßt sich bei lateraler Bauweise die Basisdicke d_b durch lithographische Techniken nicht so einfach reduzieren wie bei vertikalen Transistoren. Beide Effekte führen zu einer verminderten Stromverstärkung lateraler Transistoren. Auf alle Fälle sollten sie mit möglichst kleinen Werten für d_b und b_e entworfen werden.

Halbleiterbauelemente

Heterostruktur-Bipolartransistor (HBT). Wir hatten die Nutzung des Heteroübergangs für die Emitterdiode eines bipolaren Transistors bereits mit Abb. 2.4 in Kap. I.2.1 angesprochen. Wir wollen dieses Konzept genauer diskutieren, indem wir Abb. 2.19 zugrundelegen. Abb. 2.19a zeigt schematisch den Aufbau eines Doppelheterostruktur-

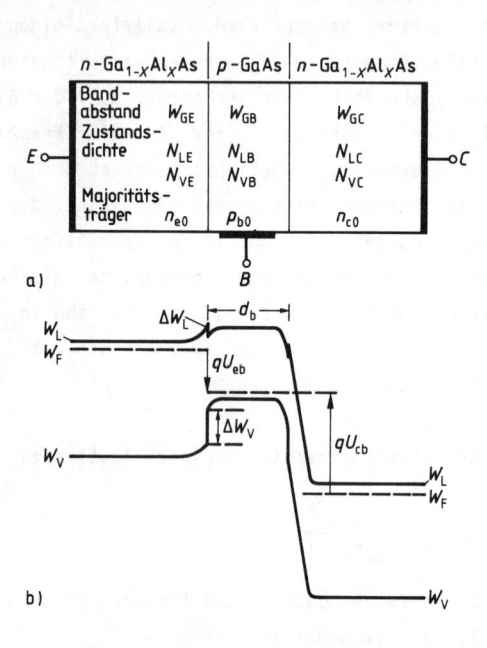

Abb. 2.19 Doppelheterostruktur-Bipolartransistor.
a) Schematischer Aufbau auf der Basis von GaAlAs/GaAs - Legierungen;
b) zugehörige Bänderstruktur mit Polung der Emitterdiode in Durchlaßrichtung und der Kollektordiode in Sperrichtung.

Bipolartransistors auf der Basis von ternären Legierungen des Typs $Ga_{1-x}Al_xAs$. Am einen Ende dieser Reihe steht GaAs mit dem Bandabstand $W_G = 1,43$ eV und am anderen Ende AlAs mit dem - allerdings indirekten - Bandabstand $W_G = 2,153$ eV (vgl. Tab. 1.2, Kap. I.1.1). Durch systematische Zumischung von AlAs zu GaAs läßt sich W_G vergrößern, wobei der Übergang von direkt zu indirekt bei $x = 0,4$ entsprechend $W_G = 1,953$ eV erfolgt. Nehmen wir Tab. 1.9, S. 78 zu Hilfe, dann ist der Bandkantensprung beim Übergang von $Ga_{1-x}Al_xAs$ auf GaAs vorzugsweise im Valenzband anzusiedeln. Daher haben wir ΔW_V in Abb. 2.19b größer als ΔW_L gezeichnet. Abb. 2.19b gibt den Bänderverlauf an, wenn in der üblichen Betriebsweise die Emitterdiode in Durchlaß- und die Kollektordiode in Sperrichtung betrieben werden. Die anliegenden Spannungen sind allerdings nicht maßstäblich wiedergegeben; insbesondere ist die Kollektor-Basisspannung U_{cb} meist weit größer als angedeutet.

Zur Berechnung des Emitterwirkungsgrads γ gehen wir von (2.15) aus, ersetzen aber die Konzentrationen der Minoritätsträger in Emitter und Basis mittels (1.16) durch die jeweiligen Majoritätsträgerkonzentrationen für den Gleichgewichtsfall. Das Resultat ist:

$$\gamma = [1 + \frac{D_{pe}p_{b0}L_{nb}}{D_{nb}n_{e0}L_{pe}} \frac{N_{LE}N_{VE}}{N_{LB}N_{VB}} \exp(-\frac{W_{GE}-W_{GB}}{kT}) \tanh \frac{d_b}{L_{nb}}]^{-1}$$

$$= [1 + \frac{D_{pe}p_{b0}L_{nb}}{D_{nb}n_{e0}L_{pe}} \frac{N_{LE}N_{VE}}{N_{LB}N_{VB}} \exp(-\frac{\Delta W_V+\Delta W_L}{kT}) \tanh \frac{d_b}{L_{nb}}]^{-1}, \qquad (2.32)$$

wobei die Symbole wie im Zusammenhang mit (2.15) zu verstehen sind. Neu hinzugekommen sind die Zustandsdichten N_L und N_V für die entsprechenden Gebiete des HBT (vgl. Abb. 2.19a). Sie sind, wenn wir (1.6) in Verbindung mit Tab. 1.3, S. 27 zu Rate ziehen, für unterschiedliche Halbleiter nicht allzu verschieden. Das Neue gegenüber (2.15) liegt in den unterschiedlichen Bandlücken W_{GE} und W_{GB}, die über die Exponentialfunktion besonders wirksam werden. Die Verbesserung von γ durch den Bandlückensprung ist weniger ausgeprägt, als (2.32) vermuten läßt. Denn die Injektion von Löchern von der Basis in den breitbandigen Emitter wird nur durch den Valenzbandsprung ΔW_V behindert, so daß:

$$\exp(-\frac{\Delta W_V+\Delta W_L}{kT}) \qquad \text{durch:} \qquad \exp(-\frac{\Delta W_V}{kT})$$

zu ersetzen ist. Trotzdem erreicht bei schon moderaten Werten von ΔW_V der Emitterwirkungsgrad γ nahezu den Idealwert Eins. Natürlich muß für $\Delta W_V = 0$, also für einen Homoübergang, die modifizierte Gleichung (2.32) die Form von (2.15) annehmen. Der Sprung ΔW_L in der Leitungsbandkante hat den zusätzlichen, positiven Effekt, daß die Elektronen vom Emitter

Halbleiterbauelemente

mit erheblicher kinetischer Energie injiziert werden, sie also die Basis mit erhöhter Geschwindigkeit durchqueren können.

Wenn wir die Vorteile des HBT zusammenfassen, so steht an erster Stelle die Verbesserung von γ nach (2.32) und daraus folgend die erhöhte Stromverstärkung nach (2.5). Es entfällt beim HBT die Beschränkung in der Basisdotierung, die wir im Anschluß an (2.15) für den Homoübergang diskutiert haben. Folglich kann beim HBT die Basisdotierng hoch gewählt werden, wodurch der parasitäre Basisbahnwiderstand (R_b in Abb. 2.8) reduziert werden kann. Dies kommt ebenso wie die erhöhte Stromverstärkung der Schnelligkeit des HBT zugute. Zusätzlich wird wegen der erhöhten Basisdotierung der Early-Effekt nur vermindert spürbar. Schließlich führt der Heteroübergang am Kollektor zu einer größeren Durchbruchfestigkeit. Denn nach (1.84) ist für den Durchbruch die niedrig dotierte Seite, also der Kollektor des HBT, bestimmend. Dort ist aber wegen des größeren Bandabstandes W_{GC} die Stoßionisation erst bei höheren Sperrspannungen möglich, wie wir auf S. 69, Kap. I.1.2 erläutert haben.

2.3 Feldeffekttransistoren.

Lange bevor überhaupt an seine Realisierung zu denken war, wurde bereits ein steuerbares Element vorgeschlagen, das auf dem Feldeffekt beruht. Die Entwicklung der Elektronik, die heute überwiegend durch die Nutzung der Halbleiter geprägt ist, nahm zunächst ihren Weg über den bipolaren Transistor. Wir haben ihn in Kap. I.2.1 beschrieben. Erst mit zunehmender Beherrschung der Halbleiter konnten Feldeffekttransistoren (field-effect transistor) gebaut werden. Zahlenmäßig bestimmen sie heute das Erscheinungsbild der Elektronik.

Die Funktion eines Feldeffekttransistors (oder kurz: FET) läßt sich leicht anhand von Abb. 2.20 erläutern. Wir gehen von einem Halbleiter der Länge l aus, der an seinen beiden Stirnflächen der Breite b und der Dicke d ganzflächig mit einem Ohmschen Kontakt versehen ist. Er hat den spezifischen Widerstand ρ. Liegt eine äußere Spannung U_{ds} an, dann

Feldeffekttransistoren

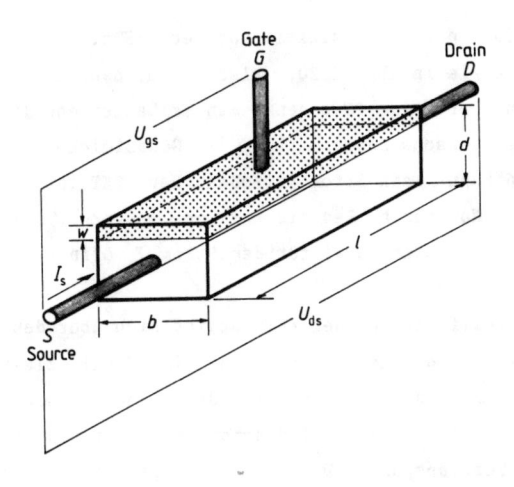

Abb. 2.20 Zum Prinzip des Feldeffekttransistors.

fließt ein Strom I_s. An der einen Elektrode, die man Source (Quelle) nennt, werden die Ladungsträger eingeleitet, während sie an der gegenüberliegenden Seite, dem Drain (Abfluß), abfließen.

Wir nehmen nun an, daß eine Oberfläche des Halbleiters mit einer Steuerelektrode, dem Gate (Tor), verbunden ist, die über die an ihr liegende Spannung U_{gs} die Dicke w einer nichtleitenden Schicht kontrolliert. Eine naheliegende Realisierung einer solchen Anordnung wäre über einen pn-Übergang, der in der Oberfläche des Halbleiters liegt. Seine Sperrschicht, die über die Sperrspannung in ihrer Dicke w eingestellt werden kann, ist frei von beweglichen Ladungsträgern, entspricht also der gewünschten, nichtleitenden Schicht. Der Sourcestrom I_s kann also nur noch durch den leitenden Kanal fließen, dessen Dicke auf $(d-w)$ reduziert ist. Damit kann I_s bei fester Drainspannung U_{ds} über die Gatespannung U_{gs} gesteuert werden, weil der Kanalwiderstand:

$$R = \rho \; \frac{l}{b(d-w)}$$

Halbleiterbauelemente

durch w von U_{ds} abhängt.

Wir erhalten eine erste Klassifizierung der FETs. Liegen für $U_{gs} = 0$ die Verhältnisse wie in Abb. 2.20, also $w < d$, dann ist ein leitender Kanal vorhanden. Derartige FETs nennt man selbstleitend (normally on). Ist dagegen bei verschwindendem U_{gs} die Gesamtdicke d so groß wie w ($d = w$), dann kann kein Strom fließen. Der FET ist selbstsperrend (normally off). Nur durch Reduzierung von w über U_{gs} läßt sich in diesem Fall ein leitender Kanal für den Strom I_s öffnen.

Eine weitere Klassifizierung der FETs ergibt sich über den Leitungstyp des Halbleiters. Sind die Ladungsträger im Kanal Elektronen, dann spricht man vom n-Kanal-FET. Im Falle der Löcher handelt es sich um einen p-Kanal-FET. In beiden Fällen sorgt immer nur ein Ladungsträgertyp für den Stromtransport. Dies ist im Gegensatz zu den bipolaren Transistoren des Kap. I.2.1. Daher bezeichnet man FETs auch als unipolare Transistoren.

Steuerungsmöglichkeiten. Wir haben als eine erste Steuerungsmöglichkeit bereits den pn-Übergang erwähnt. Dies ist ein Sperrschicht-FET (junction oder JFET), der in den üblichen Halbleitern Si, GaAs und InP realisiert werden kann. Es liegt nahe, statt eines pn-Übergangs einen Metall-Halbleiter-Kontakt (Schottky-Kontakt; vgl. Kap. I.1.2, S. 81ff.) zu verwenden. Transistoren dieser Bauart (metal-semiconductor FET oder MESFET) sind vor allem auf der Basis von GaAs erfolgreich gewesen. Da die Funktionsweisen von JFET und MESFET sehr ähnlich sind, faßt man sie im deutschen Sprachgebrauch auch gelegentlich einfach unter dem Begriff Sperrschicht-FET zusammen.

Für die technische Anwendung am wichtigsten sind die FETs mit isoliertem Gate (insulated-gate FET oder IGFET), vor allem in ihrer Ausführung in Si mit SiO_2 als Isolator. Dabei ist das Gate-Metall (vgl. Abb. 2.20) vom Halbleiter durch einen Isolator getrennt. Daraus leitet sich ihr Name metal-oxide-semiconductor FET oder MOSFET ab. In allgemeinerem Sinn spricht man auch vom metal-insulator-semiconductor FET oder MISFET. Ein tieferes Verständnis der Funktion des MOSFET erfordert eine

Feldeffekttransistoren

eingehendere Diskussion, die wir später liefern werden. Vorerst beschränken wir uns auf eine Plausibilitätserklärung anhand von Abb. 2.20.

Wenn der Halbleiter sehr niedrig dotiert ist und daher nahezu keine freien Ladungsträger hat oder wenn Source- und Drainkontakt gleichrichtende Kennlinien zeigen und folglich auch gegeneinander gepolt sind, kann kein Strom I_s fließen. Wir legen nun über die Gatespannung U_{gs} ein Feld an, das vom Gatemetall durch die Isolatorschicht zwischen Gate und Halbleiter in die Halbleiteroberfläche hinübergreift. Ähnlich wie beim pn-Übergang führt das Feld zu einer Verbiegung der Bänder im Halbleiter nahe seiner Oberfläche. Wenn die Bandverbiegung so ausfällt, daß nach den Regeln der Fermistatistik besetzbare elektronische Zustände im Halbleiter entstehen, dann bildet sich ein leitender Kanal zwischen Source und Drain nahe der Halbleiteroberfläche aus. In diesen Kanal können von der Sourceelektrode aus Ladungsträger injiziert werden, d. h. es fließt ein Strom I_s.

Sperrschicht-FET. Bevor wir den MOSFET genauer behandeln, diskutieren wir den Sperrschicht-FET. Wir wählen als Beispiel den Schottky-Gate-FET auf der Basis von GaAs als eine weit verbreitete Bauform. GaAs kann mit tiefen Haftstellen, wie z. B. Fe, so weit dotiert werden, daß die von stets vorhandenen unerwünschten Verunreinigungen herrührenden freien Elektronen weggefangen werden. Es bleiben Ladungsträger in einer Konzentration übrig, die nahezu der Eigenleitungskonzentration entspricht. Der Kristall bekommt dadurch einen hohen spezifischen Widerstand ρ von rund 10^6 Ωcm; man bezeichnet ihn als semiisolierend (s.i.). Einen solchen Kristall wählen wir in einer Dicke von 200 bis 300 µm als Substrat (Abb. 2.21), auf den wir einen n-leitenden GaAs-Einkristallfilm in wenigen Zehntel µm Dicke aufwachsen lassen. Eine andere Möglichkeit ist, eine entsprechend dünne Oberflächenschicht des Substrats durch Ionenimplantation zu dotieren (typischerweise auf $n \approx 10^{17}$ cm^{-3}). Es werden durch Legierung zwei Ohmsche Kontakte für Source und Drain aufgebracht. Dazwischen wird ein Schottky-Kontakt als Gate gelegt, dessen Länge l um 1 µm gewählt wird, aber bis hinunter zu 0,1 µm reduziert werden kann. In der Querrichtung, die bei FETs als Breite

Halbleiterbauelemente

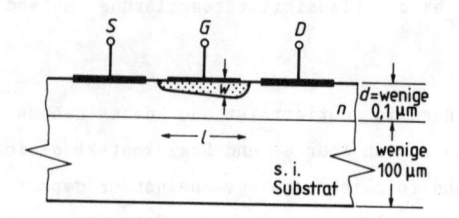

Abb. 2.21 Schnitt durch einen Sperrschicht-FET.

bezeichnet wird, kann sich das Gate über mehrere 10 bis einige 100 µm erstrecken, je nach dem welche Ströme zu verarbeiten sind. Aufgrund des Stroms zwischen Source und Drain, der allein nur im *n*-leitenden Kanal fließen kann, entsteht dort ein Spannungsabfall, d. h. die Ausdehnung *w* der Verarmungszone des Schottky-Kontaktes nimmt in Richtung auf *D* zu.

Um das Bauelement analytisch behandeln zu können, nimmt man im allgemeinen an, daß sich *w* nur allmählich ändert (gradual channel approximation). Sehen wir von Randeffekten ab, was sicherlich in der Breitendimension gerechtfertigt ist, so kommen wir zu dem Modell in Abb. 2.22.

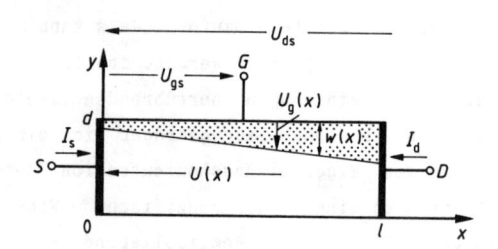

Abb. 2.22 Modell zur Kennlinienberechnung beim Sperrschicht-FET.

Weiterhin nehmen wir an, daß das elektrische Feld im Kanal nur in *x*-Richtung, im Verarmungsbereich dagegen nur in *y*-Richtung verläuft. An der Grenze zwischen beiden Bereichen stoßen daher die Äquipotentiallinien senkrecht aufeinander. Das Potential $U(x)$ am Ort x (relativ zum Bezugspunkt Source) ist mit der Spannung U_{gs} zwischen Gate und Source über:

$$U_{gs} + U(x) = - U_g(x) \qquad (2.33)$$

verbunden. Die Spannung $U_g(x)$, die über der Verarmungszone anliegt, ist ebenfalls ortsabhängig, weil zwar die Gateelektrode auf gleichem Potential liegt, nicht jedoch (wegen des Spannungsabfalls durch den Drainstrom I_d) die gegenüberliegende Grenze der Verarmungszone. Unabhängig davon, ob wir einen Schottky-Kontakt wie in Abb 2.22 verwenden oder ob wir die Verarmungszone durch einen flachen, einseitig hochdotierten p^+n-Übergang erzeugen, erhalten wir stets die gleiche Ausdehnung $w(x)$ der Verarmungszone. Denn sowohl (1.92) als auch (1.52a) in der Näherung $N_A \gg N_D$ liefern:

$$w(x) = \sqrt{2\varepsilon [U_D - U_g(x)]/qN_D}, \qquad (2.34)$$

wobei N_D die als homogen vorausgesetzte Donatorenkonzentration im Kanal ist. Verknüpfen wir die beiden letzten Gleichungen, so folgt:

$$w(x) = \sqrt{2\varepsilon [U_D + U_{gs} + U(x)]/qN_D}. \qquad (2.35)$$

Spezialisiert auf die drain- und sourceseitigen Enden des FET wird daraus:

$$w(0) = \sqrt{2\varepsilon (U_D + U_{gs})/qN_D}, \qquad (2.35a)$$

$$w(1) = \sqrt{2\varepsilon (U_D + U_{gs} + U_{ds})/qN_D}, \qquad (2.35b)$$

wobei U_{ds} die Spannung von Drain gegenüber Source ist. Wenn für $U_{gs} = 0$ die Drainspannung U_{ds} so weit angewachsen ist, daß $w(1)$ die Gesamtdicke d der leitenden Schicht annimmt, wird der Kanal abgeschnürt. Die dazu gehörige Drainspannung wird Schwellenspannung oder Abschnürspannung (pinch-off voltage) genannt. Sie bestimmt sich aus (2.35b) als:

$$U_p = \frac{q\,N_D d^2}{2\varepsilon} - U_D. \qquad (2.36)$$

Gelegentlich läßt man in der Definition von U_p die Diffusionsspannung U_D als klein weg. Der Drainstrom I_d errechnet sich über das Ohmsche Gesetz (1.27) aus der Feldstärke $dU(x)/dx$ im Kanal, wobei wir noch den Querschnitt $b \cdot [d - w(x)]$ des Kanals als Faktor hinzufügen müssen:

Halbleiterbauelemente

$$I_d = q m_n \cdot b[d - w(x)] \frac{dU}{dx}.$$

Wir nutzen (2.35) und (2.36) mit dem Ergebnis:

$$I_d = q m_n bd \left[1 - \sqrt{\frac{U_D + U_{gs} + U(x)}{U_p + U_D}}\right] \frac{dU}{dx}$$

mit b als Breite des Kanals. Diese Gleichung integrieren wir nach Trennung der Variablen von 0 bis l, wobei wir die Ortsunabhängigkeit von I_d nutzen können. Da ebenso wie bei der Ermittlung von (2.35a) und (2.35b) die Randbedingungen $U(0) = 0$ und $U(l) = U_{ds}$ gelten, lautet das Resultat:

$$I_d = \frac{q m_n bd}{l} \left\{ U_{ds} - \frac{2}{3\sqrt{U_p+U_D}} \left[(U_D+U_{gs}+U_{ds})^{3/2} - (U_D+U_{gs})^{3/2} \right] \right\}. \quad (2.37)$$

Entwickeln wir diese Gleichung nach kleinen Werten von U_{ds}, so folgt eine lineare Beziehung zwischen I_d und U_{ds}, wobei der Proportionalitätsfaktor mit U_{gs} abnimmt. Das ist im linearen Bereich der Kurven im rechten Teil von Abb. 2.23 angedeutet. Beschränken wir uns zunächst auf

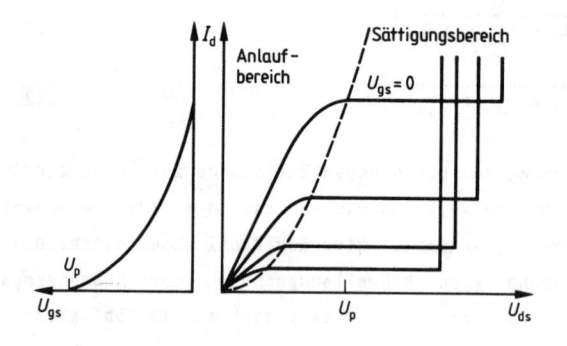

Abb. 2.23 Kennlinienfeld eines Sperrschicht-FET (rechte Seite) und Transfercharakteristik im Sättigungsbereich (linke Seite).

$U_{gs} = 0$ (obere Kurve), so gilt (2.37) bis U_p, wenn der Kanal am drainseitigen Ende abgeschnürt wird. Über U_p hinaus wachsendes U_{ds} ver-

Feldeffekttransistoren

schiebt den Abschnürpunkt vom Drainende unter dem Gate entlang in Richtung Source. I_d bleibt im wesentlichen auf dem Wert, der für U_p aus (2.37) folgt. Jenseits von U_p spricht man vom Sättigungsbereich. Unterhalb von U_p, im Anlaufbereich (linearer oder Ohmscher Bereich), gilt (2.37). Der über U_p hinausgehende Teil von U_{ds} fällt über dem abgeschnürten Teil des Kanals ab. Eine genauere Betrachtung postuliert für diesen Teil einen auf einen Minimalwert herabgedrückten Strompfad.

Wird das Gate zunehmend negativ vorgespannt, dann gelten die Kennlinien unterhalb der Kurve zum Parameter $U_{gs} = 0$ in Abb. 2.23. Die Abschnürspannung U_{dsS} verschiebt sich in zunehmendem Maß entlang der gestrichelten Kurve nach links. Dies folgt zusammen mit (2.36) aus (2.35), wenn wir $w(x) = d$ setzen. Damit ergibt sich:

$$U_{dsS} = U_p - U_{gs}. \tag{2.38}$$

Bis zu diesem Wert gilt wieder die Kennlinie (2.37) mit Betrachtungen, die analog zum Fall $U_{gs} = 0$ sind. Nach hohen Drainspannungen hin kommt es schließlich zum Lawinendurchbruch mit rasch ansteigendem Drainstrom. Bei stärker negativem Gate setzt der Durchbruch früher ein.

Die Kennlinien verlaufen im Sättigungsbereich nicht streng horizontal. Eine genauere Analyse liefert für diesen Bereich ein leichtes Ansteigen, wie wir es bereits im Early-Effekt des bipolaren Transistors kennengelernt haben. Für den Sperrschicht-FET wird dies verständlich, wenn wir in (2.37) l durch die effektive Kanallänge ersetzen, die mit wachsendem U_{ds} abnimmt. Die linke Seite von Abb. 2.23 zeigt die Transferkennlinie, die für den Sättigungsbereich gültig ist.

Eine genauere Analyse des Sperrschicht-FET muß insbesondere berücksichtigen, daß die Beweglichkeit feldstärkeabhängig ist, daß bei hohen Feldstärken nach Abb. 1.17 sogar eine Sättigungsgeschwindigkeit v_s angenommen werden kann und daß die Feldstärke in Kanal und Verarmungszone sich nicht auf nur eine Komponente reduzieren läßt, wie wir es bei der Ableitung der Kennlinie (2.37) getan haben.

Halbleiterbauelemente

Parameter eines Sperrschicht FET. (2.37) liefert sofort den Kanalleitwert (drain conductance) im Anlaufbereich:

$$\frac{1}{r_{ds}} = \frac{\partial I_d}{\partial U_{ds}}\bigg|_{U_{gs}} = \frac{q m \mu_n b d}{l} [1 - \frac{1}{\sqrt{U_p+U_D}} (U_D+U_{gs}+U_{ds})^{1/2}]. \qquad (2.39)$$

Er entspricht dem Ausgangsleitwert (2.25d) des bipolaren Transistors. Ebenso errechnet sich für die Steilheit (transconductance) im Anlaufbereich:

$$g_m = \frac{\partial I_d}{\partial -U_{gs}}\bigg|_{U_{ds}} = \frac{q m \mu_n b d}{l\sqrt{U_p+U_D}} [(U_D+U_{gs}+U_{ds})^{1/2} - (U_D+U_{gs})^{1/2}]. \qquad (2.40)$$

Die Steilheit im Sättigungsbereich folgt aus (2.37), indem mit der Abschnürspannung (2.38) der Sättigungsstrom berechnet und anschließend differenziert wird:

$$g_m = \frac{q m \mu_n b d}{l} [1 - \frac{1}{\sqrt{U_p+U_D}} (U_D+U_{gs})^{1/2}]. \qquad (2.41)$$

Zu demselben Ergebnis kommen wir, wenn wir U_{dss} aus (2.38) in (2.40) einsetzen. Urteilt man nach den Größen (2.39) bis (2.41), dann ist in erster Linie der Faktor $\mu_n b/l$ für einen optimalen Entwurf des FET maßgebend. Daher ist man bemüht, Materialien mit möglichst hoher Beweglichkeit einzusetzen. Weiterhin sollte l möglichst klein sein. b wird danach ausgesucht, welchen Strom der Transistor führen soll.

Abb. 2.24 zeigt das Ersatzschaltbild für das Kleinsignalverhalten eines Sperrschicht-FET, wobei möglichst klar die Beziehung zu den physikalischen Gegebenheiten hervortreten soll. Die Stromquelle und der Kanalwiderstand r_{ds} folgen aus (2.40) bzw. (2.39). Die Kapazitäten vom Gate zu Source und Drain, C_{gs} bzw. C_{gd}, ergeben sich aus den Umladungen der Sperrschicht bei variablen Spannungen, sind also prinzipiell mit (2.35) berechenbar. Alle genannten Größen sowie der meist kleine Widerstand R_i, der das Gate an den Kanal koppelt, gehören zum inneren Transistor. R_s und R_d setzen sich aus Kontakt- und Bahnwiderstand von Source bzw. Drain an den inneren Transistor zusammen. Über R_{sub} fließt ein parasitärer, nicht steuerbarer Strom über das Substrat. R_g ist der Widerstand der dünnen und schmalen Gate-Leiterbahn. C_{ds} schließlich repräsentiert die geometrische Kapazität zwischen Source und Drain.

Abb. 2.24 Ersatzschaltbild eines Sperrschicht-FET.

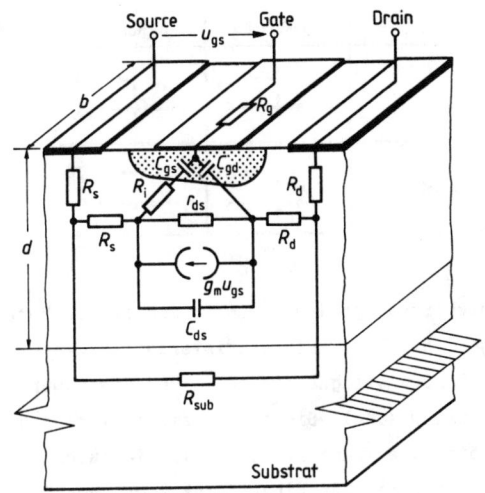

Die Laufzeit der Ladungsträger unter dem Gate ist im günstigsten Fall:

$$\tau = l/v_s,$$

wobei v_s die Sättigungsgeschwindigkeit ist. Sie liegt bei etwa 10 ps, wenn wir $l = 1$ µm und $v_s \approx 10^7$ cm/s (vgl. Abb. 1.17) wählen. Sie ist meist klein gegenüber der RC-Zeit des inneren FET, die zu der Grenzfrequenz:

$$f_T = g_m/(2\pi C_{gs}) \tag{2.42}$$

mit (2.41) führt (vgl. (2.28) für den bipolaren Transistor). Nach (2.40) verknüpft g_m den Aufladestrom I_d mit der Spannung U_{gs} über der Kapazität C_{gs}.

Die bisherige Diskussion läßt sich auch auf p-Material übertragen. Die Symbole der möglichen Sperrschicht-FETs sind in Abb. 2.25 aufgelistet. Auf S. 142 hatten wir die beiden Betriebsweisen eingeführt: selbstleitend ist der Verarmungstyp (depletion mode), und selbstsperrend ist der

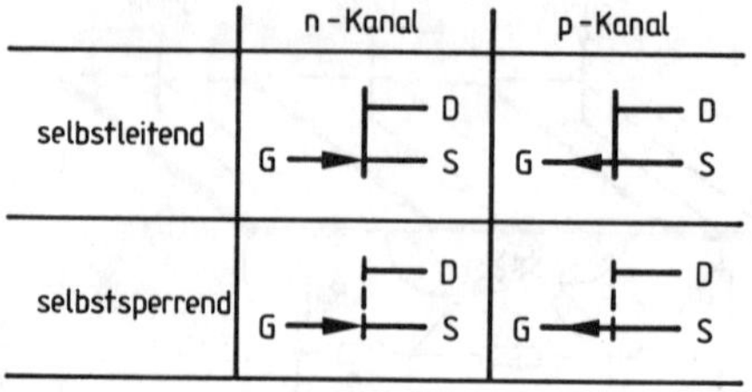

Halbleiterbauelemente

	n-Kanal	p-Kanal
selbstleitend	G →⊢ D / S	G ←⊢ D / S
selbstsperrend	G →⊦ D / S	G ←⊦ D / S

Abb. 2.25 Symbole und Systematik der Sperrschicht-FETs.

Anreicherungstyp (enhancement mode). Die Vorteile der Sperrschicht-FETs liegen in ihrer miniaturisierten Bauform, die sie für integrierte Schaltungen geeignet machen, und dies komplementär sowohl mit p- als auch mit n-Kanal. Sie sind unempfindlicher gegen radioaktive Strahlung als bipolare Transistoren, weil sie durch die damit erzeugten Rekombinationszentren für Minoritätsträger vom Prinzip her nicht beeinflußt werden. Schließlich sind sie thermisch selbststabilisierend, weil mit wachsender Temperatur die Beweglichkeit abnimmt und über (2.37) den Strom begrenzt. Ihre Ansteuerung erfolgt weitgehend leistungslos.

Sperrschicht-FETs finden bei Verstärkern, als Meßzerhacker oder schnelle Schalter ihre Anwendung. Sie sind in einer großen Typenvielfalt als Einzelbauelemente mit n- oder p-Kanal auf der Basis von Silizium erhältlich. In selbstleitender Bauform zeigen sie je nach Typ Abschnürspannungen zwischen 0,5 und 10 V. Sie können Ströme zwischen wenigen bis einige Hundert mA führen bei maximalen Drain-Source-Spannungen aus dem Bereich von 20 bis 50 V. Typische Werte von Gateleckströmen liegen zwischen 0,1 und 20 nA. Kommerzielle Typen zeigen Steilheiten zwischen 1 und 10 mS, die in Sourceschaltung (Ein- und Ausgang gemeinsam an der Sourceelektrode) für den Sättigungsbereich gemessen sind. Allerdings sind weit höhere Werte erreichbar. Die Transitfrequenz kann um 1 GHz betragen.

MOS-Struktur. Wir wenden uns nun der zweiten, zu Beginn dieses Kapitels erwähnten Steuerungsmöglichkeit zu, die bei einem MOSFET eingesetzt wird. Um die Funktion eines MOSFET zu verstehen, gehen wir in zwei Schritten vor. Zunächst behandeln wir, wie in einer MOS-Struktur der Leitungscharakter in Teilbereichen eines Halbleiters durch Feldeinfluß geändert werden kann, ehe wir die Ausnutzung dieses Effekts zur Steuerung des Stroms in einem MOSFET beschreiben.

Abb. 2.26 zeigt eine MOS-Struktur auf p-leitendem Silizium als Substrat (einige 100 µm dick). Das Substrat ist auf der Unterseite ganzflächig mit einem Ohmschen Kontakt versehen. Dazu dient eine Metallelektrode B (von "body" oder "bulk"), auf die die Spannung U_g an der Gegenelektrode G bezogen wird. Auf der Oberseite des Substrats befindet sich als Isolator ein Oxidfilm (SiO$_2$), dessen Dicke d_i um 100 nm beträgt, bei modernen MOSFETs auch bis herunter zu 20 nm. Immer ist der Oxidfilm jedoch so dick, daß kein Leitungsstrom von der Gateelektrode G zum Halbleiter fließen kann, das Gate also isoliert ist. Deshalb spricht man auch gelegentlich vom MOS-Kondensator, bei dem Gatemetall und Si-Substrat die Gegenelektroden und der SiO$_2$-Film das Dielektrikum sind. Als Gatemetall werden Al, Mo oder W, in letzter Zeit jedoch weitgehend polykristallines Silizium verwandt, das aufgrund seiner hohen Dotierung metallische Leitfähigkeit besitzt.

Abb. 2.26 Querschnitt durch eine MOS-Struktur.

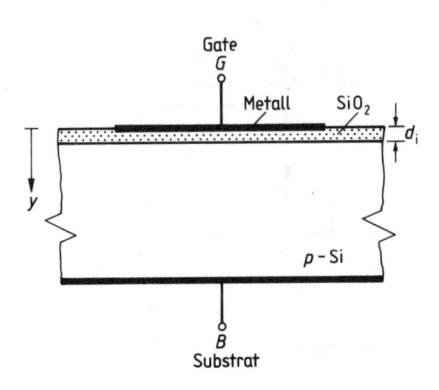

Da die Struktur lateral sehr ausgedehnt ist, können wir von Randeffekten absehen. Wir nehmen an, daß Metall und Si-Substrat gleiche Austrittsarbeit haben, was insbesondere dann gerechtfertigt ist, wenn **das Gate** ebenfalls aus - allerdings polykristallinem - Si besteht. Schließ-

Halbleiterbauelemente

lich vernachlässigen wir noch elektronische Grenzflächenzustände am SiO$_2$/Si-Übergang oder Ladungen im Oxidfilm. Damit erhalten wir das Bänderschema nach Abb. 2.27a, sofern keine Spannung zwischen G und B anliegt.

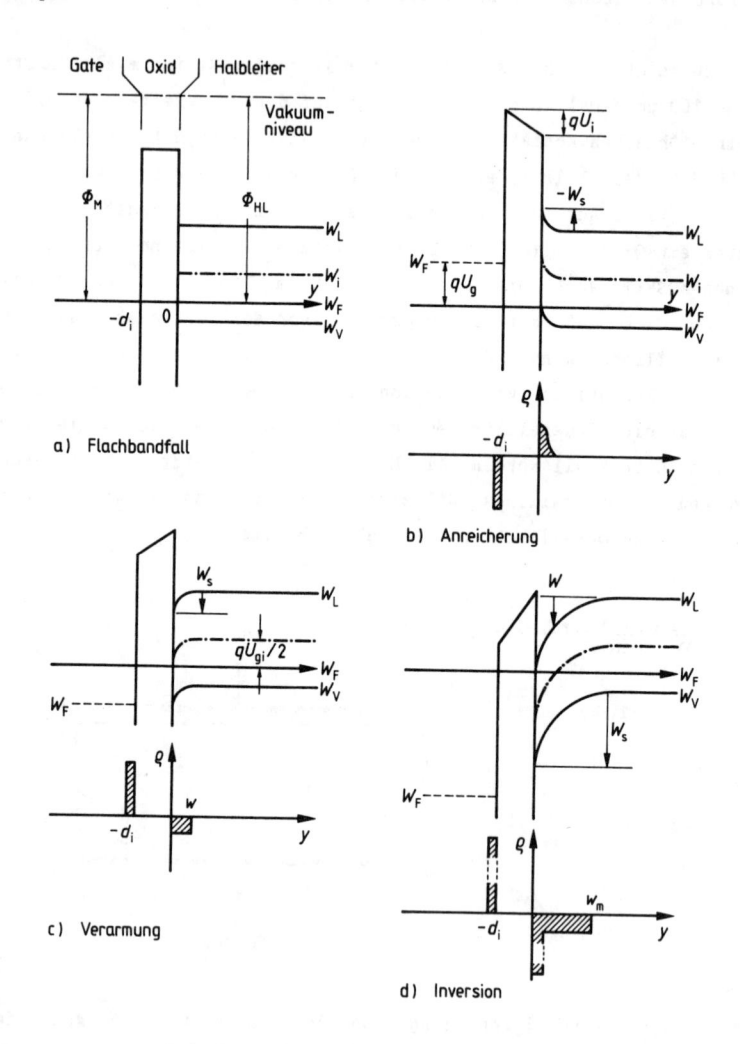

a) Flachbandfall

b) Anreicherung

c) Verarmung

d) Inversion

Abb. 2.27 Betriebszustände einer MOS-Struktur.

Feldeffekttransistoren

Das Ferminiveau W_F liegt wegen der p-Dotierng des Halbleiters nahe an der Valenzbandkante W_V. Von W_F bis zum Energieniveau des Vakuum werden die Austrittsarbeit Φ_M und Φ_{HL} in metallischer Gateelektrode bzw. Halbleiter gemessen. Zwischen beiden Materialien liegt die Isolatorschicht mit der Dicke d_i. Ist sie SiO_2, dann ist der Bandabstand nahezu 9 eV. Wie wir beim Heteroübergang auf S. 76ff., Kap. I.1.2, besprochen haben, bleiben die Bandkantensprünge an den Grenzflächen Isolator/Halbleiter und Isolator/Metall für alle Betriebsbedingungen ungeändert, weil sie aus den Bindungsverhältnissen an diesen Grenzflächen resultieren. Abb. 2.25a illustriert den Flachbandfall, bei dem die Bänder des Halbleiters horizontal auf den Isolator stoßen.

Legen wir nun eine negative Spannung U_g an das Gate und warten den Gleichgewichtszustand ab, dann werden - nach einem heuristischen Argument - die Löcher aus dem Hableiterinneren an die Grenzfläche zum Isolator gezogen, d. h. dort bildet sich eine positive Ladung aus, der eine entsprechende negative Ladung an der Grenzfläche Isolator/Metall die Waage hält (unterer Teil von Abb. 2.27b). Wegen der hohen Dichte beweglicher Ladungen im Metall ist diese negative Ladung als flächenhaft konzentriert bei $y = -d_i$ anzusehen. Am Rand des Halbleiters muß wegen der dort hohen Löcherkonzentration der Abstand von W_V zur Fermienergie W_F kleiner sein als im Halbleiterinneren, d. h. es kommt zu einer Bandaufwölbung vom Betrag W_s, die sich auch im Leitungsband und im Eigenleitungsniveau W_i zeigt. Da die elektrischen Feldlinien durch den Isolator durchgreifen, kommt es dort zu einem Spannungsabfall U_i. Der beschriebene Fall, bei dem das Gate negativ gegenüber dem Halbleiter vorgespannt ist, wird mit Anreicherung (accumulation) bezeichnet.

Wird demgegenüber das Gate positiv vorgespannt, also U_g positiv, dann kommen wir zur Verarmung (depletion) in Abb. 2.27c. Die Löcher werden im stationären Zustand ins Halbleiterinnere gedrängt. Die ortsfesten, unkompensierten Akzeptoratome bleiben als negative Ladungen in einer Verarmungszone der Dicke w zurück. Damit ist eine Bandabwölbung vom Betrag W_s an der Isolator/Halbleiter-Grenzfläche verbunden. Mit wachsendem U_g dehnt sich die Verarmungszone weiter in den Halbleiter hinein aus, und die Bandabwölbung wird stärker.

Halbleiterbauelemente

Dies geht allerdings nur bis zu einer maximalen Dicke w_m der Verarmungszone (Abb. 2.27d). w_m gehört zu einer Bandabwölbung W_s, die so stark geworden ist, daß die Leitungsbandkante W_L an der Grenzfläche zum Isolator sich dem Ferminiveau W_F so weit genähert hat wie W_V im Halbleiterinneren. Wächst U_g über diesen Zustand hinaus an, dann ist W_L so dicht an W_F, daß der Halbleiter an der Grenze zum Isolator n-Charakter annimmt: der Halbleiter ist invertiert, und man spricht von der Inversion. Nunmehr können sich in hoher Konzentration bewegliche Elektronen an der Grenzfläche ansammeln und die vom Gate ausgehenden Feldlinien vom Halbleiterinnern abschirmen. Diese Elektronen können nur thermisch im Halbleiter erzeugt sein, um dann an die Grenzfläche zu diffundieren, ein sehr langsamer Vorgang mit Zeitkonstanten um 1 s oder wenig darunter bei guten MOS-Strukturen. Daher gilt unsere Betrachtung nur für den stationären Zustand.

Wir haben bisher p-Material zugrundegelegt, weil die Inversion zu einer Ansammlung von Elektronen als beweglichen Ladungsträgern führt, ein für die Anwendung in MOSFETs besonders günstiger Fall. Ebenso kann man aber auch von n-Material ausgehen, wobei allerdings dann die Gatespannung umgekehrt werden muß.

Kapazität der MOS-Struktur. Unter der Kapazität c (bezogen auf die Flächeneinheit) einer MOS-Struktur versteht man im allgemeinen die Größe, die nach folgender Vorschrift gemessen wird: Man legt eine feste Vorspannung U_g an, die den Arbeitspunkt bestimmt und die variiert werden kann. In dem so festgelegten Arbeitspunkt überlagert man zusätzlich eine kleine Wechselspannung, deren Frequenz zwischen weniger als 1 Hz bis zu mehreren MHz durchgestimmt werden kann. Die mit dieser Wechselspannung gemessene Größe nennt man die Kapazität der MOS-Struktur; sie ist also eine differentielle Kapazität.

Ist die Vorspannung stark negativ, dann reichern sich die Löcher an der Grenzfläche zum Isolator an (vgl. Abb. 2.27b). Wir messen die auf die Flächeneinheit bezogene Kapazität c_i des Isolators, die durch dessen Dielektrizitätskonstante ε_i und Dicke d_i gegeben wird:

Feldeffekttransistoren

$$c_i = \varepsilon_i / d_i. \qquad (2.43)$$

Da wir es mit Majoritätsträgern zu tun haben, ist das Meßergebnis unabhängig von der Meßfrequenz. Bezogen auf c_i messen wir stets bei jedem hinreichend negativen Vospannungswert U_g auch $c/c_i = 1$ (Abb. 2.28a).

Dies ändert sich, wenn U_g wächst und das System sich der Verarmung nähert. Zu c_i tritt die Kapazität c_s der Verarmungszone im Halbleiter

Abb. 2.28 Differenzielle Kapazität einer MOS-Struktur in Abhängigkeit von der Spannung U_g.

a) Gleiche Austrittsarbeit $\Phi_M = \Phi_{HL}$; keine Grenzflächenzustände;
— hohe Frequenzen,
- - - niedrige Frequenzen,
—·—·— impulsmäßige

Aussteuerung.

b) —— wie in a);
..... $\Phi_M < \Phi_{HL}$ (Verarmung bereits bei $U_g = 0$);
- - - Grenzflächenzustände und unterschiedliche Austrittsarbeiten.

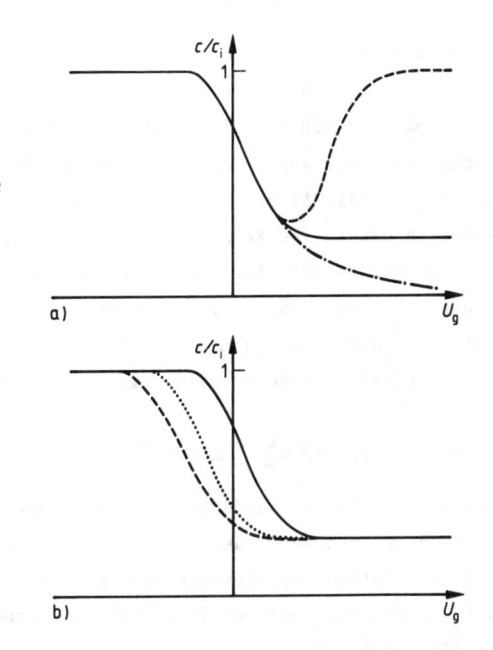

in Reihe, so daß sich die gemessene Kapazität aus:

$$1/c = 1/c_i + 1/c_s = \frac{d_i}{\varepsilon_i} + \frac{w}{\varepsilon} \qquad (2.44)$$

errechnet. Hierzu haben wir (1.56a) aus Kap. I.1.2 verwendet. Wir erwarten, daß c/c_i - ähnlich wie in Abb. 2.28a angedeutet - mit wachsendem U_g abfällt, wobei der Abfall von der jeweiligen Größe von c_s abhängt. c_s selbst bestimmt sich aus der Abweichung des Potentials im

Halbleiterbauelemente

Halbleiter nahe der Oxidgrenzfläche gegenüber dem Gleichgewicht, das tief im Innern des Halbleiters herrscht. Danach spielt die Größe W_s (Abb. 2.27) eine wichtige Rolle. Wir gehen von der Poissongleichung (1.39) aus Kap. I.1.1 aus und spezialisieren sie auf den p-Halbleiter, der keine Donatoren enthält:

$$\frac{d^2 W_L}{dy^2} = \frac{q}{\varepsilon} \rho = \frac{q^2}{\varepsilon}(p-n-N_A).$$

Wir nehmen also an, daß die Akzeptoren der Konzentration N_A alle ionisiert sind. Im Halbleiterinneren herrscht elektrische Neutralität:

$$N_A = p_0 - n_0,$$

wobei p_0 die Gleichgewichtskonzentration der Löcher und n_0 die der Elektronen ist. Wegen der p-Dotierung gilt sicherlich $p_0 \gg n_0$. Wenn wir uns an (1.21) aus Kap. I.1.1 erinnern, dann ist der Abstand der Valenzbandkante vom Ferminiveau ein Maß für die Löcherkonzentration; entsprechendes gilt für die Elektronenkonzentration. Dabei ist allerdings Dotierung unterhalb der Entartung vorausgesetzt, so daß die Boltzmann-Näherung gültig bleibt. Wenden wir dies auf die Randschicht des Halbleiters nahe der Grenzfläche zum Isolator an, dann gilt:

$$p - n = p_0 \exp \frac{-W}{kT} - n_0 \exp \frac{W}{kT}. \tag{2.45}$$

Wie in Abb. 2.27d angedeutet, stellt W den Abfall der Bandkanten in der Randschicht gegenüber dem neutralen Halbleiterinneren dar. Fassen wir die drei letzten Gleichungen zusammen und berücksichtigen, daß es nur auf den örtlich veränderlichen Teil der Bandkantenenergie ankommt (vgl. S. 42), so folgt:

$$-\frac{d^2 W}{dy^2} = \frac{q^2}{\varepsilon}[p_0(\exp \frac{-W}{kT} - 1) - n_0(\exp \frac{W}{kT} - 1)],$$

wobei ein Vorzeichenwechsel aus der positiven Zählung von W mit Richtung nach unten (vgl. Abb. 2.27d) resultiert. Wir integrieren diese Gleichung nach dW, beginnend vom Halbleiterinneren bis zur Grenzfläche zum Isolator, und erhalten zunächst für die linke Seite:

Feldeffekttransistoren

$$\int \frac{d^2W}{dy^2} \, dW = \int \frac{dW}{dy} \cdot \frac{d^2W}{dy^2} \, dy = \frac{1}{2} \int \frac{d}{dy} \left(\frac{dW}{dy}\right)^2 dy = \frac{1}{2} \left(\frac{dW}{dy}\right)^2_s.$$

Der Index s deutet darauf hin, daß die Stammfunktion nur an der Grenzfläche zum Isolator zu nehmen ist, weil dW/dy an der anderen Integrationsgrenze zum Halbleiterinneren hin verschwindet. Führen wir die Integration auch für die rechte Seite der Poisson-Gleichung aus, so folgt:

$$\left(\frac{dW}{dy}\right)^2_s = \frac{2q^2 k T p_0}{\varepsilon} \left[\frac{n_0}{p_0} \left(\exp \frac{W_s}{kT} - \frac{W_s}{kT} - 1\right) + \exp \frac{-W_s}{kT} + \frac{W_s}{kT} - 1\right]. \quad (2.46)$$

dW/dy ist nach (1.38) in Kap. I.1.1 über die Elementarladung mit dem elektrischen Feld E verknüpft. Dieses hinwiederum hat seine Quellen in den elektrischen Ladungen nach (1.37). Wenden wir den Gaußschen Satz, der das Volumenintegral der Divergenz einer vektoriellen Größe in das Oberflächenintegral der Normalkomponente eben dieser Größe umwandelt, auf (1.37) für den Randbereich des Halbleiters und die darin enthaltene Ladung an, dann gewinnen wir:

$$Q = -\varepsilon E_s = -\frac{\varepsilon}{q} \left(\frac{dW}{dy}\right)_s$$

$$= -\sqrt{2\varepsilon k T p_0} \left[\frac{n_0}{p_0} \left(\exp \frac{W_s}{kT} - \frac{W_s}{kT} - 1\right) + \exp \frac{-W_s}{kT} + \frac{W_s}{kT} - 1\right]^{1/2}.$$

$$(2.47)$$

Dazu haben wir (2.46) genutzt. E_s ist die Feldstärke an der Grenzfläche Halbleiter/Isolator. Die Ladung Q ist auf die Flächeneinheit der MOS-Struktur bezogen.

In Abb. 2.29 ist Q nach (2.47) in Abhängigkeit von W_s aufgetragen. Ist W_s negativ, dann ist Q positiv. E_s weist vom Halbleiter in den Isolator, ist also negativ. Es liegt Anreicherung vor (vgl. Abb. 2.27b). Der Verlauf von Q wird durch den vierten Term in der eckigen Klammer von (2.47) bestimmt. Wird $W_s = 0$, dann folgt aus (2.47) $Q = 0$; der Flachbandfall ist erreicht (Abb. 2.27a).

Mit wachsendem W_s (Abb. 2.29) dreht E_s seine Richtung um; Q wird negativ. Für hinreichend kleine W_s wird (2.47) durch den fünften Term

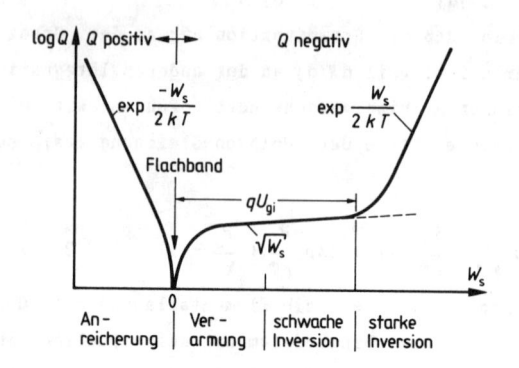

Abb. 2.29 Auf die Fläche bezogene Raumladung Q einer MOS-Struktur (p-Halbleiter) in Abhängigkeit von der Bandwölbung W_s.

beherrscht. Verarmung nach Abb. 2.27c ist realisiert. Der Bereich der Verarmung wird verlassen, sobald die Bandabwölbung W_s den Wert $(W_i - W_F) = qU_{gi}/2$ überschreitet. Es beginnt die schwache Inversion. Wenn sich die Leitungsbandkante an der Isolator/Halbleitergrenzfläche dem Ferminiveau W_F so weit genähert hat wie die Valenzbandkante im Halbleiterinneren, d. h. bei $W_s = qU_{gi}$, setzt die starke Inversion ein. Nun beherrscht der erste Term in (2.47) den Verlauf von Q. Die für die Inversion maßgebende Größe qU_{gi} hängt natürlich von der Halbleiterdotierung ab. Mit (1.15, 1.16) und (1.21b) läßt sich:

$$qU_{gi} = 2kT \ln(N_A/n_i) \tag{2.48}$$

ableiten. Die an den Rändern der Abb. 2.29 sichtbaren exponentiellen Verläufe sind eine Folge der Gültigkeit der Boltzmannschen Näherung für nichtentartete Halbleiter (vgl. S. 30). Sie beschreiben das zunehmende "Eintauchen" der Boltzmann-Ausläufer in Valenz- bzw. Leitungsband.

Aus (2.47) ergibt sich sofort die Kapazität c_s, die mit der Raumladung Q am Halbleiterrand verbunden ist:

$$c_s = -q \frac{dQ}{dW_s}$$

Feldeffekttransistoren

$$= \sqrt{\varepsilon q^2 p_0 \over 2kT} \; {{n_0 \over p_0}(\exp {W_s \over kT} -1) - (\exp {-W_s \over kT} -1) \over [{n_0 \over p_0}(\exp {W_s \over kT} - {W_s \over kT} -1) + \exp {-W_s \over kT} + {W_s \over kT} -1]^{1/2}}. \quad (2.49)$$

Diese Beziehung gilt für den stationären Fall, bei dem die zur Messung von c herangezogene kleine Wechselspannung eine sehr niedrige Frequenz hat. Dann kann sich für hinreichend großes $|U_g|$ – oder äquivalent $|W_s|$ – eine Anreicherungs- oder Inversionsladung ausbilden. c_s wird sehr groß, und damit wird c nach (2.44) allein durch die Isolationskapazität c_i bestimmt. Wir erhalten die gestrichelte Kurve in Abb. 2.28a. Nur im Bereich der Verarmung wird c_s klein und sorgt für ein Absinken von c bei kleinen U_g.

Messen wir dagegen bei hohen Frequenzen, dann kann kein Ausgleich von Ladungsträgern zwischen Inversionsschicht und Halbleiterinnerem durch die ausgeräumte Zone hindurch erfolgen (vgl. Abb. 2.25d). Nur der Rand der Verarmungszone zum Halbleiterinneren "atmet" im Takt der hohen Meßfrequenzen. Dies führt zu einer geringen Kapazität, die durch w_m bestimmt ist. Aus (2.44) bekommen wir daher auch einen kleinen Wert für c: wir messen die durchgezogene Kurve in Abb. 2.28a.

Messungen mit Frequenzen, die zwischen den beiden diskutierten Grenzfällen liegen, führen auf Kurven, die zwischen gestrichelter und durchgezogener Kurve in Abb. 2.28a liegen.

Schließlich bleibt noch der Fall, daß die Vorspannung impulsmäßig angeschaltet und sofort gemessen wird, ehe ein Ladungszufluß aus dem Halbleiterinneren zur Isolator/Halbleiter-Grenzfläche erfolgen kann. Dann werden zwar die Bänder stark abgewölbt, aber ohne daß für die Elektronen aus dem Halbleiterinneren genügend Zeit ist, um die invertierte Schicht zu besetzen. Die Verarmungszone kann über w_m hinaus ausgedehnt werden (vgl. Abb. 2.27d) mit der Konsequenz, daß die Halbleiterkapazität und folglich nach (2.44) auch c absinken. Wir erhalten die strichpunktierte Kurve in Abb. 2.28a. Sie wird durch den Durchbruch wegen Stoßionisiation nach hohen U_g begrenzt.

Halbleiterbauelemente

Nach unseren Voraussetzungen ist der Flachbandfall bei verschwindender Spannung ($U_g = 0$) gegeben. Wir entwickeln (2.49) nach kleinen W_s und erhalten:

$$c_{sFB} \approx \sqrt{\frac{\varepsilon q^2 p_0}{kT}} = \varepsilon/L_D, \qquad (2.50)$$

wobei wir nach (1.54), Kap. I.1.2, die Debye-Länge L_D eingeführt haben. Nutzen wir (2.43), so können wir für die Kapazität c_{sFB} im Flachbandfall auch schreiben:

$$\frac{c_{sFB}}{c_i} = \frac{q d_i}{\varepsilon_i} \sqrt{\frac{\varepsilon p_0}{kT}}. \qquad (2.50a)$$

Die bisher besprochenen idealen Verhältnisse sind in der Praxis nicht gegeben. Man muß zunächst damit rechnen, daß die Austrittsarbeiten von Metall und Halbleiter unterschiedlich sind. Ist z. B. $\Phi_M < \Phi_{HL}$, dann kommt es bereits bei verschwindender Spannung U_g zu einer Bandabwölbung in einem p-Halbleiter; es bildet sich eine Verarmungszone aus (vgl. Abb. 2.27). Wir messen bei $U_g = 0$ eine reduzierte Kapazität der MOS-Struktur. Erst bei einem negativen Wert von U_g werden die Bandabwölbung rückgängig gemacht und der Flachbandfall erreicht. Insgesamt messen wir die punktierte Kurve in Abb. 2.28b, die gegenüber der idealen Kurve horizontal verschoben ist.

Haben wir positive Ladungen ortsfest im Isolator, dann wirken sie in demselben Sinn wie soeben besprochen. Man kann also aus der horizontalen Verschiebung der Meßkurven allein noch keine eindeutigen Schlüsse ziehen.

Schließlich können noch elektronische Grenzflächenzustände auftreten, die von nichtabgesättigten Bindungen oder adsorbierten Fremdatomen an der Grenze zwischen Halbleiter und Isolator herrühren. Ihre Energieniveaus können in dem verbotenen Band liegen, so daß sie je nach Vorspannung sukzessiv umgeladen werden. Dadurch wird die Bandwölbung unterschiedlich beeinflußt, so daß komplexe Ergebnisse nach Art der gestrichelten Kurve in Abb. 2.28b resultieren. Im allgemeinen haben Grenzflächenzustände sehr unterschiedliche Zeitkonstanten für ihre Umladung. Damit werden die Meßkurven frequenzabhängig, und ihre Interpretation

Feldeffekttransistoren

ist sehr schwierig.

Messungen der beschriebenen Art haben zu weitreichenden Konsequenzen geführt. So wurde für Si gefunden, daß die Dichte der Grenzflächenzustände von der kristallographischen Orientierung der Grenzfläche abhängt, und zwar nimmt die Dichte in der Reihenfolge:

(111) > (110) > (100)

ab. Daher werden MOSFETs auf (100)-Flächen gefertigt, weil man dann die Grenzflächenzustandsdichte auf ein nicht störendes Maß herunterdrücken kann.

Ersatzschaltbild und Anwendung. Abb. 2.30 zeigt das Ersatzschaltbild einer MOS-Struktur, dessen wesentliche Elemente die Oxidkapazität c_i nach (2.43) und die Halbleiterkapazität c_s sind. c_s ist spannungsabhängig und wird im Idealfall durch (2.49) beschrieben. Wenn der Isolator keine Ladungen enthält, wird R_i vernachlässigbar groß, d. h. die Verluste durch den Isolator entfallen. R_s erfaßt die Umladeverluste durch Grenzflächenzustände und in der Verarmungszone. R_B berücksichtigt die Verluste in den stromzuführenden Halbleiter-Bahngebieten.

Abb. 2.30 Ersatzschaltbild einer MOS-Struktur.

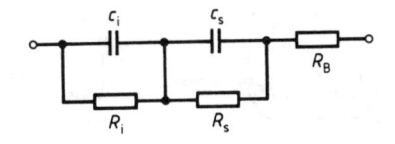

Es ist naheliegend, daß MOS-Strukturen dieselben Aufgaben wie Sperrschichtvaraktoren erfüllen können (vgl. S. 52f, in Kap. I.1.2). MOS-Varaktoren zeigen besonders hohe Kapazitätshübe, weil sie bis an die Oxidkapazität c_i ausgesteuert werden können (Abb. 2.28), ohne daß Ströme fließen. Sie sind also besonders verlustarm. Zudem ziehen sie aus der in letzter Zeit forciert entwickelten MOS-Technologie Nutzen. Demgegenüber liegt der Vorteil der Sperrschichtvaraktoren in der Möglichkeit, über die Einstellung des Dotierungsprofils die Kennlinie

Halbleiterbauelemente

gezielt zu beeinflussen (S. 53).

MOSFET. Die MOS-Struktur findet ihre breiteste Verwendung im MOSFET. Eine Bauform des MOSFET, die von einem p-leitenden Si-Substrat ausgeht, ist in Abb. 2.31 skizziert. Zwei hoch n-dotierte Wannen sind als Source- und Drainanschlüsse eindiffundiert. Metallfilme stellen nach außen den Kontakt her. Zwischen Source und Drain befindet sich das dünne Gateoxid mit der darüberliegenden Gateelektrode. Die Dicke d_i des Oxids kann bis herunter zu 20 nm betragen, während das den FET umgebende Feldoxid mehrere 100 nm dick ist. Dadurch wird verhindert, daß über das Feldoxid laufende metallische Leiterbahnen die darunter liegenden Halbleiterbereiche invertieren, wenn sie unter Spannung stehen. Die Inversion ist nur unter dem Gateoxid erwünscht, damit sich gezielt eine Inversionsschicht zwischen den beiden n^+-Bereichen ausbilden kann. Der Drainstrom I_d zwischen Drain und Source kann daher über die Spannung U_{gs} zwischen Gate und Source kontrolliert werden: mehr oder weniger Elektronen können vom Sourcegebiet in den Inversionskanal injiziert werden. Eine Kanallänge l von 1 µm ist heute Stand der Technik; im Versuch können bis zu 0,1 µm erreicht werden. Die Breite b des Kanals liegt im Bereich von 10 µm, kann aber je nach Anforderung an die Stromtragfähigkeit weit mehr sein.

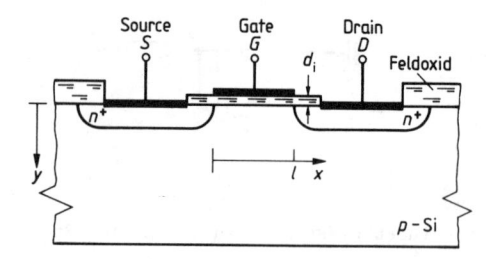

Abb. 2.31 Aufbau eines MOSFET.

Zur Kennlinienberechnung des MOSFET legen wir Abb. 2.32 zugrunde. Wir machen im wesentlichen dieselben vereinfachenden Voraussetzungen wie beim Sperrschicht-FET. Wir halten uns weiterhin vor Augen, daß beim MOSFET bewegliche Ladungsträger in genügender Menge aus dem Sourcebereich injiziert werden können, sobald eine zur Inversion ausreichende

Feldeffekttransistoren

Abb. 2.32 Modell zur Berechnung der Kennlinien eines MOSFET.

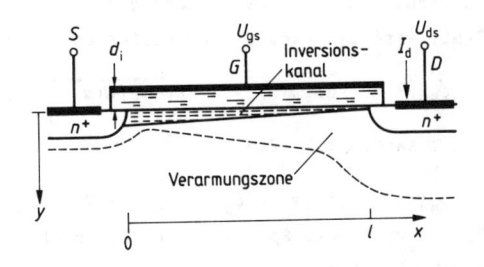

Bandwölbung durch die Gatespannung U_{gs} hervorgerufen worden ist. Damit unterliegt ein MOSFET nicht den zeitlich einschränkenden Bedingungen einer einfachen MOS-Struktur. Alle Spannungen werden auf die Sourceelektrode bezogen, die mit dem Substratmaterial verknüpft ist.

Wenn wir Abb. 2.27 als Schnitt durch den MOSFET an einer bestimmten Stelle x zur Hilfe nehmen, dann ist die auf die Flächeneinheit bezogene Ladung im Halbleiter durch:

$$Q = c_i [W_s/q - U_{gs}]$$

gegeben, wobei sich die Oxidkapazität c_i aus (2.43) ergibt. Sowohl Q als auch die Bandwölbung W_s hängen vom Ort x im Kanal ab. Q hinwiederum setzt sich aus der Ladung Q_B der ortsfesten Akzeptoratome in der Verarmungszone und der beweglichen Ladung Q_n der Elektronen im Inversionskanal zusammen (vgl. Abb. 2.27d). Damit wird aus der letzten Gleichung:

$$Q_n(x) = Q - Q_B = c_i[W_s(x)/q - U_{gs}] - Q_B(x). \qquad (2.51)$$

Wir nehmen an, daß das Grenzflächenpotential $W_s(x)/q$ näherungsweise durch die zur starken Inversion notwendige Spannung U_{gi} (vgl. Abb. 2.29) und durch die Spannung $U(x)$ gegeben ist, die wegen des Drainstroms I_d am Ort x gegenüber Source abgefallen ist. Weiterhin läßt sich $Q_B(x)$ aus der Dicke $w(x)$ der Verarmungszone berechnen. Dazu nutzen wir die Ergebnisse der Diskussion des pn-Übergangs (S. 51, Kap. I.1.2) mit dem Unterschied, daß bei der MOS-Struktur keine Diffusionsspannung

Halbleiterbauelemente

auftritt. Es muß vielmehr die über der Verarmungszone anliegende Spannung – in unserer Näherung also $U(x) + U_{gi}$ – eingesetzt werden. Damit wird die Ladung der ortsfesten Akzeptoratome zu:

$$Q_B(x) = -qN_A w(x) = -\sqrt{2\varepsilon q N_A [U(x) + U_{gi}]} \qquad (2.52)$$

und zusammen mit (2.51):

$$Q_n(x) = c_i[U(x) + U_{gi} - U_{gs}] + \sqrt{2\varepsilon q N_A [U(x) + U_{gi}]}. \qquad (2.53)$$

Ebenso wie beim Sperrschicht-FET nach S. 145 ist der Drainstrom I_d durch die Ladung im Kanal, dessen Breite und die lokale Feldstärke $-dU/dx$ gegeben:

$$I_d = -Q_n(x)\mu_n b \frac{dU}{dx}.$$

Nach demselben Vorbild integrieren wir entlang des Kanals, wobei I_d als konstant über die gesamte Länge l und als Randbedingung U_{ds} am Drainende anzusetzen sind. Das Resultat ist die Kennlinie des MOSFET:

$$I_d = c_i \mu_n \frac{b}{l} \{(U_{gs} - U_{gi} - \frac{U_{ds}}{2})U_{ds}$$

$$- \frac{2}{3} \frac{\sqrt{2\varepsilon q N_A}}{c_i} [(U_{ds} + U_{gi})^{3/2} - U_{gi}^{3/2}]\}. \qquad (2.54)$$

Das damit beschriebene Kennlinienfeld Abb. 2.33 sieht dem eines Sperrschicht-FET sehr ähnlich (vgl. Abb. 2.23). Wir diskutieren (2.54) zunächst für kleine Werte von U_{ds}, indem wir entwickeln und höhere Glieder weglassen:

$$I_d \approx c_i \mu_n \frac{b}{l}(U_{gs} - U_T)U_{ds} - [\frac{1}{2} + \frac{\sqrt{2\varepsilon q N_A}}{4 c_i \sqrt{U_{gi}}}] U_{ds}^2\}. \qquad (2.55)$$

Dabei haben wir die Schwellenspannung (threshold voltage):

$$U_T = U_{gi} + \frac{1}{c_i}\sqrt{2\varepsilon q N_A U_{gi}} \qquad (2.56)$$

eingeführt. Nach (2.52) entspricht der zweite Term der durch c_i dividierten Ladung in der Verarmungszone beim Einsatz der Inversion; er ist, falls nicht c_i sehr klein wird, gegenüber U_{gi} vernachlässigbar.

Falls – abweichend von unserem idealisierten Modell – Gate und Halb-

Feldeffekttransistoren

Abb. 2.33 Kennlinienfeld eines n-Kanal-MOSFET.

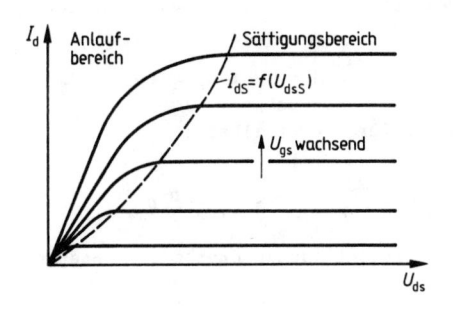

Anlaufbereich — Sättigungsbereich — $I_{dS} = f(U_{dsS})$ — U_{gs} wachsend

leiter unterschiedliche Austrittsarbeiten haben, ist U_T um die Differenz dieser beiden Größen zu erhöhen. (2.55) zeigt den zunächst linearen Verlauf der Kennlinien im Anlaufbereich, die dann parabolisch abbiegen (Abb. 2.33). Dieser Bereich ist dadurch gekennzeichnet, daß stets ein invertierter Bereich zwischen Source und Drain besteht. Dazu muß die Gatespannung um einen ausreichenden Betrag über der Drainspannung liegen, oder:

$$U_{gs} - U_T > U_{ds} \geq 0.$$

Der Sättigungsbereich mit seinen horizontalen Kennlinien wird erreicht, wenn der Inversionskanal am Drainende abgeschnürt wird, d. h. wenn die Ladung $Q_n(l)$ im Kanal nach (2.53) verschwindet. Daraus errechnet sich die Abschnürspannung als:

$$U_{dsS} = U_{gs} - U_{gi} + \frac{\varepsilon q N_A}{c_i^2} \left[1 - \sqrt{1 + \frac{2 c_i^2 U_{gs}}{\varepsilon q N_A}} \right]. \qquad (2.57)$$

Mit U_{dsS} ergibt sich aus (2.54) der zugehörige Sättigungsstrom I_{ds}. Damit ist die in Abb. 2.33 gestrichelt eingetragene Kurve bekannt. Die umständliche Rechnung liefert näherungsweise für niedrige Konzentrationen, die aber durchaus im Bereich des technisch üblichen liegen, das Ergebnis:

$$I_{ds} \approx c_i \mu_n \frac{b}{2l} (U_{gs} - U_T)^2. \qquad (2.58)$$

Parameter eines MOSFET. Wir beziehen uns zunächst auf den Anlaufbe-

165

Halbleiterbauelemente

reich mit der Kennlinie (2.55). Ähnlich wie beim Sperrschicht-FET mit den Ausdrücken (2.39, 2.40) erhalten wir für den Kanalleitwert:

$$\frac{1}{r_d} = \frac{\partial I_d}{\partial U_{ds}}\bigg|_{U_{gs}} \approx c_i \mu_n \frac{b}{l} (U_{gs} - U_T) \qquad (2.59)$$

sowie für die Steilheit:

$$g_m = \frac{\partial I_d}{\partial U_{gs}}\bigg|_{U_{ds}} \approx c_i \mu_n \frac{b}{l} U_{ds}. \qquad (2.60)$$

Für den Sättigungsbereich errechnet sich aus (2.58)

$$g_m \approx c_i \mu_n \frac{b}{l} (U_{gs} - U_T). \qquad (2.61)$$

In all diesen Größen zeigt sich wieder einmal die Wichtigkeit einer Miniaturisierung im Hinblick auf die Kanallänge l und der Verbesserung der Beweglichkeit μ_n. Für die Beweglichkeit können nicht die Werte in Tab. 1.6 auf S. 39 eingesetzt werden, die nur für das Halbleiterinnere gelten. Bei MOSFETs reduzieren Streuprozesse an der Grenzfläche Halbleiter/Oxid die Beweglichkeit auf die Hälfte und weniger.

Abb. 2.34 zeigt das Ersatzschaltbild eines MOSFET, der im Gegensatz zum bipolaren Transistor spannungsgesteuert ist. r_i ist der sehr hohe

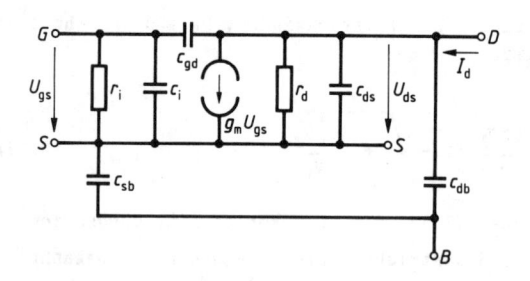

Abb. 2.34 Ersatzschaltbild eines MOSFETs.

Widerstand des Gateoxids, wie alle anderen Größen auch bezogen auf die Flächeneinheit. c_i folgt aus (2.43), g_m aus (2.60) und r_d aus (2.59). c_{ds} ist die Kapazität zwischen Drain und Source, c_{gd} die zwischen Gate und Drain, welch letztere wesentlich aus dem geometrischen Überlappen zwischen Gate- und Drainelektrode herrührt. Diese Überlappung ist zur vollständigen Herstellung eines Inversionskanals zwischen Drain und Source notwendig. c_{sb} und c_{db} sind die Kapazitäten der pn-Übergänge zwischen dem Substrat B und den Source- bzw. Drainwannen.

Als Grenzfrequenz des inneren Transistors führen wir analog zu (2.42):

$$f_T = g_m/(2\pi C_i)$$

an, wobei die für das Bauelement jeweils gültige Kapazität $C_i = blc_i$ zu nehmen ist. Aus (2.60) folgt dann:

$$f_T \approx \mu_n U_{ds}/(2\pi l^2). \tag{2.62}$$

Im Sättigungsbereich gilt ebenso wie beim Sperrschicht-FET:

$$\tau = 1/v_s.$$

Für miniaturisierte Bauelemente errechnet sich daraus eine zu hohe Grenzfrequenz. Tatsächlich werden dann nämlich parasitäre Komponenten beherrschend.

Typen von MOSFETs. Alle Betrachtungen, die bisher stets für p-Substrate, also n-Kanal-MOSFETs galten, können wir in entsprechender **Weise**

<u>Abb. 2.35</u> Symbole und Systematik der MOSFETs.

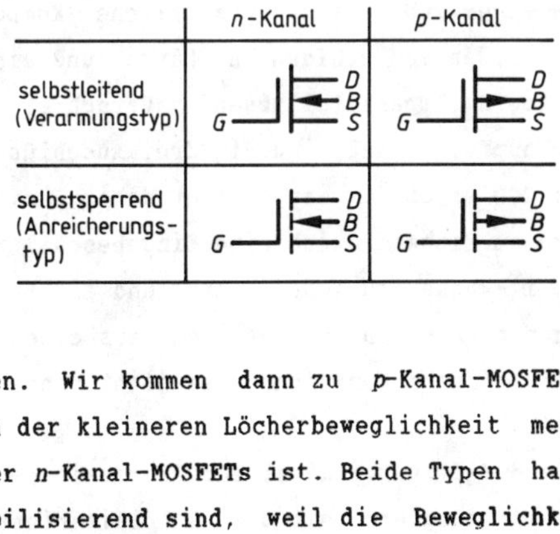

	n-Kanal	p-Kanal
selbstleitend (Verarmungstyp)	G ⊢ D B S	G ⊢ D B S
selbstsperrend (Anreicherungstyp)	G ⊢ D B S	G ⊢ D B S

auch für n-Substrate anstellen. Wir kommen dann zu p-Kanal-MOSFETs, deren Stromtragfähigkeit wegen der kleineren Löcherbeweglichkeit meist sehr viel geringer als die der n-Kanal-MOSFETs ist. Beide Typen haben gemeinsam, daß sie selbststabilisierend sind, weil die Beweglichkeit

Halbleiterbauelemente

mit wachsender Temperatur abnimmt. Ebenso können beide durch gezielte Dotierung im Kanalbereich sowohl selbstsperrend als auch selbstleitend hergestellt werden. Damit kommen wir zu der in Abb. 2.35 dargestellten Systematik.

Die folgende Tabelle gibt einen Eindruck von den Leistungsdaten kommerzieller MOSFETs. Sie gilt für n-Kanal-Typen. Im allgemeinen können Typen mit hohen Drainströmen nur mit den geringeren maximalen Drainspannungen betrieben werden.

Tab. 2.2 Typische Daten von MOSFETs

	Kleinsignaltypen		Leistungstypen
Drainspannung (V)	50	200	1000
Drainstrom (A)	0,1	2	50
Kanalwiderstand (Ω)	12	8	0,03
Steilheit (S)	einige 0,01	1	18

Leistungs-MOSFETs finden ihre Anwendung in der Automobilelektronik, zur Steuerung von Motoren und Ultraschallgeneratoren sowie in Stromversorgungsgeräten.

Ladungsgekoppelte Bauelemente (CCDs). Mit den Kenntnissen, die wir uns über die MOS-Struktur und ihre Anwendung erworben haben, ist die Arbeitsweise der ladungsgekoppelten Bauelemente oder CCDs (charge-coupled device) leicht zu erklären. Abb. 2.36 zeigt einen Ausschnitt aus einem CCD, dessen wesentliche Komponenten schmale Verschiebungselektroden von wenigen µm Länge und einigen 10 µm Breite sind. Jede dritte der parallelliegenden Verschiebungselektroden ist miteinander verknüpft, so daß sich die drei Anschlüsse Φ_1, Φ_2 und Φ_3 zur Steuerung des CCD ergeben. Man spricht daher vom Dreiphasen-CCD. Die Anordnung wird am Eingang durch eine Eingabeschaltung, von der in Abb. 2.36 noch die n^+-Wanne zu sehen ist, und am Ende durch ein Ausgabeschaltung ergänzt. Das CCD besteht also aus einer Reihe von MOS-Strukturen, die aber in ihrer Funktionsweise nicht voneinander getrennt werden können.

Jede MOS-Struktur dient zur kurzzeitigen Speicherung von Ladung, ohne daß ein Ausgleich mit dem Halbleiterinneren - in unserem Fall dem

Feldeffekttransistoren

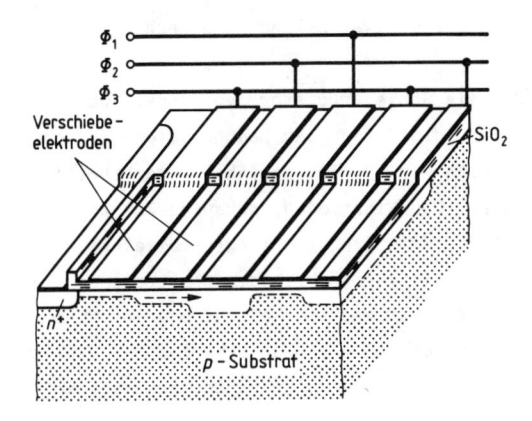

Abb. 2.36 Ladungsgekoppelte Bauelemente (Dreiphasen-CCD).

p-Substrat - erfolgen darf. Nur jede dritte Zelle darf mit einer Ladung belegt sein. Ein CCD wird so betrieben, daß sich unter den Elektroden Verarmungszonen ausbilden, deren Grenzen in Abb. 2.36 gestrichelt eingezeichnet sind. Die Ausdehnung der Verarmungszone und die Tiefe ihres Potentials an der Grenzfläche zum Isolator, also die Bandabwölbung W_s nach Abb. 2.27, können durch die Spannungen Φ_1, Φ_2 und Φ_3 kontrolliert werden.

Wir nehmen an, daß sich wie in Abb. 2.36 eine negative Signalladung unter der zweiten Elektrode befindet. Die Potentialmulde unter der fünften, angeschnittenen Elektrode ist ladungsfrei; das Signal hat dort den Wert Null. Wird nun die Potentialmulde unter der dritten Elektrode über die Spannung Φ_1 vertieft, dann fließen die Ladungen dorthin. Darauf wird die Potentialmulde unter der zweiten Elektrode über Φ_2 kontinuierlich abgebaut, so daß der Ladungsfluß nach der rechten Seite noch unterstützt wird. Ist die Potentialmulde unter der zweiten Elektrode völlig abgebaut, dann können die Ladungen nicht mehr nach links abfließen. Nun können die Potentialmulden unter den Elektroden 1 und 4 durch Φ_3 abgesenkt werden, während kontinuierlich die Potentialmulde unter der dritten Elektrode angehoben wird. Dadurch fließen die Ladungen um eine Zelle weiter nach rechts. Insgesamt haben wir also sämtliche Ladungspakete im CCD um zwei Zellen nach rechts geschoben.

Daher wird ein CCD als Schieberegister verwendet, das sowohl analoge Signale, wenn es auf die Größe der Ladungspakete ankommt, als auch digitale Signale, wenn nur 0 oder 1 zählt, verarbeiten kann. Heute können CCDs mit über 1000 Elektroden, entsprechend 2^{10}, nebeneinander gefertigt werden. Ihre Grenzfrequenz liegt bei einigen MHz. Man beschreibt ihre Leistungsfähigkeit durch den Übertragungsbeiwert, der bei 10^{-4} bis 10^{-5} liegt. Er gibt an, welcher Ladungsverlust beim Verschieben von Zelle zu Zelle auftritt. Die Ursache für die Verluste liegen in der nur endlichen Zeit, die zum Ladungsübertrag zur Verfügung stehen kann, und in Haftstellen, die die Ladungen länger als einen Takt in einer Potentialmulde festhalten und sie erst später freigeben.

Es sei noch erwähnt, daß die Eingabeschaltung nicht so einfach aufgebaut ist, wie es Abb. 2.36 wiedergibt. Die Ladungen selbst fließen entlang der Grenzfläche zum Isolator, weil dort die tiefste Potentialabsenkung ist. Erst in komplexer aufgebauten CCDs (bulk CCD) werden sie etwas weiter im Halbleiterinneren geleitet.

CCDs werden als Schieberegister zur Nachhallerzeugung und in den Bildwandlern von Videokameras im Zusammenwirken mit optisch empfindlichen Sensoren verwendet.

2.4 Neuere Entwicklungen bei Feldeffekttransistoren.

Die Entwicklung der FETs in den letzten Jahren ist durch zwei Tendenzen charakterisiert, die Hand in Hand mit technologischen Verbesserungen gehen. Die eine davon liegt klarer zutage und zielt auf eine stetige Verkleinerung der Bauelemente. Sie hat zu den überwältigenden Erfolgen bei den höchstintegrierten Schaltungen der Mikroelektronik geführt und nutzt die MOSFETs der Si-Technik. Das der Miniaturisierung zugrundeliegende Konzept ist eine Skalierung relevanter Bauelementparameter. Allerdings treten bei Reduzierung der Kanallänge l und der damit verknüpften Skalierung eine Reihe von Effekten auf, die weitgehend der

Neuere Entwicklungen bei Feldeffekttransistoren

Leistungsfähigkeit des MOSFETs abträglich sind.

Die andere der erwähnten Tendenzen baut auf den Möglichkeiten modener Kristallzuchtverfahren auf, wodurch entweder ältere Bauelementevorschläge erstmals realisiert oder völlig neue Konzepte entwickelt werden konnten. Hierbei spielen die III/V-Halbleiter eine wichtige Rolle. Sie bieten, wie wir bei der Diskussion des Heteroübergangs in Kap. I.1.2 gesehen haben, eine besondere Flexibilität, die beim Entwurf neuartiger Bauelemente genutzt werden kann. Ein erstes Beispiel in dieser Richtung haben wir bereits beim Heterostruktur-Bipolartransistor in Kap. I.2.2 kennengelernt.

Skalierung (scaling). Um auf einer vorgegebenen Halbleiterfläche mehr Bauelemente unterbringen zu können und damit zunehmend komplexere Funktionen zu realisieren, müssen die Dimensionen der Bauelemente verkleinert werden. Bei diesem Vorgang, den man mit Skalierung (scaling) bezeichnet, verwendet man einen gemeinsamen Faktor κ. Man ist bestrebt, bei dem mit κ skalierten Bauelement dieselben elektrischen Beziehungen beizubehalten wie beim Bauelement mit den ursprünglichen Abmessungen.

Wir gehen von einem n-Kanal-MOSFET mit der Kanallänge l aus, wie er in Abb. 2.37a skizziert ist. Diese Abbildung, die aus Abb. 2.32 durch Verkleinerung entstanden ist, zeigt die Verarmungszonen um die Source- und Drainwannen sowie die Verarmungszone unter dem Gate, die durch die Gatespannung U_{gs} beeinflußt wird und für die Funktion des MOSFETs wesentlich ist. Wenn wir l einfach reduzieren, dann berühren sich die Verarmungszonen von Source und Drain, wodurch schließlich eine drastische Reduzierung der Schwellenspannung U_T eintritt. Im Grenzfall hätten wir einen schlechten lateralen npn-Transistor (vgl. Abb. 2.18), dessen Basis der "Dicke" l weniger und weniger durch das Gate beeinflußt werden kann. Wir müssen daher auch die Verarmungszonendicke, die an der Drainwanne den Wert w_d haben soll, entsprechend mitreduzieren.

Nutzen wir die wegen des Übergangs n^+p vereinfachte Gleichung (1.52a), so gilt:

Halbleiterbauelemente

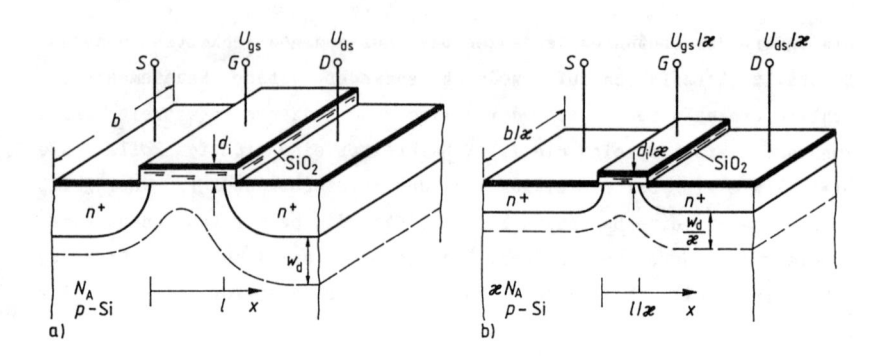

Abb. 2.37 Skalierung (scaling) eines MOSFET.
a) Darstellung des Bauelements;
b) Neudimensionierung im Hinblick auf Miniaturisierung.

$$w_d \approx \sqrt{\frac{2\varepsilon}{qN_A}(U_D - U_b + U_{ds})}, \qquad (2.63)$$

wobei wir den Sourceanschluß um U_b gegenüber dem Substrat (meist negativ) vorgespannt haben und U_{ds} zwischen Drain und Source zu zählen ist. Wenn U_{ds} ebenso wie U_{gs} um κ verkleinert werden und wenn die Substratdotierung N_A um κ vergrößert wird, dann folgt aus (2.63) ein um κ reduziertes w_d (Abb. 2.37b). Diese Verhältnisse lassen sich selbst für mäßige Werte von U_{ds} beibehalten, wenn wir U_b als Anpaßparameter beim miniaturisierten MOSFET nutzen. Entsprechende Aussagen gelten für die Verarmungszone um die Sourcewanne.

Wenn die Betriebsspannungen des MOSFETs und damit auch die Versorgungsspannungen reduziert werden, muß konsequenterweise auch die Schwellenspannung U_T, die in der Praxis bei 20 % der Versorgungsspannung liegt, ebenfalls skaliert werden. Wir nutzen (2.56) und schreiben den zweiten Term als die Ladung Q_B in der Verarmungszone:

$$U_T = U_{gi} - Q_B/c_i. \qquad (2.64)$$

Der erste Term ist vergleichsweise klein, insbesondere wenn Grenzflächenladungen nur zu einer geringen Bandwölbung führen und wenn die

Neuere Entwicklungen bei Feldeffekttransistoren

Austrittsarbeiten von Substrat und Gate – wie bei polykristallinem Si-Gate – sehr ähnlich sind. Da Q_B unter dem Gate ebenso skaliert wie in den Source- und Drainbereichen, also wegen der erhöhten Substratdotierung unverändert bleibt, verringert sich U_T näherungsweise um κ. Denn im skalierten Bauelement (Abb. 2.37b) ist die Oxiddicke um κ vermindert, folglich c_i nach (2.43) um den Faktor κ vergrößert.

Wenn wir die Kanallänge auf l/κ verringern und gleichzeitig die anliegenden Spannungen durch κ dividieren können, dann bleiben das elektrische Feld und die Inversionsladungen im Kanal gegenüber den ursprünglichen Bauelementabmessungen ungeändert, d. h. im miniaturisierten MOSFET fließt ein Strom gleicher Dichte. Wird zusätzlich die Breite b des MOSFETs um κ reduziert, dann folgt sowohl aus (2.60) wie aus (2.61) eine ungeänderte Steilheit g_m für das miniaturisierte Bauelement. Der Flächenbedarf des MOSFETs ist offensichtlich bei skalierter Auslegung um κ^2 reduziert. Da sowohl die Spannungen als auch der Strom wegen der verminderten Breite jeweils durch κ dividiert werden, sinkt auch der Leistungsverbrauch um κ^2. Damit bleibt die Verlustleistungsdichte für integrierte Schaltungen mit skalierten MOSFETs konstant.

Kurzkanal-Effekte. Die Miniaturisierung läßt sich nicht unbeschränkt weitertreiben, selbst wenn die Regeln der Skalierung eingehalten werden. Eine Reihe von Phänomenen, die als Kurzkanal-Effekte zusammengefaßt werden, führen schließlich zu Abweichungen vom "normalen" elektrischen Verhalten eines MOSFETs, die meist seine Leistungsfähigkeit beeinträchtigen. Abb. 2.38 soll dies anhand eines "normalen" MOSFETs mit langem Kanal l (a) und anhand eines Bauelements mit drastisch verkürztem Kanal (b) illustrieren. Im einen Fall greifen fast nur die vom Gatemetall ausgehenden Feldlinien in den Halbleiter hinein und bestimmen die Steuerung des Stromflusses. Im anderen Fall rücken die Verarmungszonen von Source und Drainwanne so dicht aneinander, daß die von den ionisierten Donatoren ausgehenden Feldlinien (vgl. Abb. 1.20) einen beträchtlichen Teil des Kanalbereichs einnehmen, wodurch natürlich die Steuerfunktion des Gates abgeschwächt wird.

Es ist verständlich, daß der Übergang zum Kurzkanalverhalten nicht von

Halbleiterbauelemente

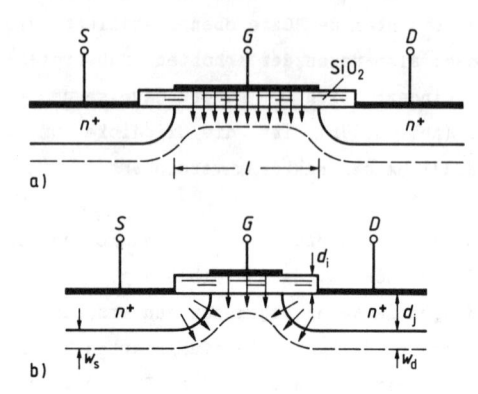

Abb. 2.38 Zur Illustration von Kurzkanal-Effekten: abnehmende Anzahl von Feldlinien, die vom Gate ausgehen.

der absoluten Länge l des Kanals abhängt, daß vielmehr die Oxiddicke d_i, die Tiefe d_j der Diffusionswannen von Source und Drain sowie die Ausdehnung w_s und w_d der zugehörigen Verarmungszonen eingehen. Damit haben die Dotierungsverhältnisse einen wesentlichen Einfluß. Ein Kriterium um festzustellen, wann Kurzkanaleffekte einsetzen, ist die Beobachtung des Drainstroms I_d. Der Übergang ist immer allmählich. Man wählt als Grenze l_m den Punkt, an dem 10 % Abweichung von der nach (2.54) oder (2.55) erwarteten Proportionalität $I_d \sim 1/l$ gemessen werden. Aus zahlreichen Experimenten ist auf diesem Weg die empirische Proportionalität:

$$l_m \sim [d_j d_i (w_s + w_d)^2]^{1/3}$$

ermittelt worden. w_d und w_s erhalten wir aus (2.63), wobei in letztem Fall $U_{ds} = 0$ zu setzen ist. Bei Kanallängen, die kleiner als l_m sind, müssen die Kennlinien in zweidimensionaler, numerischer Rechnung ermittelt werden. Wir können dann nicht mehr nach den einfachen Näherungen vorgehen, die wir sowohl beim Sperrschicht- als auch beim MOSFET verwendet haben. Wir schätzen die Verminderung der Schwellenspannung U_T für kurze Kanäle ab, indem wir die schematische Abb. 2.39 zugrundelegen. Der volle Einfluß der Ladung Q_B in der Verarmungszone ist nahe der Source- und Drainwannen reduziert, wie wir anhand von Abb. 2.38b erläutert haben. Also haben wir es nicht mehr mit der vollen Ladung:

$Q_B = - q N_A w_m$

nach (2.52) zu tun (vgl. Abb. 2.27d zu w_m), sondern mit der Ladung Q_B' in dem durch l und l' definierten Trapez. Also ist in (2.64) die Ladung:

$$Q_B' = - q N_A w_m \frac{l+l'}{2l}$$

einzusetzen, die wir bei einem Vergleich mit Q_B auf die Kanallänge l beziehen müssen. Eine einfache geometrische Überlegung liefert:

$$\frac{l+l'}{2l} = 1 - \frac{1}{l} (\sqrt{d_j^2 + 2 d_j w_m} - d_j).$$

Fassen wir die letzten drei Gleichungen zusammen und setzen das Ergebnis in (2.64) ein, so erhalten wir eine Verminderung der Schwellenspannung um:

$$\Delta U_T = \frac{q N_A w_m}{c_i l} (\sqrt{d_j^2 + 2 d_j w_m} - d_j).$$

Demgegenüber führt eine verringerte Breite b des MOSFETs zu einer Erhöhung von U_T. Denn die Verarmungszone unter dem Gate erstreckt sich – in der Geometrie der Abb. 2.37 gesprochen – nach vorn und hinten über die Gatemetallisierung hinaus. Nehmen wir dafür jeweils die Form von Viertelzylindern an, so folgt als Erhöhung der Schwellenspannung:

$$\Delta U_T = \frac{q N_A w_m}{c_i} (1 + \frac{\pi}{2} \frac{w_m}{b}).$$

<u>Abb. 2.39</u> Verminderung der Schwellenspannung durch Reduzierung der Ladung in der Verarmungszone.

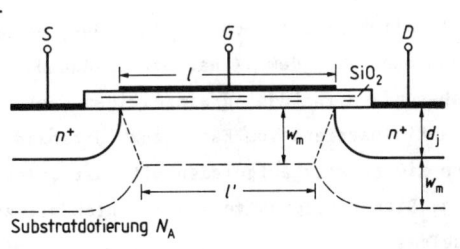

Wir schließen noch die qualitative Diskussion der Wirkung des parasitären *npn*-Transistors an, der insbesondere bei Kurzkanal-MOSFETs auftreten kann. In den hohen Feldern nahe des Drainkontakts können

Halbleiterbauelemente

durch Stoßionisation Löcher entstehen, die insbesondere bei niedrigen Drainspannungen als Strom I_b zum Substratanschluß abfließen (Abb. 2.40). Bei hohen Drainspannungen dagegen kann ein erheblicher Anteil

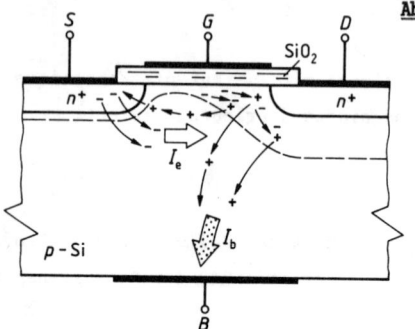

Abb. 2.40 Entstehen eines parasitären npn-Transistors bei einem MOSFET geringer Kanallänge.

der Löcher auch zum Sourceanschluß gelangen. Dieser Löcherstrom kann am Bahnwiderstand des Substrats einen solch hohen Spannungsabfall hervorrufen (ca. 0,7 V, vgl. Abb. 1.19), daß der n^+p-Übergang zwischen Source und Substrat in Durchlaßrichtung gepolt wird. Damit kommt es zur Injektion eines Emitterstroms I_e in den parasitären, lateralen npn-Transistor. Dessen Basisdicke kann in etwa mit der Kanallänge gleichgesetzt werden. Letztlich führt dies zu einer Reduzierung der Durchbruchsfestigkeit am Drainrand. Ein Weg zur Vermeidung des parasitären Transistors ist die Erniedrigung des Substratwiderstands.

Schließlich bleibt noch die Aufladung des Gateoxids durch energiereiche Elektronen aus dem Kanal zu erwähnen. Derartige Elektronen können insbesondere in den drainseitigen hohen Feldern auftreten und die Potentialbarriere vom Kanal zum Gateoxid überwinden. Dadurch wird das Gateoxid negativ aufgeladen mit der Folge anwachsender Schwellenspannung. Dieser Vorgang verstärkt sich mit zunehmender Betriebsdauer des Bauelements.

HEMT. Die zweite der eingangs dieses Kapitels erwähnten modernen Entwicklungen bei den FETs dokumentiert sich am erfolgreichsten an einer Struktur namens HEMT (high electron-mobility transistor), der bis zum Einsatz in elektronischen Rechnern ausgereift ist. Synonyme Bezeichnungen für den HEMT sind TEGFET (two-dimensional electron gas FET) und MODFET (modulation-doped FET). Abb. 2.41a zeigt seinen Aufbau im

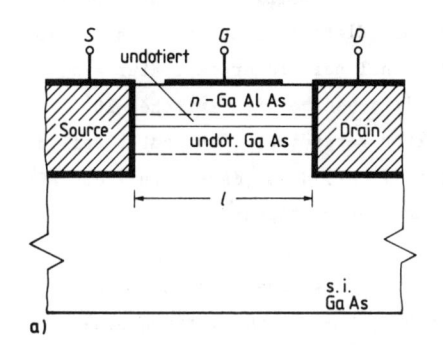

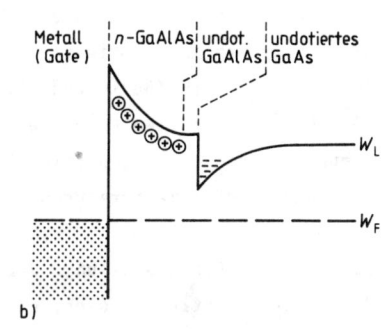

Abb. 2.41

a) Schematischer Aufbau eines HEMT;

b) Schnitt durch die Bänderstruktur eines HEMT senkrecht zur Kristalloberfläche.

Schnitt. Auf einem semiisolierenden GaAs-Substrat wird zunächst eine bis zu 1 µm dicke, undotierte GaAs-Schicht aufgewachsen. Darauf folgen eine ebenfalls undotierte, einige nm dicke $Ga_{1-x}Al_xAs$-Schicht und abschließend ein einige 10 nm dicker, einkristalliner $Ga_{1-x}Al_xAs$-Film, der mit Donatoren zwischen 10^{17} und 10^{18} cm^{-3} dotiert ist. Als typischer Wert für x kann 0,35 gelten, d. h. nach S. 138f, daß das GaAlAs zwar noch direkte Bandstruktur hat, aber einen gegenüber GaAs größeren Bandabstand. Ein Metallstreifen dient mit seinem Schottky-Übergang als steuerndes Gate, das den Stromfluß zwischen den eindiffundierten Source- und Drainbereichen kontrolliert.

Gerade der unterschiedliche Bandabstand zwischen GaAlAs und GaAs ist wesentlich für die Funktion des HEMT, da daraus ein Sprung in der Leitungsbandkante W_L resultiert (Abb. 2.41b). Denn die in hoher Konzentration im n-GaAlAs vorhandenen Elektronen können in das undotierte

Halbleiterbauelemente

GaAs diffundieren und lassen die ortsfesten, positiv geladenen Donatoratome zurück. Im undotierten GaAs an der Grenzschicht zum GaAlAs bildet sich eine Zone hoher Elektronenkonzentration heraus, die als aktiver Kanal zwischen Source und Drain dient. Der Vorteil dieses aktiven Kanals im undotierten GaAs ist, daß zwar freie Elektronen in hoher Konzentration vorhanden sind, daß aber die positiv geladenen Donatoratome als Streuzentren in der Nähe der Elektronen fehlen. Daher haben die Elektronen im undotierten GaAs-Kanal bei Zimmertemperatur eine um den Faktor 2 vergrößerte Beweglichkeit gegenüber dem zwischen 10^{17} und 10^{18} cm^{-3} n-dotierten GaAs. Der Faktor vergrößert sich auf 5 bei der Temperatur des flüssigen Stickstoffs (77 K), d. h. der Vorteil des HEMT wird nach tiefen Temperaturen hin immer ausgeprägter.

Die für die Bereitstellung der freien Elektronen stets notwendigen Donatoratome befinden sich, räumlich getrennt vom aktiven Kanal, im n-dotierten GaAlAs. Ihre Restwirkung durch Coulombsche Streuung der Elektronen im Kanal wird noch dadurch vermindert, daß eine undotierte GaAlAs-Schicht als Puffer zur Abschirmung eingebaut ist.

Das Prinzip HEMT, das wir anhand des Systems GaAlAs/GaAs erläutert haben, kann natürlich auch mit anderen Halbleitern genutzt werden. Ein bevorzugtes Material ist das ternäre InGaAs, das nach Tab. 1.6, S. 39, eine besonders hohe Beweglichkeit hat.

Drainstrom I_d des HEMT. Wenn wir das elektrische Verhalten des HEMT zu beschreiben versuchen, so ignorieren wir den undotierten GaAlAs-Bereich in Abb. 2.41. Wir kommen dann zu dem Bandverlauf nach Abb. 2.42a, wobei eine Spannung U_{gs} zwischen Source und Gate anliegen und der Strom I_d im Kanal zwischen Source und Drain fließen soll. Zur Erleichterung der Orientierung ist in Abb. 2.42b das Koordinatenkreuz eingezeichnet.

Abb. 2.42a stellt einen Schnitt für einen gegebenen Wert von x senkrecht zum Stromfluß dar und ist in sich eine Näherung, weil alle wesentlichen Potentiale nur von y abhängen sollen. Verglichen mit den zu x benachbarten Schnitten sollen nur geringfügige Änderungen auftreten. Damit haben wir es mit einem eindimensionalen Problem in y zu tun.

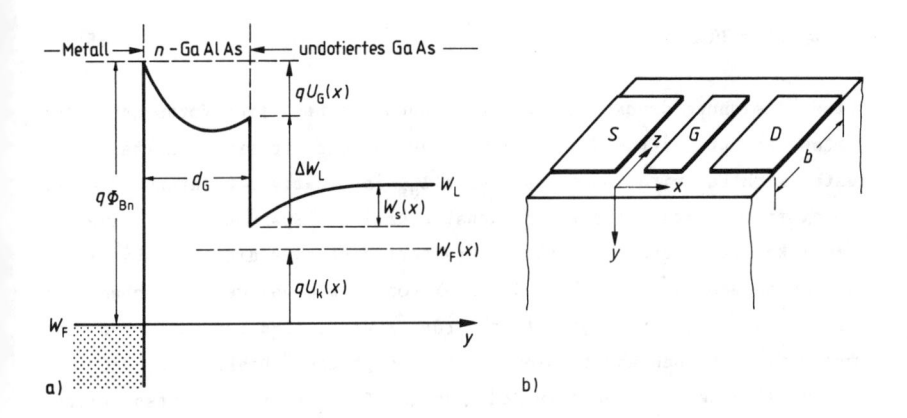

Abb. 2.42

a) Vereinfachtes Bänderschema beim stromdurchflossenen HEMT;

b) zur Orientierung der Koordinatenachsen.

Diese Näherung entspricht dem Vorgehen beim Sperrschicht-FET auf S. 144 ff., Kap. I.2.3. Die Höhe der Schottky-Barriere $q\Phi_{Bn}$ (vgl. Abb. 1.36b), der Sprung ΔW_L in der Leitungsbandkante und der Abstand $[W_L - W_F(x)]$ der Leitungsbandkante vom Ferminiveau - oder besser: Quasi-Ferminiveau - weit im Halbleiterinneren sind alle vom Ort im Bauelement unabhängig und können insbesondere durch das jeweilige Potential nicht beeinflußt werden. Sie sind also für unsere Diskussion nicht wesentlich. Unter d_G verstehen wir die Dicke der gesamten Gateschicht aus GaAlAs.

Wir nehmen weiterhin an, daß die freien Elektronen im Kanal, für jeden Schnitt x genommen, unter sich im thermodynamischen Gleichgewicht sind. Daher können wir ein Quasi-Ferminiveau einführen (vgl. S. 55, Kap. I.1.2), das wir mit $W_F(x)$ bezeichnen. Es verläuft innerhalb eines Schnittes x horizontal, hat aber bei Stromfluß nach (1.61a), Kap. I.1.2, einen Gradienten zu den benachbarten Schnitten. Mit dem Quasi-Ferminiveau $W_F(x)$ können wir ein lokales Potential $U_k(x)$ einführen, das sich - von der Sourceelektrode aus gerechnet - aus der Gatespannung U_{gs} und dem Spannungsabfall $U(x)$ im Kanal zusammensetzt (vgl.

Halbleiterbauelemente

(2.33), Kap. 2.3):

$$U_k(x) = U(x) - U_{gs}. \tag{2.65}$$

Diese Gleichung drückt aus, daß bei zunehmend negativer Vorspannung des Gates der Drainstrom I_d abfällt, wodurch die Steuerung mittels des Gates sichtbar wird. Denn wenn sich U_{gs} in negativer Richtung ändert, so nimmt $U_k(x)$ zu, wenn wir zunächst einmal den Spannungsabfall $U(x)$ im Kanal konstant lassen. Damit verbreitert sich zwar die Potentialmulde an dem Heteroübergang. Aber die Elektronen, die weitgehend unbegrenzt von der Sourcelektrode geliefert werden können, sind auf ihrem Weg zum Ort x im Kanal behindert. Gleichzeitig zeigt diese Diskussion, daß die Potentialmulde des Kanals im HEMT an der Sourceseite des Gates tiefer ist, dort also die Abschnürung zuerst auftritt. Im Gegensatz zum Quasi-Ferminiveau $W_F(x)$ im Halbleiter ist W_F das Ferminiveau im Gatemetall. Wir machen einen Potentialumlauf in Abb. 2.42a:

$$q\Phi_{Bn} = qU_k(x) + [W_L - W_F(x)] - W_S(x) + \Delta W_L + qU_G(x). \tag{2.66}$$

Um den Spannungsabfall $U_G(x)$ über der Gateschicht zu eliminieren, setzen wir nach (1.38) zusammen mit (1.37), Kap I.1.1, die Poissongleichung an:

$$-\frac{\partial^2 \varphi}{\partial y^2} = \rho/\varepsilon = qN_{DG}/\varepsilon,$$

wobei das elektrostatische Potential φ dem Verlauf der Leitungsbandkante entspricht. Mit N_{DG} bezeichnen wir die Konzentration der ionisierten Donatoratome in der Gateschicht. Zweimalige Integration der Poissongleichung und Spezialisierung auf den Heteroübergang sowie die Metall-Halbleitergrenzfläche liefert:

$$qU_G = \frac{q^2 N_{DG}}{2\varepsilon} d_G^2 - qE_h d_G, \tag{2.67}$$

wobei E_h der Steigung von φ am Heteroübergang, also dem dortigen Feld entspricht. Wir können näherungsweise ansetzen, daß die Dielektrizitätskonstanten der angrenzenden Halbleiter nicht wesentlich voneinander verschieden sind. Damit geht E_h stetig durch den Heteroübergang hindurch, so daß wir E_h direkt mit der Ladungsträgerzahl n pro Fläche im

Kanal verknüpfen können. Wir setzen diesmal die Poissongleichung für den Kanalbereich an und integrieren einmal vom Heteroübergang mit der dortigen Feldstärke E_h bis weit in den Halbleiter hinein, wo das Feld verschwindet. Wir vernachlässigen eine mögliche, ungewollte Dotierung im GaAs und nutzen aus, daß die Elektronen in dem sehr schmalen Kanal nahezu als Flächenladung direkt am Heteroübergang konzentriert sind. Dann lautet das Ergebnis:

$$E_h = qn/\varepsilon. \qquad (2.68)$$

Fassen wir (2.65) bis (2.68) zusammen, so erhalten wir für die Flächenkonzentration n der Elektronen im Kanal:

$$n = \frac{\varepsilon}{qd_G} \left\{ U(x) - U_{gs} + \frac{W_L - W_F(x)}{q} + \frac{\Delta W_L - W_S(x)}{q} + \frac{qN_{DG}}{2\varepsilon} d_G^2 - \Phi_{Bn} \right\}$$

$$= \frac{\varepsilon}{qd_G} \left\{ U(x) - (U_{gs} - U_T) \right\}. \qquad (2.69)$$

Wir haben die letzten Terme zu einer Spannung U_T zusammengefaßt, die prinzipiell vom Ort im Kanal und damit auch vom Spannungsabfall durch den Drainstrom abhängt. Diese Abhängigkeit ist allerdings schwach, so daß wir sie in der folgenden Integration vernachlässigen können. Wir gehen wie üblich bei FETs vor und setzen den Drainstrom zu:

$$I_d = qnvb = -qm\mu_n b \frac{dU(x)}{dx}$$

an. b ist die Breite des Kanals (Abb. 2.42b), v die Geschwindigkeit der Elektronen und μ_n ihre Beweglichkeit im Kanal. Wir setzen (2.69) ein und trennen die Variablen. Integrieren wir die linke Seite über die Kanallänge l (Abb. 2.41a), wobei wir I_d als homogen betrachten können, integrieren wir ferner die rechte Seite nach $dU(x)$ mit U_{ds} als Potential an der Drainseite, so folgt das Ergebnis:

$$I_d = \frac{\varepsilon \mu_n b}{d_G l} \left\{ (U_{gs} - U_T) U_{ds} - U_{ds}^2/2 \right\}. \qquad (2.70)$$

Das Resultat ähnelt demjenigen, das wir für kleine Spannungen für MOSFETs erhalten haben (vgl. (2.55) in Kap. I.2.3).

Halbleiterbauelemente

Permeable Base Transistor (PBT). Schon sehr früh nach der Nutzung von Halbleitern im bipolaren Transistor wurden Vorschläge gemacht, die bei Vakuumröhren erprobten Steuerungsmechanismen durch Gitter auf den Festkörper zu übertragen. Dadurch könnte die Unempfindlichkeit von Festkörpern und ihr Potential zur Miniaturisierung genutzt werden. Man sprach damals vom Analogtransistor, ohne daß die technischen Mittel zu seiner Realisierung gegeben waren. Inzwischen ist die Halbleitertechnologie so weit fortgeschritten, daß man sowohl *pn*-Übergänge als auch Schottky-Kontakte in gitterähnlichen Strukturen einsetzen kann. Im ersten Fall spricht man vom Static Induction Transistor (SIT), im zweiten Fall von Permeable Base Transistor (PBT).

Abb. 2.43 zeigt den PBT in zwei Schnitten, die senkrecht zueinander orientiert sind. Auf einem hoch *n*-dotierten GaAs-Substrat befindet sich

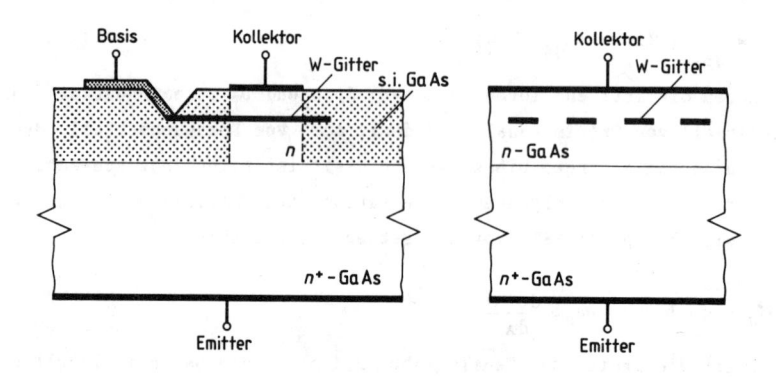

Abb. 2.43 Permeable Base Transistor (PBT): Schnitte in Richtungen, die senkrecht zueinander sind.

ein dünner einkristalliner GaAs-Film mit einer Elektronenkonzentration im Bereich von 10^{16} cm^{-3}. In den Film ist ein hochfeines Wolfram-Gitter eingebaut, d. h. der Film ist in zwei Etappen vor und nach der Strukturierung des Gitters gewachsen. Die Periode des Gitters ist z. B. 0,4 µm mit einer Fingerbreite von 0,2 µm und einer Dicke von 20 nm. Die Bereiche um das Gitter herum sind durch Protonenbeschuß semiisolierend gemacht, d. h. ihr spezifischer Widerstand liegt bei 10^6 Ωcm. Dadurch bleibt nur der innere Gitterbereich für den Elektronenfluß zwischen den

Neuere Entwicklungen bei Feldeffekttransistoren

Elektroden Emitter und Kollektor übrig. Der Kollektor ist gegenüber dem Emitter positiv vorgespannt.

Jeder Gitterfinger ist als Schottky-Kontakt von einer Verarmungszone umgeben (S. 81ff., Kap. I.1.2). Da die Strukturierung des Gitters sehr fein ist, berühren sich die Verarmungszonen benachbarter Finger. Daher wird der Stromfluß zwischen Emitter und Kollektor durch eine Potentialbarriere sehr stark eingeschränkt. Wird dagegen die Basis gegenüber dem Emitter positiv vorgespannt, so ziehen sich die Verarmungszonen zurück, die Potentialbarrieren zwischen den Gitterfingern werden abgebaut und es kommt zu einem rasch anwachsenden Strom, der - wie bei der Vakuumröhre auch - schließlich durch Raumladungen begrenzt wird.

PBTs haben als Bauelemente, die auf Majoritätsträgereffekten beruhen, den Vorteil großer Schnelligkeit. Zudem weisen sie eine hohe Stromverstärkung auf, weil sie sperrschicht-kontrolliert sind. Grenzfrequenzen f_T im Sinn von (2.42), Kap. I.2.3, nahe 40 GHz wurden experimentell erreicht (Stromverstärkung Eins). Als maximale Oszillationsfrequenz f_{max} wurde 100 GHz gemessen. Zum Vergleich geben wir $f_{max} \approx 270$ GHz für HEMTs von 80 nm Gatelänge an.

Insulated-Gate Bipolar Transistor (IGBT). Um die nahezu leistungslose Ansteuerbarkeit der MOSFETs mit der hohen Stromtragfähigkeit des bipolaren Transistors zu verbinden, ist der IGBT für die Leistungselektronik entwickelt worden. Um dessen Funktion zu verstehen, verwenden wir Abb. 2.44a. Im rechten oberen Gebiet finden wir eine n^+-Wanne, die wir als Source S ansehen können. Denn ihr gegenüber liegt - durch das p^+-Kanalgebiet getrennt - der n^--Drainbereich D. Über die Gateelektrode G, die durch den SiO_2-Film vom Halbleiter isoliert ist, kann ein Inversionskanal influenziert werden, so daß ein Strom zwischen S und D fließen kann. Diese Struktur nennt man auch insulated - gate FET, ein Synonym zu MOSFET.

Abb. 2.44a enthält aber auch einen bipolaren Transistor, dessen Emitter E die p^+-Wanne, dessen Basis die n^-/n^+-Epitaxieschicht und dessen

Halbleiterbauelemente

Kollektor C das p^+-Substrat darstellen. Bauelemente der beschriebenen

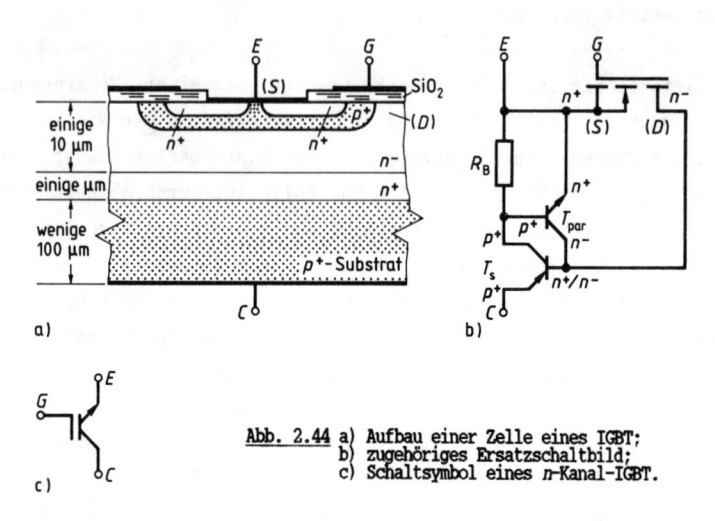

Abb. 2.44 a) Aufbau einer Zelle eines IGBT;
b) zugehöriges Ersatzschaltbild;
c) Schaltsymbol eines n-Kanal-IGBT.

Art nutzen dieselben Halbleiterbereiche gemeinsam. So ist die p^+-Wanne sowohl Kanalbereich des MOSFET als auch Emitter des p^+np^+-Transistors. Ebenso dient der n^--Film sowohl als Drain wie als Basis. In solchen Fällen spricht man daher auch von Superintegration.

Im normalen Betrieb ist C positiv gegenüber E vorgespannt, so daß – wenn auch zwischen E und G keine Spannung liegt – der pn-Übergang zwischen p^+-Wanne und n^--Epitaxieschicht gesperrt ist. Der p^+np^+-Transistor, der im Ersatzschaltbild Abb. 2.44b durch T_s symbolisiert ist, leitet daher nicht. Wenn dagegen eine ausreichend hohe Spannung zwischen G und E liegt, baut sich im MOSFET ein Inversionskanal auf. Es können Elektronen von der n^+-Wanne durch das p^+-Gebiet entlang dem Inversionskanal in das n^--Gebiet fließen. Sie werden zum Basisstrom für die p^+np^+-Struktur, schalten also T_s ein. Als Konsequenz werden Löcher aus der p^+-Wanne in die n^--Basis injiziert. Daher kann nun der Schalttransistor T_s einen Strom tragen. Dieser Zustand dauert so lange an, als der Inversionskanal über eine hinreichend hohe Gatespannung aufrechterhalten bleibt.

Abb. 2.44a ist spiegelsymmetrisch aufgebaut, d. h. dieselbe Diskussion wie eben läßt sich sinngemäß für die linke Hälfte führen. Darüber hinaus können mehrere Zellen der Art von Abb. 2.44a nebeneinander in einer Halbleiterscheibe integriert werden, so daß ein IGBT hohe Ströme tragen kann. Wenn man zudem noch mehrere Halbleiterchips hybrid integriert, kann man sehr leistungsfähige Module aufbauen.

Abb. 2.44b zeigt, daß wir den parasitären Transistor T_{par} – gebildet aus n^+ Sourcewanne, p^+-Emitterwanne und n^--Epitaxieschicht – überhaupt nicht berücksichtigt haben. Aus einem Vergleich mit Abb. 2.12, S. 127, entnehmen wir, daß T_{par} und T_s eine Thyristorstruktur bilden. Es kommt darauf an, das Zünden des Thyristors ("Einrasten" oder latch effect) zu verhindern, weil sonst der IGBT nicht mehr abgeschaltet werden kann. Dies wird durch Verschlechterung der Stromverstärkung von T_{par} erreicht, indem z. B. die p^+-Basiswanne sehr hoch dotiert und die Basis-Emitterstrecke durch die Kontaktmetallisierung wirkungsvoll kurzgeschlossen wird. Es bleibt aber doch ein Bahnwiderstand, der durch R_B in Abb. 2.44b erfaßt ist.

Wegen seines bipolaren Ausgangsteils T_s kann der IGBT sehr hohe Ströme tragen. Er ist in diesem Punkt mit Leistungstransistoren vergleichbar, den Leistungs-MOSFETs aber deutlich überlegen. Andrerseits ist der IGBT wegen seines MOS-Eingangs rasch und mit geringen Verlusten schaltbar, so daß er in diesen Eigenschaften an Leistungs-MOSFETs heranreicht, aber besser als Leistungstransistoren ist. Kommerziell erhältliche IGBTs sind durch die folgenden typischen Werte charakterisiert:

Kollektorstrom:	10...50 A
Schaltfrequenz:	10...20, auch 100 kHz
maximale Kollektor-Emitter-Sperrspannung:	500...1200 V.

Die maximalen Ströme können bei Modulbauweise um nahezu eine Größenordnung höher als angegeben sein.

Halbleiterbauelemente

3. Optoelektronische Bauelemente

Der Erfolg moderner elektronischer Bauelemente, insbesondere in der Form als bipolare Transistoren und Feldeffekttransistoren, hat dazu geführt, daß Halbleitermaterialien und Herstellungsverfahren auch großtechnisch sehr gut beherrscht werden. Das gilt vor allen Dingen für Si und erst in zweiter Linie für GaAs. Dieselben hochentwickelten Herstellungsverfahren werden eingesetzt, um mit optoelektronischen Bauelementen neue Einsatzgebiete zu erschließen. Unter ihnen sind die wichtigsten die Leuchtdioden oder LEDs (light-emitting diode) sowie die Halbleiterlaser auf der sendenden Seite und die Photodioden sowie die Photowiderstände auf der empfangenden Seite. Zusätzlich müssen Solarzellen zur Erzeugung elektrischer Energie erwähnt werden.

Alle diese Bauelemente beruhen auf der Wechselwirkung optischer Strahlung mit dem Festkörper, also von Photonen mit Ladungsträgern wie Elektronen und Löchern. Um die Funktion der Bauelemente zu verstehen, müssen wir daher einige physikalische Größen heranziehen, die eng mit der Bandstruktur verknüpft sind.

Diese sind der optische Absorptionskoeffizient $\bar{\alpha}$ und der Brechungsindex $\bar{n}$. Daraus wird dann auch klar, warum Si zwar für empfangende Bauelemente in einem bestimmten Wellenlängenbereich durchaus geeignet ist, daß aber keine brauchbaren Strahlungssender aus Si gebaut werden können. Hier liegt das wichtigste Potential von III/V-Halbleitern.

Absorptionskoeffizient und Brechungsindex. Elektromagnetische Strahlung liegt in Form von Photonen der Energie:

$$W_{ph} = h\nu \qquad (3.1)$$

vor, wobei $h = 6,62608 \cdot 10^{-34}$ Js das Plancksche Wirkungsquantum und ν die Frequenz der Strahlung sind. Da sich die Strahlung im Vakuum mit der Lichtgeschwindigkeit $c = \lambda\nu = 2,9979250 \cdot 10^{10}$ cm/s fortpflanzt, ist eine Umrechnung der Photonenenergie, gegeben in eV, in die Vakuumwellenlänge λ in µm möglich:

$$W_{ph}[eV] = \frac{1,24}{\lambda[\mu m]} \tag{3.1a}$$

oder in die Frequenz ν in 10^{12} Hz = 1 THz:

$$W_{ph}[eV] = 4,15 \cdot 10^{-3} \, \nu[\text{THz}]. \tag{3.1b}$$

Ein Photon der Energie 1 eV hat also eine Wellenlänge von 1,24 µm und eine Frequenz von 242 THz.

Wenn sich ein Photonenstrom der ursprünglichen Dichte $\bar{S}_o$ durch einen Halbleiter fortpflanzt, dann nimmt die Stromdichte nach der Strecke x gemäß dem Lambert-Beerschen Gesetz auf:

$$\bar{S} = \bar{S}_o \exp(-\bar{\alpha}x) \tag{3.2}$$

ab. $\bar{\alpha}$ wird als optischer Absorptionskoeffizient bezeichnet. Für die Absorption kommt zunächst einmal die Elektron-Loch-Paarerzeugung durch Band-Band-Übergänge in Frage, d. h., ein Elektron wird aus dem Valenzband in das Leitungsband gehoben (Abb. 3.1a).

Abb. 3.1 Wechselwirkung von Photonen der Energie $h\nu$ mit einem Halbleiter.

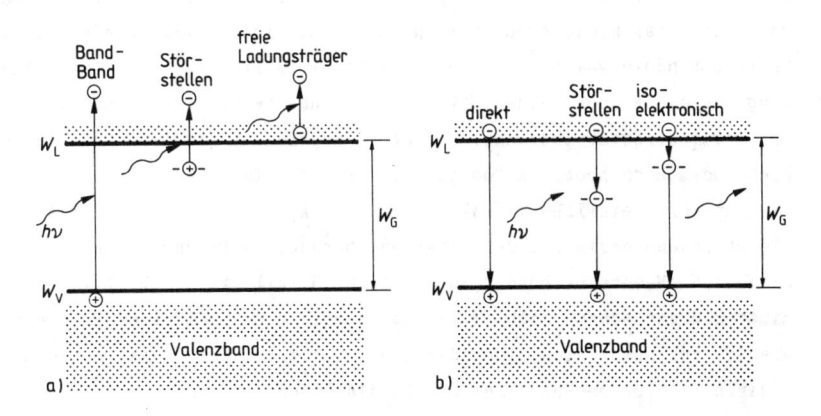

a) Absorptionsprozesse; b) Strahlungserzeugung.

Wir haben einen derartigen Prozeß bereits auf S. 19 in Kap. 1.1 angesprochen. Für diese sogenannte Fundamentalabsorption (intrinsic absorp-

Halbleiterbauelemente

tion) müssen wir fordern:

$$W_{ph} \geq W_G. \qquad (3.3)$$

wobei W_G die Breite des verbotenen Bandes ist. Für wachsende Photonenenergie oder abnehmende Vakuumwellenlänge λ nimmt also ab W_G, der Bandkante, die Absorption $\bar{a}$ zu. Allerdings gibt es, wie ein Blick auf Abb. 1.13 zeigt, erhebliche Unterschiede zwischen direkten und indirekten Halbleitern. Bei direkten Halbleitern wie GaAs oder InP (rechte Seite von Abb. 1.13) kann das Valenzbandelektron direkt vom Valenzbandmaximum beim Impuls 0 in das Leitungsbandminimum gehoben werden, ohne daß es seinen Impuls ändert. Dies gilt natürlich auch für je zwei übereinanderliegende Punkte auf der Valenzband- und Leitungsbandkurve, sofern größere Photonenenergien als W_G zur Verfügung stehen. Folglich nimmt der Absorptionskoeffizient $\bar{a}$ für GaAs ab W_G = 1,428 eV (vgl. Tab. 1.2 auf S. 20, Kap. 1.1) sehr schnell zu (Abb. 3.2).

Dies ist anders bei indirekten Halbleitern wie Si. Selbst wenn eine Energie von etwas mehr als W_G = 1,11 eV für Si zur Verfügung steht, kann ein Valenzelektron nur unter erheblicher Impulsänderung ins Leitungsbandminimum gehoben werden (Abb. 1.13 links). Diese Impulsänderung muß ein Phonon, eine Gitterschwingung, beisteuern. Daher ist ein solcher indirekter Übergang, der neben angeregtem Elektron und zurückbleibendem Loch noch ein Phonon als drittes Teilchen benötigt, sehr viel unwahrscheinlicher, $\bar{a}$ also sehr viel kleiner (Abb. 3.2). Erst wenn die Photonenenergie für den direkten Übergang im Γ-Punkt ausreicht, für Si ab 3,5 eV entsprechend 0,35 μm (nach (3.1a)) mit (Abb. 1.13 links), nimmt $\bar{a}$ drastisch zu (Abb. 3.2). Im Gegensatz zu indirekten Halbleitern wie Si zeichnen sich also direkte Halbleiter wie GaAs durch eine scharfe Absorptionskante bei der Bandlückenenergie W_G aus.

Neben den Band-Band-Übergängen gibt es bei Halbleitern noch weitere Absorptionsprozesse, wie die Anhebung eines Elektrons aus einem Donatorniveau in das Leitungsband sowie aus dem Valenzband in ein Akzeptorniveau (Störstellenabsorption) oder die Anhebung eines Lei-

Optoelektronische Bauelemente

tungselektrons in eine höhere Energiestufe im Leitungsband (**Absorption durch freie Ladungsträger**). Die Energie der Photonen, die bei diesen Prozessen (sog. extrinsic absorption) absorbiert werden, ist kleiner als W_G (Abb. 3.1a).

Abb. 3.2 Optischer Absorptionskoeffizient α im Bereich der Band-Band-Übergänge (Fundamentalabsorption) für Si als indirektem Halbleiter und GaAs als direktem Halbleiter.

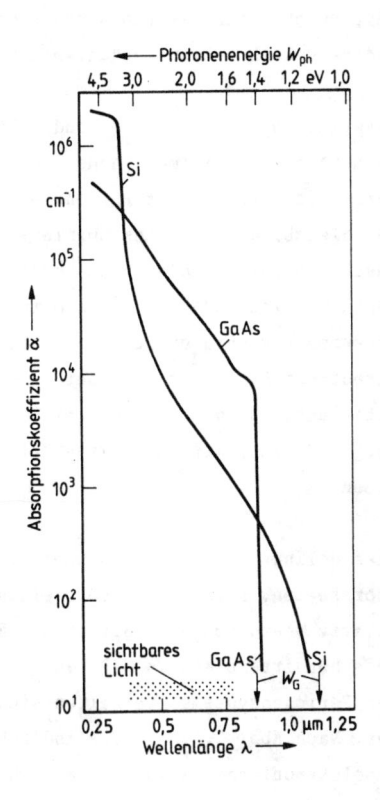

Der zur Absorption inverse Prozeß ist die Strahlungserzeugung, wobei ein Elektron mit einem Loch rekombiniert. Ein wichtiger Unterschied zur Absorption besteht darin, daß nur Elektronen nahe der Leitungsbandkante W_L rekombinieren (Abb. 3.1b), weil höherenergetische Elektronen im Leitungsband außerordentlich rasch nach W_L hin relaxieren (in 10^{-14} bis 10^{-12} s). Betrachten wir zunächst wieder einen direkten Halbleiter wie GaAs oder InP (Abb. 1.13 rechts), dann rekombiniert das Elektron bei W_L mit dem Loch W_V unter Aussendung eines Photons der Energie (Abb. 3.1b):

Halbleiterbauelemente

$$W_{ph} = h\nu \approx W_G .\tag{3.4}$$

Man spricht von einer strahlenden Rekombination. Dabei braucht das Elektron seinen Impuls nicht zu ändern. Daher verläuft dieser Vorgang sehr rasch, oder die Lebensdauer der freien Elektronen ist kurz, so daß andere Rekombinationsmechanismen nicht wirksam werden können.

Dies ist völlig anders bei indirekten Halbleitern wie Si. Ein Elektron im Leitungsbandminimum nahe dem X-Punkt (Abb. 1.13 links) kann nur unter Mitwirkung eines Phonons mit entsprechendem Impuls mit einem Loch im Valenzbandmaximum rekombinieren. Dieser Dreiteilchenprozeß ist sehr unwahrscheinlich, oder die Lebensdauer freier Elektronen ist groß, so daß nun nichtstrahlende Rekombinationsprozesse einsetzen können. Das Elektron rekombiniert über Störstellen, die mehr oder weniger tief im verbotenen Band liegen, wobei es seine Energie in Form von Phononen als Gitterschwingungen an den Kristall abgibt (Abb. 3.1b). Daher ist es nicht möglich, mit indirekten Halbleitern wirksame Strahlungssender zu bauen.

Dies gelingt nur in Ausnahmefällen mit dem Einbau isoelektronischer Störstellen. Derartige Störstellen weichen in ihren Energieniveaus relativ wenig vom Wirtsgitter ab. Ein Beispiel ist Stickstoff auf einem Phosphorgitterplatz in GaP. Sowohl N als auch P sind aus der V. Gruppe des Periodensystems, verhalten sich also sehr ähnlich im Kristallgitter. Nach Abb. 1.12 ist GaP indirekt. N als Störstelle in GaP hat ein isoelektronisches Niveau sehr dicht oberhalb der Valenzbandkante, ist also insofern das Pendant zur Abb. 3.1b. Wenn wir die komplexen Verhältnisse an isoelektronischen Störstellen - seien sie vom Akzeptor- oder Donatortyp - vereinfacht darstellen, so ist das Wesentliche, daß die an isoelektronischen Donatoren oder Akzeptoren gebundenen Elektronen sehr viel stärker lokalisiert sind als bei normalen Donatoren und Akzeptoren. Gehen wir nun zu Abb. 3.1b zurück, so ist das an den isoelektronischen Donator dicht unterhalb W_L gebundene Elektron sehr stark örtlich konzentriert oder $\Delta x \approx 0$. Die Heisenbergsche Unschärferelation (vgl. S. 24, Kap. I.1.1) verlangt dann eine sehr starke Ver-

Optoelektronische Bauelemente

schmierung im Quasiimpuls (Δp sehr groß). Damit wird ein **direkter**, **strahlender Übergang** von der isoelektronischen Störstelle ohne Impulsänderung in das Valenzbandmaximum möglich. Dies ist die Grundlage der kommerziellen LEDs auf der Basis von GaP.

Da $\bar{a}$ sehr stark von W_G abhängt, muß es über die Zusammensetzung eines Halbleiters einstellbar sein, sofern sich dabei die Bandlücke ändert. Abb. 3.3 zeigt ein Beispiel entsprechender Messungen, wobei die Materi-

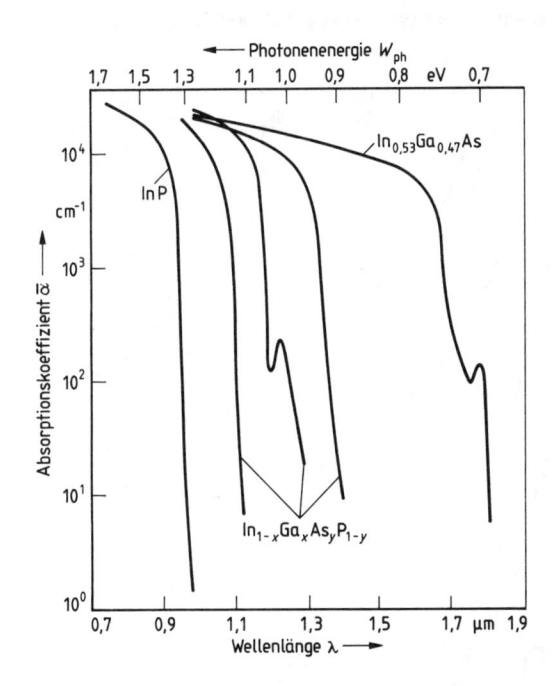

Abb. 3.3 Änderung der Absorptionskante mit Halbleiterzusammensetzung [3.1]. Die verschiedenen Legierungen liegen auf der Kurve mit gleicher Gitterkonstante wie InP in Abb. 1.12.

alzusammensetzung - beginnend mit InP - bei gleicher Gitterkonstante (vgl. Abb. 1.12) systematisch variiert ist. Dabei sinkt W_G von 1,351 eV für InP (Tab. 1.2 auf S.20, Kap. I.1.1) auf 0,75 eV für $In_{0,53}Ga_{0,47}As$. Ebenso wie bei einer mechanischen Schwingung die Frequenzabhängigkeit von Dämpfung und Federkonstante oder bei Ummagnetisierungsvorgängen von

Halbleiterbauelemente

Hystereseverlusten und Permeabilität miteinander verknüpft sind, so sind auch Absorptionskoeffizient und optischer Brechungsindex aufeinander bezogen. Denn beide Größen bilden zusammen die komplexe Dielektrizitätskonstante. Daher ist es nicht verwunderlich, wenn für die gleiche Legierungsreihe wie in Abb. 3.3 sich auch der Brechungsindex $\bar{n}$ mit der Zusammensetzung ändert. Abb. 3.4 zeigt die entsprechenden Kurven [3.2]. Die Kurven der Abb. 3.3 und 3.4 demonstrieren, daß über die Zusammensetzung ein Halbleiter für den Einsatz in optoelektronischen Bauelementen optimal ausgelegt werden kann.

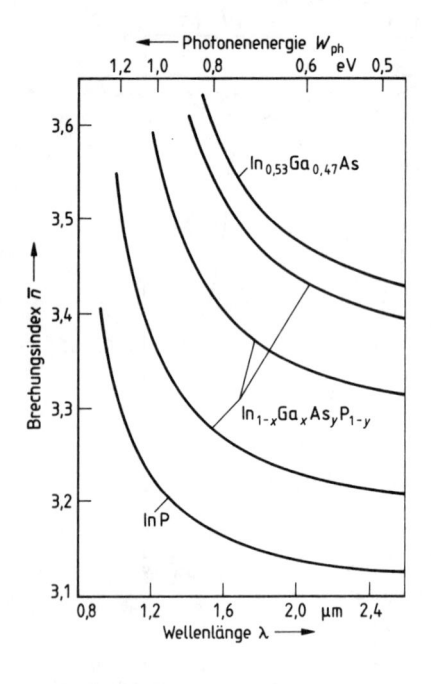

Abb. 3.4 Verlauf des Brechungsindex n für dieselbe Legierungsreihe wie in Abb. 3.3 [3.2].

Strahlungssender, wie LEDs oder Halbleiterlaser, emittieren in unmittelbarer Nähe der Bandkante, so daß also der Bandabstand in die Nähe der gewünschten Emissionswellenlänge geschoben werden muß. Für Strahlungsdetektoren, wie Photodioden oder Photowiderstände, ist hohe Absorption erwünscht, d. h. sie arbeiten optimal bei Wellenlängen, die kleiner als die dem Bandabstand W_G äquivalente Wellenlänge sind (vgl.

Abb. 3.2). Das Gleiche gilt für Solarzellen. Sie müssen dem Sonnenspektrum nach Durchgang durch die Atmosphäre der Erde angepaßt sein. Dieses entspricht dem Spektrum des Lichtes, das dem menschlichen Auge sichtbar ist.

Lumineszenzdioden. Lumineszenzdioden nutzen die Rekombination von Elektronen und Löchern an einem *pn*-Übergang, der in Durchlaßrichtung betrieben wird. Diesen Vorgang nennt man Elektrolumineszenz. Ist die dabei emittierte Strahlung sichtbar, so spricht man einschränkend von Leuchtdioden oder LEDs (light-emitting diode). Fällt die Strahlung in den langwelligen Bereich, so spricht man von IREDs (infrared-emitting diode). Der Kürze halber fassen wir alle Lumineszenzdioden unter dem Akronym LED zusammen.

Abb. 3.5 zeigt als ein Beispiel im Schema den Aufbau einer LED. Auf

Abb. 3.5 Lumineszenzdiode.

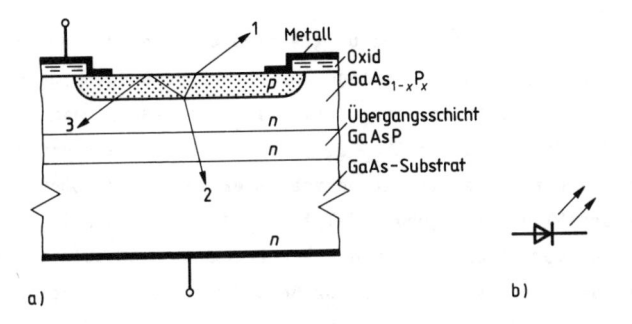

a) Schema des Aufbaus;   b) Schaltzeichen.

einem GaAs-Substrat sind *n*-dotierte, einkristalline Schichten aufgewachsen, wobei die Übergangsschicht aus GaAsP in ihrer Zusammensetzung kontinuierlich variiert, um eine Anpassung der Gitterkonstanten von GaAs und aktiver Schicht aus $GaAs_{1-x}P_x$ (mit festem x) zu erreichen

Halbleiterbauelemente

(vgl. Abb. 1.12). Eine p-dotierte Wanne ist von oben wenige µm tief eindiffundiert und ist mit einem ringförmigen Kontakt nach außen angeschlossen. Die n-Dotierung liegt nahe bei 10^{17} cm^{-3}, während die Akzeptorkonzentration bis einige 10^{19} cm^{-3} erreichen kann. Wir können also von entarteter Dotierung ausgehen. Dadurch wird eine rasche, strahlende Rekombination erreicht.

Der Ort der Strahlungserzeugung ist der pn-Übergang. Nur ein Teil der Strahlung, wie etwa Strahl 1 in Abb. 3.5, kann nach außen dringen und genutzt werden. Er trägt allein zum Leistungswirkungsgrad oder zur äußeren Quantenausbeute (external quantum efficiency) bei. Der Leistungswirkungsgrad ist als die in einen bestimmten Raumwinkel abgegebene optische Leistung, dividiert durch die zugeführte elektrische Leistung definiert. Der in Richtung Substrat emittierte Strahl 2 wird dort absorbiert, geht also verloren. Dasselbe geschieht mit dem unter schrägem Winkel an der Oberfläche total reflektierten Strahl 3. Daher liegt der Wirkungsgrad kommerzieller LEDs nur bei 1 %, oft noch wesentlich darunter.

LEDs verhalten sich im wesentlichen wie pn-Übergänge, die wegen ihrer hohen Dotierung nur relativ geringe Durchbruchspannungen haben. Wir können daher die Ergebnisse von Kap. I.1.2 übertragen, insbesondere auch Abb. 1.22. Wir erhalten Abb. 3.6, wo die Quasi-Ferminiveaus W_{Fn} und W_{Fp} die gegenseitige Injektion von Elektronen und Löchern darstellt. Die Strahlungserzeugung erfolgt einmal in der relativ schmalen Verarmungszone, vor allem aber in den angrenzenden Bahngebieten, in die die Minoritätsträger bis zu einer Größenordnung der Diffusionslänge, also wenige µm, eindringen. Aus Abb. 3.6 wird sofort klar, daß die Emissionswellenlänge - wie in (3.4) angegeben - dem Bandabstand W_G entspricht.

Mit den Möglichkeiten der Heteroübergänge, die wir in Kap. I.1.2 besprochen und in Abb. 2.4 für den bipolaren Transistor angewandt haben, kann die Leistungsfähigkeit auch einer LED verbessert werden. Abb. 3.7 illustriert das Prinzip. Eine dünne Schicht eines p-Halbleiters mit

Optoelektronische Bauelemente

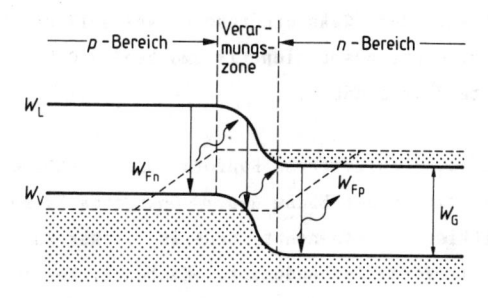

Abb. 3.6 Strahlende Rekombination an einem in Flußrichtung gepolten pn-Übergang.

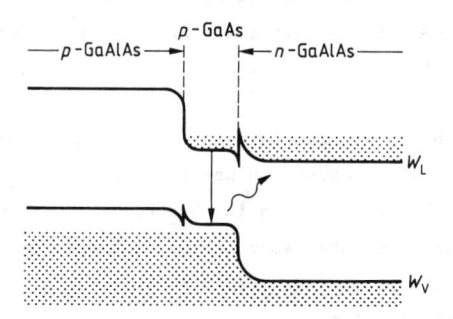

Abb. 3.7 Schema zur strahlenden Rekombination in einer Doppelheterostruktur. Der pn-Übergang ist in Durchlaßrichtung gepolt.

kleinem Bandabstand – im vorgegebenen Beispiel GaAs – wird beidseits von Halbleiterschichten mit größerem Bandabstand eingefaßt, die entgegengesetzt dotiert sind. Man gelangt zu einem größeren Bandabstand, indem Ga zu einem erheblichen Teil durch Al ersetzt wird, also die Legierung GaAlAs gebildet wird. Wird diese Doppelheterostruktur in Durchlaßrichtung betrieben, dann werden Elektronen in die dünne GaAs-Schicht injiziert, können aber wegen des Leitungsbandsprungs nicht weiter in das anschließende p-GaAlAs diffundieren. Ebenso ist die Diffusion der Löcher wegen des Valenzbandsprungs in das rechts liegende n-GaAlAs stark behindert. Dadurch kommt es zu einer vergrößerten Konzentration rekombinationsfähiger Teilchen in dem beschränkten

Halbleiterbauelemente

Bereich des GaAs (carrier confinement). Folglich wird die Emission mit der zum Bandabstand des GaAs gehörenden Wellenlänge besonders begünstigt. Zudem wird die Absorption im umgebenden Gebiet wegen dessen größerem Bandabstand vermindert.

Neben der in Abb. 3.5 skizzierten Bauform können LEDs auch so konzipiert werden, daß sie in der Ebene des *pn*-Übergangs, also senkrecht zur Zeichenebene emittieren. Man nennt LEDs in dieser Bauform, die für Halbleiterlaser die vorherrschende ist, Kantenemitter im Gegensatz zu den Oberflächenemittern. Die Emissionswellenlänge hängt in jedem Fall vom Bandabstand ab, wird also durch die Wahl des Halbleiters bestimmt. Die spektrale Breite liegt bei 10 bis 100 nm, weil die Rekombination von einem in ihrer Energie verteilten Ensemble von Elektronen zu einem Löcherensemble erfolgt.

Lumineszenzdioden dienen zu Anzeigen, auch in größeren Anordnungen (Displays), oder als Sender in Optokopplern und in der optischen Nachrichtentechnik. Da sie ein in Durchlaß betriebener *pn*-Übergang sind, stellen sie eine hohe Kapazität dar, wodurch ihre Geschwindigkeit begrenzt wird. In optimierter Bauform liegt ihre Grenzfrequenz bei 1 GHz, meist weit darunter.

Halbleiterlaser. Der Name der Halbleiterlaser oder Diodenlaser (light amplification by stimulated emission of radiation) deutet bereits darauf hin, daß ihre Funktion auf der Verstärkung von Strahlung durch stimulierte Emission beruht, wobei wie bei der LED eine in Durchlaß betriebene Diode als aktives Medium wirkt. In Abb. 3.1 haben wir die Absorption durch einen Band-Band-Übergang (a, links) und die Emission bei einem Rekombinationsvorgang (b, links) als wichtige Wechselwirkungsmechanismen zwischen einem Photon geeigneter Energie und einem Halbleiter beschrieben. Beide Vorgänge laufen ohne besonderen Antrieb ab; deshalb spricht man präziser auch von der spontanen Emission. Dies ist anders bei der stimulierten oder induzierten Emission, die bereits 1917 als paralleler Prozeß zu Absorption und spontaner Emission von Einstein gefordert wurde. Bei der stimulierten Emission regt ein

Optoelektronische Bauelemente

einfallendes Photon der Energie $h\nu$, die die Bedingung (3.4) erfüllt,
ein Elektron zu einem Rekombinationsprozeß (Abb. 3.8) an, bei dem ein

Abb. 3.8 Stimulierte Emission.

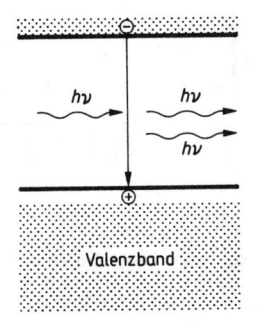

zweites Photon derselben Energie $h\nu$ und mit der gleichen Phase wie das
einfallende Phonon emittiert wird. Damit ist kohärente Strahlung
erzeugt, eine wichtige Voraussetzung für die Funktion eines Lasers. Zur
wirksamen stimulierten Emission müssen sowohl Elektronen als auch
Löcher in hohen Konzentrationen zur Verfügung stehen. Es bietet sich
ein in Durchlaßrichtung betriebener pn-Übergang nach Abb. 3.7 an, bei
dem das Quasi-Ferminiveau W_{Fn} im Leitungsband des aktiven GaAs-Bereichs
und W_{Fp} im Valenzband liegen, also doppelte Entartung herrscht. Es muß:

$$W_{Fn} - W_{Fp} > W_G$$

im aktiven Halbleitermaterial gelten. Der Pumpmechanismus, der für
diese Besetzungsinversion sorgt, ist der Durchlaßstrom des pn-Übergangs.

Die zweite wichtige Bedingung für die Funktion eines Lasers ist die
wirkungsvolle Rückkopplung der einmal erzeugten Strahlung, um überwiegend stimulierte Emission zu erreichen. Dazu bedient man sich eines
Resonators (cavity), in den das aktive Material eingebettet ist
(Abb. 3.9). Der Resonator wird durch zwei planparallele Spiegel im
Abstand L gebildet, die mit ihrem Reflexionskoeffizienten $\bar{R}_1$ bzw. $\bar{R}_2$
den größten Teil der Strahlung in das optisch aktive Medium zurückwer-

Halbleiterbauelemente

fen. Dadurch wird der Schwingungszustand durch stimulierte Emission

Abbildung: Prinzip eines Laser-Resonators mit Spiegeln, verstärkendem Medium und Nutzstrahlung der Wellenlänge λ.

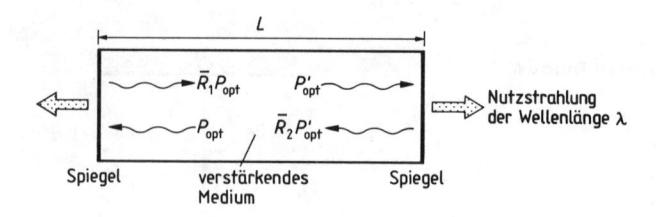

Abb. 3.9 Prinzip eines Laser-Resonators.

bevorzugt verstärkt, der in der Achse des Resonators entlangläuft und die Resonanzbedingung erfüllt. Nur der Anteil der im Laser erzeugten Strahlung kann genutzt werden, der durch den Spiegel hindurchdringt.

Die Resonanzbedingung verlangt, daß für stabile Schwingungszustände die Resonatorlänge L ganzzahligen Vielfachen der halben Wellenlänge im verstärkenden Medium entsprechen muß, oder:

$$L = z \cdot \frac{\lambda}{2\bar{n}}, \tag{3.5}$$

mit z als ganzer Zahl, $\bar{n}$ als Brechungsindex und λ als Wellenlänge im Vakuum. Um den Abstand der Schwingungszustände (mode) zu erhalten, bilden wir daraus $dz/d\lambda$, wobei zu berücksichtigen ist, daß in der Nähe der Bandkante $\bar{n}$ stark von λ abhängt (vgl. Abb. 3.4). Das Ergebnis lautet:

$$\frac{dz}{d\lambda} = -\frac{2L\bar{n}}{\lambda^2} + \frac{2L}{\lambda} \cdot \frac{d\bar{n}}{d\lambda}.$$

Wir nehmen $dz = -1$, weil nach (3.5) mit abnehmendem z die Wellenlänge λ zunimmt. Damit folgt als Abstand der möglichen Schwingungszustände:

$$\Delta\lambda = \frac{\lambda^2}{2L(\bar{n} - \lambda \cdot d\bar{n}/d\lambda)}. \tag{3.6}$$

$\Delta\lambda$ ist die Periode im "Kamm" der Schwingungszustände, die vom Resonator

Optoelektronische Bauelemente

erlaubt sind (Abb. 3.10). Allerdings können sich nur diejenigen unter

Abb. 3.10 Spektrum eines Lasers.

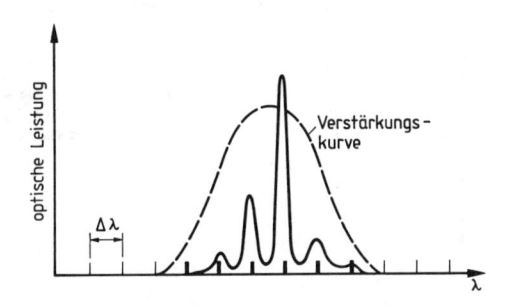

ihnen ausbilden, die innerhalb der Verstärkungskurve des pn-Übergangs, entsprechend der spektralen Breite der zugehörigen Lumineszenzdiode, liegen. Davon werden schließlich die am dichtesten am Verstärkungsmaximum liegenden besonders stark, weil sie wegen verstärkter stimulierter Emission auf Kosten der anderen Schwingungszustände wachsen können. Die Halbwertsbreite derartiger Laserlinien liegen im Bereich von 0,01 bis 0,1 nm, bei Hochleistungslasern auch bis zu einigen nm.

Wir fragen nun nach der Mindestverstärkung $\bar{g}_{th}$ (threshold gain), die zum Anfachen einer Laserschwingung gegeben sein muß. Die auf den linken Spiegel einfallende optische Leistung (P_{opt}) wird zu dem Bruchteil $\bar{R}_1 P_{opt}$ reflektiert, wobei $\bar{R}_1$ der Reflexionskoeffizient des Spiegels ist. Die reflektierte Leistung wird auf dem Weg durch den Resonator einerseits durch Absorption geschwächt, andererseits durch die Verstärkung $\bar{g}_{th}$ erhöht. Daher kommt die Leistung $P_{opt}' = \bar{R}_1 P_{opt} \exp L(\bar{g}_{th} - \bar{\alpha})$ am rechten Spiegel an. Von ihr wird der Bruchteil $\bar{R}_2 P_{opt}'$ reflektiert und auf dem Rückweg durch den Resonator – ebenso wie auf dem Hinweg – absorbiert und verstärkt. Wenn stabile Verhältnisse herrschen sollen, muß am linken Spiegel genau wieder P_{opt} ankommen:

$$\bar{R}_1 \bar{R}_2 P_{opt} \exp 2L(\bar{g}_{th} - \bar{\alpha}) = P_{opt}$$

oder: $\quad \bar{g}_{th} = \bar{\alpha} + \dfrac{1}{2L} \ln \dfrac{1}{\bar{R}_1 \bar{R}_2}.$ \hfill (3.7)

Halbleiterbauelemente

Daher setzt die Laseremission erst dann ein, wenn der Pumpmechanismus genügend stark ist, d. h. wenn der Diodenstrom einen Schwellenwert I_{th} überschritten hat (threshold current) (Abb. 3.11). Unterhalb von I_{th}

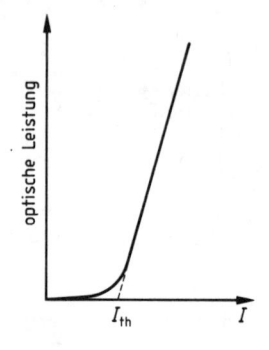

Abb. 3.11 Optische Ausgangsleistung eines Halbleiterlasers in Abhängigkeit vom Diodenstrom.

wird die vergleichsweise geringe Strahlung in der Betriebsweise einer Lumineszenzdiode beobachtet. Es ist möglich, Stromdichten an der Schwelle von wenigen 100 A/cm² zu erreichen.

Halbleiterlaser sind in einer Fülle unterschiedlicher Bauformen realisiert worden. Abb. 3.12 zeigt als Beispiel eine BH-Struktur (buried heterostructure), deren aktive Zone aus InGaAsP so zusammengesetzt ist, daß sie bei $\lambda = 1,5$ µm entsprechend $W_G = 0,83$ eV nach (3.1a), emittiert (vgl. Abb. 1.12). Alle Legierungen in Abb. 3.12 haben die gleiche Gitterkonstante wie das Substrat InP. Auf diesem wurde zunächst die wenige Zehntel µm dicke aktive Schicht und darauf folgend eine p-InGaAsP-Schicht mit größerem Bandabstand gewachsen. Aus diesen beiden Schichten ist der prismatische Resonator, dessen Länge L bei wenigen 100 µm und dessen Breite wenige µm betragen, gebildet. Der Resonator als Diode in Doppelheterostruktur schließlich ist unter einer p-InP-Schicht und einer p^+-InGaAs-Struktur - letztere zur Erleichterung der ohmschen Kontaktierung - "vergraben".

Verfolgen wir den Verlauf des Brechungsindex $\bar{n}$, gemessen bei der Betriebswellenlänge von 1,5 µm, vertikal oder horizontal durch die aktive Schicht, so ist $\bar{n}$ in der aktiven Schicht stets größer als in deren Umgebung (vgl. Abb. 3.4), weil die aktive Schicht den kleinsten

Optoelektronische Bauelemente

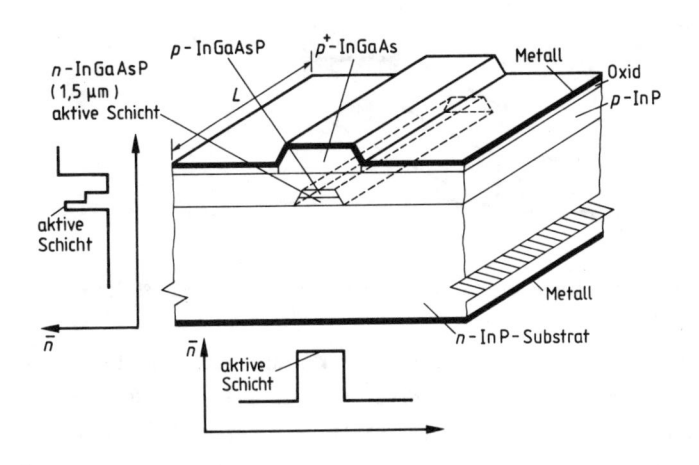

Abb. 3.12 Struktur eines BH-Lasers für 1,5 µm Emissionswellenlänge nebst Verlauf des Brechungsindex $\bar{n}$ durch die aktive Schicht.

Bandabstand hat. Folglich werden Strahlen, die unter nicht zu steilem Winkel den Resonator entlanglaufen, durch Totalreflexion in den Resonator zurückgeworfen (ähnlich wie dies mit Strahl 3 in Abb. 3.5 geschieht). Durch die Doppelheterostruktur wird also zusätzlich zur Konzentrationserhöhung der freien Ladungsträger (vgl. S. 196) auch eine Bündelung der Strahlung (light confinement) erreicht, wodurch die stimulierte Emission begünstigt wird. Weil dies durch sinnvolle Wahl des Brechungsindex geschieht, spricht man auch von Indexführung (index guiding), was generell dem Wirkungsgrad des Lasers zugutekommt. Die teildurchlässigen Spiegel des Resonators werden durch die Kristallflächen an Vorder- und Rückseite des Bauelements gebildet.

Halbleiterlaser werden in Druckern, als Abnehmer von Plattenspielern (compact disc), in der Meßtechnik und als Sender für Glasfasersysteme der optischen Nachrichtentechnik eingesetzt.

Photoleiter. Unter den Strahlung empfangenden Bauelementen hat der Photoleiter den einfachsten Aufbau (Abb. 3.13). Er besteht aus einem

Halbleiterbauelemente

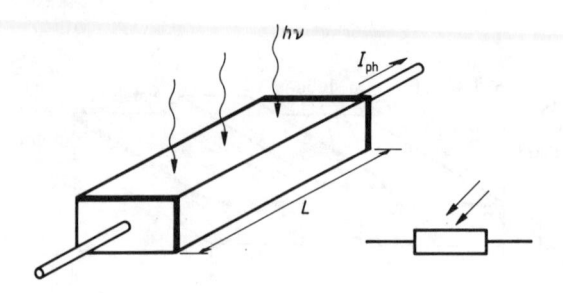

Abb. 3.13 Schematische Darstellung eines Photoleiters und sein Schaltzeichen

beidseitig ganzflächig sperrfrei kontaktierten Halbleiterquader der Länge L, auf dessen Oberseite die zu messende Strahlung einfällt. Handelt es sich um einen eigenleitenden Kristall, dann muß die Strahlung die Bedingung (3.3) erfüllen, damit Elektron-Loch-Paare erzeugt werden. Als Folge davon kann ein Photostrom I_{ph} bei angelegter Spannung fließen.

Eine Kenngröße des Photoleiters ist die Verstärkung (gain) als das Verhältnis von Photostrom und der als Elektron-Loch-Paare erzeugten Ladung:

$$G = I_{ph}/(qN). \qquad (3.8)$$

N ist die Zahl der pro Zeiteinheit erzeugten Elektron-Loch-Paare. Damit wir wie bisher den Strom als Dichte behandeln können, nehmen wir als Querschnitt des Photoleiters die Einheitsfläche an. Ferner soll die Strahlung mit ihrer optischen Leistung P_{opt} den Photoleiter homogen durchsetzen. Eine weitere wichtige Größe zur Charakterisierung eines Photoempfängers ist die Quantenausbeute (quantum efficiency). Sie ist definiert als:

$$\eta = \frac{\text{Zahl der erzeugten Ladungsträger}}{\text{Zahl der einfallenden Photonen}}. \qquad (3.9)$$

Für unseren Fall bedeutet dies:

$$\eta = \frac{N}{P_{opt}/h\nu}. \qquad (3.9a)$$

Optoelektronische Bauelemente

Da durch die optisch erzeugten Elektron-Loch-Paare im Photoleiter die Gleichgewichtskonzentration der freien Ladungsträger erhöht wird, z. B. die der Elektronen um Δn, kommt es auch zu einer erhöhten Rekombination. Wir hatten auf S. 59 im Kap. I.1.2 als einfachsten Ansatz für die Rekombinationsrate die Proportionalität zur Abweichung vom thermodynamischen Gleichgewicht gesetzt. Da unter beständiger Einstrahlung Generations- und Rekombinationsrate sich das Gleichgewicht halten müssen, gilt:

$$N/L = \Delta n/\tau. \tag{3.10}$$

Um zur Konzentration zu kommen, haben wir N durch das Volumen des Photoleiters, Einheitsfläche mal L, dividiert. Der Photostrom I_{ph} ist die Erhöhung des Stroms über seinen Wert bei fehlender Bestrahlung, den Dunkelstrom, der möglicherweise vernachlässigbar klein sein kann. Wir erhalten:

$$I_{ph} = q(\frac{\Delta n}{t_n} + \frac{\Delta p}{t_p}) L/2, \tag{3.11}$$

weil die Ladungsträger homogen im Halbleiter erzeugt werden, also im Mittel nur die halbe Länge L zu durchlaufen haben und wenn $t_{n,p}$ die Laufzeit der Elektronen bzw. Löcher durch das gesamte Bauelement bedeuten. Weil Elektronen und Löcher in gleichem Maß bei Fundamentalabsorption erzeugt werden (vgl. S. 187), folgt weiter:

$$I_{ph} = q\Delta n(\frac{1}{t_n} + \frac{1}{t_p}) L/2 = q\Delta n L/t_{tr}, \tag{3.12}$$

wobei wir vereinfachend für Elektronen und Löcher die gleiche Transitzeit t_{tr} durch das Bauelement angenommen haben. Fassen wir (3.8,10) und (3.12) zusammen, so folgt:

$$G = \tau/t_{tr}. \tag{3.13}$$

Um die Verstärkung des Photoleiters zu erhöhen, muß die Laufzeit t_{tr} verkleinert, also die Baulänge L reduziert werden. Ebenso kann man τ, die Lebensdauer der Ladungsträger bis zur Rekombination erhöhen. Dies kann durch Einbau von Haftstellen (traps) mit Niveaus im verbotenen Band geschehen, wodurch z. B. Elektronen weggefangen werden. Sie fallen

Halbleiterbauelemente

so lange für die Rekombination aus - im statistischen Mittel über die Zeit τ -, bis sie von den Haftstellen durch thermische Anregung wieder zur Rekombination freigegeben werden. Während dieser Zeit müssen zur Aufrechterhaltung des Photostroms von den Kontakten Elektronen und Löcher beständig zugeliefert werden, weil durch die eingefangenen Ladungsträger die Quasineutralität im Halbleiter (vgl. (1.19)) gestört ist. Die Vergrößerung von τ hat zur Konsequenz, daß der Photoleiter an Geschwindigkeit verliert.

Photodiode. Ebenso wie Photoleiter können auch Photodioden mit direkten und indirekten Halbleitern gebaut werden, weil sie auf der optischen Absorption beruhen. Entsprechend arbeiten sie in dem durch (3.3) bestimmten Wellenlängenbereich, sofern sie die Fundamentalabsorption nutzen. Die besten Photodioden werden aus Si gefertigt. Ihr Aufbau ähnelt prinzipiell der in Abb. 3.5a gegebenen Dotierfolge. Eine Struktur, die sehr hohe Signalgeschwindigkeiten erlaubt, ist in Abb. 3.14b wiedergegeben. Auf dem n-leitenden Substrat liegt eine mehrere µm dicke, eigenleitende Schicht i (intrinsic), die schließlich von einer dünnen p^+-Kontaktschicht (wenige Zehntel µm) abgeschlossen wird. Man spricht daher von einer pin-Photodiode.

Photodioden werden meist in Sperrichtung betrieben, so daß der Bandverlauf nach Abb. 3.14c resultiert. Die Verarmungszone umfaßt die gesamte eigenleitende Schicht und erstreckt sich - wegen deren hoher Dotierung - nur sehr wenig in die angrenzenden Bereiche. Wenn nun das optische Signal auf die Oberfläche der Photodiode fällt, dann wird der durch den Reflexionskoeffzient R gegebene Bruchteil der optischen Leistung P_{opt} reflektiert. Der Rest wird sukzessive im Halbleiter absorbiert, wobei das Lambert- Beersche Gesetz (3.2) gilt. Es kommt daher zu Band-Band-Übergängen. Da die p^+-Schicht sehr dünn ist, können wir die dort stattfindenden Absorptionsvorgänge (1 in Abb. 3.14c) vernachlässigen. Dagegen ist die eigenleitende Schicht gerade so dick ausgelegt, daß dort nahezu die gesamte optische Leistung absorbiert wird (2 in Abb. 3.14c). Da in der i-Schicht ein hohes elektrisches Feld herrscht, werden die erzeugten Ladungsträger nach beiden Seiten abgezogen. Es

Abb. 3.14 Photodiode.
a) Verlauf der optischen Leistung;
b) Prinzip einer *pin*-Struktur
c) Bänderschema einer *pin*-Struktur bei angelegter Sperrspannung;
d) Schaltzeichen.

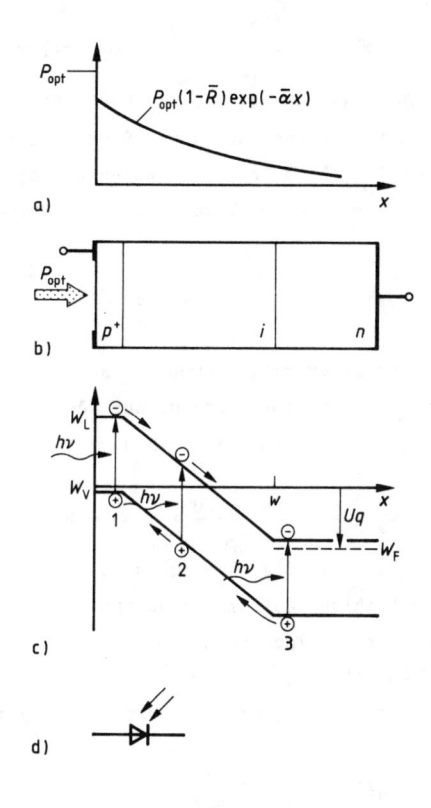

kommt zu einem Driftstrom I_F. Der Rest der optischen Leistung wird im anschließenden Bahngebiet absorbiert (3 in Abb. 3.14c), aus dem dann durch Diffusion Löcher in das felderfüllte *i*-Gebiet gelangen können. Diese Löcher stellen einen Diffusionsstrom I_D dar, der aus einer Tiefe von einigen Diffusionslängen des *n*-Gebietes gespeist wird. I_F und I_D sind zu dem ohnehin fließenden Sperrstrom der Diode hinzuzuaddieren, wobei I_D wegen seines Diffusionscharakters die Schnelligkeit der Photodiode begrenzt. Weil der Sperrstrom, der meist vernachlässigbar klein ist, auch im unbeleuchteten Zustand fließt, wird er Dunkelstrom genannt.

Da die örtliche Abnahme der Photonendichte sich in der Erzeugungsrate $g(x)$ der Ladungsträger wiederfindet, können wir schreiben:

Halbleiterbauelemente

$$g(x) = -\frac{d}{dx}\left[\frac{P_{opt}(1-\bar{R})}{h\nu}\exp(-\bar{\alpha}x)\right] = \bar{\alpha}\, P_{opt}(1-\bar{R})\exp(-\bar{\alpha}x)/h\nu, \quad (3.14)$$

wobei wir uns auf die Flächeneinheit des pn-Übergangs beziehen. Alle in der Verarmungszone, deren Dicke – abgesehen von der dünnen p^+-Schicht – w ist (Abb. 3.14c), erzeugten Ladungsträger werden vom Feld abgezogen. Sie machen also, bezogen auf die Zeiteinheit, den Driftstrom aus:

$$I_F = -q\int_0^w g(x)dx = -q\,\frac{P_{opt}(1-\bar{R})}{h\nu}(1-e^{-\bar{\alpha}w}). \quad (3.15)$$

Im quasineutralen n-Gebiet gehen wir genauso vor wie in Kap. I.1.2, S. 58f beim pn-Übergang, nur müssen wir die zutreffende Generationsrate $g(x)$ der Kontinuitätsgleichung hinzufügen. Wir erhalten mit (1.65, 66):

$$D_p\frac{d^2 p_n}{dx^2} - \frac{p_n - p_{n0}}{\tau_p} + g(x) = 0. \quad (3.16)$$

p_{n0} ist die Gleichgewichts-Löcherkonzentration im n-Gebiet, die durch Bestrahlung auf p_n geändert wird. Natürlich muß weit vom i-Gebiet entfernt, also für $x = \infty$, $p_n = p_{n0}$ sein, wohingegen an der Grenze zum i-Gebiet, also bei $x = w$, die Löcherkonzentration den Wert (1.63a) eines pn-Übergangs bei Sperrspannung annimmt:

$$p_n(w) = p_{n0}\exp\frac{qU}{kT}.$$

Damit lautet die Lösung für (3.16):

$$p_n = p_{n0} - \left[p_{n0}(1-\exp\frac{qU}{kT}) + \frac{P_{opt}(1-\bar{R})}{D_p h\nu}\frac{\bar{\alpha}L_p^2}{1-\bar{\alpha}^2 L_p^2}e^{-\bar{\alpha}w}\right]e^{(w-x)/L_p}$$

$$+ \frac{P_{opt}(1-\bar{R})}{D_p h\nu}\frac{\bar{\alpha}L_p^2}{1-\bar{\alpha}^2 L_p^2}e^{\bar{\alpha}x},$$

wobei wir noch über (1.69) die Diffusionslänge L_p der Löcher im n-Gebiet eingeführt haben. Spezialisieren wir (1.31b) auf den Rand der Verarmungszone bei $x = w$, so folgt als Diffusionsstrom aus der letzten Gleichung:

Optoelektronische Bauelemente

$$I_D = -qD_p \frac{dp_n}{dx}\bigg|_{x=w}$$

$$= \frac{qP_{opt}(1-R)}{h\nu} \frac{\bar{a}L_p}{1+\bar{a}L_p} e^{-\bar{a}w} - \frac{qD_p p_{n0}}{L_p}(1-\exp\frac{qU}{kT}).$$

Fassen wir dies mit (3.15) zusammen, so erhalten wir die Kennlinie einer im Sperrbereich betriebenen *pin*-Photodiode:

$$I = -\frac{qP_{opt}(1-R)}{h\nu}[1 - \frac{\exp(-\bar{a}w)}{1+\bar{a}\ L_p}] + \frac{qD_p p_{no}}{L_p}(\exp\frac{qU}{kT}-1). \quad (3.17)$$

Der erste Term ist der Photostrom $I_{ph}(P_{opt})$. Er ist proportional zur eingestrahlten optischen Leistung P_{opt}. Ein Vergleich mit (1.70a) lehrt, daß der zweite Term der von den Löchern herrührende Anteil des Sperrstroms eines *pn*-Übergangs ist. Im Falle der Photodiode wird er als Dunkelstrom bezeichnet, weil er auch bei fehlender optischer Einstrahlung fließt. Wenn wir uns vor Augen halten, daß wegen des p^+-Kontaktbereiches in Abb. 3.14b weit überwiegend der Dunkelstrom nur von den Löchern getragen wird, erhalten wir mit (1.70) die meistens genutzte Kennlinie einer Photodiode:

$$I = I_{ph}(P_{opt}) + I_s(\exp\frac{qU}{kT}-1). \quad (3.18)$$

Wir beziehen uns auf (3.9) und berechnen mit (3.17) die Quantenausbeute der in Sperrichtung betriebenen *pin*-Photodiode:

$$\eta = \frac{I_{ph}/(-q)}{P_{opt}/h\nu} = (1-R)[1 - \frac{\exp(-\bar{a}w)}{1+\bar{a}L_p}]. \quad (3.19)$$

Auch wenn durch Bedampfen des Einstrahlfensters mit einer optischen Vergütungsschicht die Reflexion zum Verschwinden gebracht wird ($R = 0$), kann η nie größer als 1 oder 100 % werden. Wir müssen zudem für einen optimalen Aufbau der Photodiode $\bar{a}w \gg 1$ fordern. Allzugroße Dicke *w* der eigenleitenden Absorptionsschicht kann allerdings zu einer Verlangsamung der Diode führen, weil die durch Strahlung erzeugten Ladungsträger die Dicke *w* durchqueren müssen.

Photodioden anderer Bauform. Anstelle eines *pn*-Übergangs kann ebenso

Halbleiterbauelemente

auch ein Schottky-Kontakt in einer Photodiode verwendet werden. Dadurch werden Strahlungsverluste in der Kontaktschicht vermieden, so daß auch sehr kurzwelliges Licht mit Eindringtiefen von wenigen Zehntel μm (vgl. Abb. 3.2) wirkungsvoll detektiert werden kann. Bei einer Schottky-Photodiode formt ein rund 10 nm dicker Metallfilm, der mit geringer Absorption von der einfallenden Strahlung durchdrungen werden kann, die Verarmungszone in dem darunterliegenden, absorbierenden Halbleiter. Auf dem Metallfilm ist zusätzlich noch eine optische Vergütungsschicht aufgebracht.

Eine Verbesserung der Leistungsfähigkeit läßt sich auch mit einer Heterostruktur-Photodiode mit transparentem Einstrahlfenster erreichen. Abb. 3.15a zeigt den prinzipiellen Aufbau. Auf einem hoch n-leitenden

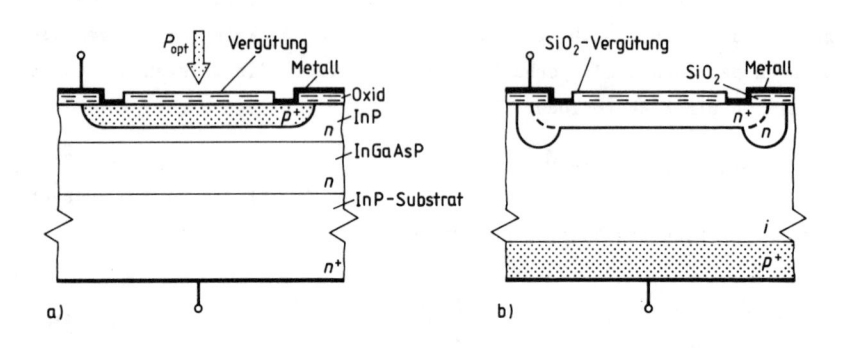

<u>Abb. 3.15</u> a) Heterostruktur-Photodiode mit transparentem Fenster; b) Lawinwenphotodiode mit Schutzring aus Si.

InP-Substrat ist die aktive Schicht aus InGaAsP aufgebracht, die je nach Wahl der Zusammensetzung auch längerwellige Strahlung als InP absorbieren kann (vgl. Abb. 3.3). Darüber liegt die transparente Schicht aus n-InP, in die durch Diffusion der pn-Übergang eingebracht

Optoelektronische Bauelemente

ist. Eine Vergütungsschicht reduziert die Reflexion. Die langwellige Signalstrahlung P_{opt} kann mit nur geringen Verlusten die InP-Schicht mit großem Bandabstand durchdringen, ehe sie in der InGaAsP-Schicht mit hoher Quantenausbeute freie Ladungsträger erzeugt.

Die Struktur nach Abb. 3.15a bietet prinzipiell die Möglichkeit, durch Erhöhung der Sperrspannung bis nahe an den Durchbruch (vgl. Abb. 1.28) eine innere Verstärkung des Photostroms zu erreichen. Dies ist die Betriebsweise einer Lawinenphotodiode (avalanche photodiode).

Die besten Lawinenphotodioden basieren auf Si (Abb. 3.15b). In die Unterseite des schwach p-, nahezu eigenleitenden Substrats ist eine ganzflächige p^+-Kontaktzone eindiffundiert. Eine flache n^+-Diffusion auf der Oberseite definiert den pn-Übergang, der ringsum von einer tieferen n-Diffusion umgeben ist. Durch diesen Schutzring (guard ring) werden Randdurchbrüche bei hohen Sperrspannungen vermieden. Wegen der großen Dicke der nahezu eigenleitenden i-Zone wird auch längerwellige Strahlung, die in Si nur relativ schwach absorbiert wird (vgl. Abb. 3.2), nach (3.19) fast vollständig in freie Ladungsträger umgewandelt. Die Elektronen, die in Si eine sehr viel höhere Ionisationsrate als Löcher haben (vgl. S. 67, Kap. I.1.2), werden im Feld der ausgeräumten i-Zone zum n^+-Bereich gezogen. In dem hohen Feld des dortigen, gesperrten pn-Übergangs werden sie durch Stoßionisation multipliziert. Daraus resultiert eine erhebliche Verstärkung des Photostroms.

Solarzelle. Ein pn-Übergang, der mit der Leistung P_{opt} bestrahlt wird, arbeitet als Photoelement, wenn er direkt in Reihe mit einem Verbraucher R_L geschaltet ist (Abb. 3.16). Ein Photoelement nutzt den photovoltaischen Effekt aus, bei dem die durch Band-Band-Übergänge erzeugten Elektron-Lochpaare im Feld der Verarmungszone auseinandergezogen werden und für einen Strom im Lastwiderstand R_L sorgen. Dadurch wird optische Leistung in elektrische umgewandelt. Ist das Photoelement für das Spektrum der Sonne, das im wesentlichen mit dem sichtbaren Licht zusammenfällt (vgl.Abb. 3.2), ausgelegt, dann spricht man von einer **Solarzelle**. Solarzellen werden zur Stromerzeugung bei Satelliten oder

Halbleiterbauelemente

bei erdgebundenen Geräten eingesetzt. Insbesondere im letzteren Fall sind niedrige Herstellungskosten der alles beherrschende Gesichtspunkt. Daher ist das gut kontrollierte Si der wichtigste Grundstoff für Solarzellen.

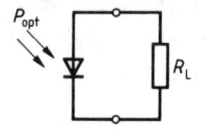

Abb. 3.16 Solarzelle im Betrieb mit einem Verbraucher R_L.

Die Sonneneinstrahlung ist außerhalb der Atmosphäre (AM 0, air mass zero) 1,39 kW/m². Bei senkrechter Einstrahlung auf Meeresniveau (AM 1, air mass one) liegt sie bei etwa 1 kW/m², um bei schrägem Sonnenstand, wenn das Licht die doppelte Atmosphärendicke durchlaufen hat (AM 2, air mass two) auf 0,7 kW/m² abzufallen. Bei mittlerer Bewölkung kann sie gar nur noch 0,12 kW/m² betragen. Aus diesen Zahlen wird klar, daß es bei Solarzellen auf große energiewandelnde Flächen ankommt, wenn nicht durch Spiegel oder andere optische Maßnahmen die einfallende Energie gebündelt werden soll.

Abb. 3.17 zeigt einen Ausschnitt einer Solarzelle in etwa 0,5 mm dickem Si mit einer Dotierung um 10^{16} cm^{-3}. Der pn-Übergang wird durch eine wenige Zehntel µm dicke n-Schicht gebildet, die durch ein fingerförmiges Leiterbahnnetz einerseits möglichst niederohmig und andererseits mit möglichst wenig Abschattung kontaktiert ist. Die lichtsammelnden Flächen dazwischen sind durch einen SiO_2-Film vergütet, um die Reflexion zu minimieren. Fällt Licht auf die Solarzelle, so werden die Elektron-Lochpaare nur zum geringeren Teil in der Verarmungszone des pn-Übergangs, zum überwiegenden Teil jedoch im p-Bahngebiet erzeugt. Da aber durch die Sammelwirkung der Diffusionsspannung über der Verarmungszone an deren Rand die Minoritätsträgerkonzentration nahezu auf Null gehalten wird, kommt es zu einem Diffusionsstrom der Elektronen im

Bahngebiet. Damit ergibt sich ein Strom im Verbraucher R_L; die treibende Spannung ist stets kleiner als die Diffusionsspannung U_D.

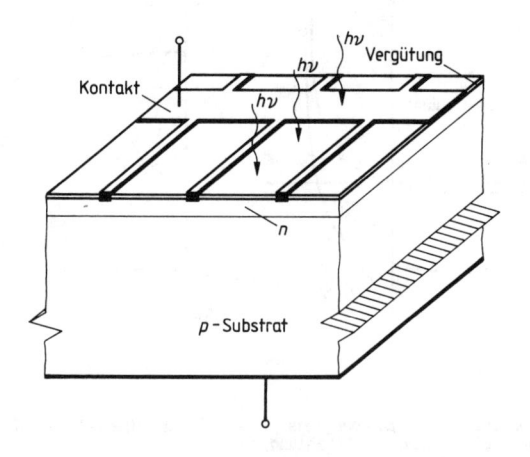

Abb. 3.17 Aufbau einer Si-Solarzelle.

Für die *pin*-Photodiode haben wir mit (3.17,18) einen Photostrom I_{ph} berechnet, der der einfallenden optischen Leistung P_{opt} proportional ist. Übertragen wir dieses Ergebnis auf die Solarzelle, dann erhalten wir eine Kennlinie, die gegenüber dem unbeleuchteten Zustand um eben den Wert von I_{ph} vertikal nach unten verschoben ist (Abb. 3.18a). Wegen der Beschaltung nach Abb. 3.16 arbeitet eine Solarzelle im vierten Quadranten der $I(U)$-Kennlinie. Es ist üblich, diesen Quadranten um die Abszisse zu spiegeln. Wir erhalten Abb. 3.18b, wobei der Kennlinienteil einem bestimmten, vorgegebenen Beleuchtungszustand entspricht. Dafür sind die Schnittpunkte Kurzschlußstrom I_{sc} (short-circuit current) und Leerlaufspannung U_{oc} (open-circuit voltage) ausgezeichnet. Mit (3.18) kann die Solarzelle die Leistung:

$$P = I \cdot U = UI_s(\exp \frac{qU}{kT} - 1) + UI_{ph}$$

an den Verbraucher abgeben. Durch Nullsetzen der Ableitung ($dP/dU = 0$) gewinnen wir daraus die maximal abgebbare Leistung, die in Abb. 3.18b durch die Größen I_m und U_m als gerasterte Fläche markiert ist. U_m folgt

Halbleiterbauelemente

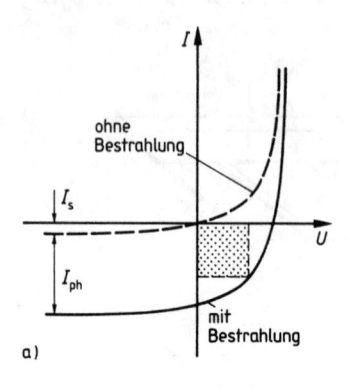

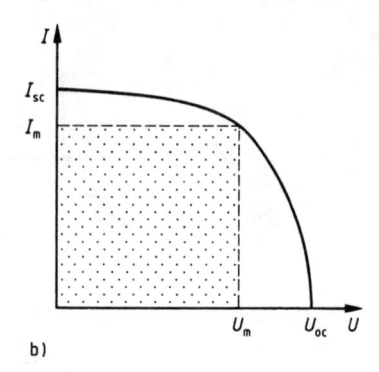

Abb. 3.18 a) Kennlinie eines pn-Übergangs unter Einwirkung von Strahlung; b) für Solarzellen übliche Darstellung.

aus:

$$(\frac{qU_m}{kT} + 1) \exp \frac{qU_m}{kT} = 1 - I_{ph}/I_s. \qquad (3.20)$$

Diese Gleichung liefert zusammen mit (3.18) den Absolutwert von I_m als:

$$|I_m| = I_s \frac{qU_m}{kT} \exp \frac{qU_m}{kT}.$$

Damit ist die maximal von der Solarzelle abgebbare Leistung $P_m = I_m \cdot U_m$ bekannt. Sie erfordert den angepaßten Lastwiderstand $R_m = U_m/I_m$. Mit ihr wird als erste Kenngröße der Solarzelle der Kurven- oder Füllfaktor (fill factor) als:

$$F = \frac{I_m \cdot U_m}{I_{sc} \cdot U_{oc}}$$

definiert. Als weitere Kenngröße dient der Wirkungsgrad η. Er wird eingeführt über:

$$\eta = \frac{\text{maximale Ausgangsleistung}}{\text{eingestrahlte Lichtleistung}}$$

$$= \frac{qU_m^2(I_S - I_{ph})}{qU_m + kT} \frac{1}{P_{opt}}.$$

Dabei haben wir (3.20) benutzt.

Abb. 3.19 Ersatzschaltbild einer Solarzelle.

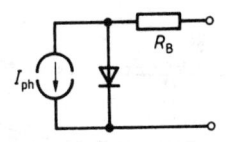

Abb. 3.19 zeigt das Ersatzschaltbild einer Solarzelle. Die Stromquelle für den Photostrom I_{ph} liegt der Diode parallel, so daß sich dafür die Kennlinie (3.18) ergibt. Ein Widerstand, der prinzipiell parallel zu dieser Kombination anzusetzen ist, kann bei der meist niederohmigen Beschaltung der Solarzelle vernachlässigt werden. Dagegen ist der Widerstand R_B der Bahngebiete der Solarzelle von großer Wichtigkeit für die Leistungsfähigkeit des Bauelementes.

Als Faustregel gilt, daß die Leerlaufspannung U_{OC} höchstens 2/3 der dem Bandabstand W_G entsprechenden Spannung betragen kann. Für Si liegt sie bei etwa 0,6 V. Um ausreichende Ströme zu bekommen, legt man mehrere Solarzellen parallel. Industriell können Solarzellen auf der Basis von einkristallinem Si mit einem Wirkungsgrad um 18 % gefertigt werden. Sehr viel kostengünstiger ist polykristallines Si als Ausgangsmaterial; dann ist ein Wert für η um 10 % erreichbar. Nimmt man statt Si III/V-Halbleiter, wie z. B. GaAs, deren Bandabstand dem Sonnenspektrum besser angepaßt ist, und optimiert den Aufbau der Solarzelle, dann ist ein Wirkungsgrad von über 35 % realisierbar.

pn-Übergang in optoelektronischen Bauelementen. Wir fassen die Nutzung des *pn*-Übergangs als Diode in der Optoelektronik schematisch in Abb. 3.20 zusammen, indem wir typische Arbeitspunkte in die $I(U)$-Kennlinie eintragen. Gestrichelt ist die Diodenkennlinie bei

Halbleiterbauelemente

fehlender Beleuchtung markiert. Laserdioden und Lumineszenzdioden

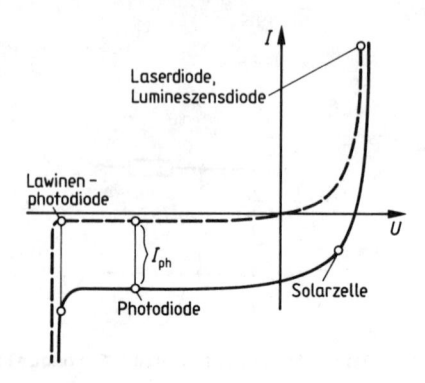

Abb. 3.20 pn-Übergang in optoelektronischen Bauelementen.

werden im ersten Quadranten bei kräftigen Durchlaßströmen betrieben. Demgegenüber arbeitet die Photodiode im Sperrbereich, also im dritten Quadranten. Sie reagiert auf die Vertikalverschiebung der Kennlinie, indem sie ausgehend vom Dunkelstrom (gestrichelte Kennlinie) den auftretenden Photostrom mißt. In ihrer Sonderform als Lawinenphotodiode wird sie nahe an den Durchbruch vorgespannt, um die Multiplikation durch Stoßionisation auszunutzen.

Schließlich liegt an der Solarzelle, die elektrische Energie an einen Verbraucher liefert, zwar eine Spannung in Durchlaßrichtung. Aber der Photostrom sorgt für einen Stromfluß in Sperrichtung. Abb. 3.20 ist als Übersichtsskizze, nicht jedoch als maßstäbliche Darstellung zu verstehen.

Phototransistor. Ebenso wie die Lawinenphotodiode liefert der Phototransistor eine Verstärkung des Photostroms, der von einer optischen Bestrahlung herrührt. Prinzipiell sind unipolare und bipolare Strukturen für diesen Zweck geeignet. Abb. 3.21 zeigt den bipolaren Phototransistor in planarer Bauweise, die sich aus Abb. 2.1a ableitet. Allerdings ist die Basis beim Phototransistor meist nicht angeschlossen

(Abb. 3.21).

Abb. 3.21 Aufbau eines Phototransistors im Schema und sein Schaltzeichen.

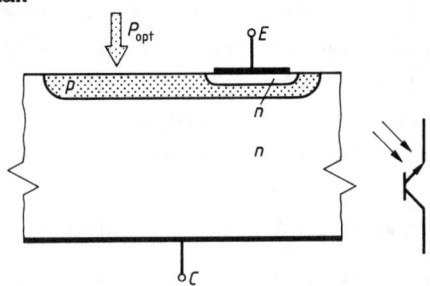

Die einfallende Strahlung P_{opt} fällt auf den Basis-Kollektorübergang und erzeugt sowohl im Basisgebiet als auch im anschließenden Bahngebiet des Kollektors Elektron-Loch-Paare. Der in Sperrichtung gepolte Kollektorübergang saugt die Elektronen ab, drückt aber andrerseits auch die Löcher in das Bahngebiet der Basis. Dadurch wird die Basis positiv vorgespannt. Der Emitterübergang wird stärker in Durchlaß getrieben, so daß ein höherer Emitterstrom und im Gefolge verstärkter Kollektorstrom fließen.

Da der Kollektorübergang im Phototransistor wie eine Photodiode arbeitet, können wir zum besseren Verständnis die elektrische Verstärkungsfunktion des Transistors von der optoelektronischen Wandlerfunktion der Photodiode trennen. Wir kommen damit zum Ersatzschaltbild der Abb. 3.22. Die einfallende Strahlung der Leistung P_{opt} erzeugt den

Abb. 3.22 Zur Erläuterung der Funktion des Phototransistors.

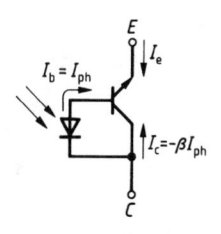

Halbleiterbauelemente

Photostrom:

$$I_{ph} = \frac{q\eta}{h\nu} P_{opt}$$

in der Photodiode, wobei der Quantenwirkungsgrad η nach (3.9) als äußerer Quantenwirkungsgrad aufzufassen ist, der auch die Reflexionsverluste enthält. I_{ph} wirkt gleichzeitig als Basisstrom I_b des Phototransistors, wird also gemäß (2.19) mit β verstärkt. Damit wird, bei sinngemäßer Verwendung von (2.14), nach außen der Emitterstrom:

$$-I_e = I_{ph}/(1-\alpha) = (\beta+1)I_{ph} = \frac{q\eta}{h\nu}(\beta+1)P_{opt}$$

meßbar. Da β >> 1 gilt, verstärkt also der Phototransistor um den Faktor β.

Das Kennlinienfeld des Phototransistors entspricht dem des bipolaren Tranistors nach Abb. 2.7; allerdings ist statt des Basisstroms die Beleuchtungsstärke als Parameter an den Kennlinien zu verwenden. Phototransistoren sind ohne besondere Maßnahmen nur von begrenzter Geschwindigkeit. Sie finden ihren Einsatz, meist mit offener Basis, bei Optokopplern.

Lichtaktivierter Thyristor. Wenn wir die Kathodenmetallisierung eines Thyristors nach Abb. 2.12, Kap. I.2.1, mit einer kreisrunden Öffnung versehen, dann können wir das darunterliegende n^+p-Gebiet über eine Glasfaser oder ein Bündel von Glasfasern beleuchten. Vorzugsweise im p-Gebiet werden Elektron-Loch-Paare erzeugt, sofern die einfallende Strahlung die Bedingung (3.3) erfüllt. Bei hinreichend hoher Strahlungsleistung kann die für den Thyristor charakteristische, rückkoppelnde Transistorfunktion in Gang kommen, d. h. der Thyristor zündet. Auch nach Abschalten der Strahlung bleibt der Thyristor gezündet.

Thyristoren, die für diesen Anwendungszweck ausgelegt sind, werden lichtaktivierte oder optisch zündbare Thyristoren genannt. Sie bieten wegen der Nutzung der Strahlung optimale Trennung zwischen Leistungs- und Triggerseite. Da die optische Auslösung ein sehr schneller Prozeß ist, liegt die Zündzeit in der Nähe von 1 ns, ist also um Größenordnungen kürzer als bei elektrischer Auslösung (vgl. S. 132).

II. Elektronische Netzwerke

1. Analoge Grundschaltungen

Wir haben die elektronischen Bauelemente bisher nur jeweils für sich betrachtet, indem wir - ausgehend von ihrem Aufbau - ihre Funktion beschrieben haben. Im praktischen Einsatz sind die Bauelemente jedoch immer in eine Schaltung eingebunden. Es kommt daher darauf an, die Komponenten der Schaltung und die elektronischen Bauelemente in ihrem Zusammenwirken zu erfassen. Wir wollen dies an einigen Beispielen für die Klasse der analogen Schaltungen tun. Bei analogen Schaltungen können die Betriebsgrößen Werte annehmen, die einen erlaubten Bereich kontinuierlich überstreichen. Man muß daher eine präzise Kontrolle der Betriebsgrößen in weiten Bereichen haben. Demgegenüber können digitale Schaltungen nur diskrete Zustände annehmen, zwischen denen die Schaltung hin- und herspringt. Bei binären Schaltungen sind dies nur **zwei** Zustände, denen die Bedeutung 0 bzw. 1 zugeordnet wird. Bei **digitalen** Schaltungen müssen wir also nur zweifelsfrei zwischen Zuständen entscheiden können, die möglichst sauber voneinander getrennt sind.

Eine wichtige Gruppe analoger Schaltungen sind die Verstärker. Sie liefern unter definierten Bedingungen das Signal, das an ihrem Eingang liegt, verstärkt an den Verbraucher an ihrem Ausgang. Dabei kommt es wesentlich auf die Stabilität der Schaltung an. Eine weitere wichtige Gruppe sind die Oszillatoren, bei denen ein Teil des Ausgangssignals an den Eingang zurückgegeben wird, so daß sie auf Grund des inhärenten Verstärkungsmechanismus zu schwingen beginnen. In diesem Sinn sind die Oszillatoren instabile Verstärker, die in ihrer Eigenresonanz schwingen. Wenn wir nun an den Entwurf einer Verstärkerschaltung herangehen, dann folgen wir einer in der Schaltungsentwicklung bewährten Vorgehensweise. Basierend auf dem Kennlinienfeld schätzen wir die wichtigsten Betriebsgrößen ab, wobei wir sekundäre Einflußgrößen von vornherein vernachlässigen. Die Optimierung der angestrebten Schaltung bleibt dem praktischen Aufbau vorbehalten.

Elektronische Netzwerke

1.1 Verstärker

Emitterschaltung. Wir beginnen mit dem Transistor in der Emitterschaltung (vgl. Abb. 2.2b, S. 106), bei der die Signalspannung u_G des Generators mit dem Innenwiderstand R_G verstärkt an den Lastwiderstand R_L geliefert werden soll (Abb. 1.1). Diese beiden Teile sind gleich-

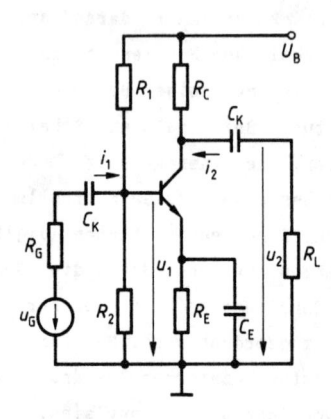

Abb. 1.1 Transistorverstärker in Emitterschaltung. Kleingeschriebene Symbole beziehen sich auf Wechselstromgrößen.

spannungsmäßig durch die Koppelkondensatoren C_K von der Verstärkerschaltung abgetrennt. Aber die Koppelkondensatoren sollen hinreichend große Kapazitäten besitzen, so daß sie für das Wechselsignal u_G der Kreisfrequenz ω keinen merklichen Widerstand darstellen. Die Schaltung wird von der Gleichspannung U_B versorgt, die aber wechselstrommäßig als geerdet angesehen werden kann, also einen Kurzschluß für Wechselspannung bietet.

Die Komponenten der Schaltung ergeben sich aus dem Kennlinienfeld des Transistors in Emitterschaltung, das wir in Abb. 2.7, S. 116, dargestellt haben. Es ist in Abb. 1.2 wiederholt, wobei wir aber einige Grenzdaten eingetragen haben, die bei einem Transistor nicht überschritten werden dürfen. Dies ist zunächst einmal die maximale Verlustleistung P_m, die für den Transistor zulässig ist. Diese Größe ist für Leistungstransistoren von besonderer Wichtigkeit. Da die Kollektoremitterspannung U_{ce} die größte Spannung und der Kollektorstrom I_C der größte Strom im Transistor sind, können wir für jeweils zusammengehörige Paare:

$$P_m \approx I_C U_{ce}$$

schreiben, d. h. wir erhalten die gestrichelte Hyperbel im I_C-U_{ce}-Feld der Abb. 1.2.

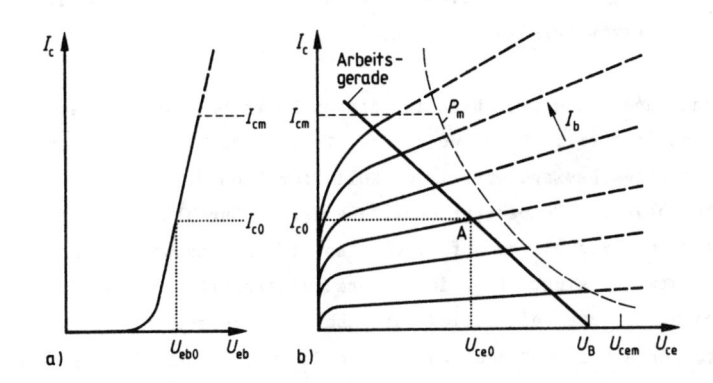

Abb. 1.2 Kennlinienfeld eines Transistors in Emitterschaltung mit Arbeitsgerade und Grenzdaten.

Weitere Grenzdaten, die im Betrieb nicht überschritten werden dürfen, sind der maximale Kollektorstrom I_{cm} sowie die maximale Kollektoremitterspannung U_{cem}. Damit ist der Bereich im Kennlinienfeld abgegrenzt, der vom Transistor ohne Gefahr einer Beschädigung nicht verlassen werden darf.

Wenn wir die Arbeitsgerade bestimmen, die den Ort sämtlicher, dem Transistor möglicher Betriebszustände darstellt, vernachlässigen wir zunächst den Emitterwiderstand R_E. Dann lesen wir aus Abb. 1.1:

$$I_C = U_B/R_C - U_{ce}/R_C$$

ab. Durch Wahl des Kollektorwiderstandes ist daher die Arbeitsgerade als die Gerade mit der Steigung $(-1/R_C)$ bestimmt, die durch den Abszissenpunkt U_B verläuft. Der Arbeitspunkt A, der in der Mitte des Aussteuerbereiches liegen sollte, bestimmt sich durch Projektion des Kollektorgleichstroms I_{co} in die $I_c(U_{eb})$-Kennlinie der Emitterdiode des Transistors (Abb. 1.2). Diese Kennlinie ist prinzipiell - wenn auch schwach - von U_{ce} abhängig. Damit kennen wir die erforderliche Basisemitterspannung U_{eb0}, die wir durch passende Wahl des Widerstandsverhältnisses von R_1 und R_2 einstellen können. Wegen der großen Steigung der $I_c(U_{eb})$-Kennlinie ist dies ein empfindlicher Vorgang, so daß man R_2 meist als Trimmwiderstand auslegt.

Die Schaltung, die wir bis zu diesem Punkt entwickelt haben, ist thermisch instabil. Denn wenn die Temperatur ansteigt, nimmt bei festgehaltenem Basispotential der Kollektorstrom I_c zu. Dies ist eine direkte Folge des Temperaturverhaltens der in Durchlaßrichtung gepolten Emitterdiode, wie wir es auf S. 61, Kap. I.1.2, diskutiert haben. Wenn aber I_c steigt, sinkt U_{ce}, da der Spannungsabfall an R_C wächst. Auch dadurch wird, wie ein Blick auf Abb. 1.2 zeigt, der Arbeitspunkt entlang der Arbeitsgeraden zu höheren I_c verschoben. Dieses Resultat ist im allgemeinen nicht tolerierbar.

Abhilfe schafft die Einfügung des Emitterwiderstandes R_E. Denn wenn nun I_c steigt, nimmt im gleichen Maß der Spannungsabfall an R_E zu. Damit sinkt, da durch den Spannungsteiler R_1, R_2 das Basispotential festliegt, die Spannung U_{eb} am Emitterübergang. Folglich nimmt - nach der linken Seite von Abb. 1.2 - I_c ab. Man nennt dies eine Stromgegenkopplung. Soll die Gegenkopplung nur für den Gleichstrom gelten, dann überbrückt man R_E durch eine hinreichend hohe Kapazität C_E. Durch die $R_E C_E$-Kombination wird die untere Frequenzgrenze der Transistorverstärkerstufe bestimmt.

Dimensionierung und Parameter. Um die Werte der Widerstände in Abb. 1.1 festzulegen, gehen wir von den Anforderungen aus, die an die Schaltung gestellt werden. Darunter ist die maximale Aussteuerung $\pm \Delta U_{cem}$, mit der die Kollektoremitterspannung um den Arbeitspunkt oszillieren darf. Weiterhin ist die minimale Kollektoremitterspannung U_{ces} zu berücksichtigen, bei der der Transistor in die Sättigung geht, bei der also die Kollektordiode zu leiten beginnt (vgl. S. 116, Kap. I.2.1). U_{ces} liegt bei 0,2 V. Wir nehmen einen Spannungsabfall von wenigen V, z. B. 2 V, an R_E an, damit die Temperaturschwankungen von U_{be} wirkungsvoll ausgeglichen werden. Damit liegt das Potential V_E im Emitterpunkt fest. Wir erhalten folglich:

$$R_E = V_E / I_{co}.$$

Damit ergibt sich als Forderung für das Kollektorpotential V_{CA} im Arbeitspunkt:

$$V_E + U_{ceo} = V_E + U_{ces} + \Delta U_{cem} < V_{CA}.$$

Zu der so gefundenen unteren Grenze von V_{CA} addieren wir wenige V, um Bauelementetoleranzen sicher abfangen zu können. Der ermittelte Wert von V_{CA} dient über:

$$R_C = (U_B - V_{CA}) / I_{co}$$

der Errechnung des Kollektorwiderstandes. R_E und R_C dienen zur Festlegung der Arbeitsgeraden in Abb. 1.2. Es folgt das Potential an der Basis als:

$$V_B = V_E + U_{ebo}, \qquad (1.1)$$

wobei U_{ebo} in der Nähe von 0,7 V liegt. Sofern sich der Transistor im linearen Teil seiner Kennlinien befindet, können wir in guter Näherung (2.18), S. 112 auf die Ruhestromwerte übertragen, so daß der Basisruhestrom zu:

$$I_{bo} = I_{co} / \beta$$

wird. Es bleibt, R_1 und R_2 so einzustellen, daß (1.1) erfüllt wird. Dazu ist der Gesichtspunkt wichtig, daß der Spannungsteiler nicht zu stark durch den Basisruhestrom I_{bo} belastet wird, d. h. daß der Strom durch den Spannungsteiler etwa ein k-faches von I_{bo} ist. k zwischen 5

Elektronische Netzwerke

und 10 ist angebracht. Dies liefert:

$$R_1 = \frac{U_B - V_B}{I_b + kI_b} \quad \text{und:} \quad R_2 = \frac{V_B}{kI_b}.$$

Damit haben wir in einem ersten Anlauf die Schaltungselemente dimensioniert. Es hat dabei wenig Sinn, mit allzu großer Genauigkeit zu arbeiten, da die Schaltung ohnehin bei einer Überarbeitung optimiert werden muß. Eine Möglichkeit dazu ist die Feineinstellung von R_2. Das Ziel eines ersten Schaltungsentwurfs ist es dagegen abzuschätzen, ob mit dem gewählten Transistor in der entworfenen Schaltung die gestellten Anforderungen erfüllt werden können oder ob ein Transistor anderer Spezifikation erforderlich ist.

Zur Ermittlung des wechselstrommäßigen Eingangswiderstandes R_e der Schaltung in Abb. 1.1 erinnern wir daran, daß der Emitter über C_E wechselstrommäßig ebenso geerdet ist wie U_B. Vom Basisknotenpunkt in die Schaltung hineingesehen ist die Parallelschaltung von R_1, R_2 und vom Eingangswiderstand r_{be} der Emitterdiode nach (1.73), S. 63 wirksam, wobei wir hinreichende Durchsteuerung der Emitterdiode voraussetzen. Da weiterhin $I_c \approx I_e$ ist und I_c mit I_b über (2.18), S. 112 verbunden sind, folgt:

$$\frac{i_1}{u_1} = \frac{1}{R_e} = \frac{1}{R_1} + \frac{1}{R_2} + \frac{1}{\beta r_{be}} = \frac{R_1+R_2}{R_1 R_2} + \frac{1}{\beta}\frac{qI_c}{kT}. \tag{1.2}$$

Dabei haben wir die Rückwirkung der Kollektoremitterspannung auf den Basisstrom vernachlässigt. Die Signalspannung u_G fällt über dem Generatorwiderstand R_G und über R_e nach (1.2) ab, da der Koppelkondensator C_K bei der Signalfrequenz einen vernachlässigbar kleinen Widerstand darstellt. Wenn der Spannungsteiler R_1 und R_2 hinreichend hochohmig ist, kommen wir zu folgender Vereinfachung:

$$\frac{1}{R_e} \approx \frac{1}{\beta r_{be}} = \frac{1}{\beta}\frac{qI_c}{kT}. \tag{1.2a}$$

In ähnlicher Weise erhalten wir den Ausgangswiderstand R_a, gesehen vom Kollektor, als Parallelschaltung von R_C und dem Ausgangswiderstand r_{ce} des Transistors nach (2.25d), S. 122:

$$\frac{i_2}{u_2} = \frac{1}{R_a} = \frac{1}{R_C} + \frac{1}{r_{ce}} = \frac{1}{R_C} + h_{22e}, \qquad (1.3)$$

wobei wir wiederum die Spannungsrückwirkung vernachlässigt haben, d. h. eine geänderte Ausgangsspannung soll die Eingangsspannung ungeändert lassen. Da meist $r_{ce} \gg R_C$ ist, folgt:

$$R_a \approx R_C. \qquad (1.3a)$$

Zur Berechnung der Kleinsignalspannungsverstärkung v_{uL} im Leerlauf, d. h. bei unbelastetem Ausgang, gehen wir von (1.2) und (1.3) aus. Wir berücksichtigen, daß nach (2.18), S. 112, die Wechselströme i_1 und i_2 in guter Näherung über β miteinander verknüpft sind. Dann lautet das Ergebnis:

$$v_{uL} = -\frac{u_2}{u_1} = \beta \, \frac{\frac{1}{R_1} + \frac{1}{R_2} + \frac{1}{\beta r_{be}}}{\frac{1}{R_C} + \frac{1}{r_{ce}}} = \beta \, \frac{R_a}{R_e}. \qquad (1.4)$$

Gilt die Näherung, die zu (1.3a) führt und sind die Spannungsteilerwiderstände R_1 und R_2 groß gegenüber dem Eingangswiderstand r_{be} der Emitterdiode, so vereinfacht sich dies zu:

$$v_{uL} \approx R_C / r_{be} = R_C \, \frac{q I_C}{kT}. \qquad (1.4a)$$

Das Minuszeichen in (1.4) rührt von der Phasenverschiebung von einer halben Periode zwischen den Spannungen an Ein- und Ausgang.

Wir fragen nun nach der Verstärkung v_u, die die Signalspannung u_G durch die Schaltung bis zur Spannung u_2 am Verbraucher R_L erfährt (Abb. 1.1). Zunächst teilt sich u_G über dem Generatorwiderstand R_G und dem Eingangswiderstand R_e der Schaltung nach (1.2) auf:

$$\frac{u_G}{u_1} = \frac{R_G + R_e}{R_e}.$$

Weiterhin wird der Basisstrom i_1 um den Faktor β nach (2.18), S. 112,

Elektronische Netzwerke

zum Kollektorstrom verstärkt, der über R_C und R_L die Ausgangsspannung u_2 liefert:

$$u_2 = -\beta\, i_1 \frac{R_L R_C}{R_L+R_C} = -\beta\, (\frac{1}{R_1} + \frac{1}{R_2} + \frac{1}{\beta r_{be}}) \frac{R_L R_C}{R_L+R_C} u_1,$$

wobei wir die Phasenverschiebung der Verstärkerstufe wieder durch das Minuszeichen erfaßt haben. Die beiden letzten Gleichungen liefern als Spannungsverstärkung der Gesamtstufe:

$$v_u = -\frac{u_2}{u_G} = -\frac{u_2}{u_1} \cdot \frac{u_1}{u_G}$$

$$= \frac{R_e}{R_G+R_e} \beta\, (\frac{1}{R_1} + \frac{1}{R_2} + \frac{1}{\beta r_{be}}) \frac{R_L R_C}{R_L+R_C}. \tag{1.5}$$

Wenn die Näherungen gültig sind, die zu (1.3a) und (1.4a) geführt haben, folgt das Ergebnis:

$$v_u \approx \frac{R_e}{R_G+R_e} \frac{1}{r_{be}} R_C \frac{R_L}{R_L+R_C} = \frac{R_e}{R_G+R_e} v_{uL} \frac{R_L}{R_L+R_C}. \tag{1.5a}$$

Basisschaltung. Als zweite Grundschaltung, in die ein Transistor eingebunden sein kann (vgl. Abb. 2.2a, S. 106), besprechen wir die Basisschaltung nach Abb. 1.3.

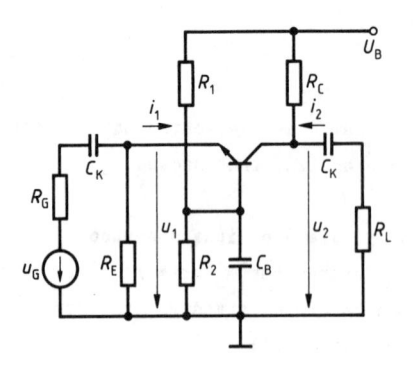

Abb. 1.3 Basisschaltung.

Die Basis ist über die Kapazität C_B wechselstrommäßig geerdet. Ihr Potential wird wie bei der Emitterschaltung (vgl. Abb. 1.1) durch den

Verstärker

Spannungsteiler R_1 und R_2 im Arbeitspunkt festgelegt. Ebenso dient R_E zur Stabilisierung gegen Temperaturschwankungen. Die wechselstrommäßige Ankopplung von Signalgenerator und Verbraucher R_L an die Verstärkerschaltung erfolgt über die Koppelkondensatoren C_K.

Der Eingangswiderstand, wiederum gesehen vom Emitter in die Schaltung hinein, errechnet sich zu:

$$\frac{i_1}{u_1} = \frac{1}{R_e} \approx \frac{I_C}{u_{eb}} = \frac{1}{r_{be}} \approx \frac{qI_C}{kT}, \qquad (1.6)$$

wobei wir die Beziehung (1.73) von S. 63 verwendet haben. Ein Vergleich mit (1.2a) lehrt, daß der Eingangswiderstand der Basisschaltung um den Faktor β kleiner ist als der der Emitterschaltung; die Schaltung ist also sehr niederohmig.

Für den Ausgangswiderstand ergeben sich dieselben Resultate wie für die Emitterschaltung. Wir können also die Ergebnisse (1.3) bzw., in der Näherung, (1.3a) übernehmen. Entsprechendes gilt für die Spannungsverstärkung.

Kollektorschaltung (Emitterfolger). Als letzte Schaltungsvariante bleibt die Kollektorschaltung, die auch mit Emitterfolger bezeichnet wird; sie ist in Abb. 1.4 wiedergegeben.

<u>Abb. 1.4</u> Kollektorschaltung (Emitterfolger)

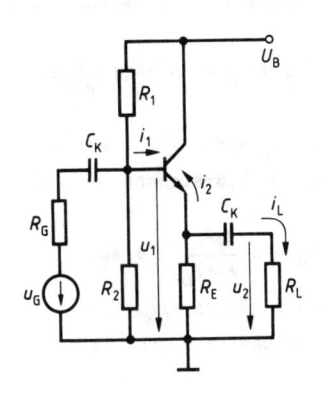

Elektronische Netzwerke

Beim Emitterfolger haben Eingangs- und Ausgangsspannung ebenso wie bei der Basisschaltung (vgl. Abb. 1.3), aber im Gegensatz zur Emitterschaltung, die gleiche Phasenlage.

Zur Berechnung des Eingangswiderstandes R_e der Kollektorschaltung - gesehen vom Basispunkt in die Schaltung hinein - lesen wir aus Abb. 1.4 ab, daß die Eingangsspannung sich aus der Ausgangsspannung und dem Spannungsabfall an der Emitterdiode zusammensetzt. Wenden wir sinngemäß die Beziehungen (2.18), S. 112, und (1.73), S. 63, an, so folgt der Reihe nach:

$$u_1 = u_2 + i_1 \frac{\partial U_{eb}}{\partial I_b} \approx u_2 + \beta i_1 \frac{\partial U_{eb}}{\partial I_c} \approx u_2 + \beta i_1 r_{be}. \qquad (1.7)$$

Mit Großbuchstaben bezeichnen wir den Momentanwert der jeweiligen Größe, während kleine Buchstaben für die Amplituden der Wechselgrößen stehen. Wir müssen nun u_2 ersetzen, das als Spannung über der Parallelschaltung von R_E und R_L ansteht. Durch diese Kombination fließt die Summe aus Kollektorstrom i_c und Basisstrom i_1. Da wir uns jeweils nur auf die Wechselanteile beziehen, ergibt sich:

$$u_2 = (i_c + i_1) \frac{R_E R_L}{R_E + R_L} \approx (\beta + 1) i_1 \frac{R_E R_L}{R_E + R_L}. \qquad (1.8)$$

Aus den letzten beiden Gleichungen können wir sofort auf den Eingangswiderstand der Schaltung schließen:

$$\frac{u_1}{i_1} = R_e = (\beta + 1) \frac{R_E R_L}{R_L + R_L} + \beta r_{be} \qquad (1.9)$$

mit r_{be} nach (1.6). Der erste Term überwiegt im allgemeinen. Wenn zudem noch R_L hinreichend groß ist, so gelten die Näherungen:

$$R_e \approx \beta \frac{R_E R_L}{R_E + R_L} \approx \beta R_E. \qquad (1.9a)$$

Daraus können wir entnehmen, daß der Eingangswiderstand der Kollektorschaltung sehr groß ist.

Der Ausgangswiderstand R_a, den wir vom Emitterpunkt nach rückwärts in die Schaltung hinein sehen, ist die Parallelschaltung des Emitterwiderstandes R_E, des Widerstandes r_{ce} der gesperrt gepolten Kollektordiode und des Widerstandes des Basiszweiges (vgl. (1.3)). Eine Änderung dU_2 der Ausgangsspannung verursacht eine Eingangsstromänderung dI_1, die bei Vernachlässigung des Spannungsteilers R_1 und R_2 der Basisstromänderung gleich ist. Damit entsteht im Basiszweig der Spannungsabfall (Abb. 1.4):

$$dU_2 = R_G dI_1 + \frac{\partial U_{eb}}{\partial I_C} dI_1 \approx (\frac{R_G}{\beta} + \frac{\partial U_{eb}}{\partial I_C}) dI_2.$$

Folglich liefert der Basiszweig vom Emitter aus gesehen den Widerstandsbeitrag:

$$\frac{dU_2}{dI_2} = \frac{R_G}{\beta} + \frac{\partial U_{eb}}{\partial I_C} = R_G/\beta + r_{be}.$$

Damit lautet das Resultat:

$$\frac{1}{R_a} = \frac{1}{R_E} + \frac{1}{r_{ce}} + \frac{1}{R_G/\beta + r_{be}} = \frac{1}{R_E} + \frac{1}{r_{ce}} + \frac{\beta}{R_G + \beta r_{be}}. \qquad (1.10)$$

Meist kann der zweite Term vernachlässigt werden. Sind zusätzlich R_G klein und R_E hinreichend groß, so folgt:

$$R_a \approx r_{be}, \qquad (1.10a)$$

d. h., der Emitterfolger hat einen sehr kleinen Ausgangswiderstand.

Schließlich ermitteln wir ähnlich wie bei der Emitterschaltung in (1.5) die Spannungsverstärkung v_u, wobei wir uns auf (1.7) und (1.8) stützen können:

$$v_u = \frac{u_2}{u_G} = \frac{u_2}{u_1} \cdot \frac{u_1}{u_G}$$

$$= \frac{R_e}{R_G + R_e} \frac{\beta + 1}{(\beta+1) + \beta r_{be}(R_E + R_L)/(R_E R_L)}, \qquad (1.11)$$

wobei wir R_e aus (1.9) entnehmen. Die Spannungsverstärkung des Emitterfolgers ist daher stets kleiner als Eins.

Elektronische Netzwerke

Transistorschaltungen im Vergleich. Bevor wir die wesentlichen Eigenschaften der verschiedenen Schaltungen einander gegenüberstellen, halten wir fest, daß die bisherige Diskussion nur für hinreichend niedrige Frequenzen gilt, bei denen der Transistor ohne Verzögerung folgen kann. Wir müssen also genügend weit von den auf S. 123ff., Kap. I.2.1 besprochenen Grenzfrequenzen entfernt sein. Andererseits muß die Arbeitsfrequenz hinreichend hoch sein, damit die Kondensatoren in Abb. 1.1, 1.3 und 1.4 wechselstrommäßig Kurzschlüsse darstellen. Schließlich sind Bahnwiderstände und Kapazitäten des Transistors von vornherein weggelassen. Dieses Vorgehen ist gerechtfertigt, da wir zunächst nur einen Überblick über wesentliche Eigenschaften der Grundschaltungen gewinnen wollten. Darauf aufbauend wird im konkreten Anwendungsfall die Wahl eines geeigneten Transistortyps und die Optimierung der Schaltung folgen müssen.

Im Sinne dieses Vorgehens mag die folgende vergleichende Tabelle nützlich sein. Sie gilt für mittlere Werte des Lastwiderstandes R_L.

Tab. 1.1 Vergleich der drei Transistorgrundschaltungen

	Emitterschaltg.	Basisschaltung	Kollektorschaltg.
Eingangswiderstand R_e	mittel (1.2)	niedrig (1.6)	hoch (1.9)
Ausgangswiderstand R_a	mittel (1.3)	mittel (1.3)	niedrig (1.10)
Phasenumkehr Eingangs-/ Ausgangsspannung	um π	keine	keine
Spannungsverstärkung v_u	hoch (1.5)	hoch (1.5)	< 1 (1.11)
Stromverstärkung	hoch	< 1	hoch

Zur Stromverstärkung, die wir bisher noch nicht diskutiert haben, ist anzumerken, daß bei der Emitter- und Kollektorschaltung der niedrige Basisstrom am Eingang einem hohen Ausgangsstrom gegenübersteht (Abb. 1.1 bzw. 1.4), die Stromverstärkung also hoch ist. Demgegenüber sind bei der Basisschaltung (Abb. 1.3) Eingangs- und Ausgangsstrom fast

Verstärker

gleich, die Stromverstärkung ist also höchstens 1. Die breiteste Verwendung hat die Emitterschaltung gefunden. Die Basisschaltung stellt auf Grund ihres niedrigen Eingangswiderstandes oft eine zu große Belastung der Signalquelle dar. Die Kollektorschaltung oder der Emitterfolger eignet sich als Impedanzwandler. Sie wird immer dann eingesetzt, wenn es gilt, große Lasten zu treiben.

Schaltungen mit FETs. Die FETs in ihren verschiedenen Bauformen können in wesentlichen Eigenschaften gemeinsam behandelt werden. Darüber hinaus ist ihr Kennlinienfeld dem der bipolaren Transistoren so ähnlich, daß wir die grundlegenden Ergebnisse der bisherigen Diskussion auf Schaltungen mit FETs übertragen können. Dazu kann die Gegenüberstellung in Abb. 1.5 dienen. Eine Besonderheit der FETs ist ihr nahezu verschwindender Gatestrom I_g, entsprechend einem nahezu unendlich großen Eingangswiderstand r_{gs} zwischen Gate und Source. Diese Eigenschaft der FETs hat zur Folge, daß schon kleine elektrische Ladungen am Gate bei dessen niedriger Kapazität im Falle eines isolierten Gates zum Durchbruch des Isolators führen können. Dadurch kann das Bauelement zerstört werden.

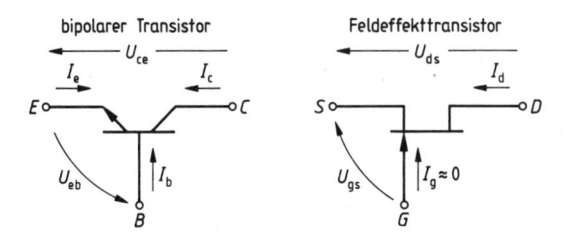

Abb. 1.5 Gegenüberstellung äquivalenter Größen beim bipolaren und beim Feldeffekttransistor.

Die Äquivalenz der beiden Transistortypen können wir noch durch folgende Gegenüberstellung für den Sättigungsbereich betonen.

Wir beschränken uns auf den Sättigungsbereich, weil er meist dem Arbeitsgebiet des Transistors entspricht.

Elektronische Netzwerke

bipolarer Transistor	FET
$\dfrac{1}{\beta r_{be}} = \dfrac{1}{\beta}\left.\dfrac{\partial I_e}{\partial U_{eb}}\right\|_{U_{ce}} \approx \dfrac{q I_b}{kT} = \dfrac{1}{\beta}\dfrac{q I_c}{kT}$ nach (1.73), S. 63	$\dfrac{1}{r_{gs}} \approx 0$
$\dfrac{1}{r_{ce}} = \left.\dfrac{\partial I_c}{\partial U_{ce}}\right\|_{I_b} = h_{22e}$ (2.25d), S. 122	$\dfrac{1}{r_{ds}} = \left.\dfrac{\partial I_d}{\partial U_{ds}}\right\|_{U_{gs}}$ (2.39), S. 148

Die Grundschaltungen des FET sind denen des bipolaren Transistors analog. Je nach dem welche Elektrode wechselstrommäßig auf Erdpotential liegt, spricht man von Gate-, Source- oder Drainschaltung. So entspricht die Sourceschaltung der Emitterschaltung des bipolaren Transistors. Wir können daher genauso vorgehen wie bei der Emitterschaltung und kommen zu Abb. 1.6, die im wesentlichen von Abb. 1.1 kopiert ist. Bei selbstleitenden FETs können wir das Gateruhepotential - wie in Abb. 1.6 geschehen - auf Erde legen, weil über den Spannungsabfall des Drainruhestroms am Sourcewiderstand R_s der Arbeitspunkt eingestellt wird. Wir nutzen also das bewährte Konzept der Stromgegenkopplung durch R_s. Damit sie wechselstrommäßig nicht wirksam wird, ist ein hinreichend großer Kondensator C_s zur Überbrückung parallelgeschaltet.

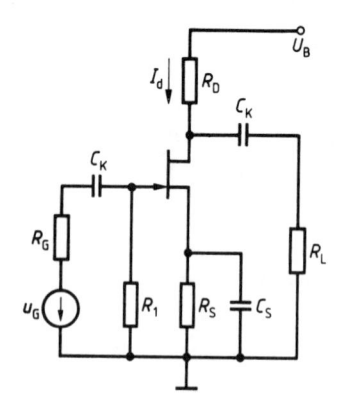

<u>Abb. 1.6</u> FET in einer Source-Schaltung.

Um den Arbeitspunkt einzustellen, gehen wir vom Drainstrom I_d aus. In Entsprechung zur Emitterschaltung ermitteln wir die zugehörige Gatesourcespannung U_{gs}, indem wir das Kennlinienfeld Abb. 2.23, S. 146 zugrundelegen. Damit kennen wir, da das Gatepotential auf Erde liegt, das erforderliche Sourcepotential, so daß R_S aus I_d errechnet werden kann. Das Gleichstrompotential der Drainelektrode müssen wir nun so wählen, daß bei der gewünschten maximalen Aussteuerung der FET stets im Sättigungsbereich arbeitet. Damit liegt R_D fest. Dies ist also in völliger Analogie zum Dimensionierungsverfahren bei der Emitterschaltung.

Wiederum ähnlich wie bei den Schaltungen mit bipolaren Transistoren wird die Gateschaltung wenig angewandt. Die Drainschaltung oder der Sourcefolger hat erwartungsgemäß einen noch größeren Eingangswiderstand als die Sourceschaltung, wobei - im Gegensatz zum Emitterfolger nach (1.10) - der Ausgangswiderstand des Sourcefolgers nicht vom Generatorwiderstand R_G abhängt. Dem erhöhten Eingangswiderstand der Drainschaltung kommt aber bei dem ohnehin schon hohen Eingangswiderstand der Sourceschaltung keine besondere Bedeutung zu.

1.2 Sätze zur Berechnung elektronischer Schaltungen

Hat man die Aufgabe, eine elektronische Schaltung zur Erfüllung vorgegebener Spezifikationen aufzubauen, so geht man von den verfügbaren Bauelementen aus, die für den Zweck geeignet erscheinen. Man entwirft die Schaltung und überprüft ihre Leistungsfähigkeit, versucht aber auch, ihre Beschränkungen herauszufinden. Dazu und zum besseren Verständnis der Funktionsweise der Schaltung sind eine Reihe von allgemeinen Sätzen sehr nützlich. Nach dem Entwurf folgt der erste Aufbau der Schaltung mit den als geeignet befundenen Bauelementen, um die Optimierung vorzunehmen. Das beschriebene Vorgehen ist nur dann praktikabel, wenn die Zahl der Komponenten in der Schaltung nicht mehr als einige zehn beträgt.

Insbesondere wenn es um den Entwurf integrierter Schaltungen mit ihrer Vielzahl von Komponenten geht, greift man auf Simulationsprogramme für elektronische Rechner, die weit verbreitet sind und ständig verbessert werden, zurück. Derartige Programme nutzen Ersatzschaltbilder für die

Elektronische Netzwerke

aktiven Komponenten, z. B. das Ebers-Moll-Modell für den bipolaren Transistor (vgl. S. 117f, Kap. I.2.1), und berücksichtigen parasitäre Effekte, die sich aus der Integration ergeben. Dadurch und durch die Möglichkeit, daß die Auswirkungen von Parameterstreuungen einbezogen werden können, sind Simulationsprogramme dem analytischen Vorgehen überlegen, zumal sie bequem und billig angewendet werden könnnen.

Wir wollen uns im folgenden auf die Behandlung der allgemeinen Sätze für elektronische Schaltungen beschränken, die zum Verständnis ihrer Arbeitsweise in den erwähnten Grenzen nach wie vor von Bedeutung sind. Wir setzen immer voraus, daß wir es mit linearen Netzwerken zu tun haben, daß also z. B. bei den Transistoren als den aktiven Elementen Strom und Spannung linear miteinander verknüpft sind.

Sätze über Quellen. Eine ideale Spannungsquelle liefert an ihren beiden Klemmen die Spannung u, gleichgültig welcher Strom i aus ihr entnommen wird. Daher ist ihr Innenwiderstand gleich Null. Eine ideale Stromquelle liefert dagegen stets den gleichen Strom i, der unabhängig von der äußeren Beschaltung ist. Daher hat die ideale Stromquelle einen unendlich großen Innenwiderstand.

Wir schalten zwei ideale Spannungsquellen u_1 und u_2 nach der rechten Hälfte von Abb. 1.7 zusammen.

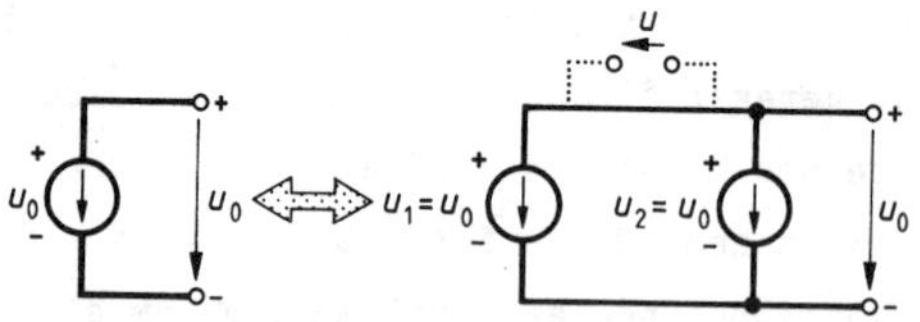

Abb. 1.7 Teilungssatz idealer Spannungsquellen.

An den Ausgangsklemmen möge die Spannung u_o entstehen. Machen wir einen Spannungsumlauf in der rechten Schleife, so gilt:
$$- u_2 + u_o = 0,$$
und in der linken Schleife:

Sätze zur Berechnung elektronischer Schaltungen

$-u_1 + u_o = 0.$

Wollen wir beide Gleichungen befriedigen, so folgt:

$u_1 = u_2 = u_o.$

Für das äußere Erscheinungsbild ist es also gleichgültig, ob wir zwei ideale Spannungsquellen gleicher Polarität parallelschalten oder nur eine Spannungsquelle nutzen. Beide Teile von Abb. 1.7 sind daher äquivalent.

Wir nehmen nun eine Auftrennung gemäß den punktierten Linien in der rechten Seite von Abb. 1.7 vor. Ein Spannungsumlauf liefert dann:

$u + u_1 - u_2 = u + u_o - u_o = 0$ oder: $u = 0.$

Es ist gleichbedeutend, ob die beiden Punkte gleichen Potentials miteinander verbunden sind oder nicht, ob also die aufgetrennte Verbindung besteht oder nicht. Solche Verbindungen können nach Belieben hinzugefügt oder entfernt werden.

Schalten wir ideale Spannungsquellen hintereinander (Abb. 1.8), so lie-

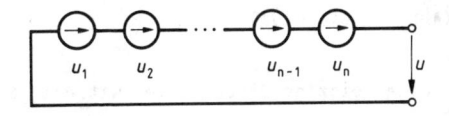

Abb. 1.8 Reihenschaltung idealer Spannungsquellen.

fert ein Spannungsumlauf:

$u_1 + u_2 + \ldots + u_{n-1} + u_n = u,$

d. h. hintereinandergeschaltete Spannungsquellen kann man durch eine einzige Spannungsquelle mit der Summenspannung ersetzen. Ebenso kann an jeder Stelle eines Ersatzschaltbildes eine ideale Spannungsquelle eingefügt werden, sofern sich nicht die Spannungssumme in der betroffenen Masche ändert.

Liegen zwei ideale Stromquellen i_1 und i_2 in Reihe (rechte Seite von Abb. 1.9), so können wir die Knotenregel für den Punkt 2:

$i_2 = i_o$

Elektronische Netzwerke

und für den Punkt 1:

$$i_1 = i_2 = i_o$$

anwenden, d. h. nur Stromquellen gleichen Stroms und gleicher Stromrichtung können in Reihe liegen. Daher können sie durch eine einzige Stromquelle ersetzt werden. In Umkehrung kann andrerseits die Aufspaltung einer Stromquelle vorgenommen werden (von links nach rechts in

Abb. 1.9 Teilungssatz idealer Stromquellen.

Abb. 1.9), wobei der im Punkt 1 einfließende Strom nach der Knotenregel zu:

$$0 = i_1 + i - i_2 = i_o + i - i_o = i$$

wird, d. h. es ist gleichgültig, ob wir den Punkt 1 mit einem anderen Knotenpunkt eines Netzwerkes verbinden oder nicht. Liegen ideale Stromquellen parallel (Abb. 1.10), so gilt:

$$i_1 + i_2 + \ldots + i_{n-1} + i_n = i,$$

d. h. sie können durch eine einzige Stromquelle mit dem Summenstrom ersetzt werden.

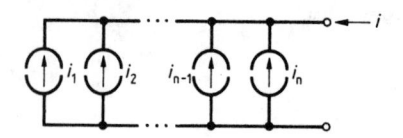

Abb. 1.10 Parallelschaltung idealer Stromquellen.

Wenn in einer linearen Schaltung verschiedene Signale nebeneinander auftreten, dann beeinflussen sie sich gegenseitig nicht. Jedes Signal wirkt in der Schaltung unabhängig von den anderen. Dies ist das Überlagerungsprinzip. Wir wenden es auf die Spannung in einem Knoten k an, indem wir alle einfließenden Ströme aufsummieren:

Sätze zur Berechnung elektronischer Schaltungen

$$i_1 + i_2 + \ldots i_\nu + \ldots + i_n = y_1 u_1 + y_2 u_2 + \ldots + y_\mu u_\mu + \ldots + y_m u_m,$$
(1.12)

wobei i_ν alle an k angeschlossenen Stromquellen sind. u_μ ist das Potential des Knotens gegenüber dem benachbarten Knoten μ. y_μ ist die dazwischenliegende Admittanz. Es dürfen allerdings keine unabhängigen Spannungsquellen vorliegen. Schalten wir alle Ströme außer i_ν willkürlich ab, so bleiben nur die darauf beruhenden Spannungsabfälle $u_{\mu\nu}$ übrig:

$$i_\nu = y_1 u_{1\nu} + y_2 u_{2\nu} + \ldots + y_\mu u_{\mu\nu} + \ldots + y_m u_{m\nu}.$$

Verfahren wir ähnlich mit allen anderen Strömen und addieren auf, so erhalten wir:

$$i_1 + i_2 + \ldots i_\nu + \ldots + i_n = y_1(u_{11} + u_{12} + \ldots + u_{1n})$$
$$\vdots$$
$$+ y_m(u_{m1} + u_{m2} + \ldots + u_{mn}).$$

Vergleichen wir dies mit (1.12), so ergibt sich:

$$u_\mu = u_{\mu 1} + u_{\mu 2} + \ldots + u_{\mu n} = \sum_{\nu=1}^{n} u_{\mu\nu}.$$

Jeder einzelne Spannungsabfall ist also die Summe der Spannungsabfälle, die von jeder einzelnen Stromquelle allein hervorgerufen werden.

Zur Demonstration des Überlagerungsprinzips auf Ströme machen wir einen Umlauf in einer beliebigen Masche einer Schaltung:

$$u_1 + u_2 + \ldots + u_\nu + \ldots + u_n = z_1 i_1 + z_2 i_2 + \ldots + z_\mu i_\mu + \ldots + z_m i_m,$$
(1.13)

wobei u_ν die Spannungsquellen in der Masche sind. z_μ sind die Impedanzen in der Masche, durch die jeweils die Ströme i_μ fließen. Es sollen keine Stromquellen vorhanden sein. Schließen wir sämtliche Spannungsquellen bis auf u_ν kurz, so folgt:

$$u_\nu = z_1 i_{1\nu} + z_2 i_{2\nu} + \ldots + z_\mu i_{\mu\nu} + \ldots + z_m i_{m\nu}.$$

$i_{\mu\nu}$ sind die Strombeiträge, die von u_ν hervorgerufen werden. Wollen wir wiederum (1.13) erhalten, so müssen wir aufsummieren:

$$u_1 + u_2 + \ldots u_\nu + \ldots + u_n = z_1(i_{11} + i_{12} + \ldots + i_{1n})$$
$$\vdots$$
$$+ z_m(i_{m1} + i_{m2} + \ldots + i_{mn})$$

mit dem Ergebnis:

Elektronische Netzwerke

$$i_\mu = i_{\mu 1} + i_{\mu 2} + \ldots + i_{\mu n} = \sum_{\nu=1}^{n} i_{\mu\nu}.$$

Ein Maschenstrom ist daher die Summe der Teilströme, die von jeder einzelnen Spannungsquelle für sich durch die Masche getrieben wird.

Die in diesem Kapitel behandelten Quellen waren alle unabhängig. Daneben treten in Schaltungen häufig gesteuerte Quellen auf, wobei die Steuergröße ein Strom oder eine Spannung sein kann. Im Ersatzschaltbild Abb. 2.9 des bipolaren Transistors haben wir bereits eine stromgesteuerte Stromquelle und im Ersatzschaltbild Abb. 2.34 des MOSFET eine spannungsgesteuerte Stromquelle kennengelernt, wobei in diesen Fällen die Steuergrößen an anderen Stellen im Netzwerk auftraten.

Quellentransformation. In manchen Fällen ist es sinnvoll, Teile von Schaltungen zu einer idealen Quelle mit einem Innenwiderstand zusammenzufassen. So ist z. B. in Abb. 1.11a eine Zweipolspannungsquelle mit dem Innenwiderstand R_0 dargestellt. Ihre an den von außen zugänglichen Klemmen gemessene Charakteristik ergibt sich aus einem Maschenumlauf zu:

$$u = iR_0 + u_0.$$

u_0 ist die Leerlaufspannung.

<u>Abb. 1.11</u>

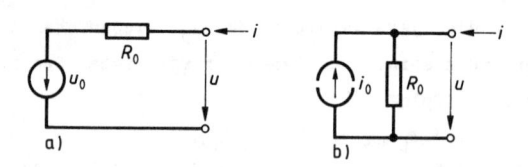

a) Zweipolspannungsquelle,   b) Zweipolstromquelle.

Betrachten wir dagegen die Ströme in einem Knoten der Zweipolstromquelle Abb. 1.11b, so folgt deren Charakteristik:

$$u = i_0 R_0 + i R_0.$$

Sätze zur Berechnung elektronischer Schaltungen

i_o ist der Kurzschlußstrom. Die beiden letzten Gleichungen liefern gleiches Verhalten der beiden Zweipolquellen, wenn:

$$u_o = i_o R_o \qquad (1.14)$$

gewährleistet ist. Unter dieser Bedingung ist also eine Transformation der Quellen ineinander möglich.

Als Beispiel zur Illustration des bisher Gesagten wählen wir den FET-Verstärker nach Abb. 1.6, S. 232, wobei die Betriebsfrequenz einerseits hinreichend niedrig sein soll, um die Sourcekapazität C_S weglassen zu können, andrerseits aber hinreichend hoch, um die Koppelkapazitäten C_K als durchgängig betrachten zu können. Abb. 1.12a wiederholt die Schaltung des FET-Verstärkers.

Im nächsten Schritt ersetzen wir den FET durch sein Ersatzschaltbild, aus dem wegen unserer Frequenzbeschränkung alle Kapazitäten entfernt sein können. Zudem soll zwischen Gate und Source kein Gleichstrom fließen. Wenn wir auf Abb. 2.32, S. 166, zurückgreifen und r_i als unendlich setzen, gewinnen wir Abb. 1.12b, in dem der gerasterte Kasten das Ersatzschaltbild des FET angibt. R_D kann wegen der wechselstrommäßigen Durchlässigkeit der Versorgungsquelle U_B direkt mit Erde verbunden werden. Durch einen Maschenumlauf können wir daraus sofort:

$$u_{gs} = u_1 - u_s = u_1 - i_s R_s \qquad (1.15)$$

ablesen. Die kleinen Buchstaben deuten an, daß wir uns nur auf das Wechselstromverhalten beziehen. Mit dieser Beziehung können wir die eine Stromquelle $g_m u_{gs}$ durch zwei parallel geschaltete Stromquellen ersetzen und kommen zu Abb. 1.12c. Wiederum rahmt der gerasterte Kasten den FET ein. Zur Vereinfachung sind R_D und der Lastwiderstand R_L zu:

$$1/R_{DL} = 1/R_D + 1/R_L$$

zusammengefaßt.

Nehmen wir in Abb. 1.12b eine Quellentransformation vor, so gelangen wir zu Abb. 1.12d, wobei sich der Wert der Leerlaufspannung der Zweipolspannungsquelle aus (1.14) errechnet. Nutzen wir nun (1.15), so gelangen wir zu Abb. 1.13a mit zwei in Reihe geschalteten Spannungsquellen. Jede dieser Quellen kann in der Ausgangsschleife verschoben

Elektronische Netzwerke

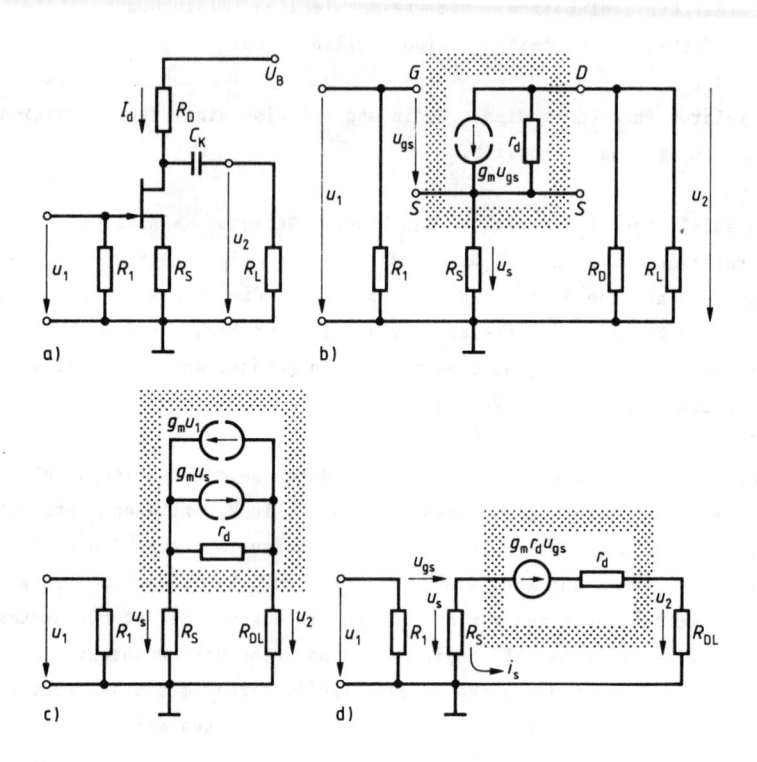

Abb. 1.12 Äquivalente Darstellungen eines FET-Verstärkers.

werden, weil sich dadurch die elektrischen Verhältnisse nicht ändern. Wir können nun eine weitere Quellentransformation mit Hilfe von (1.14) zurück zu einer Stromquelle vornehmen. Das Resultat ist Abb. 1.13b. Nutzen wir nun den Teilungssatz nach Abb. 1.7, so folgt Abb. 1.13c. Dabei macht es keinen Unterschied, ob wir die gestrichelte Verbindung auftrennen oder nicht. Wir können aber auch - wiederum ausgehend von Abb. 1.13b - den Teilungssatz für Stromquellen (Abb. 1.9) anwenden. Dann resultiert Abb. 1.13d. In den Verbindungspunkt fließt nach Abb. 1.9 kein Strom i ein, so daß wir ihn mit Erde verknüpfen können. Wir haben damit eine Stromquelle in zwei gleiche andere umgewandelt. Die eine dieser Stromquellen liefert an den Erdungspunkt denselben Strom, der von der anderen entnommen wird.

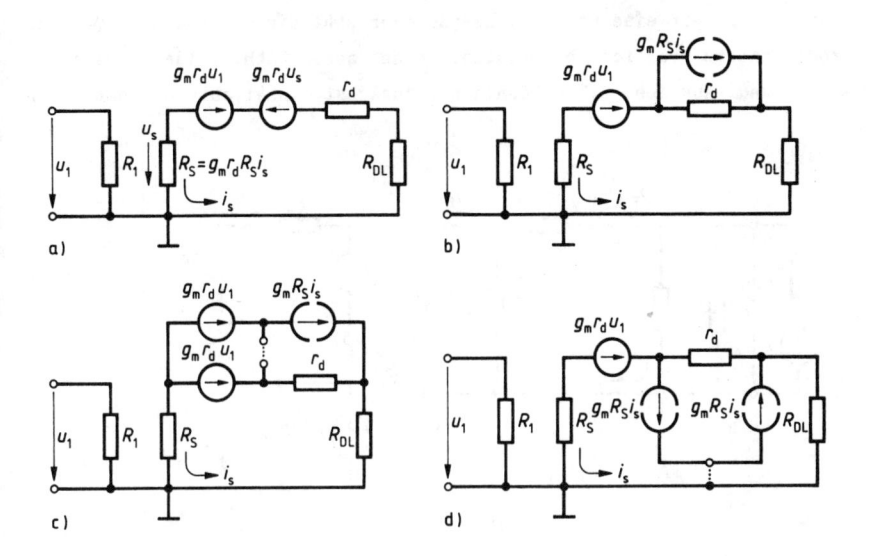

Abb. 1.13 Dem FET-Verstärker nach Abb. 1.12 äquivalente Ersatzschaltbilder.

Die in Abb. 1.12 und 1.13 gezeigten Ersatzschaltbilder können in jeder Richtung ineinander überführt werden. Jede dieser Transformationen entspricht einer algebraischen Umsortierung der Gleichungen, die Strom und Spannung in der Schaltung miteinander verknüpfen. Es ist jedoch in vielen Fällen einfacher und liefert zudem ein besseres Verständnis, wenn wir Manipulationen im Sinne der gezeigten Beispiele direkt an der Schaltung vornehmen.

Satz von der Zweipolquelle. Jede lineare elektronische Schaltung kann man an zwei herausgegriffenen Klemmen durch eine Zweipolquelle ersetzen. Man muß dabei allerdings beachten, ob die Schaltung unabhängig oder abhängig gesteuerte Quellen enthält. Erstere kann man für Rechenzwecke zu Null setzen, letztere nicht, da sie vom Ausgangsstrom abhängen.

Zur Illustration verwenden wir wieder den FET-Verstärker nach Abb. 1.12a, lassen aber den Lastwiderstand R_L weg und fügen den Genera-

Elektronische Netzwerke

tor nach Abb. 1.6, S. 232, hinzu. Dadurch kommen wir zu Abb. 1.14a oder, falls wir eine nach unabhängig oder abhängig gesteuerten Quellen modifizierte Version bevorzugen, eine gemäß Abb. 1.13a geänderte Schaltung. Aus Abb. 1.14a können wir zunächst einmal ablesen, daß sich

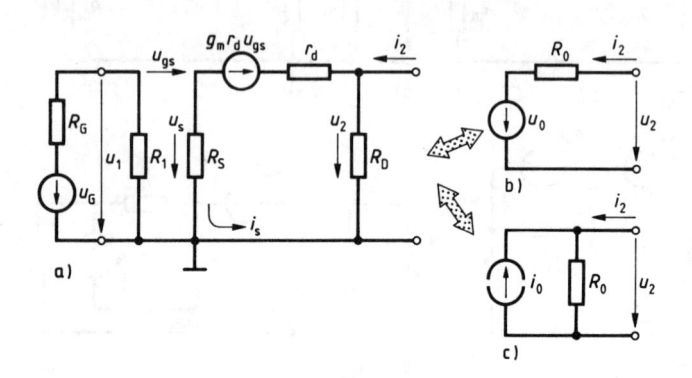

Abb. 1.14 Ersatz durch Zweipolquellen.
  a) Ersatzschaltbild eines FET-Verstärkers;
  b) Äquivalenz nach dem Satz von Thévenin;
  c) Äquivalenz nach dem Satz von Norton.

die Generatorspannung u_G - ähnlich wie früher auf S. 225, Kap. II.1.1 - gemäß:

$$u_1 = \frac{R_1}{R_1+R_G} u_G$$

aufteilt. Weiterhin folgt, daß im Leerlauf die Spannung:

$$u_{2LL} = - i_s R_D \tag{1.16}$$

am Ausgang von Abb. 1.14a erscheinen muß. Wenn wir Äquivalenz zwischen Abb. 1.14a und b erreichen wollen, dann müssen wir

$$u_{2LL} = u_o \tag{1.17}$$

fordern. Wir erhalten aus einem Spannungsumlauf in der rechten Masche von Abb. 1.14a:

$$g_m r_d u_{gs} = u_s - u_2 + i_s r_d = i_s (r_d + R_D + R_s)$$

oder zusammen mit (1.15):

$$g_m r_d u_1 = i_s [r_d + R_D + (1 + g_m r_d) R_s]. \tag{1.18}$$

Mit (1.16) und (1.17) gewinnen wir daraus:

Sätze zur Berechnung elektronischer Schaltungen

$$u_{2LL} = u_o = \frac{-g_m r_d R_D}{r_d + R_D + (1 + g_m r_d) R_S} u_1. \tag{1.19}$$

Wenn wir den Ausgang kurzschließen, also R_D überbrücken, so folgt daraus der Kurzschlußstrom:

$$i_{2KS} = \frac{g_m r_d}{r_d + (1 + g_m r_d) R_S} u_1. \tag{1.20}$$

Dieser Strom muß natürlich auch im Kurzschluß der äquivalenten Schaltung Abb. 1.14b fließen, so daß sich:

$$R_o = -\frac{u_o}{i_{2KS}} = -\frac{u_{2LL}}{i_{2KS}} = \frac{R_D [r_d + (1 + g_m r_d) R_S]}{r_d + R_D + (1 + g_m r_d) R_S}. \tag{1.21}$$

ergibt. Damit haben wir die äquivalente Schaltung Abb. 1.14b bestimmt. Man spricht auch von der äquivalenten Schaltung nach Thévenin mit u_o nach (1.19) und R_o nach (1.21).

Nun können wir eine Quellentransformation vornehmen mit Abb. 1.14c als Resultat. Im Kurzschluß müssen die Ausgangsströme von Abb. 1.14a und c identisch sein, also:

$$i_{2KS} = -i_o = u_o / R_o$$

nach (1.20) und (1.21). Man spricht in diesem Zusammenhang auch von Nortons Theorem.

Substitutionssatz. In vielen Fällen ist es nützlich, eine gesteuerte Quelle durch eine Impedanz, also einen komplexen Widerstand, oder durch eine Admittanz, also einen komplexen Leitwert, zu ersetzen. Das Vorgehen wird durch den Substitutionssatz geregelt, den wir mit Abb. 1.15 veranschaulichen. Wir gehen von einem Netzwerk N aus, an dessen äußeren Anschlußklemmen eine stromgesteuerte Spannungsquelle Ai liegt (Abb. 1.15a), wobei A durchaus auch komplex sein kann. Wir können dann die Spannungsquelle offensichtlich durch eine Impedanz der Größe $Z = A$ ersetzen, denn auch an ihr fällt genau die Spannung Ai ab.

Haben wir demgegenüber eine spannungsgesteuerte Stromquelle Bu, die von der Spannung u an den Anschlußklemmen von N kontrolliert wird, so kommen wir zu einer äquivalenten Schaltung, wenn wir eine Admittanz $Y = B$ an die Klemmen anschließen. Denn die substituierte Admittanz Y erlaubt den Stromfluß Bu.

Elektronische Netzwerke

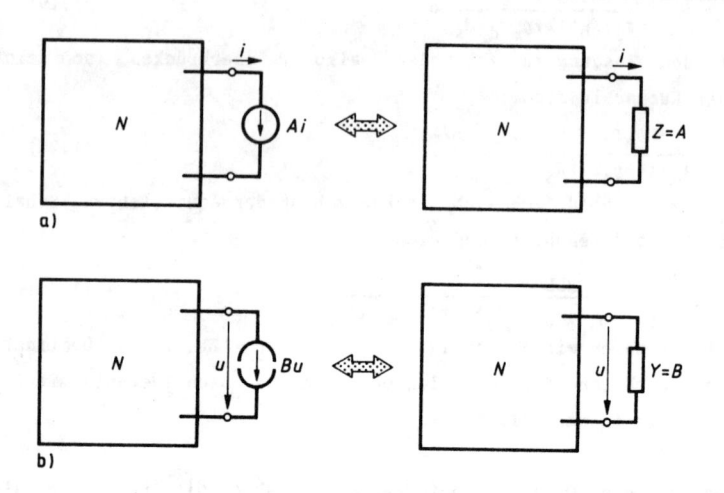

Abb. 1.15 Substitution einer stromgesteuerten Spannungsquelle (a) sowie einer spannungsgesteuerten Stromquelle (b).

Zur Illustration des Substitutionssatzes geben wir zwei Beispiele. Das erste geht von der Verstärkerschaltung in Abb. 1.14a aus, indem wir die Spannungsquelle $g_m r_d u_{gs}$ wie in Abb. 1.13a mit (1.15), S. 239, gemäß:

$$g_m r_d u_{gs} = g_m r_d (u_1 - i_s R_s)$$

in zwei Teilspannungsquellen zerlegen. Die zweite $g_m r_d R_s i_s$ ist stromgesteuert, kann also durch die Impedanz $g_m r_d R_s$ gemäß Abb. 1.15a ersetzt werden. Diese Impedanz können wir R_s zuschlagen, so daß Abb. 1.16 resultiert.

Als zweites Beispiel nehmen wir die Drainschaltung eines FET, die ähnliche Eigenschaften wie der Emitterfolger nach Abb. 1.4 hat. Entsprechend nimmt man die Schaltung, die auch Sourcefolger genannt wird, zur Wandlung von einer hohen Eingangsimpedanz auf einen niedrigen Ausgangswiderstand. Abb. 1.17a zeigt einen Sourcefolger.

Sätze zur Berechnung elektronischer Schaltungen

Abb. 1.16 Anwendung des Substitutionssatzes zum Ersatz einer stromgesteuerten Spannungsquelle.

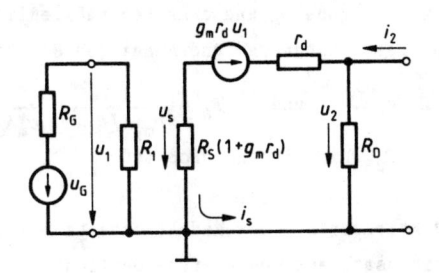

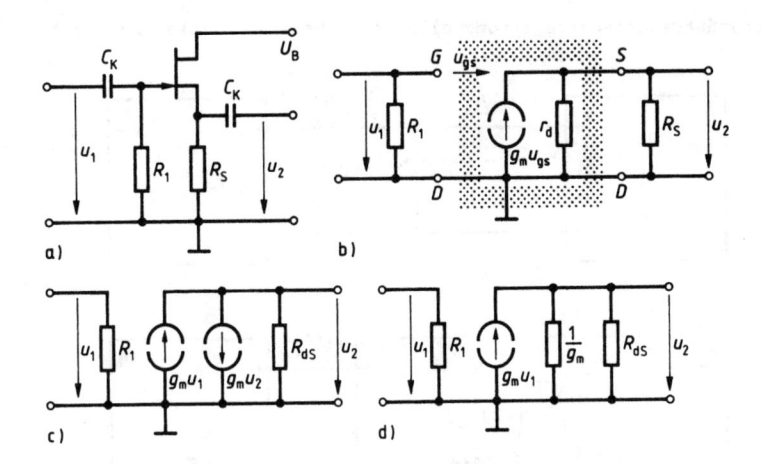

Abb. 1.17 Anwendung des Substitutionssatzes zum Ersatz einer spannungsgesteuerten Stromquelle in einem Sourcefolger.

Die Koppelkondensatoren C_K sind wechselstrommäßig durchlässig, ebenso wie U_B in diesem Sinn auf Erde liegt. Führen wir nun wie in Abb. 1.12b das Ersatzschaltbild des FET ein, so erhalten wir Abb. 1.17b. Nach (1.15) spalten wir die Stromquelle $g_m u_{gs}$ in die beiden Teilquellen:

$$g_m u_{gs} = g_m u_1 - g_m u_2$$

auf, von denen die zweite spannungsgesteuert ist (Abb. 1.17c). Außerdem fassen wir r_d und R_S zu dem Widerstand R_{dS} zusammen. Wir ersetzen nach

Elektronische Netzwerke

dem Substitutionssatz Abb. 1.15b die Stromquelle $g_m u_2$ durch den Leitwert der Größe g_m und erhalten schließlich Abb. 1.17d. Nun lassen sich sehr rasch Eingangs- und Ausgangswiderstand des Sourcefolgers ablesen:

$$R_e = R_1 \quad \text{und:} \quad R_a = \frac{1}{g_m + 1/R_{dS}} = \frac{R_{dS}}{g_m R_{dS} + 1} \approx \frac{1}{g_m},$$

falls R_{dS} hinreichend groß ist.

Reduktionssatz. Der Reduktionssatz bezieht sich ebenso wie der Substitutionssatz auf gesteuerte Quellen. Wir beginnen nach Abb. 1.18a mit der stromgesteuerten Stromquelle Ai_1. Der Reduktionssatz ist eine Ergänzung zum Substitutionssatz, der sich für unser Beispiel auf spannungsgesteuerte Stromquellen bezieht. Das linke Netzwerk N_1 ist

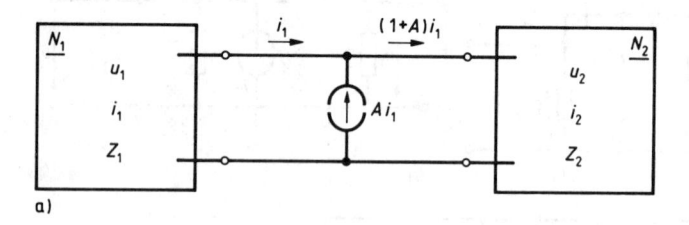

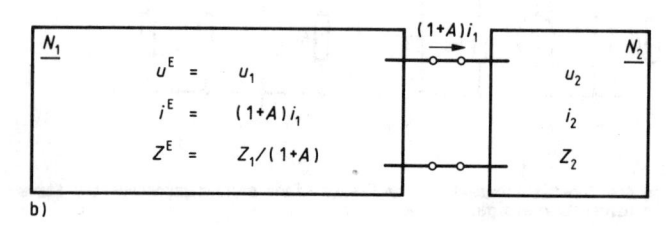

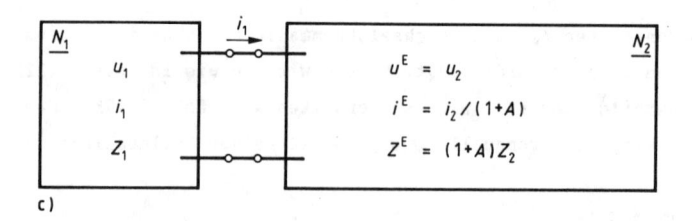

Abb. 1.18 Reduktionssatz für eine stromgesteuerte Stromquelle.
  a) Ausgangsanordnung;
  b) Reduktion in das linke Netzwerk N_1;
  c) Reduktion in das rechte Netzwerk N_2.

Sätze zur Berechnung elektronischer Schaltungen

durch die Größen u_1, i_1 und Z_1 für Spannung, Strom bzw. Impedanz bezüglich seiner Ausgangsklemmen gekennzeichnet. Entsprechendes gilt für das rechte Netzwerk N_2. N_1 und N_2 sind miteinander verbunden, wobei aber noch die gesteuerte Stromquelle Ai_1 an den Ausgangsklemmen liegt. Diese Stromquelle wollen wir eliminieren, wobei wir aber das rechte Netzwerk N_2 ungeändert lassen wollen. Wir halten also insbesondere den Strom in N_2 hinein fest. Die Spannungen dürfen dadurch nicht berührt werden.

Damit sich das Verhalten der Gesamtschaltung nicht ändert, muß N_1 entsprechend angepaßt werden, indem wir Ersatzgrößen einführen. Um am Ausgang von N_1 die ungeänderte Spannung $u^E = u_1$ erscheinen zu lassen, müssen wir wegen des vergrößerten Ersatzstroms $i^E = (1+A)i_1$ die Ersatzimpedanz $Z^E = Z_1/(1+A)$ entsprechend verkleinert einführen (Abb. 1.18b). Reduzieren wir in das rechte Netzwerk N_2 hinein, so müssen wir N_1 und den daraus fließenden Strom i_1 ungeändert lassen. Nun muß wegen des reduzierten Ersatzstroms $i^E = i_2/(1+A)$ die Ersatzimpedanz $Z^E = (1+A)Z_2$ für N_2 eingeführt werden, damit dessen Ausgangsspannung $u^E = u_2$ unverändert bleibt (Abb. 1.18c).

Wir illustrieren den Reduktionssatz mit dem Emitterfolger nach Abb. 1.4, S. 227, dessen Schaltung wir der Übersichtlichkeit halber nochmals in Abb. 1.19a wiederholen. Weil wir wechselstrommäßig die Koppelkondensatoren C_K vernachlässigen und die Betriebsspannung U_B auf Erde legen können, lassen sich R_1 und R_2 zu $R_{12} = R_1R_2/(R_1 + R_2)$ zusammenfassen. Wir verwenden das Ersatzschaltbild Abb. 2.9, S. 119, für den Transistor, so daß Abb. 1.19b folgt. Der gerasterte Kasten macht das Ersatzschaltbild deutlich. Außerdem haben wir die Signalquelle u_G in eine äquivalente Stromquelle transformiert (vgl. S. 238).

Wir vertauschen r_c und die Stromquelle ai_e, um formal die Ähnlichkeit zu Abb. 1.18 besser herauszustellen. Wir bezeichnen den rechten Teil der Schaltung mit N_1 und den linken mit N_2 (Abb. 1.19c). Wir wählen als erste Möglichkeit, ai_e in N_1 hinein zu reduzieren, d. h. den Strom in N_2 hinein konstant zu lassen. Um den Übergang von Abb. 1.18a nach b formal nachzuvollziehen, muß $(1+A)$ in Abb. 1.18 der Größe $(1-\alpha)$ in

Elektronische Netzwerke

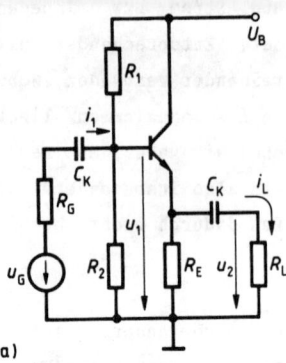

Abb. 1.19 Demonstration des Reduktionssatzes am Beispiel des Emitterfolgers.
a) Schaltbild;
b) eingefügtes Kleinsignalersatzschaltbild des Transistors;
c) Umzeichnung zur Anwendung des Reduktionssatzes;
d) Reduktion in N_1 hinein;
e) Reduktion in N_2^- hinein.

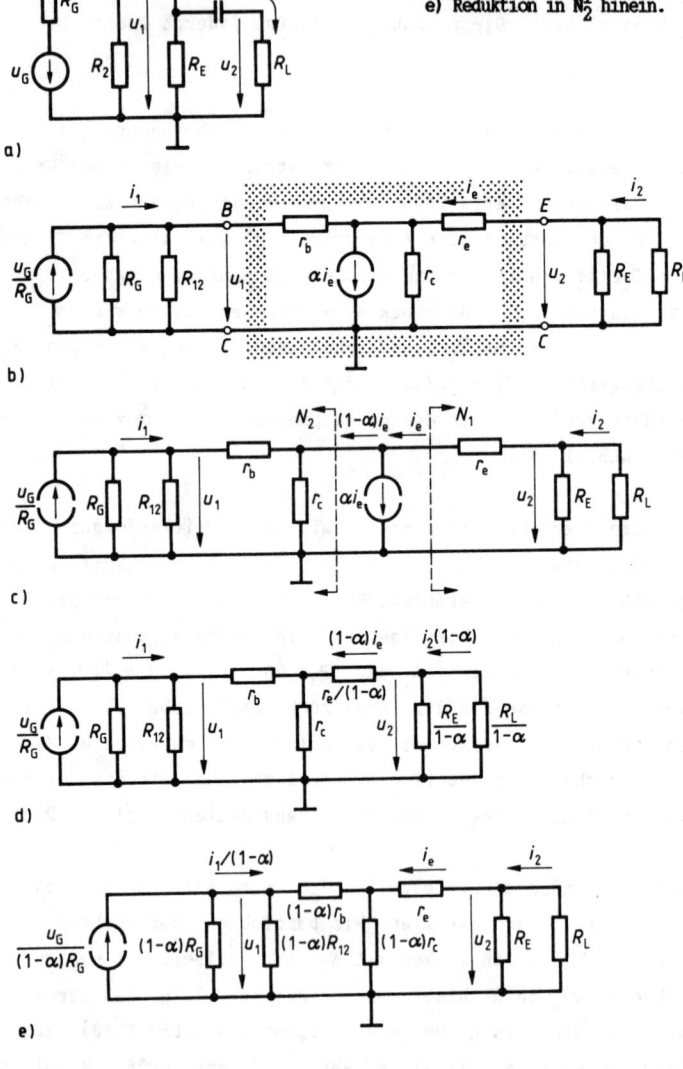

Sätze zur Berechnung elektronischer Schaltungen

Abb. 1.19c entsprechen. Daher müssen die Impedanzen in Abb. 1.19c durch (1-α) dividiert und die Ströme mit diesem Faktor multipliziert werden. Das Ergebnis ist Abb. 1.19d. Die zweite Möglichkeit ist die Reduktion in N_2 hinein. Dann muß der Strom in N_1 erhalten bleiben. Die Ströme in N_2 müssen gemäß Abb. 1.18b alle um (1-α) verkleinert und die Impedanzen um (1-α) vergrößert werden. Wir erhalten damit Abb. 1.19e.

Da alle Schaltungen in Abb. 1.19 einander äquivalent sind, können wir sie wahlweise nutzen, um wichtige Eigenschaften des Emitterfolgers daraus abzulesen. Die Ergebnisse müssen dieselben sein, die wir bereits in Kap. II.1.1, S. 228 und 229, erhalten haben. Zunächst können wir aus Abb. 1.19e:

$$-u_2 = i_e R_E R_L / (R_E + R_L) = i_e R_{EL}$$

entnehmen, wobei wir mit R_{EL} die Parallelschaltung von R_E und R_L bezeichnen. Weil r_c im allgemeinen sehr groß, der Basisbahnwiderstand r_b dagegen meist klein ist, folgt aus Abb. 1.19e:

$$-u_1 = i_e (r_e + R_{EL}).$$

Durch Division ergibt sich daraus:

$$\frac{u_2}{u_1} = \frac{R_{EL}}{r_e + R_{EL}}, \qquad (1.22)$$

d. h. das Verhältnis von Ausgangs- und Eingangsspannung beim Emitterfolger ist stets kleiner als Eins. Dieselbe Beziehung folgt aus (1.8) und (1.9) des Kap. II.1.1, weil das dortige r_{be} dem r_e entspricht und weil die Stromverstärkung β in Emitterschaltung sehr groß gegen Eins ist.

Zur Ermittlung des Eingangswiderstandes R_e des Emitterfolgers gehen wir von Abb. 1.19d aus, berücksichtigen aber, daß die parallelgeschalteten Widerstände R_{12} üblicherweise sehr groß sind. Dann lesen wir unmittelbar ab:

$$R_e = \frac{u_1}{i_1} = \frac{(1-\alpha) i_e [r_e/(1-\alpha) + R_{EL}/(1-\alpha)]}{(1-\alpha) i_e} = \frac{r_e + R_{EL}}{1-\alpha}.$$

Dies entspricht - mit (2.21), S. 115, wegen α nahe 1 - der Gleichung (1.9a), S. 228. R_e nimmt daher einen hohen Wert an, sofern nur R_{EL}

Elektronische Netzwerke

hinreichend groß ist.

Aus Abb. 1.19e können wir unter den gemachten Voraussetzungen den Ausgangswiderstand R_a als die Parallelschaltung der beiden Widerstandszweige R_E sowie r_e und $(1-\alpha)R_G$ entnehmen:

$$\frac{i_2}{u_2} = \frac{1}{R_a} = \frac{1}{R_E} + \frac{1}{r_e + (1-\alpha)R_G}.$$

Da der Generatorwiderstand R_G klein und R_E groß sind, folgt

$R_a \approx r_e$

in Übereinstimmung mit (1.10a), S. 229. Der Emitterfolger hat als Impedanzwandler demnach einen sehr kleinen Ausgangswiderstand.

Schließlich bestimmen wir noch die auf die Generatorspannung u_G bezogene Spannungsverstärkung, indem wir einerseits (1.22) nutzen und andererseits Abb. 1.19a für die Spannungsteilung am Eingang verwenden:

$$v_u = \frac{u_2}{u_G} = \frac{u_2}{u_1} \cdot \frac{u_1}{u_G} = \frac{R_{EL}}{r_e + R_{EL}} \cdot \frac{R_e}{R_e + R_G}.$$

Dies entspricht (1.11), S. 229, wenn nur β hinreichend groß ist.

In Abb. 1.20 ist die duale Form des Reduktionssatzes dargestellt. Die beiden Netzwerke N_1 und N_2 sind durch eine Spannungsquelle Bu_1 miteinander verbunden, die durch die Spannung u_1 am Netzwerk N_1 kontrolliert wird. Diese spannungsgesteuerte Spannungsquelle gilt es zu eliminieren, wobei die Ströme erhalten bleiben müssen. Dazu stehen die beiden in Abb. 1.20b und c illustrierten Möglichkeiten zur Wahl. Wählen wir die Reduktion in N_1 hinein, dann muß an N_1 die um $(1+B)$ erhöhte Ersatzspannung u^E erscheinen, die aber bei gleichbleibendem Strom $i^E = i_1$ nur durch Multiplikation aller Impedanzen in N_1 mit $(1+B)$ erreicht werden kann. Daher folgt Abb. 1.20b, wenn die Spannungsquelle Bu_1 durch einen Kurzschluß ersetzt wird. Es ist evident, daß bei Reduktion in N_2 hinein alle relevanten Größen durch $(1+B)$ dividert werden müssen (Abb. 1.20c).

Zur Erläuterung des Reduktionssatzes wählen wir den Transistorverstärker in Emitterschaltung nach Abb. 1.1, S. 220, den wir in Abb. 1.21a

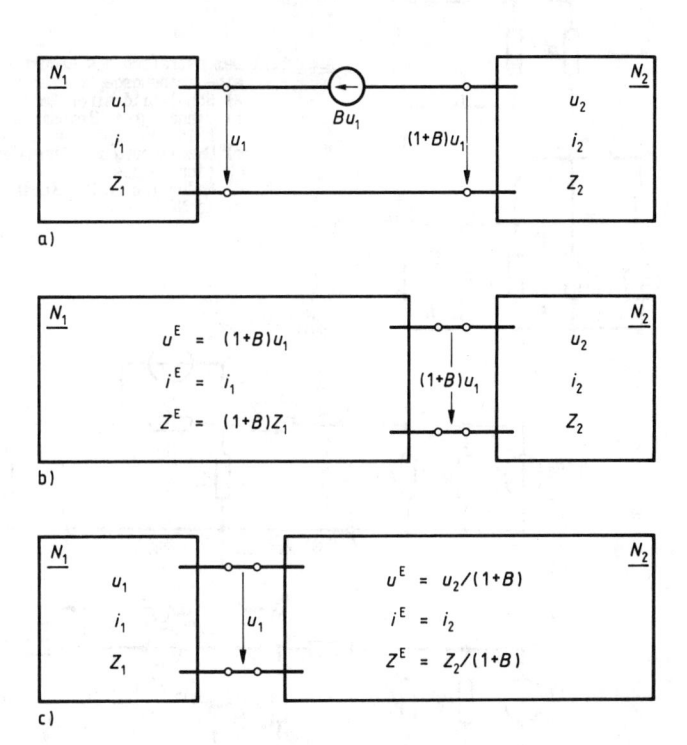

Sätze zur Berechnung elektronischer Schaltungen

Abb. 1.20 Reduktionssatz für eine spannungsgesteuerte Spannungsquelle (a) bei Reduktion in N_1 (b) bzw. N_2 (c) hinein.

wiederholen. Wir stellen dieselben Überlegungen wie beim Übergang von Abb. 1.19a zu b an und fügen das Ersatzschaltbild des Transistors im gerasterten Kasten von Abb. 1.21b ein. Der Strom i_e ruft am Widerstand r_e die Spannung

$$u_e = i_e r_e$$

hervor, die die Steuergröße ist, wenn wir den Reduktionssatz nach Abb. 1.20 anwenden wollen. Dazu müssen wir die stromgesteuerte Stromquelle αi_e durch Quellentransformation nach Abb. 1.11 in die spannungsgesteuerte Spannungsquelle $\alpha \dfrac{r_c}{r_e} u_e$ umwandeln, so daß wir Abb. 1.21c er-

Elektronische Netzwerke

Abb. 1.21 Demonstration des Reduktionssatzes für eine spannungsgesteuerte Spannungsquelle.
a) Schaltbild einer Emitterschaltung;
b) eingefügtes Kleinsignalersatzschaltbild des bipolaren Transistors;
c) Umzeichnung zur Anwendung des Reduktionssatzes;
d) Reduktion in N_1 hinein;
e) in N_2 hinein.

252

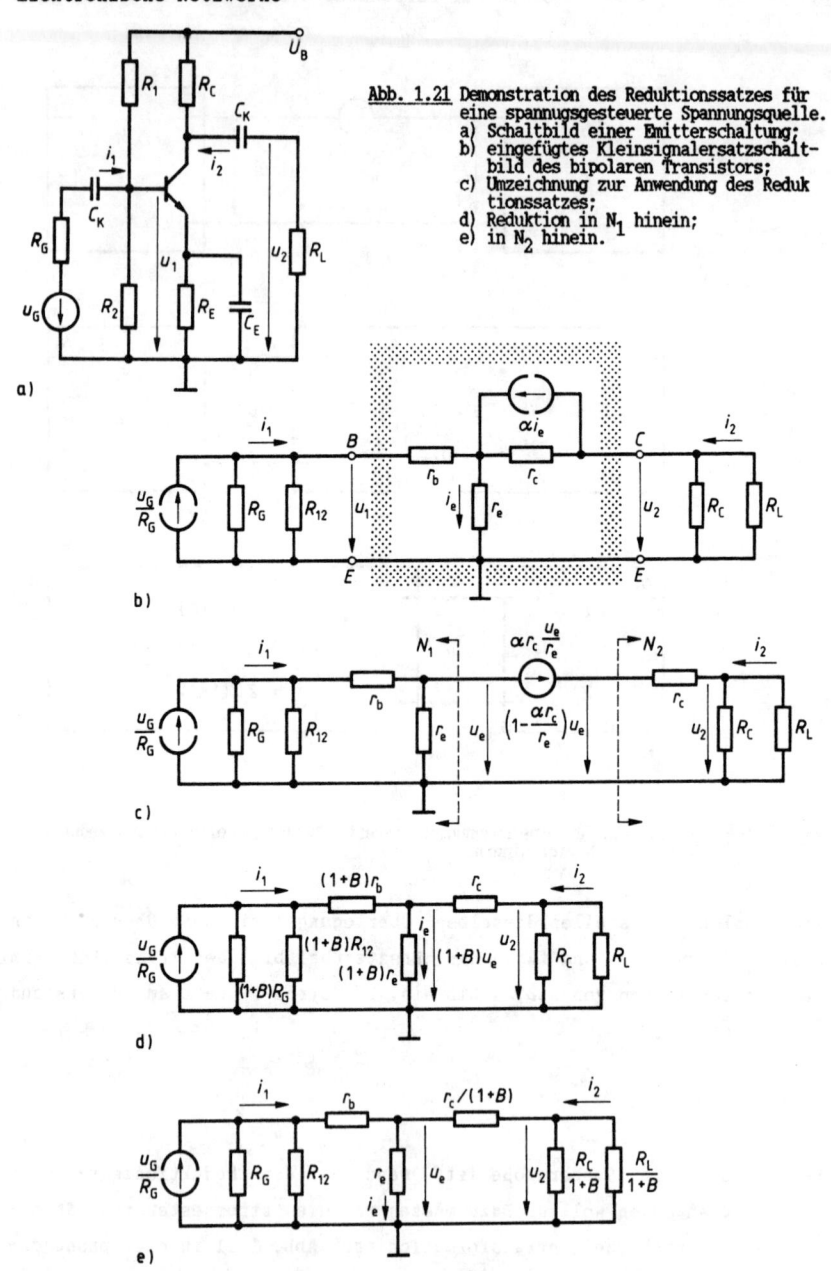

Sätze zur Berechnung elektronischer Schaltungen

halten. Nun können wir klar die beiden Schaltungen N_1 und N_2 erkennen, wobei die Ausgangsspannung u_e von N_1 die Steuergröße ist. Die Analogie zu Abb. 1.20 ist sofort zu erkennen, wenn wir:

$$B = -\alpha r_c / r_e$$

setzen. Damit folgen sofort Abb. 1.21d bei Reduktion in N_1 hinein bzw. Abb. 1.21e bei Reduktion in N_2 hinein.

Millersches Theorem. Wenn die beiden Teile einer Schaltung zwischen den Anschlußpunkten 1 und 2 durch eine Impedanz Z miteinander verbunden sind, dann erlaubt das Millersche Theorem die Auftrennung beider Teile. Dadurch wird in vielen Fällen die Schaltungsberechnung vereinfacht. Darüber hinaus erlaubt das Theorem, parasitäre Effekte bei Transistoren besonders deutlich zu machen, wie wir am Beispiel zeigen wollen. Wir

<u>Abb. 1.22</u> Millersches Theorem

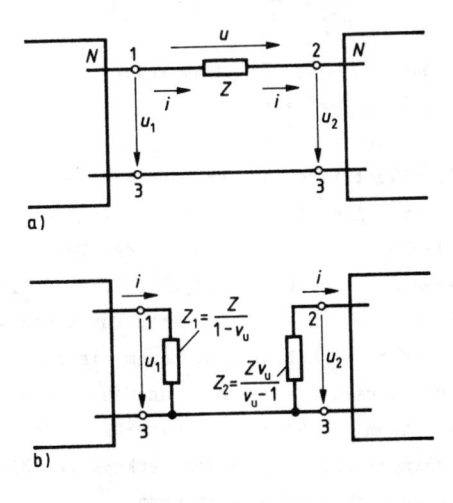

gehen von Abb. 1.22a aus, in der die beiden Teile des Netzwerkes N – etwa der Eingangs- und der Ausgangsteil – durch die beiden Halbkästen symbolisiert sind. Der Strom i fließt aus dem Knoten 1 in den Knoten 2, so daß an Z die Spannungen u_1 und u_2 gegenüber dem Fußpunkt 3 entstehen. Das Spannungsverhältnis ist:

Elektronische Netzwerke

$$v_u = u_2/u_1. \tag{1.23}$$

Wir lesen aus Abb. 1.22a die Spannung

$$u = u_1 - u_2 = iZ$$

an Z ab. Gehen wir zur Schaltung Abb. 1.22b über, dann liegen äquivalente Verhältnisse vor. Denn nach wie vor fließt i aus 1 heraus und ruft wegen der beiden letzten Gleichungen die Spannung:

$$iZ_1 = \frac{iZ}{1-v_u} = \frac{iZ}{u_1-u_2} u_1 = u_1$$

an Z_1 hervor. Ebenso erzeugt der in den Punkt 2 hineinfließende Strom i an der Impedanz Z_2 den Spannungsabfall:

$$iZ_2 = \frac{iZv_u}{v_u-1} = \frac{iZ}{u_2-u_1} u_2 = -u_2,$$

so daß in der Tat Äquivalenz zwischen den beiden Schaltungen in Abb. 1.22 vorliegt.

Wir illustrieren das Millersche Theorem anhand des FET-Verstärkers, den wir aus Abb. 1.6, S. 232, übernehmen (Abb. 1.23a). Wir nehmen die üblichen Vereinfachungen für den Wechselstrombetrieb vor und fügen das FET-Ersatzschaltbild aus Abb. 2.34, S. 166, ein, wobei wir die Kapazitäten durch ihre Absolutwerte für einen gegebenen Transistor ersetzen. Wir erhalten Abb. 1.23b, indem wir durch Zusammenfassen den effektiven Lastwiderstand R_L' einführen. Wenn wir nun die Voraussetzung machen, daß der Strom i durch die Gate-Drain-Kapazität C_{gd}, die Eingangs- und Ausgangskreis miteinander verkoppelt, klein gegenüber $g_m U_{gs}$ ist, dann können wir sofort die Spannung:

$$u_2 = -g_m U_{gs} R_L'$$

angeben. Also folgt der Strom:

$$i = j\omega C_{gd}(1+g_m R_L') U_{gs}$$

durch C_{gd}, der in der Tat klein gegen $g_m U_{gs}$ ist, falls die Bedingungen:

$\omega \ll g_m/C_{gd}$ und: $\omega \ll 1/(R_L' C_{gd})$

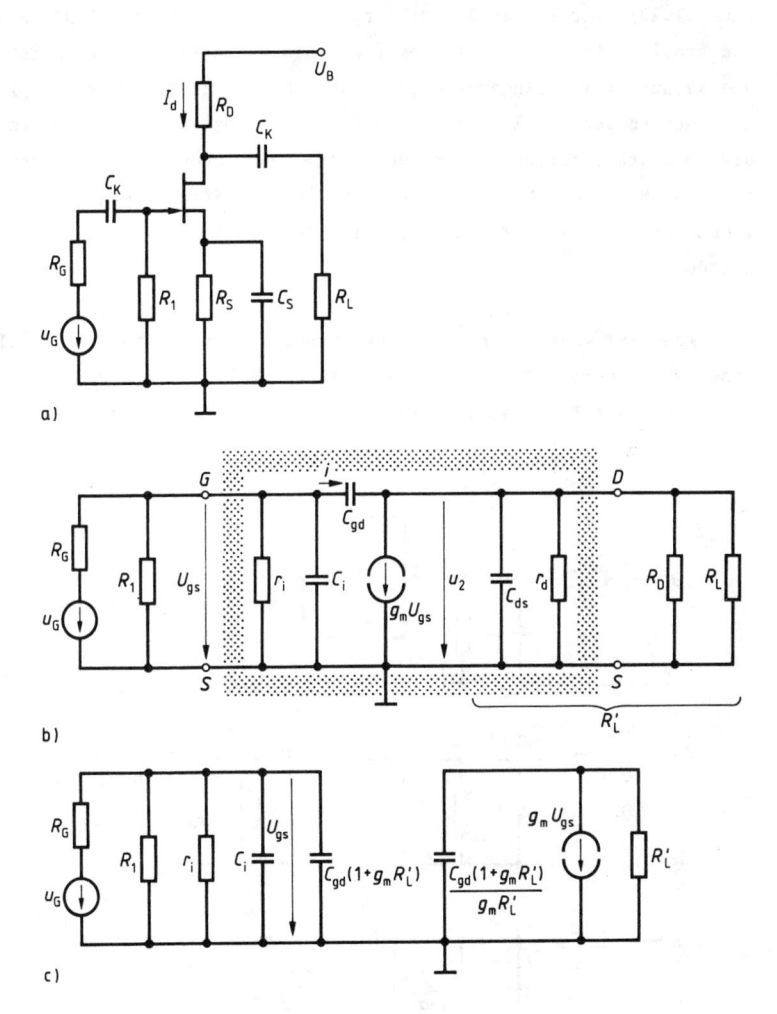

Abb. 1.23 Demonstration des Millerschen Theorems anhand eines FET-Verstärkers.
  a) Sourceschaltung;
  b) eingefügtes Kleinsignalersatzschaltbild des FET;
  c) Umwandlung in Miller-Kapazität $C_{gd}(1+g_m R_L')$.

erfüllt sind. Dies ist meist im brauchbaren Frequenzbereich des Verstärkers der Fall. Nun kennen wir:

$$v_u = - g_m R_L'$$

Elektronische Netzwerke

nach (1.23). Wir können das Millersche Theorem nach Abb. 1.22 anwenden und erhalten Abb. 1.23c als Resultat. Die wesentliche Aussage ist, daß die Kapazität im Eingangskreis drastisch erhöht wird, weil $g_m R_L'$ im allgemeinen sehr viel größer als Eins ist. Daher verschlechtern sich die Verstärkungseigenschaften der Schaltung schon bei niedrigen Frequenzen. Man bezeichnet dies als den Miller-Effekt. Man ist folglich schon beim Bau eines FET bemüht, die Kapazität C_{gd} möglichst klein zu halten.

Statt des FET können wir auch einen bipolaren Transistor zugrundelegen. Unser Ausgangspunkt ist dann die Emitterschaltung der Abb. 1.1, S. 220, in die wir das Ersatzschaltbild Abb. 2.10, S. 120, einsetzen müssen.

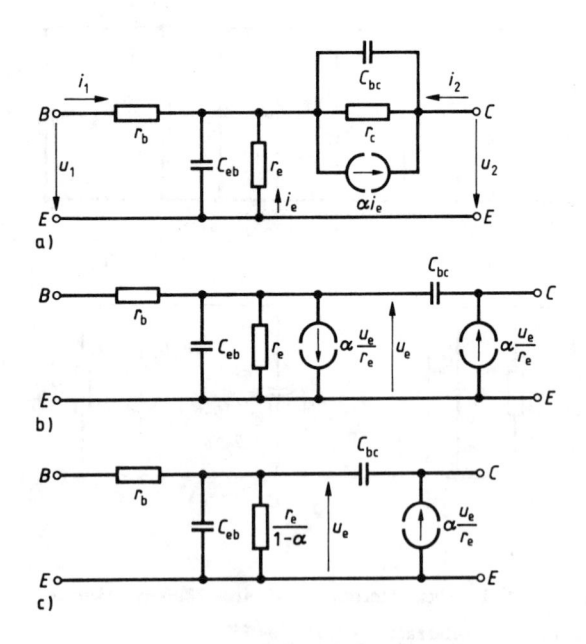

Abb. 1.24 Umformung des Ersatzschaltbildes eines bipolaren Transistors.
  a) Um Kapazitäten ergänztes T-Schaltbild;
  b) Anwendung des Teilungssatzes;
  c) Anwendung des Substitutionssatzes zur Formulierung des hybriden π - Modells.

Sätze zur Berechnung elektronischer Schaltungen

Dieses ergänzen wir um die Kapazitäten ähnlich wie in Abb. 2.8, S. 118. Wir gelangen so zu Abb. 1.24a. C_{eb} ist wegen des meist durchgeschalteten Emitterübergangs die Diffusionskapazität, während C_{bc} die Sperrschichtkapazität des Kollektorübergangs ist. r_c ist ein vernachlässigbar großer Widerstand. Das Ersatzschaltbild Abb. 1.24a enthält insofern eine Näherung, als der Steuerstrom i_e nicht allein durch r_e, sondern auch durch C_{eb} fließt und darüber hinaus C_{eb} von der Größe des Stroms abhängt (vgl. (1.74), S. 64). Wir können - ähnlich wie beim Übergang von Abb. 1.13b zu d - eine Teilung der Stromquelle vornehmen, so daß wir bei gleichzeitiger Substitution von i_e durch die Spannung u_e am Widerstand r_e Abb. 1.24b erhalten.

Nun können wir über den Substitutionssatz nach Abb. 1.15b die linke Stromquelle durch die Admittanz $-\alpha/r_e$ ersetzen. Addieren wir dazu das parallelgeschaltete r_e, so folgt die äquivalente Schaltung nach Abb. 1.24c. Dieses Ersatzschaltbild, das bis zu hohen Frequenzen gültig ist, nennt man wegen seines Erscheinungsbildes gelegentlich auch das hybride π-Modell. Der Ausgangspunkt (Abb. 1.24a ohne Kapazitäten) heißt das T-Ersatzschaltbild.

Das weitere Vorgehen ist damit sofort klar. Wir ergänzen im Sinne von Abb. 1.23 die Generator- und Verbraucherseite in Abb. 1.24c. Die weitere Rechnung erfolgt dann völlig analog zum FET-Verstärker.

Wir wollen die Diskussion der Sätze zu elektronischen Schaltungen nicht abschließen, ohne den Zweiteilungssatz nicht erwähnt zu haben. Er spielt bei Differenzverstärkern eine erhebliche Rolle, die wegen der planaren Integrationstechniken für Operationsverstärker von fundamentaler Bedeutung sind. Wir werden daher den Zweiteilungssatz erst später im Zusammenhang mit den Operationsverstärkern besprechen.

1.3 Frequenzcharakteristik elektronischer Schaltungen

Elektronische Bauelemente und Schaltungen sind immer nur in einem begrenzten Frequenzbereich brauchbar. Nach hohen Frequenzen hin sorgen die stets vorhandenen Kapazitäten für wechselstrommäßige Kurzschlüsse.

Elektronische Netzwerke

Im Niederfrequenzbereich dagegen blockieren die Koppelkondensatoren C_K (vgl. Abb. 1.1 oder 1.6), oder die zur Vermeidung der Gegenkopplung eingefügten Kondensatoren C_E bzw. C_S werden unwirksam. Wir wollen in der folgenden Diskussion die Gesichtspunkte entwickeln, nach denen diese Kondensatoren zu dimensionieren sind, um eine untere Grenzfrequenz f_u zu garantieren. Weiterhin wollen wir herausfinden, wodurch die obere Grenzfrequenz f_o bestimmt wird. Zwischen f_u und f_o liegt der Frequenzbereich, in dem die Verstärkung der Schaltung konstant ist. Nur ein Signal, dessen Frequenzanteile aus diesem Bereich stammen, kann von der Schaltung unverfälscht verarbeitet werden.

Wir wählen als Beispiel Verstärkerschaltungen. Es reicht zu ihrer Analyse aus, sie mit einer harmonischen Schwingung der Kreisfrequenz ω zu betreiben, weil jedes beliebige Signal aus einem endlichen oder unendlichen Spektrum harmonischer Schwingungen zusammengesetzt werden kann. Kennen wir das Verhalten der Schaltung für jedes ω - ihre Fequenzcharakteristik -, dann können wir ihre Reaktion auf jedes beliebige Signal ermitteln.

Verstärker bei niedrigen Frequenzen. Wir gehen von dem FET-Verstärker in Sourceschaltung in Abb. 1.6, S. 232, aus, lassen aber zunächst die Koppelkondensatoren C_K als hinreichend groß weg. Wir nutzen das Ersatzschaltbild in der Form von Abb. 1.12d und gelangen zu Abb. 1.25a.

Eine Zerlegung der Spannungsquelle mit Hilfe von (1.15) führt zu Abb. 1.25b. Nun können wir den Substitutionssatz analog zu Abb. 1.16 anwenden mit Abb. 1.25c als Resultat. Daraus können wir unmittelbar ablesen, daß sich die Spannung $g_m r_d u_1$ wie:

$$u_2 = \frac{-g_m r_d R_{DL}}{r_d + R_{DL} + (1 + g_m r_d) R_S / (1 + j\omega R_S C_S)} u_1$$

auf R_{DL} aufteilt. Durch Umformen gewinnen wir daraus die komplexe Spannungsverstärkung:

$$v_u = \frac{u_2}{u_1} = -\frac{g_m r_d R_{DL}}{r_d + R_{DL}} \frac{1 + j\omega R_S C_S}{1 + (1 + g_m r_d) R_S / (r_d + R_{DL}) + j\omega R_S C_S}. \qquad (1.24)$$

Wir führen eine untere Kreisfrequenz durch:

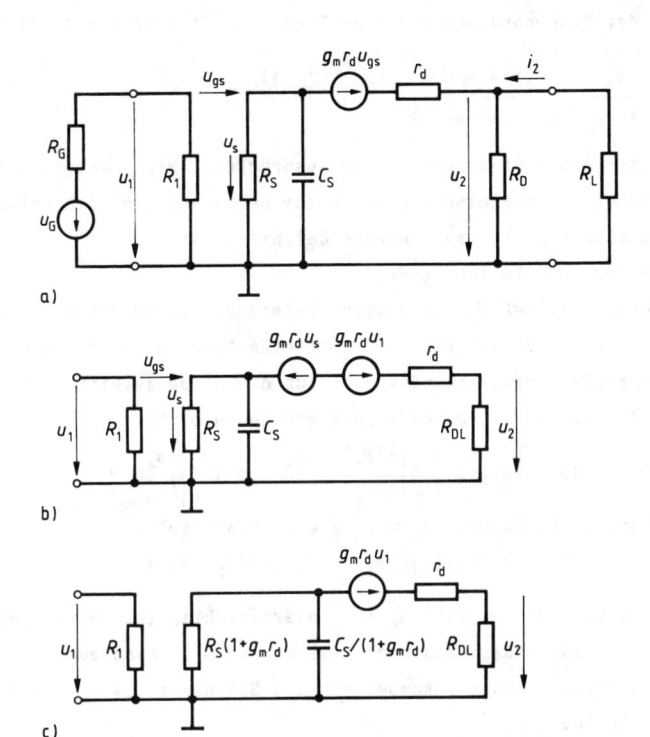

Abb. 1.25 Zur Bestimmung der Sourcekapazität C_S in einem FET-Verstärker.
a) Aus der Schaltung Abb. 1.6 abgeleitetes Ersatzschaltbild;
b) Teilung der Spannungsquelle;
c) Anwendung des Substitutionssatzes.

$$\omega_u = 1/(R_S C_S)$$

ein, weil dort die Verstärkung abfällt. Weit oberhalb von ω_u, im nutzbaren Frequenzbereich, ist für übliche Schaltungsauslegung der zweite Faktor in (1.24) gleich Eins. Dann ist es sinnvoll, als weitere Abkürzung die Verstärkung:

$$v_m = g_m r_d R_{DL}/(r_d + R_{DL})$$

im nutzbaren Frequenzbereich zu definieren. Schließlich definieren wir noch die Größe:

$$k_S = (1 + g_m r_d) R_S/(r_d + R_{DL}),$$

Elektronische Netzwerke

die in der Größenordnung von Eins liegt. Damit wird aus (1.24):

$$v_u = -\frac{v_m}{1+k_s}\frac{1+j\omega/\omega_u}{1+j\omega/[(1+k_s)\omega_u]} = -|v_u|e^{j\Phi}. \quad (1.25)$$

Wir wollen diese Gleichung in db ausdrücken. Wir erinnern daran, daß das Dezibel - als kleinere Einheit zum Bel - aus dem Zehnerlogarithmus von Leistungsverhältnissen heraus definiert ist:

Zahl der db = 10 log P_2/P_1.

In unserem Fall ist P_2 die Ausgangsleistung, die am effektiven Ausgangswiderstand R_a' auftritt und dort eine Spannung u_2 nebst einem Strom i_2 hervorruft. Entsprechendes gilt für die Eingangsleistung P_1 mit den Größen R_e', u_1 und i_1. Daher können wir genausogut:

Zahl der db = $10 \log \frac{|u_2|^2/R_a'}{|u_1|^2/R_e'} = 10 \log \frac{|i_2|^2 R_a'}{|i_1|^2 R_e'}$

schreiben. Im Falle, daß $R_e' = R_a'$ gleich sind, folgt:

Zahl der db = $20 \log|u_2|/|u_1| = 20 \log|i_2|/|i_1|$.

Obwohl es nur für den Fall $R_e' = R_a'$ exakt richtig ist, wird diese Gleichung auch für jeden anderen Fall verwendet, also auch in unserem Beispiel (1.24). Daher bekommen wir als Spannungsverstärkung A_u in db:

$$A_u = 20 \log |v_u|. \quad (1.26)$$

Als Stromverstärkung A_i in db bekämen wir entsprechend:

$A_i = 20 \log|v_i| = 20 \log|i_2|/|i_1|$.

Natürlich würde in den meisten Fällen A_u von A_i verschieden sein, weil im allgemeinen $R_e' \neq R_a'$ ist.

Wenn wir (1.25) in (1.26) einsetzen, treten die einzelnen Faktoren additiv auf:

$$A_u = A_m - 20 \log (1+k_s) + 20 \log\sqrt{1+(\omega/\omega_u)^2} \\ - 20 \log\sqrt{1+\omega^2/[(1+k_s)\omega_u]^2}. \quad (1.27)$$

A_m ist die Mittelfrequenz-Verstärkung v_m in db ausgedrückt:

$A_m = 20 \log |v_m|$.

Die ersten beiden Terme in (1.27) sind frequenzunabhängig. Wir können sie als Horizontale in Abb. 1.26a, die eine logarithmische Frequenzskala ω hat, eintragen. Der dritte Term von (1.27) verschwindet für Frequenzen, die klein gegen ω_u sind. Im anderen Extrem, $\omega \gg \omega_u$, steigt

Frequenzcharakteristik elektronischer Schaltungen

er mit rund 6 db bei Verdopplung der Frequenz, also bei einer Oktave, an. Dies entspricht einer Steigung von 20 db/Dekade. Extrapolieren wir dieses asymptotische Verhalten in den Frequenzbereich um ω_u hinein, so folgt die strichpunktierte Kurve in Abb. 1.26a. Eine ganz ähnliche Diskussion führt aus dem vierten Term in (1.27) zur punktierten Kurve in Abb.1.26a. Das tatsächliche Verhalten des Verstärkers entspricht weitgehend diesem Resultat, nur daß die Ecken der Frequenzcharakteristik abgerundet sind. Es ergibt sich ein Schnittpunkt von asymptotischer Darstellung und tatsächlicher Charakteristik zwischen den beiden Knickfrequenzen. Die Abweichungen an den Knickfrequenzen beträgt 3 db nach oben bzw. unten.

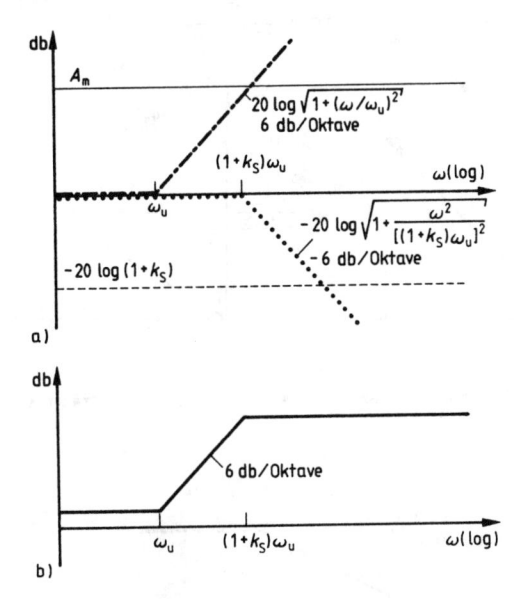

Abb. 1.26 Frequenzcharakteristik des FET-Verstärkers.
a) Asymptotische Darstellung der einzelnen Beiträge;
b) asymptotische Darstellung der Gesamtcharakteristik.

Unterhalb von ω_u ist C_S unwirksam; dieser Bereich entspricht einer Verstärkerschaltung, mit voller Gegenkopplung durch R_S (vgl. S. 222, Kap. II.1.1). Die Höhe der nach ω_u folgenden Rampe ist von k_S allein abhängig, also unabhängig von C_S. Wo allerdings die Rampe liegt, wird durch ω_u und damit C_S bestimmt. Man legt beim Entwurf eines Verstärkers

Elektronische Netzwerke

zuerst über R_S und R_D die Gestalt der Rampe fest. Darauf wählt man C_S so, daß die obere Knickfrequenz $(1+k_S)\omega_u$ hinreichend weit vom nutzbaren Frequenzbereich entfernt ist.

Um die Phasenverschiebung zwischen Eingangs- und Ausgangsspannung zu diskutieren, gehen wir auf (1.25) zurück. Abgesehen von Φ sorgt zunächst einmal das Minuszeichen für eine Phasenverschiebung von $\pi = 180°$, also eine Vorzeichenumkehr. Dieser Anteil ist in der folgenden Betrachtung immer hinzuzufügen. Φ ergibt sich aus der Differenz der Phasenwinkel Φ_Z bzw. Φ_N von Zähler und Nenner in (1.25) (s. Abb. 1.27):

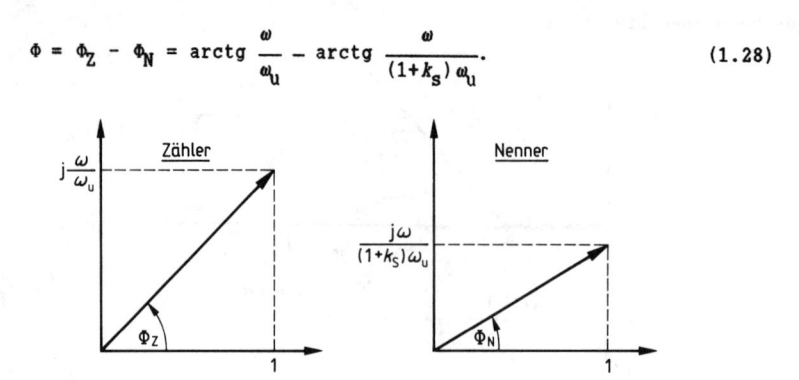

$$\Phi = \Phi_Z - \Phi_N = \arctg \frac{\omega}{\omega_u} - \arctg \frac{\omega}{(1+k_S)\omega_u}. \tag{1.28}$$

Abb. 1.27 Zur Ermittlung des Phasenwinkels $\Phi=\Phi_Z-\Phi_N$ aus den Beiträgen von Zähler und Nenner.

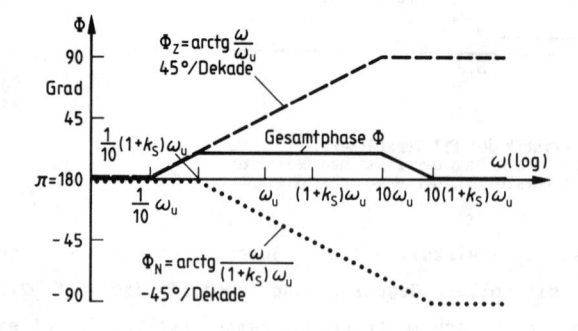

Abb. 1.28 Asymptotische Näherung des Gesamtwinkels Φ, der sich zur Vorzeichenumkehr $\pi = 180°$ addiert.

Frequenzcharakteristik elektronischer Schaltungen

Die beiden Beiträge zu dem Gesamtphasenwinkel Φ können wir asymptotisch nähern (Abb. 1.28), denn für kleine Argumente verschwindet der arctg, während er für große Argumente den Wert $\pi/2 = 90°$ annimmt. Dazwischen können wir die Näherung für kleine Argumente (arctg $z = z$) - etwa ab $1/10\ \omega_u$ - extrapolieren. Der tatsächliche Verlauf der arctg-Funktion schneidet die Näherung bei $\omega = \omega_u$ bzw. bei dem $(1+k_s)$-fachen für den zweiten Term von (1.28). Insgesamt bekommen wir Abb. 1.28, deren Phasenwinkel der Vorzeichenumkehr $\pi = 180°$ hinzuaddiert werden muß.

Einfluß des Kopplungskondensators C_K. Wir betrachten nun den Einfluß des Kopplungskondensators in Abb. 1.6. Seine Wirkung müssen wir in Verstärkung und Phase dem hinzufügen, das wir eben erreicht haben. Wir beschreiben die Eingangsstufe des Verstärkers mit Abb. 1.29 und können:

<u>Abb. 1.29</u> Eingangsstufe des FET-Verstärkers nach Abb. 1.25a, aber mit Koppelkondensator C_K.

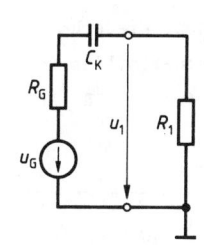

$$u_1 = \frac{R_1}{R_1+R_G+1/j\omega C_K}\ u_G$$

ablesen. Ähnlich wie in (1.24) und (1.25) gewinnen wir daraus die Übertragungsfunktion:

$$v_u = \frac{u_1}{u_G} = \frac{R_1}{R_1+R_G}\ \frac{j\omega C_K(R_1+R_G)}{1+j\omega C_K(R_1+R_G)}$$

$$= \frac{R_1}{R_1+R_G}\ \frac{j\omega/\omega_K}{1+j\omega/\omega_K}, \qquad (1.29)$$

wenn wir noch die Kreisfrequenz:

$$\omega_K = 1/[C_K(R_1+R_G)]$$

einführen. Wir gehen ebenso wie eben bei C_S vor und erhalten analog zu (1.27):

Elektronische Netzwerke

$$A_u = 20 \log \frac{R_1}{R_1+R_G} + 20 \log \frac{\omega}{\omega_K} - 20 \log \sqrt{1+(\omega/\omega_K)^2}. \qquad (1.30)$$

Die weitere Diskussion erfolgt ähnlich wie im Anschluß an (1.27). Wir erhalten Abb. 1.30, wo die Frequenzskala wiederum logarithmisch aufgeteilt ist. Beim Entwurf eines Verstärkers muß man C_K so groß wählen, daß der Verstärkungsabfall zu niedrigen Frequenzen hin außerhalb des nutzbaren Frequenzbereichs liegt.

Unsere bisherige Diskussion können wir ohne Schwierigkeiten in zweierlei Hinsicht erweitern. Einmal können wir Koppelkondensatoren zwischen zwei Verstärkerstufen betrachten, wobei wir nur an geeigneter Stelle in den obigen Formeln den Ausgangswiderstand der ansteuernden Stufe und den Eingangswiderstand der Folgestufe einsetzen müssen. Zum anderen können wir statt des FET einen bipolaren Transistor im Verstärker verwenden. Wiederum verläuft die Diskussion sehr ähnlich, weil sich die Ersatzschaltbilder der beiden Bauelemente in sehr ähnliche Form bringen lassen (vgl. z. B. Abb. 1.23b und Abb. 1.24c).

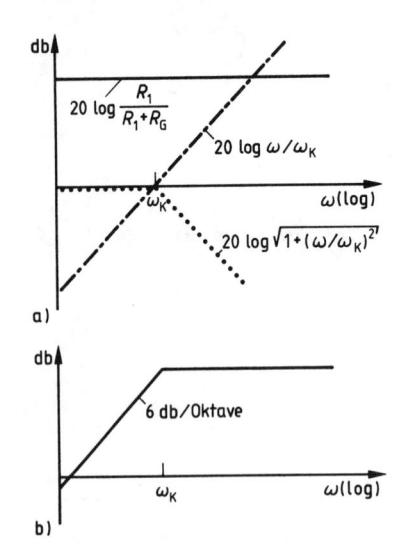

<u>Abb. 1.30</u> Frequenzcharakteristik der Eingangsstufe des FET-Verstärkers in asymptotischer Darstellung.

a) Verlauf der Einzelbeiträge;
b) Gesamtcharakteristik.

Verstärker bei hohen Frequenzen. Dieselbe Äquivalenz zwischen bipolaren Transistoren und FETs gilt auch, wenn wir uns nun dem Verhalten von

Frequenzcharakteristik elektronischer Schaltungen

Verstärkern bei hohen Frequenzen zuwenden. Es genügt also, wenn wir uns nur mit dem FET-Verstärker beschäftigen, in dem wir aber die für hohe Frequenzen wichtigen Kapazitäten berücksichtigen müssen. Demgegenüber wirken C_K und C_S als Kurzschlüsse. Verwenden wir in diesem Sinn das Ersatzschaltbild in Abb. 2.34, S. 166, und setzen es in Abb. 1.6 ein, so erhalten wir Abb. 1.31a. Wir haben in dem Gesamtlastwiderstand R_L alle Widerstände zusammengefaßt, die zwischen Drain und Source in der Sourceschaltung wirksam sind. Entsprechendes gilt am Eingang für R_1. Der wichtige Punkt ist, daß Eingang und Ausgang über C_{gd} miteinander verkoppelt sind. Die Rückwirkung auf den Eingang reduziert dessen Impedanz, wodurch es zu einer Verschlechterung der Hochfrequenzeigenschaften der Schaltung kommt. Allerdings ist im nutzbaren Frequenzbe-

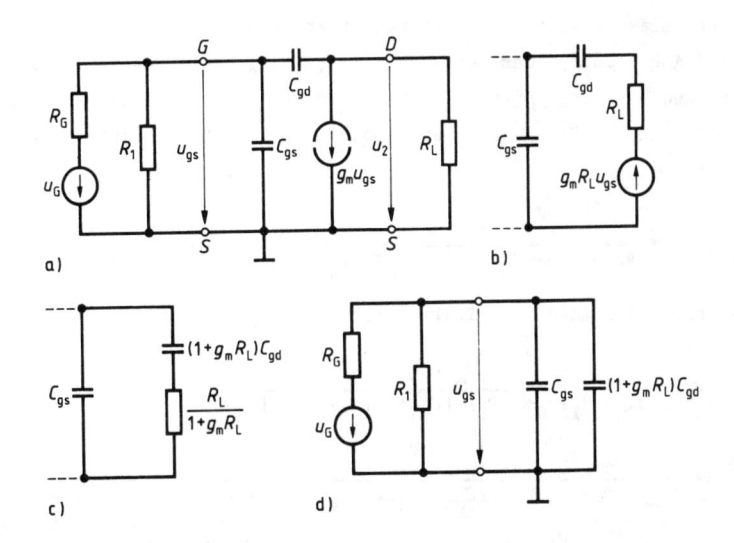

Abb. 1.31 Hochfrequenzverhalten eines FET in Sourceschaltung.
a) Ersatzschaltbild des Verstärkers;
b) nach Quellentransformation;
c) nach Reduktion;
d) praktisch gültige Näherung.

reich der Strom durch C_{gd} wesentlich kleiner als $g_m u_{gs}$. Daher gilt die Beziehung:

265

Elektronische Netzwerke

$$u_2 = -g_m u_{gs} R_L. \tag{1.31}$$

Wir streben an, u_{gs} durch die Generatorspannung u_G zu ersetzen. Wir führen zunächst eine Quellentransformation entsprechend Abb. 1.11 durch und erhalten Abb. 1.31b. Als nächstes wenden wir den Reduktionssatz nach Abb. 1.20 an, indem wir in das Netzwerk N_2 hinein reduzieren. Darunter verstehen wir die Reihenschaltung von R_L und C_{gd}, während N_1 von den Anschlußpunkten von C_{gs} nach links in die Schaltung hinein zu nehmen ist. Wir gelangen so zu Abb. 1.31c. Es gilt für den Widerstand:

$$\frac{R_L}{1+g_m R_L} = \frac{1}{1/R_L+g_m} < \frac{1}{g_m}.$$

Dies bedeutet nach Tab. 2.2, Kap. I.2.3 (S. 168), daß dieser Widerstand höchstens im Bereich von einigen 10 Ω liegen kann, also im allgemeinen vernachlässigbar ist. Daraus resultiert das vereinfachte Ersatzschaltbild Abb. 1.31d, das eine um $(1+g_m R_L) C_{gd}$ vergrößerte Kapazität am Eingang aufweist. Dies ist, wenn wir uns an Abb. 1.23c erinnern, die Miller-Kapazität. Fassen wir Abb. 1.31d als Spannungsteiler auf, so können wir:

$$u_{gs} = \frac{R_1}{R_1+R_G+j\omega R_1 R_G [C_{gs}+(1+g_m R_L) C_{gd}]} u_G$$

ablesen. Zusammen mit (1.31) folgt damit:

$$v_u = \frac{u_2}{u_G} = \frac{-g_m R_1 R_L}{R_1+R_G+j\omega R_1 R_G [C_{gs}+(1+g_m R_L) C_{gd}]}$$

$$= -\frac{g_m R_1 R_L}{R_1+R_G} \frac{1}{1+j\omega(C_{gs}+C_{gd})(1+C_{gd}\omega_T R_L) R_1 R_G/(R_1+R_G)}. \tag{1.32}$$

Ähnlich wie S. 167, Kap. I.2.3, haben wir die Grenzfrequenz:

$$\omega_T = g_m/(C_{gs}+C_{gd}) \tag{1.33}$$

des Feldeffekttransistors eingeführt. Die Schaltung selbst hat die obere Eckfrequenz:

$$\omega_o = 1/[(C_{gs}+C_{gd})(1+C_{gd}\omega_T R_L) R_1 R_G/(R_1+R_G)]. \tag{1.34}$$

Denn damit wird (1.32) zu:

Frequenzcharakteristik elektronischer Schaltungen

$$v_u = - \frac{g_m R_1 R_L}{R_1 + R_G} \frac{1}{1 + j\omega/\omega_0} = - |v_u| e^{j\Phi}. \tag{1.35}$$

Erwartungsgemäß bekommen wir wegen des Minuszeichens eine Phasenumkehr zwischen Eingang und Ausgang. Der erste Faktor in (1.35) stellt die Verstärkung im mittleren Frequenzbereich dar, aber wegen des Bezugs auf u_G unter Berücksichtigung der Spannungsteilung am Innenwiderstand R_G des Signalgenerators. Wir gehen in Analogie zu (1.25) vor, so daß aus (1.35):

$$A_u = A_m - 20 \log\sqrt{1 + (\omega/\omega_0)^2} \tag{1.36}$$

wird. Diese Beziehung ist in Abb. 1.32a detailliert dargestellt. Die Konstruktion der Asymptoten geschieht ganau so wie in Abb. 1.26. Tatsächlich ist die Verstärkung an der oberen Eckfrequenz ω_0 um 3 db abgefallen.

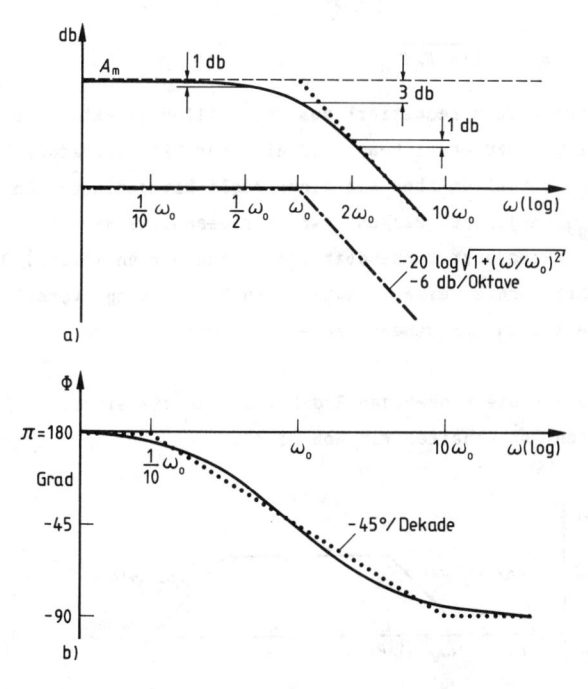

Abb. 1.32 Verstärkungs- und Phasenverlauf an der oberen Grenzfrequenz ω_0. Durchgezogene Kurven sind tatsächliche Verläufe, alle übrigen asymptotische Näherungen.

Elektronische Netzwerke

Für den Phasenverlauf gehen wir, beginnend mit (1.35), ähnlich vor wie im Zusammenhang mit Abb. 1.28. Es folgt dann Abb. 1.32b mit einer zusätzlichen Phasendrehung von $-45°$ bei ω_o. Die Phase beginnt ihre Änderung schon in einer sehr viel größeren Entfernung von ω_o als die Verstärkung.

Darstellungen wie in Abb. 1.32 oder auch in Abb. 1.26 und 1.28 werden gelegentlich als Bode-Diagramm bezeichnet. Verknüpfen wir (1.33) mit (1.34), so folgt:

$$\omega_o = \frac{\omega_T}{g_m R_1 R_G} \frac{R_1 + R_G}{1 + \omega_T R_L C_{gd}} \qquad (1.37)$$

oder, da in den meisten Fällen $R_G \ll R_1$ ist:

$$\omega_o = \frac{\omega_T}{g_m R_G} \frac{1}{1 + \omega_T R_L C_{gd}}.$$

Der zweite Term resultiert aus dem Miller-Effekt. Um eine hohe Grenzfrequenz ω_o zu erreichen, muß also der FET mit möglichst großem Wert für ω_T, vor allem aber mit einer möglichst geringen Gate-Drain-Kapazität C_{gd} ausgelegt werden. Daß der Gesamtlastwiderstand R_L in diesem Sinn nur begrenzt verwendbar ist, sehen wir an (1.35). Denn ein kleines R_L führt auch zu einer reduzierten Verstärkung. Verstärkung und Bandbreite können nur gegeneinander aufgewogen werden.

Fassen wir die bisherigen Ergebnisse für die einzelnen Frequenzbereiche zusammen, so erhalten wir Abb. 1.33.

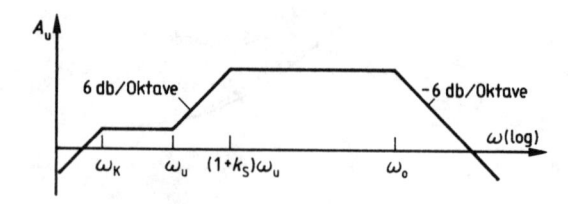

Abb. 1.33 Prinzipieller Verstärkungsverlauf für einen einstufigen Verstärker in asymptotischer Näherung.

Frequenzcharakteristik elektronischer Schaltungen

Dazu muß die Bezugsspannung, auf der die Verstärkung basiert, gleich gewählt werden, was wir zur Vereinfachung der Diskussion nicht durchgängig gemacht haben. Außerdem nehmen wir ohne weiteren Beweis bei der Entwicklung der Abb. 1.33 an, daß die Eckfrequenzen ω_o, $(1+k_s)\omega_u$ und ω_K um mindestens eine Zehnerpotenz voneinander entfernt sind. Deswegen erstreckt sich der flache Teil der Frequenzcharakteristik von einer gegen ω_o kleinen Frequenz bis zu ω_o. Daher können wir die Bandbreite der Schaltung in guter Näherung mit ω_o angeben. Wir können das Verstärkungs-Bandbreite-Produkt als:

$$v_m \omega_o = \frac{\omega_T R_L}{R_G} \frac{1}{1+\omega_T R_L C_{gd}} \tag{1.38}$$

schreiben, wobei wir die Maximalverstärkung in der Bandmitte aus (1.35) und ω_o aus (1.37) entnehmen. Dieses Produkt, das sowohl von Schaltungsgrößen als auch vom FET abhängt, ist eine wichtige Kenngröße des Verstärkers. Eine entsprechende Größe ist die Frequenz ω_{uT}, bei der $|v_u|$ durch Eins geht. Da wir (1.35) bei hohen Frequenzen durch den asymptotischen Verlauf mit ω_o/ω annähern können, folgt mit (1.37):

$$\omega_{uT} = \frac{\omega_T R_L}{R_G} \frac{1}{1+\omega_T R_L C_{gd}}, \tag{1.39}$$

also ein Wert, der mit (1.38) übereinstimmt.

Pol- und Nullstellendiagramm. Unsere bisherige Behandlung von Schaltungen führte zu einer Beschreibung nach Art der qualitativen Abb. 1.33. Eine andere Art des Vorgehens macht von Polen und Nullstellen in der Übertragungsfunktion, also z. B. in v_u nach (1.25), (1.29) oder (1.35), Gebrauch. Beide Verfahren sind - bis auf einen konstanten Faktor - ineinander umrechenbar, sind also äquivalent. Insbesondere entsprechen die Pole und Nullstellen den Frequenzen an den Knicken der Verstärkungscharakteristik. Das Verfahren mit Polen und Nullstellen basiert auf der formalen Einführung der komplexen Frequenz:

$$s = \sigma + j\omega. \tag{1.40}$$

Elektronische Netzwerke

Wir wählen als Beispiel einen periodisch veränderlichen Strom der Form:

$$i = i_0 e^{\sigma t} \cos \omega t = \mathrm{Re}(i_0 e^{\sigma t} e^{j\omega t}),$$

wobei wir von einer konstanten Anfangsphase absehen und i_0 die Anfangsamplitude ist. Re bedeutet den Realteil des folgenden Ausdrucks. $\sigma = 0$ bezeichnet eine zeitlich konstante Amplitude. Für positive Werte von σ nimmt die Amplitude zu, für negative dagegen ab. $\omega = \sigma = 0$ charakterisiert einen Gleichstrom. $\omega = 0$ und $\sigma > 0$ ist ein stetig zunehmender Strom. Mit (1.40) können wir sofort:

$$i = \mathrm{Re}(i_0 e^{st})$$

schreiben. Wenn wir wie bisher nur eingeschwungene Zustände betrachten, dann ist stets $\sigma = 0$, und aus (1.40) wird:

$$s = j\omega. \tag{1.40a}$$

Diese Größe kommt im Zusammenhang mit Induktivitäten L, Kapazitäten C oder auch Stromverstärkungen vor. Statt:

$$j\omega L, \quad 1/(j\omega C) \quad \text{oder:} \quad \alpha_0/(1+j\omega/\omega_\alpha)$$

haben wir also jetzt:

$$sL, \quad 1/(sC) \quad \text{oder:} \quad \alpha_0/(1+s/\omega_\alpha).$$

Diese Kombinationen tauchen auf, wenn wir eine Schaltung, die aus Widerständen, Kondensatoren, Spulen oder Transistoren aufgebaut ist, berechnen wollen. Wenn die Schaltung nur noch eine Eingangsquelle enthält, dann erhalten wir ihre Verstärkung v, indem wir die Ausgangsspannung oder den Ausgangsstrom ins Verhältnis zur Eingangsspannung bzw. zum Eingangsstrom setzen. Dazu müssen wir prinzipiell die Gleichungen für Schleifen und Knoten aufstellen. Als Lösung erhalten wir das Verhältnis von Determinanten, die wir in Polynomen nach s entwickeln können:

$$v = \frac{a_0 + a_1 s + a_2 s^2 + \ldots}{b_0 + b_1 s + b_2 s^2 + \ldots}.$$

Einen solchen Ausdruck kann man immer in Faktoren zerlegen:

Frequenzcharakteristik elektronischer Schaltungen

$$v = \frac{K(s-z_1)(s-z_2)(s-z_3)\cdots}{(s-p_1)(s-p_2)(s-p_3)\cdots}, \qquad (1.41)$$

wobei die Singularitäten z_ν und p_ν reell oder komplex sein können. Immer müssen sie jedoch paarweise konjugiert komplex sein, weil die Koeffizienten a_ν und b_ν reell sind. Die Größen z_ν heißen Nullstellen (zero), weil eine Quelle der Frequenz $s = z_\nu$ offensichtlich die Verstärkung $v = 0$ erfährt. Demgegenüber sind die p_ν Polstellen, weil bei ihnen v über alle Grenzen wächst. Beispiele für Ausdrücke nach (1.41) haben wir in (1.25), (1.29) und (1.35) kennengelernt. Nehmen wir zunächst nur die niederfrequente Seite, dann muß (1.41) die gleiche Anzahl von Nullstellen und Polen enthalten, inklusive derjenigen bei Null gerechnet. Denn bei hohen Frequenzen, also in der Bandmitte, muß (1.41) eine endliche Verstärkung liefern. Dies geht nur, wenn sich die gegenüber z_ν und p_ν großen s gegeneinander herauskürzen. Die Beispiele (1.25) und (1.29) bestätigen diese Regel. Demgegenüber muß für hohe Frequenzen die Zahl der Pole um mindestens Eins größer gegenüber der Zahl der Nullstellen sein, damit die Verstärkung bei unendlich großen Frequenzen s auf Null "heruntergezogen" wird. (1.35) ist ein Beispiel dafür.

Um die Beziehung zwischen Verstärkungscharakteristik und Pol- und Nullstellendiagramm in der komplexen Zahlenebene zu erläutern, wählen wir (1.25) als Beispiel. Aus (1.25) wird mit (1.40a):

$$v_u = -v_m \frac{j\omega + \omega_u}{j\omega + (1+k_s)\omega_u} = -v_m \frac{s-z_1}{s-p_1}, \qquad (1.42)$$

wobei $-v_m$ der Konstanten K in (1.41) entspricht. Wir haben eine Nullstelle bei $z_1 = -\omega_u$ und einen Pol bei $p_1 = -(1+k_s)\omega_u$. Wir symbolisieren die Nullstelle z_1 durch einen Kreis und den Pol p_1 durch ein Kreuz in der komplexen Zahlenebene (Abb. 1.34). Re steht für die reelle Achse und Im für die imaginäre Achse. Wächst ω von Null zu immer größeren Werten, dann bewegt sich s vom Koordinatenursprung in positiver Richtung entlang der imaginären Achse. Für eine bestimmte Größe von s stellen die Strecke:

Elektronische Netzwerke

$$Z = s - p_1$$

den Zähler und die Strecke:

$$N = s - p_1$$

den Nenner im Ausdruck (1.42) dar. Wir können daher ebenso gut:

$$v_u = - v_m \frac{Z}{N} \exp j(\Phi_Z - \Phi_N) \qquad (1.43)$$

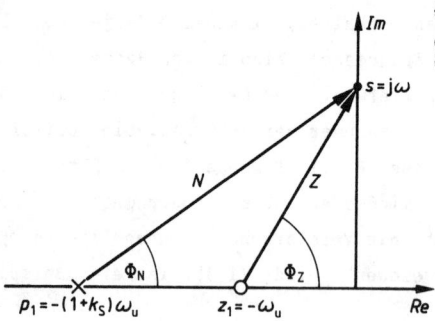

Abb. 1.34 Pol-Nullstellendiagramm für einen FET-Verstärker im Frequenzbereich der Wirksamkeit der Sourcekapazität C_s.

schreiben. Damit kann das Pol-Nullstellendiagramm zur Ermittlung von Verstärkung und Phasengang dienen. Für große Frequenzen ω wird beispielsweise $Z \approx N$, und als Verstärkung folgt aus (1.43) der Wert v_m. Dann gilt auch $\Phi_Z \approx \Phi_N$, so daß abgesehen von der Phasenumkehr im Minuszeichen keine Phasendrehung auftritt. Dasselbe gilt auch für kleine Frequenzen, wo dann allerdings:

$$Z/N \approx \frac{\omega_u}{(1+k_s)\omega_u} = 1/(1+k_s)$$

für die Verstärkung wirksam wird. Damit haben wir aus Abb. 1.34 bis auf den Faktor v_m dasselbe an Information herausgelesen, was wir in den Abb. 1.26 und 1.28 aus (1.25) ermittelt hatten. Beide Darstellungsweisen sind also äquivalent. Die Erweiterung auf komplexere Verhältnisse liegt auf der Hand. Wir müssen dazu die einzelnen Pfeile als Faktoren Z_ν oder N_ν in Zähler und Nenner von (1.43) hinzufügen. Ebenso müssen wir die Phasenwinkel $\Phi_{Z\nu}$ und $\Phi_{N\nu}$ im Argument von (1.43) hinzuaddieren bzw. abziehen, um die Gesamtphasendrehung zu erhalten. Es gilt allgemein, daß Pole den Frequenzen entsprechen, an denen die asymptotische Frequenzcharakteristik einen Knick um 6 db/Oktave nach unten macht. Bei Nullstellen ist der Knick um 6 db/Oktave nach oben. Auch dies wird durch unser Beispiel illustriert.

Resonanzverstärker. Als ein weiteres Beispiel für die Arbeit mit Nullstellen und Polen führen wir den Resonanzverstärker (tuned amplifier) an. Bisher haben wir den Breitbandverstärker behandelt, der über einen möglichst großen Frequenzbereich einen flachen Verstärkungsverlauf hat. Im Gegensatz dazu ist der Resonanzverstärker so ausgelegt, daß er bei einer bestimmten Resonanzfrequenz ω_r eine möglichst hohe Verstärkung hat. Eine Möglichkeit, um dies zu erreichen, ist ein Resonanzkreis aus einer Induktivität L und einer Kapazität C, der parallel zum effektiven Verbraucherwiderstand R_L, am Ausgang des Verstärkers liegt. Wenn es gelingt, C groß genug gegenüber den anderen Kapazitäten im Ausgangskreis zu machen, erhalten wir das Kleinsignal-Ersatzschaltbild in Abb. 1.35 für einen FET-Verstärker in Sourceschaltung. Es ist aus Abb. 1.23c, S. 255, abgeleitet.

Abb. 1.35 Kleinsignalersatzschaltbild eines Resonanzverstärkers.

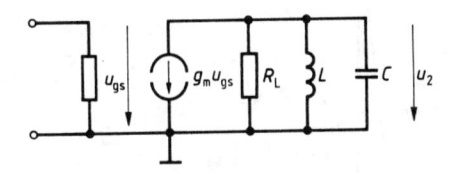

Wir können aus Abb. 1.35 unmittelbar die Spannungsverstärkung:

$$v_m = \frac{u_2}{u_{gs}} = \frac{-g_m}{1/R_L + j\omega C + 1/(j\omega L)} = -\frac{g_m}{C}\frac{j\omega}{(j\omega)^2 + j\omega/(R_L C) + 1/(LC)} \quad (1.44)$$

ablesen. Hieraus folgt, daß die maximale Verstärkung bei der Frequenz:
$$\omega_r = 1/\sqrt{LC} \quad (1.45)$$
erfolgt. Dort gilt:
$$v_u(\omega_r) = -g_m R_L. \quad (1.46)$$

Elektronische Netzwerke

Das Vorzeichen drückt eine Phasenumkehr zwischen Eingangs- und Ausgangsspannung aus. Wir führen als weitere Abkürzung die Gütezahl:

$$Q = R_L/(\omega_r L) = \omega_r R_L C \qquad (1.47)$$

für den Resonanzkreis ein. Damit wird aus (1.44):

$$v_u = \omega_r v_u(\omega_r)/Q \, \frac{j\omega}{(j\omega)^2 + (j\omega)\omega_r/Q + \omega_r^2}.$$

Wir nehmen die Transformation (1.40a) vor und zerlegen den Nenner in Faktoren:

$$v_u = \omega_r v_u(\omega_r)/Q \, \frac{s-z_1}{(s-p_1)(s-p_2)} \qquad (1.48)$$

mit: $p_1 = -\omega_r/(2Q) + \sqrt{(\omega_r/2Q)^2 - \omega_r^2}$
und: $p_2 = -\omega_r/(2Q) - \sqrt{(\omega_r/2Q)^2 - \omega_r^2}$; $z_1 = 0$.

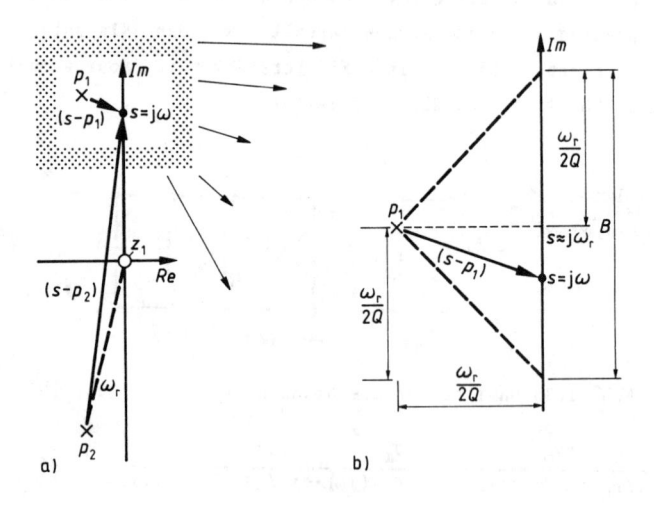

Abb. 1.36

a) Darstellung des Resonanzverstärkers in der komplexen Zahlebenen;

b) die Umgebung um den Pol p_1 im vergrößerten Maßstab.

Frequenzcharakteristik elektronischer Schaltungen

Der Resonanzverstärker erfüllt nur dann seinen Zweck, wenn seine Gütezahl sehr groß ist, d. h. er hat nur dann eine nennenswerte Resonanzüberhöhung, wenn $Q \gg 1$ ist. In diesem Fall wird der Wurzelausdruck imaginär, und wir erhalten:

$$p_1 = -\omega_r/(2Q) + j\omega_r\sqrt{1-1/(2Q)^2}$$

$$p_2 = -\omega_r/(2Q) - j\omega_r\sqrt{1-1/(2Q)^2}.$$

Die beiden Pole sind konjugiert komplex (vgl. S. 271). Wir können (1.48) in der komplexen Zahlenebene darstellen, wobei sich die Nullstelle z_1 im Koordinatenursprung befindet und die Pole p_1 und p_2 wegen der Bedingung $Q \gg 1$ sehr dicht an der imaginären Achse liegen (Abb. 1.36a). Sie sind beide, wie sich durch Anwendung des Satzes von Pythagoras zeigen läßt, um die Strecke ω_r vom Koordinatenursprung entfernt. Weil die Pole für brauchbare Resonanzverstärker sehr viel dichter an der imaginären Achse liegen, als wir es mit Abb. 1.36a dargestellt haben, ist es sinnvoll den Ausschnitt um den Pol p_1 vergrößert zu betrachten (Abb. 1.36b). Denn der Resonanzverstärker wird ohnehin nur in der Nähe der Resonanzfrequenz:

$$\omega_r \approx \text{Im } p_1$$

betrieben. Bei Variation der Frequenz in diesem Rahmen erfährt nur die kleine Größe $(s - p_1)$ eine erhebliche Änderung, während:

$$s - p_2 \approx 2j\omega_r$$

im wesentlichen konstant bleibt. Damit wird (1.48) zu:

$$v_u \approx \omega_r v_u(\omega_r)/Q \, \frac{j\omega_r}{(s-p_1)2j\omega_r} = \frac{1}{2}\,\omega_r v_u(\omega_r)/Q \, \frac{1}{s-p_1}.$$

Aus Abb. 1.36b können wir entnehmen, daß die Verstärkung v_u ihren größten Wert annimmt, wenn $(s - p_1)$ minimal ist, also zu $\omega_r/(2Q)$ wird. Damit erhalten wir dasselbe Ergebnis wie in (1.46). Nach beiden Seiten von der Resonanzfrequenz ω_r aus fällt v_u ab. Definieren wir die Bandbreite B durch die Frequenzen, bei denen v_u um den Faktor $1/\sqrt{2}$, entsprechend 3 db in der Terminologie von (1.26), abgefallen ist, dann muß dort $(s - p_1)$ um den Faktor $\sqrt{2}$ gegenüber seinem Minimalwert angewachsen sein. Dies ist nach dem Satz von Pythagoras bei den gestrichelten Linien in Abb. 1.36b der Fall. Damit kennen wir die Bandbreite

$$B = \omega_r/Q = 1/(R_L C)$$

des Verstärkers, wobei wir (1.45) und (1.47) eingesetzt haben. Wegen (1.45) beeinflußt L wohl die Resonanzfrequenz ω_r, nicht aber die Breite B der Resonanzkurve. In B geht der Widerstand R_L ein.

Aus Abb. 1.36b können wir leicht die Phasendrehung ablesen, die der Verstärker aufweist. Abgesehen von der Vorzeichenumkehr, die aus dem Minuszeichen von (1.46) folgt, dreht der Resonanzverstärker um 45° bei der niedrigeren Halbwertsfrequenz (untere gestrichelte Gerade unter -45° in Abb. 1.36b), um 0° bei der Resonanzfrequenz ω_r und um -45° bei der höheren Halbwertsfrequenz (obere gestrichelte Gerade unter 45°; vgl. auch (1.28)).

1.4 Rückkopplung

Bisher haben wir die Schaltungen meist unter dem Gesichtspunkt betrachtet, wie das Eingangssignal auf das Ausgangssignal einwirkt. Allerdings haben wir auch schon Beispiele gesehen dafür, daß der Ausgang das Eingangssignal beeinflußt. Man spricht in solchen Fällen von Rückkopplung. Wir denken etwa an den Emitterwiderstand R_E in Abb. 1.1, S. 220, oder an die Gate-Drainkapazität C_{gd} in Abb. 2.34, S. 166. In diesen Beispielen ist das Netzwerk der Rückkopplung von dem eigentlichen Verstärker nicht zu trennen. Die positiven Einflüsse der Rückkopplung auf Bandbreite, Verzerrungen des Signals oder Dynamikbereich sind in vielen Fällen so groß, daß man die elektronische Verstärkerschaltung bewußt um externe Rückkopplungsnetzwerke ergänzt. Die dabei auftauchenden Gesichtspunkte wollen wir im folgenden ansprechen.

Allgemeines zur Rückkopplung. Wir gehen davon aus, daß wir wie in Abb. 1.37 eine Trennung zwischen dem Verstärker, dessen Verstärkung

Rückkopplung

ohne Rückkopplung (open-loop gain) den Wert v haben soll, und dem Rückkopplungsnetzwerk vornehmen können. Dieses koppelt den Anteil kx_a^* des Ausgangssignals x_a^* auf den Eingang zurück. k heißt Rückkopplungsfaktor. Ein subtrahierendes Netzwerk faßt das Eingangssignal x_e mit kx_a^* zusammen und gibt das Ergebnis auf den Eingang des Verstärkers. Die Signale x_e und x_a^* können beide Ströme oder Spannungen sein, sie können aber auch gemischt sein. Werden x_e und das rückgekoppelte Signal kx_a^* unter Beachtung ihrer Phasenlage voneinander abgezogen (Vorzei-

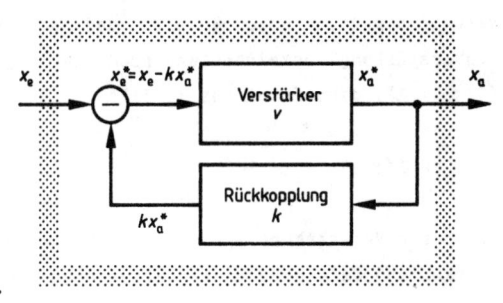

Abb. 1.37 Prinzip der Rückkopplung.

chenumkehr), dann spricht man von Gegenkopplung. Denn beide Beiträge vermindern sich in ihrer Wirkung. Ein Beispiel haben wir in Kap. 1.1, S. 222 mit dem Emitterwiderstand R_E diskutiert. Werden dagegen x_e und kx_a^* phasengleich addiert, dann liegt Mitkopplung vor. Dieses Phänomen nutzt man zur Erzeugung von Schwingungen in Oszillatoren aus.

Wir wählen als Eingangs- und Ausgangsgrößen in Abb. 1.37 speziell Spannungen. Wir definieren die Verstärkungen als das Verhältnis von Ausgangs- zu Eingangsgröße. Die Verstärkung der Gesamtschaltung unter Einschluß der Rückkopplung ist dann:

$$v_k = u_a/u_e. \tag{1.49}$$

Andrerseits ist die Spannungsverstärkung des Verstärkers allein ohne Rückkopplung wegen $u_a = u_a^*$:

$$v_u = \frac{u_a}{u_e - ku_a} = \frac{v_k}{1-kv_k}. \tag{1.50}$$

Elektronische Netzwerke

Wir lösen nach v_k auf:

$$v_k = \frac{v_u}{1+kv_u}. \qquad (1.51)$$

Wir betrachten den Fall der Gegenkopplung, d. h. k sollte positiv sein, um ein gegenkoppeltes Signal auf den Eingang des Verstärkers zurückzugeben. Daher folgt als wichtiges Ergebnis aus (1.51): Wenn wir die Vorteile der Rückkopplung nutzen wollen, müssen wir bei Gegenkopplung mit einer Verstärkung rechnen, die von v_u auf v_k reduziert ist. Wenn darüber hinaus k so groß wird, daß der Absolutwert des als Schleifenverstärkung bezeichneten Produkts kv_u gegenüber Eins dominiert ($|kv_u|>>1$), dann folgt aus (1.51):

$$v_k \approx 1/k, \qquad (1.52)$$

d. h. die Verstärkung v_k der Gesamtschaltung ist nicht mehr vom Verstärker und dessen Parametervariationen abhängig, sondern nur noch von den Daten des Rückkopplungsnetzwerks. Dies können wir auch formelmäßig durch Bildung der Differentiale aus (1.51) herleiten:

$$\frac{dv_k}{v_k} = \frac{1}{1+kv_u} \frac{dv_u}{v_u}. \qquad (1.53)$$

Schwankungen in v_u drücken sich also um den Faktor $(1+kv_u)$ vermindert in v_k aus.

Bei $k < 0$ haben wir es mit Mitkopplung zu tun. Wird insbesondere $kv_u = -1$, so folgt aus (1.51) unendlich große Verstärkung, d. h. eine Anfachung der Schwingung, wie sie bei Oszillatoren ausgenutzt wird. Natürlich wird vor dem Eintreten dieses Extremfalls (1.51) ungültig, weil nichtlineares Verhalten der Komponenten beherrschend wird.

Nicht nur Verstärkung und Einfluß der Parametervariation werden von der Rückkopplung beeinflußt, sondern auch die Bandbreite einer Schaltung. Wir gehen von einem Verstärkungsverlauf bei hohen Frequenzen nach (1.35), S. 267, aus:

$$v_u = v_m \frac{1}{1+j\omega/\omega_0},$$

wobei v_m die Verstärkung in der Bandmitte, also hinreichend weit unterhalb ω_0, ist. Setzen wir dies in (1.51) ein, so folgt nach einer kurzen Umrechnung als Verstärkung des rückgekoppelten Netzwerks:

$$v_k = \frac{v_m}{1+kv_m} \frac{1}{1+j\omega/[(1+kv_m)\omega_0]}. \qquad (1.54)$$

Wir wählen zur Diskussion den Fall der Gegenkopplung. Dann drückt der erste Faktor in (1.54) aus, daß die Verstärkung um den Faktor $(1+kv_m)$ gegenüber dem nicht-rückgekoppelten Verstärker reduziert ist, ein Effekt, den wir schon weiter oben kennengelernt haben. Nach dem zweiten Faktor in (1.54) ist die obere Grenzfrequenz, ab der mit einem Verstärkungsabfall von 6 db/Oktave gerechnet werden muß, auf den Wert $\omega_0(1+kv_m)$ erhöht. Wir erhalten in asymptotischer Näherung als Verstärkungsverlauf die durchgezogene Kurve in Abb. 1.38 (vgl. auch Abb. 1.32a). Nach (1.38), S. 269, finden wir aber auch, daß das Verstärkungs-Bandbreite-Produkt beim Einsetzen der Gegenkopplung ungeändert bleibt.

Wir müsssen jedoch anmerken, daß diese Betrachtungen nur für den idealen Fall, also insbesondere keine Frequenzabhängigkeit der Rückkopplung und kein Einfluß des Lastwiderstandes, gelten. Sie führen also

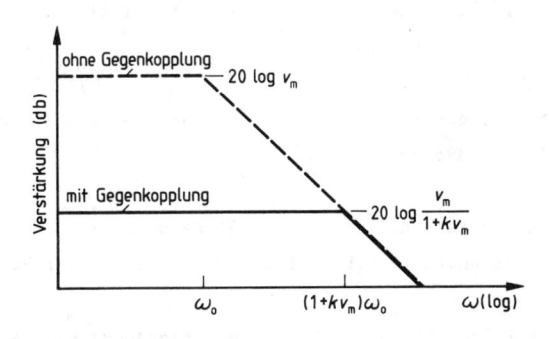

Abb. 1.38 Einfluß der Gegenkoppelung auf den Verstärkungsverlauf bei hohen Frequenzen.

insofern nur zu einer oberen Grenze. Schließlich diskutieren wir auch qualitativ die Auswirkungen, die die Gegenkopplung auf Verzerrungen hat. Wir nehmen also an, daß der Verstärker sich nicht völlig linear nach (1.50) verhält, sondern daß er zusätzlich nichtlineare Verzerrungen in den Signalfluß einführt. Diese Verzerrungen werden durch die Gegenkopplung reduziert, und zwar im Extremfall so stark, daß nach (1.52) nur noch das lineare Verhalten des Rückkopplungsnetzwerks wirksam bleibt.

Arten der Rückkopplung. Mit Blick auf Abb. 1.39 können wir die Möglichkeiten der Rückkopplung unter zwei Gesichtspunkten einteilen, nämlich welche Größe rückgekoppelt wird und welche Größe in den Eingang des Verstärkers eingegeben wird. Unter dem ersten Gesichtspunkt gibt es zwei Möglichkeiten:

1) das rückgekoppelte Signal ist der Ausgangsspannung proportional (Abb. 1.39a und c);

2) das rückgekoppelte Signal ist dem Ausgangsstrom proportional (Abb. 1.39b und d).

Unter dem zweiten Gesichtspunkt fassen wir die folgenden Alternativen zusammen:

1) das rückgekoppelte Signal wird seriell als Spannung eingespeist (Abb. 1.39a und b);

2) das rückgekoppelte Signal wird parallel als Strom eingespeist (Abb. 1.39c und d).

Damit ergeben sich die in Abb. 1.39 dargestellten prinzipiellen Arten der Rückkopplungen. Darüber hinaus sind noch Mischformen möglich.

Je nach Art der Rückkopplung werden Eingangs- und Ausgangswiderstand des rückgekoppelten Verstärkers unterschiedlich beinflußt. Wir wenden

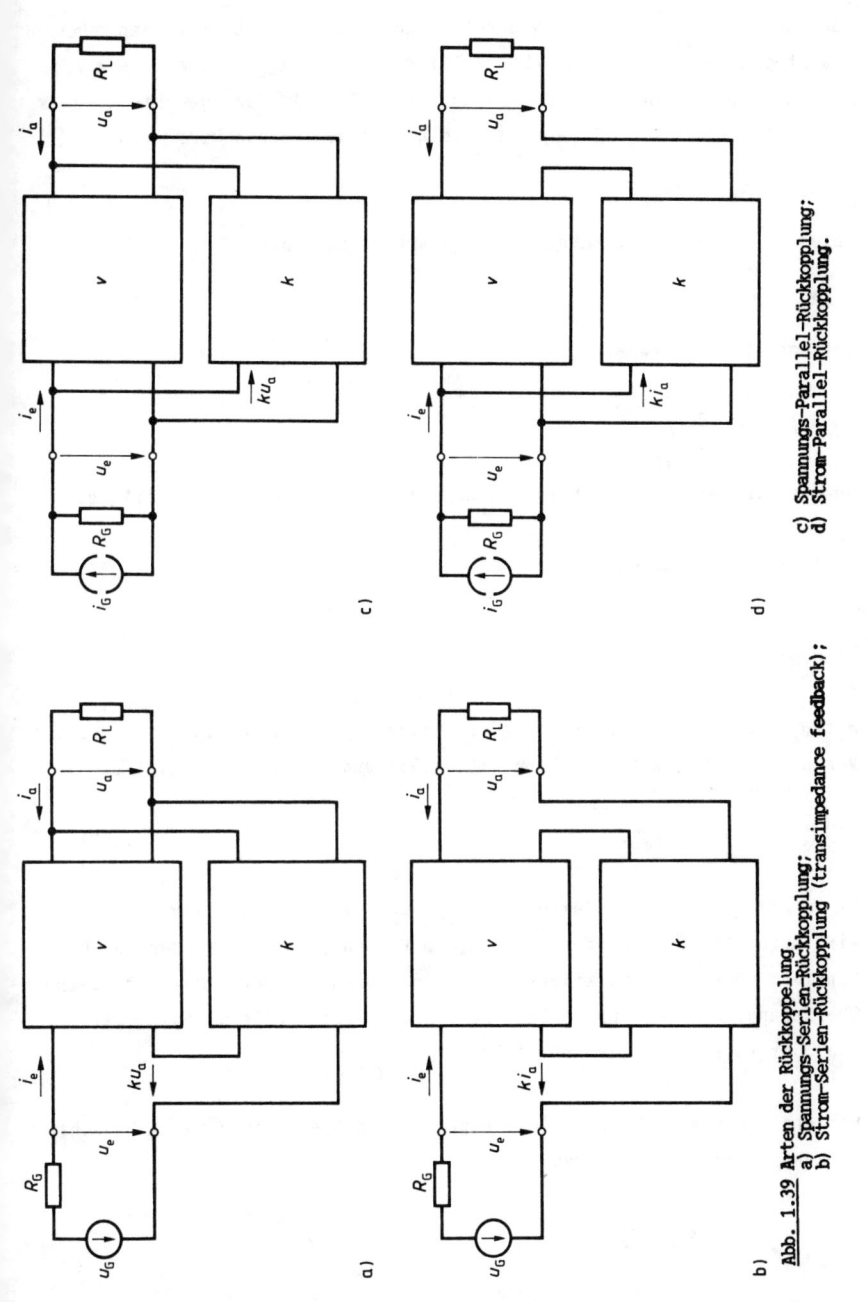

Rückkopplung

Abb. 1.39 Arten der Rückkopplung.
a) Spannungs-Serien-Rückkopplung;
b) Strom-Serien-Rückkopplung (transimpedance feedback);
c) Spannungs-Parallel-Rückkopplung;
d) Strom-Parallel-Rückkopplung.

Elektronische Netzwerke

uns zunächst dem Eingangswiderstand zu. Dieser habe für den unbeschalteten Verstärker v (Abb. 1.39) den Wert R_{ev}. Koppeln wir die Spannung ku_a auf den Eingang zurück (Abb. 1.39a), dann geschieht dies in Reihe mit der Signalspannung. Aus Abb. 1.39a können wir:

$$i_e = (u_e - ku_a)/R_{ev}$$

ablesen. Da die Verstärkung des Verstärkers allein:

$$v_u = u_a/(u_e - ku_a) \qquad (1.55)$$

beträgt, folgt daraus:

$$R_{ev} = \frac{1}{v_u} \frac{u_a}{i_e}.$$

Nun ist andrerseits die Verstärkung des rückgekoppelten Verstärkers:

$$v_k = u_a/u_e = \frac{v_u}{1+kv_u}, \qquad (1.56)$$

so daß: $R_{ev} = \dfrac{v_k}{v_u} \dfrac{u_e}{i_e} = \dfrac{v_k}{v_u} R_e$

mit R_e als Eingangswiderstand des rückgekoppelten Verstärkers folgt. Verknüpfen wir diese Beziehung mit (1.55) und (1.56), so ergibt sich:

$$R_e = (1 + kv_u) R_{ev}. \qquad (1.57)$$

Da im allgemeinen der Faktor $(1+kv_u)$ sehr viel größer als Eins ist, wird durch Einspeisung der Spannung am Eingang, d. h. bei Serien-Rückkopplung, der Eingangswiderstand R_e merklich erhöht. Denn dieselbe Überlegung, die wir eben für Abb. 1.39a angestellt haben, gilt in analoger Weise auch für Abb. 1.39b.

Wir stellen zum Nachweis die entsprechenden Gleichungen auf. Zunächst entnehmen wir als Eingangsstrom:

$$i_e = (u_e - ki_a)/R_{ev}$$

aus Abb. 1.39b. k ist nicht mehr dimensionslos, sondern erhält die Dimension eines Widerstandes. Analog zu (1.55) definieren wir als Verstärkung:

$$v_{iu} = i_a/(u_e - ki_a),$$

ebenfalls eine dimensionsbehaftete Größe, was wir durch den Index iu angedeutet haben. Der Eingangswiderstand des Verstärkers allein ist:

$$R_{ev} = (u_e - ki_a)/i_e = \frac{1}{v_{iu}} \frac{i_a}{i_e}.$$

Statt (1.56) erhalten wir:

$$v_k = i_a/u_e = \frac{v_{iu}}{1+kv_{iu}}.$$

Zusammenfassen der letzten beiden Gleichungen liefert:

$$R_{ev} = \frac{u_e}{i_e} \frac{1}{1+kv_{iu}} = R_e/(1+kv_{iu}).$$

Dies entspricht (1.57), so daß wir für den Eingangswiderstand R_e der Konfiguration nach Abb. 1.39b denselben Schluß ziehen können wie für Abb. 1.39a.

Andere Verhältnisse liegen bei der Stromeinspeisung am Eingang, also bei Parallel-Rückkopplung (Abb. 1.39d) vor. Da der Eingangswiderstand R_{ev} zwischen den Eingangsklemmen des Verstärkers v liegt, lesen wir zunächst den Spannungsabfall:

$$u_e = (i_e - ki_a)R_{ev}$$

ab, woraus sich:

$$R_e = \frac{u_e}{i_e} = (1 - k\frac{i_a}{i_e})R_{ev}$$

ergibt. Wir führen die Stromverstärkung des isolierten Verstärkers v über:

Elektronische Netzwerke

$$v_i = i_a/(i_e - k i_a)$$

ein. Damit können wir i_a/i_e bestimmen und in R_e einsetzen mit dem Ergebnis:

$$R_e = R_{ev}/(1+k v_i), \qquad (1.58)$$

d. h. die Eingangsimpedanz ist bei Paralleleinkopplung im allgemeinen erheblich reduziert. Denn diese Aussage gilt auch für einen Aufbau nach Abb. 1.39c. Wir leiten aus ihr die zu Abb. 1.39d analogen Beziehungen:

$$u_e = (i_e - k u_a) R_{ev}$$

sowie: $R_e = \dfrac{u_e}{i_e} = (1 - k \dfrac{u_a}{i_e}) R_{ev}$

ab, wobei k nunmehr die Dimension eines Leitwerts erhält. Die Verstärkung des isolierten Verstärkers definieren wir als:

$$v_{ui} = u_a/i_e = u_a/(i_e - k u_a),$$

v_{ui} ist also einer Impedanz dimensionsgleich. Wir bestimmen daraus u_a/i_e und erhalten nach Einsetzen in R_e das Ergebnis:

$$R_e = R_{ev}/(1+k v_{ui}),$$

das mit allen Konsequenzen analog zu (1.58) ist.

Zur Bestimmung des Ausgangswiderstands R_a streben wir ähnlich wie in Abb. 1.14, S. 242, eine Darstellung an, in der die gesamte rückgekoppelte Schaltung durch eine Zweipolquelle ersetzt wird. Wir betrachten zunächst die Spannungsrückkopplung nach Abb. 1.39a. Der Ausgangsteil der Schaltung ist in Abb. 1.40a skizziert, wobei R_{av} der Ausgangswiderstand des Verstärkers v für sich allein ist.

Abb. 1.40 Berechnung des Ausgangswiderstands R_a bei Rückkoppelung.

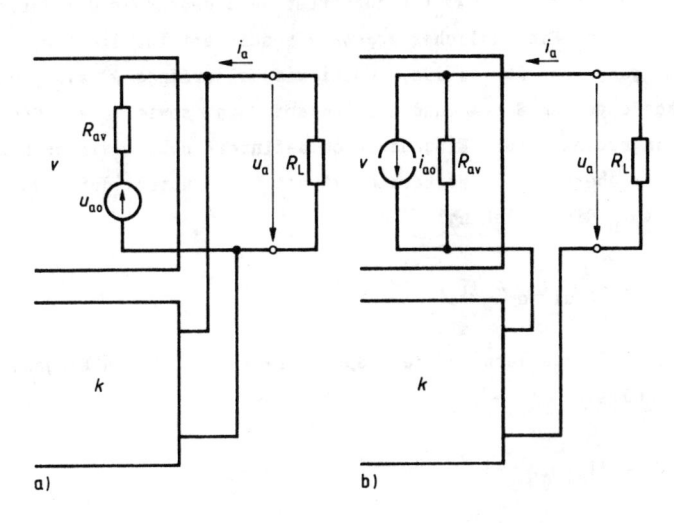

a) Spannungsrückkoppelung; b) Stromrückkoppelung.

Wir nehmen an, daß in den Rückkopplungszweig k kein Strom fließt, so daß:

$$i_a = (u_a + u_{ao})/R_{av} \qquad (1.59)$$

gilt. Weiterhin können wir:

$$u_{ao} = -v_u(u_e - ku_a)$$

zusammen mit Abb. 1.39a unter der Annahme $R_{av} \ll R_L$ gewinnen. Diese Beziehung muß auch für Kurzschluß am Eingang gelten, also folgt:

$$u_{ao} = kv_u u_a.$$

Setzen wir dies in (1.59) ein, dann errechnet sich als Ausgangswiderstand der rückgekoppelten Schaltung:

Elektronische Netzwerke

$$R_a = u_a/i_a = R_{av}/(1+kv_u), \qquad (1.60)$$

ein um den Faktor $(1+kv_u)$ reduzierter Wert gegenüber dem Verstärker für sich allein. Ein ähnliches Ergebnis resultiert für die Stromeinspeisung am Eingang von Abb. 1.39c, wobei wir allerdings k als Quotient von rückgekoppeltem Strom und Ausgangsspannung sowie v als Quotient aus Ausgangsspannung und Eingangsstrom definiert haben. Wir können zunächst (1.59) übernehmen. Weiterhin können wir unter der Voraussetzung $R_{av} \ll R_L$ die Beziehung:

$$u_{ao} = - v_{ui}(i_e - ku_a)$$

aufstellen, die auch für den Spezialfall des offenen Eingangs erfüllt sein muß:

$$u_{ao} = kv_{ui} u_a.$$

Dies in (1.59) eingesetzt liefert:

$$R_a = R_{av}/(1 + kv_{ui}),$$

eine (1.60) entsprechende Gleichung. In den beiden Fällen der Rückkopplung nach Abb. 1.39a und c erhalten wir nach (1.60) einen im allgemeinen reduzierten Ausgangswiderstand der Gesamtschaltung. Dies steht im Gegensatz zur Stromrückkopplung nach Abb. 1.39b oder d. Das Ausgangsteil der Schaltungen ist in Abb. 1.40b wiederholt, wobei wir die Stromquelle i_{ao} und den Ausgangswiderstand R_{av} des Verstärkers allein besonders herausgehoben haben. Wir setzen voraus, daß über dem Rückkopplungsnetzwerk k keine Spannung abfällt, so daß sich der Ausgangsstrom nach:

$$i_a = i_{ao} + u_a/R_{av} \qquad (1.61)$$

aufteilt. Die Stromquelle wird, wenn wir zunächst Abb. 1.39d mit zu Rate ziehen, über den Eingangsstrom gesteuert:

Rückkopplung

$$i_{ao} = v_i(i_e - ki_a) \qquad (1.62)$$

mit v_i als Stromverstärkung, wobei wir allerdings einen kleinen Lastwiderstand ($R_L \ll R_{av}$) voraussetzen müssen. Die aufgestellte Gleichung gilt auch für den Spezialfall des verschwindenden Signalstroms, so daß:

$$i_{ao} = - v_i ki_a$$

folgt. Wir setzen dies in (1.61) ein mit dem Ergebnis:

$$R_a = u_a/i_a = (1 + kv_i)R_{av}. \qquad (1.63)$$

Bei Stromrückkopplung folgt also ein Ausgangswiderstand, der im allgemeinen erheblich größer ist als der des Verstärkers für sich allein. Ein ähnliches Resultat erhalten wir, wenn wir Abb. 1.39b zugrundelegen. Denn wir können zunächst (1.61) übernehmen, um dann für $R_L \ll R_{av}$ die vom Eingang gesteuerte Stromquelle:

$$i_{ao} = v_{iu}(u_e - ki_a)$$

anzugeben. Diese Beziehung muß auch für den Spezialfall des kurzgeschlossenen Eingangs gelten:

$$i_{ao} = - v_{iu}ki_a.$$

Damit gewinnen wir aus (1.61):

$$R_a = (1 + kv_{iu})R_{av}.$$

Die Analogie zu (1.63) ist evident. Die vorausgehenden Betrachtungen können wir in den folgenden Aussagen zusammenfassen:

Der Eingangswiderstand R_e wird bei Serien-Rückkopplung ((1.57), Abb. 1.39a und b) erhöht, bei Parallel-Rückkopplung dagegen ((1.58), Abb. 1.39c und d) erniedrigt.

Elektronische Netzwerke

Der Ausgangswiderstand R_a wird bei Spannungsrückkopplung ((1.60), Abb. 1.39a und c, Abb. 1.40a) erniedrigt, bei Stromrückkopplung dagegen ((1.63), Abb. 1.39b und d, Abb. 1.40b) erhöht.

Wir haben bereits darauf hingewiesen, daß die Wirksamkeit der Rückkopplung von R_L, also von der äußeren Belastung des Verstärkers abhängt. Dies gilt natürlich auch für die Eingangsseite, wo wir bei genauerer Betrachtung auch den Innenwiderstand R_G eines Signalgenerators mitberücksichtigen müssen.

Ein Beispiel. Zur Illustration der bisherigen allgemeinen Erörterungen wählen wir die Emitterschaltung nach Abb. 1.1, S. 220. Da der Spannungsteiler R_1 und R_2 an der Basis prinzipiell leicht mitberücksichtigt werden kann, aber nur zu unübersichtlichen Formeln führt, lassen wir ihn weg; er ist ohnehin im allgemeinen hochohmig. Die Überbrückung des Emitterwiderstands R_E durch C_E nehmen wir heraus, denn wir wollen gerade die Rückkopplung untersuchen.

Diese entsteht durch den Spannungsabfall an R_E, reduziert also **die** Eingangsspannung u_1. Daher haben wir es - wie wir auch schon in **Kap.** II.1.1 festgestellt haben - mit einer Gegenkopplung zu tun. Nach diesen Vereinfachungen kommen wir zur Schaltung in Abb. 1.41a.

Wir fügen das T-Ersatzschaltbild nach Abb. 2.10, S. 120, ein (vgl. S. 257), vernachlässigen aber den Sperrwiderstand r_c der Kollektordiode als groß und den differentiellen Widerstand r_e der Emitterdiode als sehr klein. Es bleiben der Basisbahnwiderstand r_b sowie die für die Transistorfunktion wesentliche Stromquelle $\alpha i_e'$ übrig. Überbrücken wir noch die Koppelkondensatoren C_K, so kommen wir zu Abb. 1.41b.

Um die Analogie zu Abb. 1.39 klarer zu machen, haben wir die dortigen Bezeichnungen für die Ströme und Spannungen eingeführt. In Abb. 1.41b ist die rückgekoppelte Größe dem Ausgangsstrom i_a proportional, der über R_E fließt und dort eine Gegenkopplungsspannung $u_k = -i_e' R_E$ hervorruft. Daher ist Abb. 1.39b zutreffend. Wir hatten in diesem Zusam-

Abb. 1.41 Rückkopplung in der Emitterschaltung.

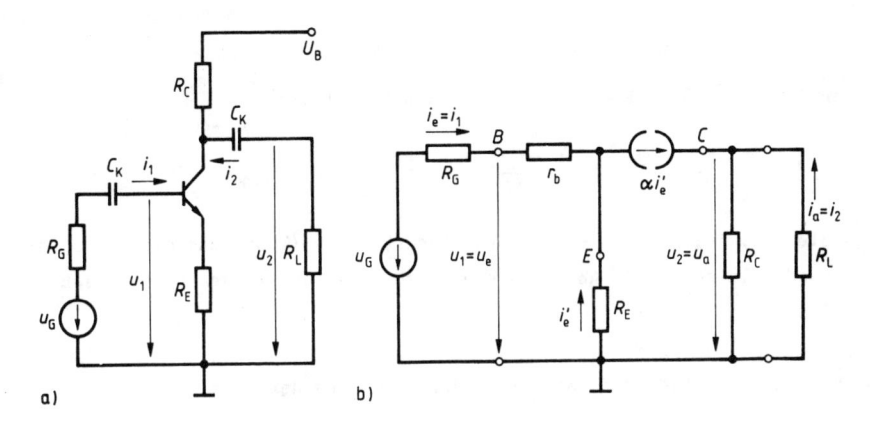

a) Schaltung;

b) Einfügung des Ersatzschaltbildes für den bipolaren Transistor.

menhang als sinnvolles Verstärkungsmaß den Quotienten:

$$v_k = i_a / u_e \qquad (1.64)$$

eingeführt, den wir, dem angelsächsichen Sprachgebrauch folgend, als Transadmittanz bezeichnen (im Deutschen auch Vorwärtssteilheit, Übertragungsleitwert oder Kernleitwert eines Vierpols). v_k gilt für die gesamte Schaltung unter Einschluß der Rückkopplung und entspricht (1.56). Durch Aufstellen der Gleichungen für Abb. 1.41b läßt sich v_k leicht mit dem Resultat:

$$v_k = \frac{\alpha}{(1-\alpha)\,r_b + R_E} \cdot \frac{R_C}{R_L + R_C}, \qquad (1.65)$$

berechnen. Das gleiche Resultat müssen wir natürlich erhalten, wenn wir (1.56) direkt nutzen, vorher aber die Verstärkung v_{iu} ohne Rückkopplung entsprechend (1.55) und den Rückkopplungsfaktor k berechnet haben.

Elektronische Netzwerke

Wir gehen also zunächst wiederum von Abb. 1.41b aus, setzen aber $R_E = 0$. Dann gewinnen wir:

$$v_{iu} = \frac{\alpha}{(1-\alpha)\, r_b} \cdot \frac{R_C}{R_L+R_C},$$

analog zu (1.55). Ebenso läßt sich aus Abb. 1.41b:

$$k = \frac{u_k}{i_a} = \frac{-i_e' R_E}{i_a} = - \frac{R_E(R_C+R_L)}{\alpha R_C}$$

ableiten. Fügen wir diese beiden Ausdrücke in (1.56) und die entsprechende Gleichung für Abb. 1.39b ein, so erhalten wir genau das Ergebnis (1.65).

Mit (1.57) folgt durch Einsetzen der Eingangswiderstand:

$$R_e = (1+kv_{iu})R_{ev} = (1 + \frac{R_E}{(1-\alpha)\,r_b})r_b = r_b + R_E/(1-\alpha).$$

Für den Ausgangswiderstand R_a können wir nicht direkt (1.63) verwenden, weil der Emitterstrom i_e' zwar dem Ausgangsstrom i_a proportional, aber nicht gleich ist. Dies gilt nicht mehr bei kurzgeschlossenem Generator, so daß die Voraussetzungen bei der Ableitung von (1.63) nicht mehr zutreffen. Wir verzichten daher auf eine weitere Diskussion dieses Punktes.

Da wir mehr an der Spannungsverstärkung v_u interessiert sind, erhalten wir wegen (Abb. 1.41b):

$$i_a = - u_a/R_L$$

zusammen mit (1.64) und (1.65):

$$v_u = \frac{u_a}{u_e} = - \frac{i_a R_L}{u_e} = - v_k R_L = \frac{-\alpha}{(1-\alpha)\,r_b + R_E} \cdot \frac{R_C R_L}{R_C + R_L}.$$

Die Konfiguration in Abb. 1.41 wird auch als Transadmittanz-Verstärker bezeichnet.

Rückkopplung

Transimpedanz-Verstärker. Mit Operationsverstärkern und als Empfängerstufe in der optischen Nachrichtentechnik ist eine rückgekoppelte Konfiguration weitverbreitet, die man Transimpedanz-Verstärker nennt. Dabei nimmt das Rückkopplungsnetzwerk am Ausgang des Verstärkers eine Größe an, die dem Ausgangsstrom i_a proportional ist und koppelt sie als Rückkopplungsstrom i_k in den Eingang ein (Abb. 1.42).

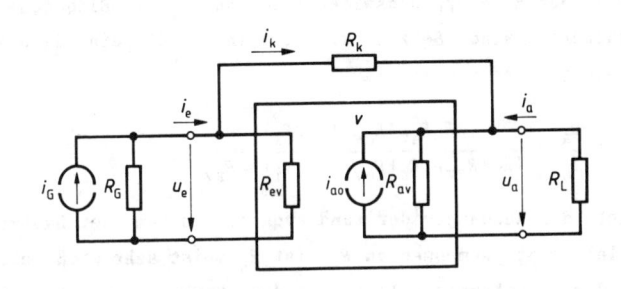

Abb. 1.42 Zum Transimpedanz-Verstärker: Die rückgekoppelte Größe ist dem Ausgangsstrom i_a proportional und wird als Strom i_k am Eingang eingespeist.

Der Verstärker v selbst zeigt eine Phasendrehung um eine halbe Periode, so daß eine Gegenkopplung vorliegt. Die Konfiguration entspricht Abb. 1.39d. Der Transimpedanz-Verstärker hat eine große Bandbreite und zeichnet sich insbesondere durch einen hohen Dynamikbereich aus, d. h. er kann Eingangssignale aus einem breiten Werteumfang verzerrungsfrei verarbeiten, weil seine Verstärkung primär von den linearen Widerständen der äußeren Beschaltung und nicht mehr von den aktiven Elementen des Verstärkers abhängt.

Wir gehen einerseits von (1.62) aus und lesen andrerseits aus Abb. 1.42:

$$i_{a0} = v_i (i_e - i_k)$$

$$= u_a/R_{av} - i_a - i_k = u_a/R_{av} + u_a/R_L - i_k \qquad (1.66)$$

ab. Den Rückkopplungsstrom berechnen wir als:

Elektronische Netzwerke

$$i_k = \frac{u_e - u_a}{R_k} = \frac{(i_e - i_k)R_{ev} - u_a}{R_k} \tag{1.67}$$

mit der Auflösung:

$$i_k = \frac{i_e R_{ev} - u_a}{R_k + R_{ev}},$$

wobei R_k der Rückkopplungswiderstand und R_{ev} der Eingangswiderstand des Verstärkers v sind. Setzen wir dies in (1.66) ein, dann erhalten wir nach einigen Umformungen:

$$v_k = \frac{u_a}{i_e} = \frac{R_L R_{av}(R_{ev} + v_i R_k)}{(R_L + R_{av})(R_k + R_{ev}) + (1 - v_i)R_L R_{av}}.$$

R_{av} ist der Ausgangswiderstand von v, zu dem der Lastwiderstand R_L parallel liegt. Gemessen an R_{av} ist R_k meist sehr groß, ebenso wie R_L, d. h. der Verstärker soll durch den Verbraucher nur wenig belastet werden. Zudem sei v_i hinreichend groß. Dann folgt aus der vorhergehenden Formel die Näherung:

$$v_k \approx \frac{v_i R_{av}}{1 + \frac{R_{ev} - v_i R_{av}}{R_k}}. \tag{1.68}$$

Wir führen die Transimpedanz des Verstärkers für sich allein, also ohne Rückkopplung und Belastung ein, wobei wir die Phasenumkehr durch ein Vorzeichen markieren. Mit (1.66) erhalten wir:

$$v_{ui} = \frac{-u_a}{i_e - i_k} = \frac{-i_{a0} R_{av}}{i_e - i_k} = -v_i R_{av}. \tag{1.69}$$

Setzen wir dies in (1.68) ein, so folgt:

$$v_k = \frac{-v_{ui}}{1 + \frac{R_{ev} + v_{ui}}{R_k}}. \tag{1.70}$$

Man ist meist mehr an der Spannungsverstärkung interessiert, die wir aus Abb. 1.43 ableiten.

Abb. 1.43 ist aus Abb. 1.42 entstanden, indem wir die Stromquellen in Spannungsquellen umformen (vgl. Abb. 1.11, S. 238). Wir definieren die

Rückkopplung

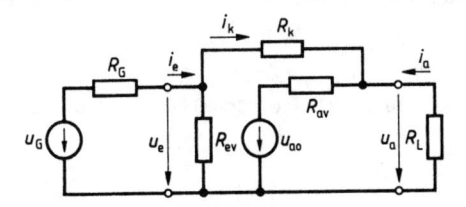

Abb. 1.43 Umformung von Abb. 1.42 zur Berechnung der Spannungsverstärkung eines Transimpedanz-Verstärker.

Spannungsverstärkung als:

$$v_k = \frac{u_a}{u_G} = \frac{u_a}{u_e + i_e R_G}.$$

R_{ev} soll hinreichend groß sein, damit nur ein verschwindender Strom in den eigentlichen Verstärker fließt. Mit (1.67) können wir schreiben:

$$i_e \approx i_k = (u_e - u_a)/R_k$$

oder nach Einsetzen:

$$v_k \approx \frac{u_a}{u_e + (u_e - u_a) R_G / R_k} \approx \frac{u_a / u_e}{1 - \frac{R_G}{R_k} \frac{u_a}{u_e}},$$

denn R_k ist im allgemeinen sehr viel größer als R_G. Führen wir noch die Abkürzung:

$$v_u = u_a / u_e \tag{1.71}$$

ein, so folgt schließlich:

$$v_k = \frac{v_u}{1 + \frac{R_G}{R_k} v_u}. \tag{1.72}$$

Elektronische Netzwerke

Da v_u sehr große Werte annehmen kann, wird die Spannungsverstärkung v_k in der Tat von den Daten des eigentlichen Verstärkers weitgehend unabhängig.

Abb. 1.44 zeigt als Beispiel die Schaltung eines Transimpedanz-Verstärkers.

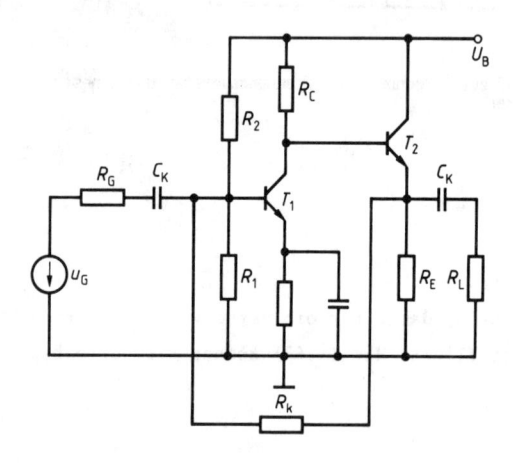

Abb. 1.44 Beispiel eines Transimpedanz-Verstärkers.

Der Rückkopplungswiderstand greift am Emitterwiderstand R_E des Transistors T_2 ab und koppelt in die Basis von T_1 ein. Da T_2 als Emitterfolger geschaltet ist, sorgt er im Verein mit der Verstärkerstufe T_1 für eine Phasenumkehr. Für eine Wechselstromanalyse können die Koppelkondensatoren C_K ebenso wie die RC-Kombination am Emitter von T_1 weggelassen werden; dasselbe gilt für die im allgemeinen hochohmige Parallelschaltung von R_1 und R_2 nach Erde.

Man bestimmt zunächst die Spannungsverstärkung v_u nach (1.71) unter den Annahmen, daß die Spannungsverstärkung des Emitterfolgers nahezu Eins ist und seine Ausgangsimpedanz gegenüber R_L klein ist. Man legt dazu das Ersatzschaltbild nach Abb. 2.9, S. 119, oder nach Abb. 1.24c, S. 256, zugrunde, wobei aber die Kapazitäten des inneren Transistors

Rückkopplung

ebenfalls weggelassen werden können, wenn im zulässigen Frequenzband des Verstärkers gearbeitet wird. Die Rückkopplung kann aufgebrochen werden, indem R_k als $R_k/(1-v_u)$ an die Basis von T_1 gelegt wird (Millersches Theorem nach Abb. 1.22, S. 253). Damit kann der Eingangswiderstand des Verstärkers ermittelt werden.

Oszillatoren. Basierend auf (1.51) hatten wir auf S. 278 festgestellt, daß bei Mitkopplung, wenn in unserer Terminologie $kv_u = -1$ wird, im rückgekoppelten Netzwerk Oszillationen auftreten. Dann wächst die Verstärkung über alle Grenzen. Allerdings treten in der Praxis vorher begrenzende Nichtlinearitäten auf. Vom Standpunkt unserer bisherigen Diskussionen zur Rückkopplung heißt das Auftreten von Oszillationen, daß das Netzwerk instabil geworden ist. Demgegenüber spielen Oszillatoren in weiten Gebieten der Meßtechnik oder beim Überlagerungsempfang eine große Rolle.

Wir behandeln die Schwingungserzeugung anhand der Schaltung in Abb. 1.45, die eine Wien-Brücke nutzt. Ihre beiden Arme werden durch die Widerstände R_1 und R_2 einerseits sowie durch die beiden RC-Kombinationen andrerseits gebildet, die den Ausgang mit dem Erdpotential verbinden. Am Nullzweig der Brücke liegen Gate und Source der Eingangsstufe des Verstärkers. Der Verstärker selbst, der durch den gerasterten Streifen eingerahmt ist und dessen Einzelheiten uns jetzt nicht interessieren, hat die Spannungsverstärkung:

$$v_u = u_a / (u_g - u_s) \tag{1.73}$$

mit den Gate- und Sourcespannungen u_g bzw. u_s gegen Erde. Wegen seiner zwei, vorzeichenumkehrenden Stufen sind Eingangs- und Ausgangssignal des Verstärkers in Phase. Für seine Funktion sind R_1 und R_2 nicht wichtig; aber sie werden bei amplitudenstabilisierenden Schaltungen genutzt. Wenn wir mit Z_1 und Z_2 die Impedanzen der RC-Kombinationen bezeichnen, so können wir aus Abb. 1.45:

$$u_g = Z_1 u_a / (Z_1 + Z_2)$$

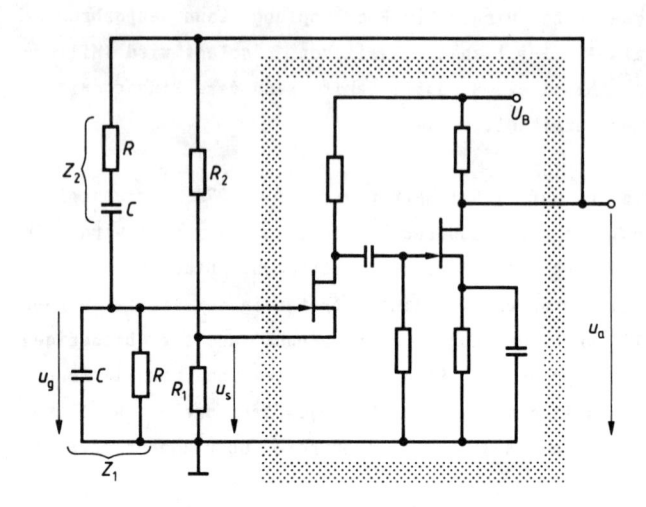

Abb. 1.45 Wien-Brücken-Oszillator.

sowie: $u_s = R_1 u_a / (R_1 + R_2)$ \hfill (1.74)

ablesen. Da keine externe Signalquelle wirksam ist, liegt nur die rückgekoppelte Spannung:

$$k u_a = u_s - u_g$$

am Verstärkereingang. Daraus folgt:

$$k = \frac{R_1}{R_1 + R_2} - \frac{Z_1}{Z_1 + Z_2}.$$

Nach (1.40a), S. 270, führen wir die komplexe Frequenz $s = j\omega$ ein. Dann wird aus dem letzten Ausdruck:

$$k = \frac{R_1}{R_1 + R_2} - \frac{sRC}{1 + s^2 (RC)^2 + 3sRC}.$$

Wenn das Ausgangssignal ohne Phasenverschiebung auf den Eingang gegeben werden soll, also für den Fall der Mitkopplung, dann muß k reell sein.

Aus dem Verschwinden des Imaginärteils von k folgt die Schwingfrequenz:

$$s_0/j = \omega_0 = 1/(RC) \tag{1.75}$$

des Oszillators. Damit bei dieser Frequenz die Schwingungsbedingung $kv_u = -1$ erfüllt ist, muß:

$$k = \frac{R_1}{R_1+R_2} - \frac{1}{3} = -\frac{1}{v_u} \tag{1.76}$$

oder: $\quad \dfrac{R_1}{R_1+R_2} = \dfrac{1}{3} - \dfrac{1}{v_u}$

gelten. Da $v_u \gg 1$ ist, folgt daraus:

$$R_2 \approx 2R_1.$$

Eine andere Methode, um die Wien-Brücken-Schaltung zu analysieren, macht von dem Pol- und Nullstelldiagramm Gebrauch, das wir im vorhergehenden Kapitel eingeführt haben. Wir erweitern die Schaltung in Abb. 1.45 dahingehend, daß wir einen Spannungsgenerator u_G in den Gatekreis legen. Damit kommen wir zu Abb. 1.46, wenn wir nur den geänderten Eingangsteil wiederholen. Gegebenenfalls kann die Signalspannung u_G so klein sein, daß der Spannungsgenerator durch einen Kurzschluß überbrückt wird und wir zu Abb. 1.45 zurückkommen.

Wir betrachten zunächst die Ströme, die in den Gateknoten von Abb. 1.46 hineinfließen:

$$(u_a - u_g)\frac{sC}{1+sRC} + \frac{u_G - u_g}{R} - sCu_g = 0.$$

Mit der Definition (1.75) läßt sich dies in:

$$\left(1 + s/\omega_0 + \frac{s/\omega_0}{1+s/\omega_0}\right)u_g - \frac{s/\omega_0}{1+s/\omega_0}u_a = u_G$$

umformen. Wir eliminieren u_g, wobei wir die auch für Abb. 1.46 gültigen Gleichungen (1.73) und (1.74) nutzen. Das Resultat ist die Spannungs-

Elektronische Netzwerke

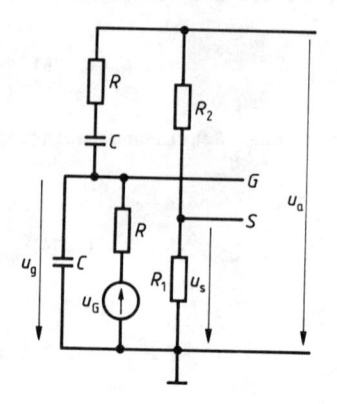

Abb. 1.46 Eingangsteil des Wien-Brücken-Oszillators nach Abb. 1.45, aber mit eingefügter Signalquelle U_G.

Verstärkung der Gesamtschaltung:

$$v_k = \frac{u_a}{u_G} = \omega_0 K \frac{s+\omega_0}{s^2+(3-K)s\omega_0+\omega_0^2} = \omega_0 K \frac{s-z_1}{(s-p_1)(s-p_2)} \qquad (1.77)$$

mit: $$\frac{1}{K} = \frac{1}{v_u} + \frac{R_1}{R_1+R_2}. \qquad (1.77a)$$

K und damit die Polstellen p_1 und p_2 hängen von der Verstärkung v_u des Verstärkers für sich allein ab, nicht jedoch ω_0. Eine Diskussion des Nenners von (1.77) lehrt, daß sich komplexe Polstellen für K-Werte zwischen 1 und 5 erreichen lassen. Sämtliche dieser Polstellen liegen auf einem Kreis mit dem Radius ω_0 (Abb. 1.47).

Besonders ausgezeichnet sind dessen Schnittpunkte mit der reellen Achse, zu denen $K = 1$ und $K = 5$ gehören. Der Schnittpunkt des Kreises mit der imaginären Achse in der komplexen Zahlenebene liegt bei $K = 3$. Für diesen Wert folgt aus (1.77a):

$$\frac{1}{3} = \frac{1}{v_u} + \frac{R_1}{R_1+R_2},$$

eine Beziehung, die wir schon auf anderem Weg als (1.76) gewonnen haben. Weiterhin verschwindet der Nenner von (1.77) bei $K = 3$ für die komplexe Frequenz:

Abb. 1.47 Pol-Nullstellendiagramm für
die Wien-Brücken-Schaltung
nach Abb. 1.46.

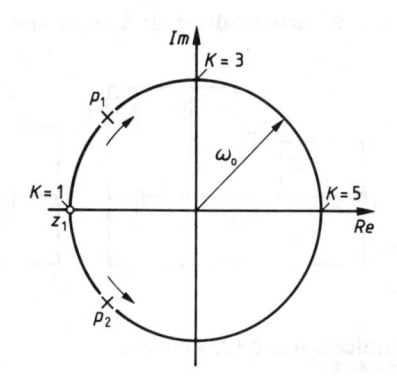

$$s_0^2 = -\omega_0^2,$$

d. h. dann wächst v_a über alle Grenzen und wir können u_G in Abb. 1.46 kurzschließen. Dies ist identisch mit dem früheren Ergebnis (1.75) **für den Oszillator.**

Die Polstellen p_1 und p_2 sind konjugiert komplex zueinander. Mit wachsendem K nähern sie sich von links in der komplexen Ebene der imaginären Achse (Abb. 1.47). Wenn sie sich der imaginären Achse hinreichend genähert haben, finden wir das Verhalten des schmalbandigen Resonanzverstärkers und wir können die frühere Diskussion im Zusammenhang mit Abb. 1.36 durchführen. Für Polstellen in der rechten Hälfte der komplexen Ebene wachsen die Schwingungen exponentiell an, bis die linearen Näherungen, die wir unserer Analyse stets zugrunde legen, ihre Gültigkeit verlieren.

Oszillatoren mit LC-Kreis. Eine Reihe von Oszillatorschaltungen macht von der Fähigkeit von Schwingkreisen Gebrauch, elektrische Energie zu speichern. Wird ein Teil dieser Energie im Sinne einer Mitkopplung auf den Schaltungseingang zurückgegeben, so kommt es zur Schwingungsanfachung, wobei die Eigenfrequenz der LC-Kombination die Oszillationsfrequenz bestimmt. Abb. 1.48a zeigt als Beispiel die Colpitts-Schaltung in ihrem prinzipiellen Aufbau.

Elektronische Netzwerke

Abb. 1.48 Colpitts-Schaltung als Beispiel eines Oszillators mit LC-Kreis.

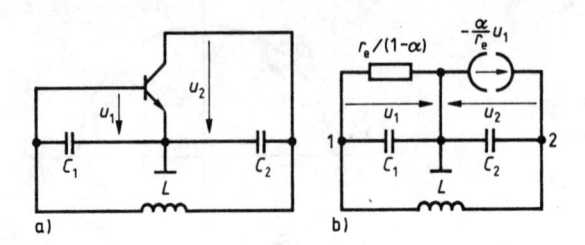

a) Prinzipschaltbild (ohne Spannungsversorgung);

b) dazugehöriges, einfaches Ersatzschaltbild.

Sie nutzt einen Parallelkreis aus Induktivität L und Kapazität $C_1 C_2/(C_1 + C_2)$, der die Schwingfrequenz festlegt. Durch den kapazitiven Spannungsteiler wird ein Bruchteil der Ausgangsspannung als Mitkopplung auf den Eingang gegeben. Wir erwarten daher, daß das Kapazitätsverhältnis die minimale Verstärkung bestimmt, die zum Aufrechterhalten der Schwingung notwendig ist.

Anstelle der Aufteilung der Kapazitäten in Abb. 1.48a kann man auch die Induktivität L zur Mitkopplung in ihrer Mitte anzapfen. Wir erhalten auf diese Weise die Hartley-Schaltung. Stattdessen können wir in Abb. 1.48a eine Kapazität in Serie zu L legen. Dies nennt man die Clapp-Schaltung.

Wir ersetzen den Transistor in Emitterschaltung aus Abb. 1.48a durch ein vereinfachtes Ersatzschaltbild, das wir aus Abb. 1.24c, S. 256, entnehmen. Wir gewinnen damit Abb. 1.48b. Wir betrachten die Ströme, die in die Knoten 1 und 2 einfließen:

$(1 - \alpha) u_1/r_e + j\omega C_1 u_1 + (u_1 - u_2)/(j\omega L) = 0$

$- \alpha u_1/r_e + j\omega C_2 u_2 + (u_1 - u_2)/(j\omega L) = 0.$

Dies ist ein homogenes Gleichungssystem in u_1 und u_2, dessen Determinante wir durch Umsortieren der beiden Gleichungen in sich gewinnen. Sie muß verschwinden, wenn eine stationäre Lösung existieren soll. Aus dem Verschwinden des Realteils folgt:

$$\omega_0{}^2 = \frac{C_1 + C_2}{LC_1C_2} = 1/(LC). \tag{1.78}$$

Dies ist die Resonanzfrequenz des Colpitts-Oszillators. Setzen wir den Imaginärteil gleich Null, fügen die Resonanzfrequenz ω_0 ein und nutzen ferner noch (2.19), S. 112, mit $\alpha \approx 1$, so folgt als Mindestverstärkung der Emitterschaltung:

$$\omega_0{}^2 C_2 L = \frac{C_1 + C_2}{C_1} = \frac{C_2}{C_1} + 1 = \frac{1}{1-\alpha} \approx \beta \tag{1.79}$$

(1.78) und (1.79) zusammen bestimmen in erster Näherung die Schwingungsbedingungen.

In Abb. 1.49a geben wir als praktisches Beispiel die Pierce-Colpitts-Schaltung, in der die Induktivität L aus Abb. 1.48a durch einen Schwingquarz Q ersetzt ist. Dieser hat eine sehr scharfe und stabile Resonanzkurve, die die Oszillationsfrequenz definiert. Quarzgesteuerte Oszillatoren sind daher außerordentlich frequenzstabil. Der Schwingkreis ist über den hinreichend großen Koppelkondensator C_K, der wechselstrommäßig einen Kurzschluß darstellt, an den Kollektor angeschlossen. Von dort wird – meist über einen Emitterfolger, damit die Belastung des Oszillators durch den Verbraucher nicht zu groß wird, – die Ausgangsspannung u_a abgenommen.

Der Schwingquarz Q nutzt den piezoelektrischen Effekt, bei dem durch Anlegen einer elektrischen Spannung über den isolierenden Quarzkristall eine mechanische Verzerrung entsteht. Umgekehrt tritt, sofern der Kristall in der kristallographisch richtigen Richtung geschnitten ist, eine elektrische Spannung an den auf gegenüberliegenden Seiten des Kristalls angebrachten Elektroden auf, wenn eine mechanische Verformung aufgeprägt wird. Beide Aspekte müssen im Ersatzschaltbild von Q er-

Elektronische Netzwerke

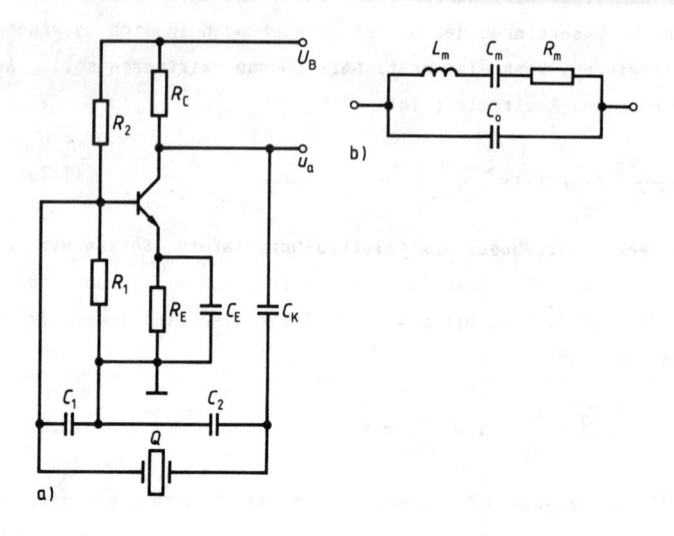

Abb. 1.49

a) Pierce-Colpitts-Oszillator mit Schwingquarz Q im LC-Kreis;

b) Ersatzschaltbild eines Schwingquarzes in der Nähe seiner Resonanzfrequenz.

scheinen (Abb. 1.49b). C_o, zu dem die vernachlässigbar kleinen dielektrischen Verluste des Quarzes als Widerstand parallel liegen, repräsentiert die geometrische Kapazität, die sich aus der Elektrodenanordnung am Quarzkristall mit dessen Dielektrizitätskonstante ergibt. Der Serienkreis L_m, C_m und R_m modelliert das mechanische Verhalten des Quarzes in der Nähe seiner mechanischen Resonanz. L_m berücksichtigt die Massenträgheit, beinhaltet also die spezifische Masse. Die mechanischen Rückstellkräfte erscheinen in C_m, das daher neben den piezoelektrischen Konstanten den für den Kristallschnitt zutreffenden Elastizitätsmodul enthält. R_m schließlich erfaßt die mechanischen Verluste, die durch Abstrahlung von Ultraschall, durch innere Reibung und durch die Halterung des Kristalls entstehen.

Nach Abb. 1.49b zeigt der Quarz sowohl eine Serienresonanz bei:

Rückkopplung

$$\omega_s^2 = 1/(L_m C_m) \qquad (1.80)$$

als auch eine Parallel- oder Antiresonanz bei:

$$\omega_p^2 = (C_m + C_0)/(L_m C_m C_0),$$

die aber wegen der meist gültigen Beziehung $C_m \ll C_0$ sehr dicht beieinanderliegen. Außerdem ist, wie wir es bei der Ableitung der Resonanzfrequenzen bereits genutzt haben, R_m hinreichend klein.

Die zur kapazitiven Rückkopplung in Abb. 1.49a eingesetzten Kondensatoren C_1 und C_2 sind beide sehr groß gegen C_0. Daher oszilliert die Schaltung bei der Serienresonanzfrequenz ω_s des Quarzes nach (1.80), die allein durch mechanische Größen und damit wesentlich präziser definiert ist als die Parallelresonanz.

Man kann Quarze bis zu sehr hohen Obertönen betreiben. Auf diesem Weg können quarzstabilisierte Oszillatoren bis im Bereich von mehreren hundert MHz bei einer Frequenzstabilität um 10^{-6} gebaut werden. Quarzstabilisierte Schaltungen haben breite Verwendung in der Meßtechnik und einen ausgesprochenen Massenmarkt bei Uhren gefunden.

2. Grundlagen für Digitalschaltungen

In den letzten beiden Jahrzehnten haben sich die digitalen elektronischen Schaltungen in einem Umfang durchgesetzt, daß sie heute die Rechnertechnik - und die Datenverarbeitung allgemein - völlig beherrschen. Die Grundlage dafür ist die moderne, planare Halbleitertechnik, die wir in Teil III behandeln. Sie erst bietet die Möglichkeiten zur großtechnischen Herstellung gleichartiger Baugruppen mit allen damit verbundenen Vorteilen, wie Miniaturisierbarkeit, hohe Zuverlässigkeit und geringe Kosten. Die theoretischen Grundlagen der modernen Digitaltechnik dagegen wurden viel früher, nämlich um die Mitte des vorigen Jahrhunderts, entwickelt und sind mit dem Namen G. Boole verbunden.

Elektronische Netzwerke

Boole faßte die in der Logik üblichen Schlußweisen in Gesetzmäßigkeiten, die Rechenvorschriften ähneln. Das so entstandene Gebiet, die Boolesche Algebra, galt lange als einer der reinsten Zweige der Mathematik ohne jede praktische Anwendung.

Wir wollen in diesem Kapitel die Grundzüge der Booleschen Algebra nur bis zu dem Punkt entwickeln, daß plausibel wird, warum jede digitale Rechenoperation durch eine einzige Form von Baugruppen, nämlich sogenannte NAND- oder NOR-Glieder, aufgebaut werden kann. Dies gibt uns die Berechtigung, uns nur auf NAND- oder NOR-Glieder zu beschränken, wenn wir später in Teil III, Kap. 2.2, die Realisierung digitaler Baugruppen als integrierte Schaltungen behandeln.

Binäre Verknüpfungen. Im Gegensatz zur Analogtechnik, bei der jeder Wert aus einem bestimmten Intervall zulässig ist, arbeitet die Digitaltechnik nur mit einer endlichen Anzahl von Zuständen. Heute ist die Digitaltechnik überwiegend binär, d. h. sie unterscheidet zwischen nur zwei Zuständen. Sie werden mit 0 und 1 bzw. - allgemeiner - mit L und H (für low und high) bezeichnet. Dies hat seinen Grund in der Transistortechnik, die zwei wohldefinierte Zustände zuläßt. Denn betrachten wir das Kennlinienfeld eines bipolaren oder Feldeffekt-Transistors (Abb. 2.7, S. 116; Abb. 2.33, S. 156 oder Abb. 1.2, S. 221) mit eingezeichneter Arbeitsgeraden, so finden wir einen ersten Zustand mit niedriger Spannung und hohem Strom sowie einem zweiten mit hohem Strom, aber niedriger Spannung (Abb. 2.1). Selbst wenn wir mit Parameterstreuung von Transistor zu Transistor und statistischen Störungen rechnen (durch gerasterte Kästen angedeutet), sind doch beide Zustände gut voneinander getrennt. Man bezeichnet den Zustand mit dem algebraisch positiveren Wert als H und den mit dem weniger positiven Wert als L. Diesen physikalischen Zuständen werden die dualen Werte 1 und 0 der binären Logik zugeordnet. Hat man vereinbart, daß sich H und 1 sowie L und 0 entsprechen, dann heißt dies positive Logik. Im entgegengesetzten Fall, also H entspricht 0 und L entspricht 1, wird die Vereinbarung als negative Logik bezeichnet.

Grundlagen für Digitalschaltungen

Abb. 2.1 Kennlinienfeld eines Transistors mit Arbeitsgeraden zur Definition der binären Zustände H und L. Die Rasterung makiert den Streubereich.

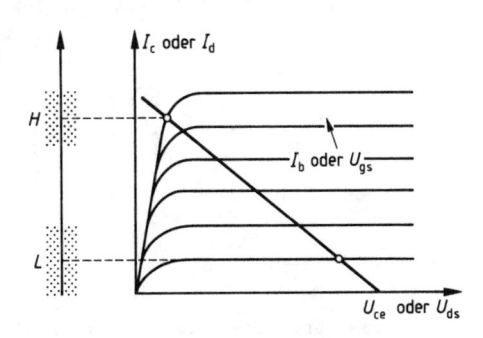

Ebenso wie im dekadischen Zahlensystem ordnet man im binären System jeder Stelle eine Potenz der jeweiligen Basis zu. So wird die Zahl 109 genauer als:

$$109 = 1 \cdot 10^2 + 0 \cdot 10^1 + 9 \cdot 10^0$$

gelesen. Entsprechend ist:

$$1101101 = 1 \cdot 2^6 + 1 \cdot 2^5 + 0 \cdot 2^4 + 1 \cdot 2^3 + 1 \cdot 2^2 + 0 \cdot 2^1 + 1 \cdot 2^0,$$

was ebenfalls dem Wert 109 entspricht. Wenn wir zur Klarheit die jeweilige Basis mitvermerken, gilt also:

$$(109)_{10} = (1101101)_2.$$

Die technische Realisierung einer binären Zahl erfolgt z.B. durch eine zeitliche Folge von Impulsen, die in einem verabredeten Intervall gesendet (entsprechend 1) oder nicht gesendet werden (ensprechend 0), oder durch Ablegen in einer Reihe von Speicherplätzen, die gesetzt (1) oder gelöscht (0) sind. Eine einzelne Stelle heißt ein Bit (von binary digit), eine Folge von Bits ergibt ein logisches Wort. Speziell nennt man ein logisches Wort von acht Bits auch ein Byte.

Elektronische Netzwerke

Tab. 2.1 Tabellen für die Summe S und den Übertrag C bei der Addition von Dezimalzahlen (im Ausschnitt).

A_1	A_2	S		A_1	A_2	C
0	0	0		:	:	:
0	1	1				
1	0	1		5	4	0
1	1	2		5	5	1
0	2	2		5	6	1
1	2	3		5	7	1
:	:	:		:	:	:

Um auf die Grundoperationen der Booleschen Algebra hinzuarbeiten, wollen wir die geistige Leistung, die wir bei der Addition auch großer Zahlen leisten, in ihre Einzelschritte zerlegen. Wir wählen als Beispiel die beiden Zahlen 251 und 564. Zur Bildung der Summe S und des Übertrags C (carry) müssen wir Tab. 2.1 anwenden, wobei wir C um eine Ziffer nach links verschoben eintragen, ehe wir endgültig addieren:

	251
	+ 564
Summe S:	715
Übertrag C:	010
Ergebnis:	815

Wir übertragen diese Prozedur auf Binärzahlen am Beispiel von $(5)_{10}$ = $(0101)_2$ und $(6)_{10}$ = $(0110)_2$:

$(5)_{10}$:	0101
$(6)_{10}$:	0110
Summe S:	0011
Übertrag C:	0100
$(11)_{10}$:	1011,

wobei die Tabellen, in denen wir nachschauen müssen, wegen der nur zwei möglichen Eingabezustände sehr viel kürzer sind (Tab. 2.2).

Um möglichst viel von dem Erreichten übernehmen zu können, lehnen wir uns für die Subtraktion an die Addition an. Wir formulieren eine Rechenvorschrift oder einen Algorithmus, der eine Null, gebildet aus der Zehnerpotenz n der Zifferanzahl der längsten beteiligten Zahl, enthält:

Grundlagen für Digitalschaltungen

Tab. 2.2 Tabellen für die Summe S und den Übertrag C bei der Addition von Binärzahlen.

A_1	A_2	S		A_1	A_2	C
0	0	0		0	0	0
0	1	1		0	1	0
1	0	1		1	0	0
1	1	0		1	1	1

$a - b = a + (0 - b)$
$ = a + (10^n - 10^n - b) = a + (10^n - b) - 10^n.$

Die Größe $(10^n - b)$ nennt man Zehnerkomplement, weil sie b bis zu 10^n auffüllt. Wir demonstrieren die Subtraktion an einem Beispiel:

```
              a:     82 311         n_5 = 5
              b:  - 51 427        10^5 = 100 000
─────────────────────────────────────────────
              a:     82 311  ⎫
Zehnerkomplement: ⎧ 100 000 ⎫ ⎬ +
                  ⎩ - 51 427 ⎭ ⎭
                  -100 000
─────────────────────────────────────────────
              a:     82 311  ⎫
Zehnerkomplement:    48 573  ⎬ +
                  -100 000
─────────────────────────────────────────────
                     130 884   → letzten Übertrag
                    -100 000      weglassen
─────────────────────────────────────────────
Ergebnis:             30 884       30 884.
```

Wie rechts unten angedeutet, können wir den letzten Schritt vereinfachen, indem wir den letzten Übertrag weglassen. Bis auf die Bildung des Zehnerkomplements brauchen wir nur Additionen durchführen. Das Zehnerkomplement selbst finden wir sehr einfach, indem wir zwar die erste Stelle auf 10, alle anderen aber nur auf 9 auffüllen. Oder aber, wir bilden durchgängig das Neunerkomplement und fügen zur ersten Stelle eine Eins hinzu.

Diesen letzten Algorithmus wenden wir sinngemäß auf die Binärzahlen an; wir müssen also das Einerkomplement bilden. Wir demonstrieren die Rechenvorschrift am Beispiel 11 - 6:

Elektronische Netzwerke

$a = (11)_{10}$:	1011	$n = 4$
$b = (6)_{10}$:	− 0110	$(2^4)_{10} = 10000$

$a = (11)_{10}$:	1011 $\Big\}$ +
Einerkomplement:	$\Big\{$ 10000 − 0110 $\Big\}$

$a = (11)_{10}$:	1011 $\Big\}$ +
Einerkomplement:	01001

	10100	Letzten Übertrag weglassen!
	0100	Eins hinzufügen!
Ergebnis $(5)_{10}$:	0101.	

Gegenüber dem Algorithmus für Dezimalzahlen ergibt sich das Einerkomplement bemerkenswert einfach: Ist die Ziffer $A = 1$, so wird sie durch $F = 0$ ersetzt; bei $A = 0$ setzen wir dagegen $F = 1$ ein. D. h. wir gehen nach Tab. 2.3 vor.

Tab. 2.3 Tabelle zum Aufstellen des Einerkomplements.

A	F
0	1
1	0

Es ist leicht einzusehen, wie wir die Multiplikation direkt und die Division auf dem Umweg über die Subtraktion auf die Addition zurückführen können. Wir erläutern dies zunächst durch die Multiplikation für Dezimalzahlen.

	7538 · 1302
	7538
+	7538
+	7538
+	7538
+	7538
+	7538
Ergebnis:	9814476.

Der Algorithmus der Multiplikation enthält nur eine Folge von Additionen und Linksverschiebungen. Analog verhält es sich bei der Division, wo − über den Umweg der Subtraktion − Additionen sich mit Rechtsverschiebungen abwechseln. Das folgende Beispiel soll dies wiederum für Dezimalzahlen illustrieren.

Grundlagen für Digitalschaltungen

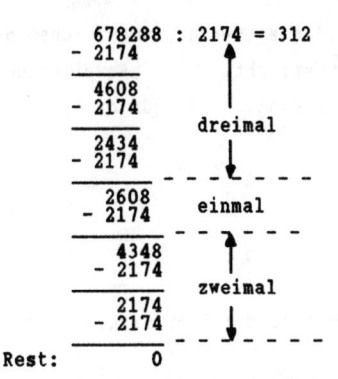

```
       678288 : 2174 = 312
      - 2174           ↑
      ──────           │
        4608           │
      - 2174       dreimal
      ──────           │
        2434           ↓
      - 2174      - - - - -
      ──────
        2608       einmal
      - 2174      - - -↓- - -
      ──────
        4348           ↑
      - 2174       zweimal
      ──────           ↓
        2174      - - - - -
      - 2174
Rest: ──────
           0
```

Wir verzichten auf die entsprechenden Demonstrationen für Dezimalstellen hinter dem Komma, die nichts wesentlich Neues bringen. Ebenso sind die analogen Operationen für Binärzahlen einfach ableitbar.

Boolesche Algebra. Im formalen Gebäude der Booleschen Algebra reichen drei Fundamentalverknüpfungen aus, um beliebig viele Aussagen zu einem logischen Schluß zu verbinden. Zwei von ihnen haben wir bereits kennengelernt. Die erste ist die UND-Funktion (logische Multiplikation oder Konjunktion; intersection oder AND operation). Sie besagt für zwei Eingangsvariable A_1 und A_2, daß nur dann der Ausgang F zu Eins wird, wenn beide Eingänge gleichzeitig den Wert Eins haben. Das Symbol eines Schaltgliedes, das die UND-Funktion ausführt, und dessen Funktionstabelle (truth table) sind in Abb. 2.2 dargestellt. Wir sehen, daß die

```
A₁ ─┤ &  ├─ F         A₁ ∧ A₂ = F
A₂ ─┤    │  = A₁∧A₂   0   0 │ 0
                      0   1 │ 0
                      1   0 │ 0
                      1   1 │ 1
```

<u>Abb. 2.2</u> Schaltzeichen und Funktionstabelle für die UND-Funktion.

Funktionstabelle identisch mit Tab. 2.2 für den Übertrag C ist. Die Gleichung für die UND-Funktion ist:

$A_1 \wedge A_2 = F$ (A_1 und A_2 gleich F).

Elektronische Netzwerke

Als Gedankenstütze merken wir an, daß das Verknüpfungszeichen dem A (von AND) ohne Verbindungsstrich entspricht. Eine Erweiterung auf mehrere Eingangsvariablen liegt auf der Hand, z. B. für drei:

$$A_1 \wedge A_2 \wedge A_3 = F$$

mit der Funtionstabelle nach Tab. 2.4.

Tab. 2.4 Funktionstabelle der UND-Funktion für drei Eingangsvariablen.

A_1	$\wedge\ A_2$	$\wedge\ A_3$	$= F$
0	0	0	0
1	0	0	0
0	1	0	0
0	0	1	0
1	1	0	0
1	0	1	0
0	1	1	0
1	1	1	1

Die zweite Grundverknüpfung ist die ODER-Funktion (logische Addition oder Disjunktion; union oder OR operation). Nach ihr gilt für zwei Eingangsvariable, daß immer dann der Ausgang F zu Eins wird, wenn wenigstens an einem Eingang eine Eins anliegt. Daher ist ihre Funk-

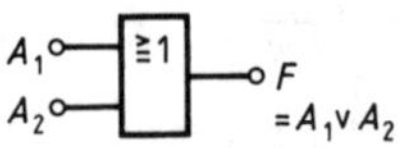

A_1	$\vee\ A_2$	$= F$
0	0	0
0	1	1
1	0	1
1	1	1

$F = A_1 \vee A_2$

<u>Abb. 2.3</u> Schaltzeichen und Funktionstabelle für die ODER-Funktion.

tionstabelle wie in Abb. 2.3, wo auch das Schaltzeichen des ODER-Gliedes wiedergegeben ist. Die Gleichung für die ODER-Funktion hat die Form ($\vee$ vom dem lateinischen vel = oder):

Grundlagen für Digitalschaltungen

$A_1 \vee A_2 = F$ (A_1 oder A_2 gleich F).

Als drittes bleibt die NICHT-Verknüpfung (logische Verneinung oder Inversion; negation oder NOT operation). Liegt am Eingang eine Eins, so zeigt der Ausgang Null; ist der Eingang dagegen Null, so wird der Ausgang zu Eins. Abb. 2.4 zeigt Schaltzeichen und Funktionstabelle der

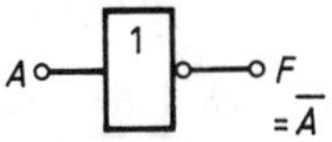

A	F
0	1
1	0

Abb. 2.4 Schaltzeichen und Funktionstabelle für die NICHT-Funktion.

NICHT-Funktion. Wir haben die Funktionstabelle bereits bei der Subtraktion als Tab. 2.3 kennengelernt. Die NICHT-Funktion wird als:

$\overline{A} = F$ (A quer gleich F)

geschrieben. Es gilt: $\overline{\overline{A}} = A$.

Als ein Beispiel für die Anwendung der Booleschen Grundverknüpfungen formulieren wir die Summe aus Tab. 2.2 als:

$S = A_1 \wedge \overline{A_2} \vee \overline{A_1} \wedge A_2$.

Daß diese Beziehung richtig ist, können wir durch Ausprobieren aller Möglichkeiten nachweisen, wobei wir nur beachten müssen, daß NICHT vor UND und dieses schließlich vor ODER ausgeführt werden müssen. Tab. 2.5 liefert den Nachweis zusammen mit einem Vergleich der Summe S in Tab. 2.2.

Tab. 2.5 Funktionstabelle zum Nachweis der Beziehung $S = A_1 \wedge \overline{A_2} \vee \overline{A_1} \wedge A_2$ (vgl. Tab. 2.2).

A_1	A_2	$\overline{A_1}$	$\overline{A_2}$	$A_1 \wedge \overline{A_2}$	$\overline{A_1} \wedge A_2$	$A_1 \wedge \overline{A_2} \vee \overline{A_1} \wedge A_2$
0	0	1	1	0	0	0
0	1	1	0	0	1	1
1	0	0	1	1	0	1
1	1	0	0	0	0	0

Elektronische Netzwerke

In der Booleschen Algebra gelten eine Reihe von Rechenregeln, die in Tab. 2.6 zusammengestellt snd. Ihr Nachweis gelingt am einfachsten, wenn wir die begrenzten Eingabemöglichkeiten der binären Logik systematisch durchspielen. In Tab. 2.7 haben wir dies für die de Morgansche Regel getan und, weil die drittletzte und letzte Spalte miteinander übereinstimmen, ihre Gültigkeit bewiesen. Dabei müssen wir auf die Reihenfolge der Operationen achten.

Tab. 2.6 Rechenregeln der Booleschen Algebra.

	für die UND-Funktion	für die ODER-Funktion
neutrales Element	$A \wedge 0 = 0$	$A \vee 0 = A$
	$A \wedge 1 = A$	$A \vee 1 = 1$
Idempotenzgesetz	$A \wedge A = A$	$A \vee A = A$
Gesetz des Komplements	$A \wedge \overline{A} = 0$	$A \vee \overline{A} = 1$
kommutatives Gesetz	$A_1 \wedge A_2 = A_2 \wedge A_1$	$A_1 \vee A_2 = A_2 \vee A_1$
assoziatives Gesetz	$A_1 \wedge (A_2 \wedge A_3) = (A_1 \wedge A_2) \wedge A_3$	$A_1 \vee (A_2 \vee A_3) = (A_1 \vee A_2) \vee A_3$
distributives Gesetz	$A_1 \wedge (A_2 \vee A_3) =$ $A_1 A_2 \vee A_1 \wedge A_3$	$(A_1 \vee A_2) \wedge (A_1 \vee A_3) =$ $A_1 \vee A_2 \wedge A_3$
Absorptionsgesetz	$A_1 \wedge (A_1 \vee A_2) = A_1$	$A_1 \vee A_1 \wedge A_2 = A_1$
de Morgansche Regel	$\overline{A_1 \wedge A_2} = \overline{A_1} \vee \overline{A_2}$	$\overline{A_1 \vee A_2} = \overline{A_1} \wedge \overline{A_2}$

Tab. 2.7 Nachweis der de Morganschen Regel für die ODER-Funktion.

A_1	A_2	$\overline{A_1}$	$\overline{A_2}$	$\overline{A_1} \wedge \overline{A_2}$	$A_1 \vee A_2$	$\overline{A_1 \vee A_2}$
0	0	1	1	1	0	1
0	1	1	0	0	1	0
1	0	0	1	0	1	0
1	1	0	0	0	1	0

NAND- und NOR-Glied. Für die technische Realisierung von Rechenschaltungen, die logische Verknüpfungen im Sinne der Booleschen Algebra vornehmen können, ist es außerordentlich vorteilhaft, wenn nur eine einzige Baugruppe dazu ausreicht. Nicht nur, daß man allein die beiden Zustände 0 und 1 darzustellen braucht, sondern man kann darüber hinaus beliebig komplexe Schaltungen durch sinnvolle Verknüpfung identischer Baugruppen aufbauen. Solche Baugruppen sind die NAND- oder NOR-Glieder (Gatter oder gates). Um diese Behauptung zu beweisen, genügt es, die in der Booleschen Algebra allein möglichen Verknüpfungen UND, ODER und NICHT durch NAND- oder NOR-Glieder aufzubauen.

Grundlagen für Digitalschaltungen

Wir definieren die NAND-Funktion als die Negation der UND-Funktion:

$$\overline{A_1 \wedge A_2} = F.$$

Sie stellt also die Hintereinanderschaltung von UND- und NICHT-Funktion dar. Abb. 2.5 zeigt ihr Schaltzeichen. Entsprechend fassen wir die NOR-Funktion:

$$\overline{A_1 \vee A_2} = F$$

als die Folge einer ODER- und einer NICHT-Funktion auf. Dies und das Schaltzeichen des NOR-Gliedes sind in Abb. 2.6 dargestellt.

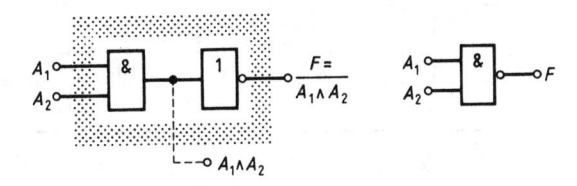

Abb. 2.5 Aufbau einer NAND-Funktion und ihr Schaltzeichen.

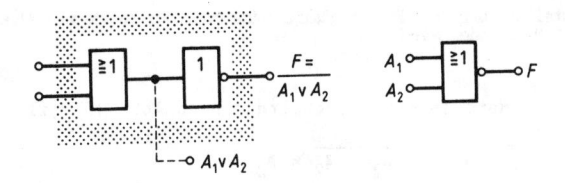

Abb. 2.6 Aufbau einer NOR-Funktion und ihr Schaltzeichen.

Abb. 2.7 liefert den Nachweis, daß die drei Fundamentalverknüpfungen UND, ODER und NICHT der Booleschen Algebra durch NAND- oder NOR-Glieder allein dargestellt werden können. Zur Erläuterung wählen wir als Beispiel die Darstellung der ODER-Funktion:

$$F = A_1 \vee A_2$$

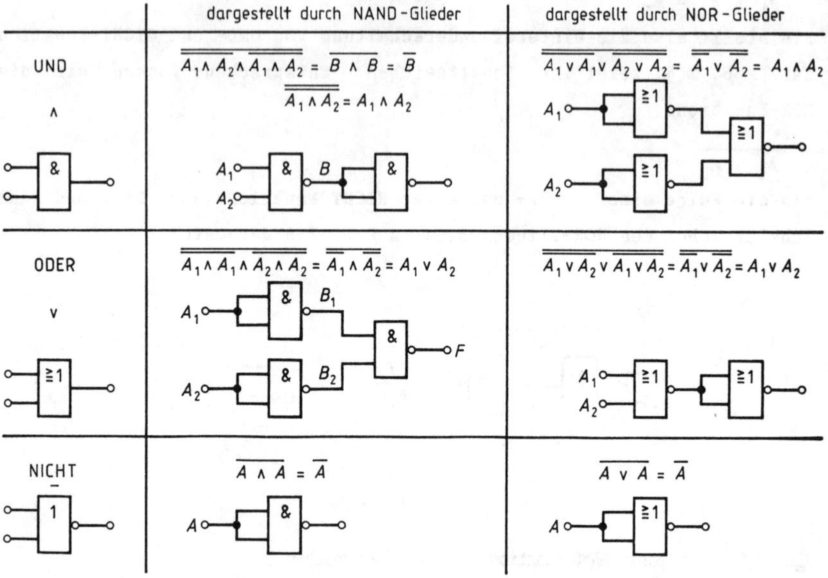

Elektronische Netzwerke

	dargestellt durch NAND-Glieder	dargestellt durch NOR-Glieder
UND $\wedge$	$\overline{\overline{A_1 \wedge A_2} \wedge \overline{A_1 \wedge A_2}} = \overline{B \wedge B} = \overline{B}$ $\overline{\overline{A_1 \wedge A_2}} = A_1 \wedge A_2$	$\overline{\overline{A_1} \vee \overline{A_1} \vee \overline{A_2} \vee \overline{A_2}} = \overline{\overline{A_1} \vee \overline{A_2}} = A_1 \wedge A_2$
ODER $\vee$	$\overline{\overline{A_1 \wedge A_1} \wedge \overline{A_2 \wedge A_2}} = \overline{\overline{A_1} \wedge \overline{A_2}} = A_1 \vee A_2$	$\overline{\overline{A_1 \vee A_2} \vee \overline{A_1 \vee A_2}} = \overline{\overline{A_1 \vee A_2}} = A_1 \vee A_2$
NICHT $\overline{}$	$\overline{A \wedge A} = \overline{A}$	$\overline{A \vee A} = \overline{A}$

Abb. 2.7 Darstellung der drei Fundamentalverknüpfungen der Booleschen Algebra allein durch NAND- oder NOR-Glieder.

durch NAND-Glieder. In der Verschaltung nach Abb. 2.7 gilt:

$$\overline{A_1 \wedge A_1} = B_1 \quad \text{und:} \quad \overline{A_2 \wedge A_2} = B_2$$

Das Idempotenzgesetz für UND-Funktionen aus Tab. 2.6 erlaubt den Schluß:

$$\overline{A_1} = B_1 \quad \text{und:} \quad \overline{A_2} = B_2$$

Gehen wir weiter nach Abb. 2.7 vor, so folgt:

$$F = \overline{B_1 \wedge B_2} = \overline{\overline{A_1} \wedge \overline{A_2}}.$$

Wenden wir darauf die de Morgansche Regel für UND-Funktionen nach Tab. 2.6 an, so ergibt sich:

$$F = \overline{\overline{A_1} \wedge \overline{A_2}} = \overline{\overline{A_1}} \vee \overline{\overline{A_2}} = A_1 \vee A_2,$$

Grundlagen für Digitalschaltungen

also - weil sich die doppelte Negation aufhebt - die ODER-Funktion.

In der technischen Anwendung haben die NAND-Gatter die größte Wichtigkeit. Sie werden auch mit mehr als zwei Eingängen geliefert.

3. Rauschen

Man versteht unter Rauschen Schwankungserscheinungen, die auf Grund statistischer Fluktuationen in allen Bauelementen und Schaltungen auftreten. Beispiele für derartige Fluktuationen sind die Wärmebewegung von Elektronen, die Generation und Rekombination von Elektron-Loch-Paaren oder die zeitlich und räumlich variierende Emission von Ladungsträgern über einen pn-Übergang. Wie in diesen Beispielen mit Elektronen und Löchern so führt auch beim Licht die quantenmäßige Aufteilung in Photonen zu Rauschen. Wenn auch das Rauschen im allgemeinen sehr gering ist, so stellt es doch eine Schwelle dar, unterhalb der ein Signal nicht mehr detektiert werden kann. Daher ist das Rauschen von fundamentaler Bedeutung für jede elektronische Schaltung.

Wir wollen in diesem Kapitel die Rauschursachen besprechen, die für elektronische Bauelemente wichtig sind. Dabei werden wir einige Begriffe einführen, die die Empfindlichkeit elektronischer Schaltungen beschreiben.

Beschreibung im Zeitbereich. Wir gehen von einem Widerstand aus, in dem wir die statistische Bewegung eines Elektrons als Ladungsträger betrachten. Wenn wir hinreichend empfindlich messen, stellen wir eine statistisch fluktuierende Spannung u_n (n von noise) über den Elektroden des Widerstands fest, weil einmal mehr Elektronen nahe dem rechten Anschluß sind und einmal weniger. u_n zeigt einen Verlauf über der Zeit t wie beispielsweise in Abb. 3.1. Zur Beschreibung des Rauschens ist der Mittelwert der Rauschspannung nicht geeignet, denn nach seiner Definition:

Elektronische Netzwerke

$$u_n = \frac{1}{t_0} \int_{-t_0/2}^{t_0/2} u(t)\,dt, \qquad (3.1)$$

genommen für $t_0 \to \infty$, muß er verschwinden, weil die positiven Schwankungen den negativen die Waage halten. Im allgemeinen Fall kann das Rauschen einem Nutzsignal überlagert sein, so daß der Mittelwert des Summensignals gleich dem Nutzsignal wird, also von Null verschieden ist.

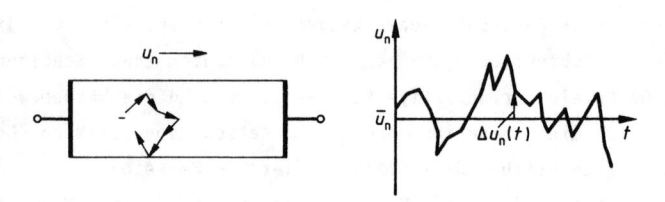

Abb. 3.1 Statistische Bewegung eines Elektrons in einem Widerstandskörper und daraus resultierende Rauschspannung u_n.

Die Größe, mit der das Rauschen am einfachsten erfaßt werden kann, ist das mittlere Quadrat der Schwankungen (auch Schwankungsquadrat oder Varianz σ^2 genannt):

$$\overline{(\Delta u_n)^2} = \overline{(u_n(t) - \overline{u_n})^2} = \overline{u_n^2} - \overline{u_n}^2 = \frac{1}{t_0} \int_{-t_0/2}^{t_0/2} (\Delta u_n)^2\,dt, \qquad (3.2)$$

wobei t_0 wieder über alle Grenzen wachsen soll. Wir vergleichen dies mit der üblichen Definition des Effektivwerts x_{eff} einer zeitlich veränderlichen Größe x:

$$x_{eff}^2 = \frac{1}{t_0} \int_{-t_0/2}^{t_0/2} x^2\,dt. \qquad (3.3)$$

Es folgt daher die Aussage, daß der Effektivwert $(\Delta u_n)_{eff}$ der Rauschspannung Δu_n durch:

$$(\Delta u_n)_{eff} = \sqrt{\overline{(\Delta u_n)^2}} \qquad (3.4)$$

gegeben ist. Das Ersatzschaltbild eines mit Rauschen behafteten realen

Widerstandes ergibt sich nach Abb. 3.2 als die Reihenschaltung eines rauschfreien, idealen Widerstandes R und einer Rauschspannungsquelle.

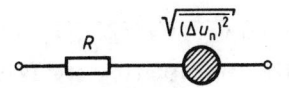

rauschfreier Widerstand + Rauschspannungsquelle

entspricht

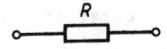

Abb. 3.2 Ersatz eines rauschenden Widerstandes durch die Kombination eines rauschfreien Widerstandes und einer Rauschspannungsquelle.

Schalten wir zwei unterschiedliche Rauschspannungsquellen hintereinander, so gilt für die Rauschspannung des Gesamtgenerators:

$$u_n(t) = u_{n1}(t) + u_{n2}(t).$$

Wir bilden das mittlere Quadrat der Schwankungen:

$$\overline{(\Delta u_n)^2} = \overline{(\Delta u_{n1} + \Delta u_{n2})^2} = \overline{(\Delta u_{n1})^2} + 2 c_{12} \sqrt{\overline{(\Delta u_{n1})^2} \, \overline{(\Delta u_{n2})^2}} + \overline{(\Delta u_{n2})^2}$$

mit: $$c_{12} = \frac{\overline{\Delta u_{n1} \Delta u_{n2}}}{\sqrt{\overline{(\Delta u_{n1})^2} \, \overline{(\Delta u_{n2})^2}}}$$ (3.5)

oder in der Schreibweise mit den Varianzen σ_1^2 und σ_2^2 der beiden Einzelgrößen:

$$\overline{(\Delta u_n)^2} = \sigma_1^2 + \sigma_2^2 + 2 c_{12} \sigma_1 \sigma_2.$$

c_{12} heißt der Korrelationskoeffizient, denn er gibt an, inwieweit die beiden Rauschspannungen voneinander abhängig sind. Sind sie völlig miteinander korreliert, d. h. sind sie auf dieselbe Rauschursache zurückzuführen, dann ist $c_{12} = 1$. In diesem Fall sind die Einzelspannungen zu addieren.

Sind dagegen die beiden Rauschgrößen völlig unkorreliert, dann ver-

Elektronische Netzwerke

schwindet c_{12}, denn das Produkt $\Delta u_{n1} \Delta u_{n2}$ nimmt über die Zeit gemittelt in gleichem Maß positive wie negative Werte an. Für unkorrelierte Rauschgrößen gilt daher die quadratische Addition:

$$\overline{\Delta u_n^2} = \overline{(\Delta u_{n1} + \Delta u_{n2})^2} = \overline{(\Delta u_{n1})^2} + \overline{(\Delta u_{n2})^2}. \tag{3.6}$$

In vielen Fällen sind die Rauschquellen teilweise korreliert, so daß c_{12} einen Wert aus dem Intervall (0,1) annimmt.

Widerstandsrauschen. Um eine Formel für das Rauschen eines Widerstandes, das thermische oder Widerstandsrauschen (Johnson noise), zu gewinnen, führen wir ein Gedankenexperiment durch. Wir verbinden zwei Widerstände gleichen Wertes R über eine verlustfreie, d. h. nichtrauschende Leitung miteinander. Damit keine Komplikationen mit Reflexionen auftreten, soll der Wellenwiderstand der Leitung mit $Z = R$ angepaßt sein (Abb. 3.3). Beide Widerstände sollen die gleiche Temperatur T haben. Jeder der Widerstände liefert eine bestimmte Rauschleistung, die sich - wenn wir eine Fourier-Zerlegung machen - auf einen großen Frequenzbereich aufteilt. Wir beschränken uns auf ein Frequenzintervall Δf, in dem die mittlere Rauschleistung P_{m1} ist, die der eine Widerstand auf den anderen liefert, während dieser in demselben Frequenzintervall die mittlere Rauschleistung P_{m2} zurückliefert. Nun muß für jedes beliebige Frequenzintervall Δf die Gleichheit $P_{m1} = P_{m2} = P_m$ gelten, weil sich sonst entgegen dem zweiten Hauptsatz der Thermodynamik Energie in einem der beiden Widerstände auf Kosten des anderen ansammeln würde.

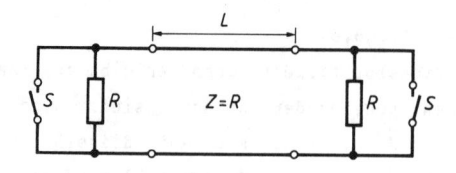

Abb. 3.3 Zwei über eine Leitung der Länge L angepaßte Widerstände R mit Überbrückungsschaltern S. Die Leitung ist verlustfrei.

Wir betrachten nun den Einfluß der verlustfreien Leitung, deren Länge L sehr groß sein soll. Die Rauschleistung, die im Durchschnitt ein Widerstand im Frequenzintervall Δf abgibt, ist P_m. Wenn v ihre Geschwindigkeit auf der Leitung ist, dann braucht sie die Zeit L/v, um zum anderen Widerstand zu gelangen und dort absorbiert zu werden. Dies gilt für jeden der beiden Widerstände wechselseitig. Daher ist im Durchschnitt die Energie $2P_m L/v$ auf der Leitung "unterwegs". Wenn wir gleichzeitig die beiden Schalter S schließen, also die Widerstände kurzschließen (Abb. 3.3), ist die durchschnittliche Energie $2P_m L/v$ in den Schwingungsmoden enthalten, die auf der Leitung möglich sind. Ähnlich wie wir mit (3.5), S. 198 die Laserresonanzen bestimmt haben, so hat die Leitung die Eigenmoden:

$$f = \frac{v}{\lambda} = z \frac{v}{2L} \quad \text{mit:} \quad z = 1,2,3\ldots$$

Daher sind im Intervall Δf insgesamt $2L\Delta f/v$ Frequenzen enthalten, deren Durchschnittsenergie wir $\overline{W}$ nennen. Wir können die beiden Ausdrücke für die Energie auf der Leitung gleichsetzen und erhalten:

$$P_m = \overline{W}\Delta f.$$

Wir berufen uns auf die Quantentheorie des harmonischen Oszillators, nach der:

$$\overline{W} = \frac{1}{2} hf + \frac{hf}{\exp(hf/kT)-1}$$

die Energie einer Eigenschwingung ist. Der erste Term ist die Nullpunktsenergie, die meist vernachlässigt werden kann; der zweite gibt an, bis zu welchem Grad die Eigenschwingung angeregt ist. Dies hängt von der Temperatur T ab (k Boltzmann-Konstante) und wird, wie zuerst im Planckschen Strahlungsgesetz nachgewiesen, durch die Bose-Einstein-Statistik geregelt (vgl. S. 28, Kap. I.1.1). Fassen wir die beiden letzten Gleichungen zusammen, so folgt:

$$P_m = (\frac{1}{2} hf + \frac{hf}{\exp(hf/kT)-1}) \Delta f. \tag{3.7}$$

Für den Spezialfall $hf \ll kT$, der in unserem Zusammenhang stets realisiert ist, gilt:

Elektronische Netzwerke

$$P_m = kT\Delta f. \tag{3.0}$$

Man spricht häufig von "weißem" Rauschen, weil es in dieser Nährung von der Frequenz unabhängig ist. Bei einer Temperatur von $T_0 = 300$ K beträgt seine Dichte:

$$kT_0 = 4{,}14 \cdot 10^{-21} \text{ WHz}^{-1}.$$

Wir ersetzen den Widerstand nach Abb. 3.2 durch seine rauschfreie Komponente R und die Rauschspannungsquelle. Nach Abb. 3.4a erscheint

Abb. 3.4

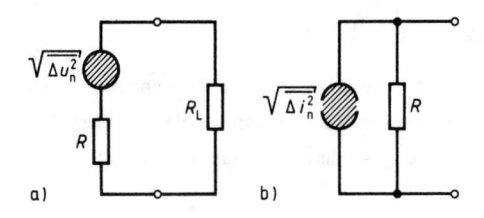

a) Ermittlung der verfügbaren Rauschleistung; b) Widerstand als Rauschstromquelle.

dann am Verbraucher R_L die Rauschleistung:

$$P_m = \overline{\Delta u_n^2} \, \frac{R_L}{(R+R_L)^2},$$

die für $R_L = R$ ihren maximalen Wert:

$$P_m = \overline{\Delta u_n^2}/(4R)$$

annimmt. Diesen Wert nennt man die verfügbare oder auch maximale Rauschleistung. Wir setzen (3.8) ein mit dem Ergebnis:

$$\overline{\Delta u_n^2} = 4kTR\Delta f. \tag{3.9}$$

Nehmen wir gemäß (1.14), S. 242, eine Quellentransformation vor, so gelangen wir zu Abb. 3.4b. Die Rauschstromquelle erhält den Wert:

$$\overline{i_n^2} = 4kT\Delta f/R. \tag{3.9a}$$

Schrotrauschen. Jeder Konvektionsstrom wird von Ladungsträgern gebildet, deren Ladung eine Elementarladung oder auch mehrere ist. Daher kommt es beim statistischen Auftreffen der Ladungsträger zu Schrotrauschen (shot noise), ähnlich wie eine Schrotladung mehr oder weniger gebündelt ihr Ziel erreicht. Wir wählen als Beispiel einen gesperrt gepolten pn-Übergang, dessen Verarmungszone der Breite w von Elektronen (Abb. 3.5a) durchquert wird. Während der Flugzeit τ durch die Verar-

Abb. 3.5
a) Entstehung des Schrotrauschens in der Verarmungszone eines gesperrten pn-Übergangs;
b) Folge der resultierenden Stromimpulse;
c) ausgewählter Impuls.

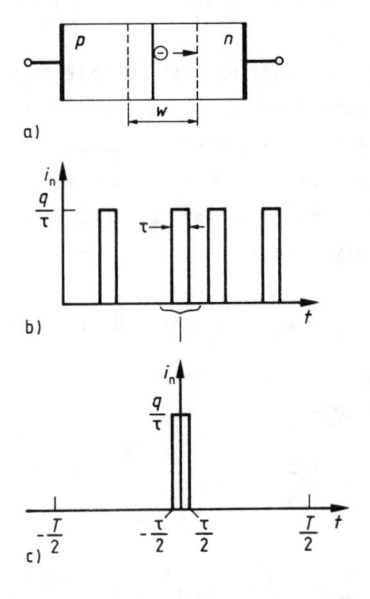

mungszone trägt jedes Elektron mit einem Stromimpuls zum Sperrstrom bei, so daß wir eine Folge von statistisch verteilten Impulsen, die sich auch überlagern können, erwarten (Abb. 3.5b). Wir nehmen an, daß sich das Elektron in dem hohen Feld der Sperrzone praktisch mit der Sättigungsdriftgeschwindigkeit bewegt (vgl. S. 39). Sein Beitrag zum Strom auf dem Weg durch die Verarmungszone ist qv.

Das Elektron influenziert auf seinem Weg von der einen Grenze der Verarmungszone zur anderen einen Strom, der im Bahngebiet als Leitungsstrom bereitgestellt werden muß. Wenn sich das Elektron um die Wegstrecke vdt in der Verarmungszone bewegt, leistet das elektrische Feld

Elektronische Netzwerke

E die Arbeit $qE v \mathrm{d}t$. Diese Arbeit muß von der Batteriespannung U in der Zeit $\mathrm{d}t$ geleistet werden. Da U an der Verarmungszone abfällt, gilt $U = Ew$. Der influenzierte Strom ist i_n, so daß:

$$i_n U \mathrm{d}t = qE v \mathrm{d}t \quad \text{oder mit } v = w/\tau: \quad i_n = q/\tau \qquad (3.10)$$

folgen. Dies ist die Amplitude eines Stromimpulses, den das Elektron auf seinem Weg durch die Verarmungszone hervorruft.

Diesen einzelnen Impuls diskutieren wir innerhalb des Beobachtungszeitraumes T mit der nicht sehr strengen Einschränkung, daß er sich periodisch mit T wiederholt (Abb. 3.5c). Bei hinreichend großen Periodendauern T ist sicherlich immer gewährleistet, daß nach der Zeit T ein dem ursprünglichen Impuls ähnlicher auftritt. Wir nehmen eine Fourier-Analyse vor:

$$i_n = a_0 + \sum_{k=1}^{\infty} a_k \cos k\frac{2\pi}{T}t + \sum_{k=1}^{\infty} b_k \sin k\frac{2\pi}{T}t.$$

Für den herausgegriffenen Impuls nach Abb. 3.5c gilt zusammen mit (3.10):

$$a_0 = \frac{1}{T} \int_{-T/2}^{T/2} i_n \mathrm{d}t = \frac{1}{T} \int_{-\tau/2}^{\tau/2} i_n \mathrm{d}t = \frac{q}{T},$$

$$a_k = \frac{2}{T} \int_{-\tau/2}^{\tau/2} i_n \cos k\frac{2\pi}{T}t \, \mathrm{d}t = \frac{2q}{\tau T} \int_{-\tau/2}^{\tau/2} \cos k\frac{2\pi}{T}t \, \mathrm{d}t$$

$$b_k = \frac{2}{T} \int_{-\tau/2}^{\tau/2} i_n \sin k\frac{2\pi}{T}t \, \mathrm{d}t = \frac{2q}{\tau T} \int_{-\tau/2}^{\tau/2} \sin k\frac{2\pi}{T}t \, \mathrm{d}t.$$

Wir beschränken uns im Spektrum der Fourier-Frequenzen auf jene, die klein gegenüber $1/\tau$ sind, d. h. in den Fourier-Integralen kann der Kosinus nahezu zu Eins, der Sinus dagegen zu Null gesetzt werden:

$$a_0 = q/T, \quad a_k \approx 2q/T, \quad b_k \approx 0,$$

oder: $\quad i_n = q/T + \sum_{k=1}^{\infty} \frac{2q}{T} \cos k\frac{2\pi}{T}t.$

Rauschen

Das Rauschen wird durch das mittlere Quadrat der Stromschwankungen beschrieben. Deshalb trägt jede Oberschwingung mit dem Wert:

$$\overline{i_k^2} = \frac{1}{2}\left(\frac{2q}{T}\right)^2$$

bei. Nun gehen wir dazu über, daß nicht nur ein Elektron, sondern N in der Zeit T die Verarmungszone durchqueren. Da diese Vorgänge unkorreliert sind, addieren sich die Schwankungsquadrate nach (3.6). Daher folgt aus der letzten Beziehung:

$$\overline{\Delta i_{nk}^2} = \frac{2Nq^2}{T^2}$$

als der Rauschbeitrag, der in der k-ten Oberschwingung der von den N Elektronen herrührenden Stromimpulse steckt. Die einzelnen Oberschwingungen folgen in Intervallen von $1/T$ aufeinander. Wählen wir daher einen Frequenzabschnitt Δf, so sind darin $\Delta f/(1/T) = \Delta f T$ Oberschwingungen enthalten. Damit folgt, daß im Frequenzintervall Δf das Schwankungsquadrat des Schrotrauschstroms den Wert:

$$\overline{\Delta i_n^2} = \frac{2Nq^2}{T^2} T\Delta f = 2\frac{Nq}{T} q\Delta f = 2Iq\Delta f \tag{3.11}$$

hat, denn $I = Nq/T$ ist der Strom, der nach unseren Annahmen durch den gesperrten pn-Übergang fließt. Wie in der Näherung des Widerstandsrauschens handelt es sich auch hier um weißes Rauschen, das allerdings nach hohen Frequenzen hin frequenzabhängig wird.

Generations-Rekombinations-Rauschen und 1/f-Rauschen. Wenn der Stromfluß vorwiegend durch Generation und Rekombination von Landungsträgern beherrscht wird, wie wir es in Kap. I.1.3 diskutiert haben, dann tritt das Generations-Rekombinations-Rauschen an die Stelle des Schrotrauschens. Denn ob Elektron-Loch-Paarerzeugung und -rekombination durch Band-Band-Übergänge geschehen oder ob Wechselwirkungsvorgänge über Niveaus im verbotenen Band nach Abb. 1.38, S. 90, ablaufen, immer handelt es sich um statistische Vorgänge, die zudem noch an unterschiedlichen Stellen der Verarmungszone vor sich gehen können. Daher führen sie zum Rauschen, eben dem Generations-Rekombinations-Rauschen. Seine theoretische Behandlung liefert gegenüber dem Schrotrauschen

Elektronische Netzwerke

reduzierte Werte, was besonders auf höhere Frequenzen zutrifft. Da beide Rauschursachen nicht immer leicht zu trennen sind, faßt man sie häufig in einer Gleichung vom Typ (3.11) zusammen:

$$\overline{\Delta i_n^2} = 2qI\Delta f/m. \qquad (3.12)$$

Der aus dem Intervall zwischen 1 und 2 stammende Parameter m wird so gewählt, daß er die empirischen Resultate möglichst gut anpaßt. Immer gilt für die unterschiedlichen Generations-Rekombinations-Mechanismen, daß die daraus resultierenden Rauschvorgänge mit $1/f^2$ nach sehr hohen Frequenzen hin abfallen.

Sämtliche Bauelemente zeigen im Bereich sehr niedriger Frequenzen, der durch wenige kHz abgegrenzt ist, ein stark frequenzabhängiges Rauschen. Weil es durch $f^{-\alpha}$ mit α nahe Eins beschrieben werden kann, nennt man es $1/f$-Rauschen (Funkelrauschen, flicker noise). Eine Vielzahl von Effekten, die mit Oberflächen- und Grenzflächenzuständen zu tun haben, werden für das $1/f$-Rauschen verantwortlich gemacht. Daher hängt es von der Bearbeitung und Beschaffenheit von Grenz- und Oberflächen ab, so daß eine geschlossene Behandlung des $1/f$-Rauschens wohl kaum möglich ist. Zur Berechnung überlagert man meist eine Reihe von Generations- und Rekombinationsvorgängen, deren Eckfrequenz aus einem Kontinuum von

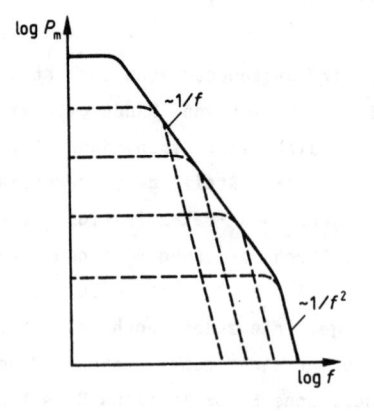

Abb. 3.6 Verfügbare Leistung des $1/f$-Rauschens, qualitativ abgeleitet aus einem Spektrum unterschiedlicher Generations-Rekombinations-Vorgänge.

Frequenzen stammt (Abb. 3.6). Danach ist das Leistungsspektrum nach niedrigen und nach hohen Frequenzen beschränkt, so daß der Energieinhalt endlich bleibt.

Kenngrößen für das Rauschen. Unser Ziel ist, die bisher eingeführten Rauschquellen bei aktiven Bauelementen und Schaltungen anwenden zu können, wobei wir deren jeweilige Ersatzschaltbilder zugrundelegen. Bei Wirkwiderständen tritt thermisches Rauschen auf, während aktive Komponenten zusätzliche Rauschbeiträge liefern. Um das Rauschen von Komponenten oder Baugruppen zu erfassen, sind eine Reihe von Kenngrößen gebräuchlich, die wir im folgenden einführen wollen. Dazu gehen wir von einem rauschenden Vierpol aus, den man allgemein durch zwei Rauschgeneratoren beschreiben kann. Je nach dem ob man sie als Strom- oder Spannungsquelle auffaßt oder ob man sie einzeln oder zu zweit am Eingang oder Ausgang des Vierpols anbringt, erhält man sechs verschiedene Darstellungsmöglichkeiten. Sie sind natürlich ineinander umrechenbar, wenn die Übertragungseigenschaften des Vierpols bekannt sind.

Die am häufigsten gebrauchte Darstellungsform ist in Abb. 3.7a wiedergegeben. Der Vierpol ist nun rauschfrei, und die Rauschquellen liegen an seinem Eingang. Falls sie teilweise korreliert sind, ist eine äquivalente Darstellung mit einer Aufspaltung in korrelierte Stromquelle i_{kor} und völlig unkorrelierte Stromquelle i_{un} möglich. Mit (3.5) ist der unkorrelierte Anteil durch:

$$\overline{i_{un}^2} = \overline{i_n^2}\,(1 - |c_{12}|^2)$$

gegeben. Den fest korrelierten Anteil i_{kor} können wir durch einen im allgemeinen Fall komplexen Leitwert Y_{kor} mit u_n verbinden, denn es gilt:

$$Y_{kor} u_n = c_{12}\,\frac{\sqrt{\overline{i_n^2}}}{\sqrt{\overline{u_n^2}}}\,u_n = \frac{\overline{i_n u_n}}{\sqrt{\overline{i_n^2}}\,\sqrt{\overline{u_n^2}}}\,\frac{\sqrt{\overline{i_n^2}}}{\sqrt{\overline{u_n^2}}}\,u_n$$

$$= \frac{\overline{(i_{kor}+i_{un})u_n}}{\overline{u_n^2}}\,u_n = \frac{\overline{i_{kor} u_n}}{\overline{u_n^2}}\,u_n = i_{kor}. \qquad (3.13)$$

Elektronische Netzwerke

Die vier Größen $\overline{u_n^2}$, $\overline{i_n^2}$ und der komplexe Leitwert Y_{kor} dienen zur Beschreibung des Rauschens. Dieses Vorgehen ist zur Diskussion der physikalischen Ursachen des Rauschens geeignet, nicht so sehr für seine Beschreibung im Schaltungszusammenhang.

Es kann nämlich durchaus von Wichtigkeit werden, den Rauschquellen – wie bisher den Strom- und Spannungsquellen generell – Richtungspfeile zuzuordnen. Wir hatten bisher bei Rauschquellen darauf verzichtet, um

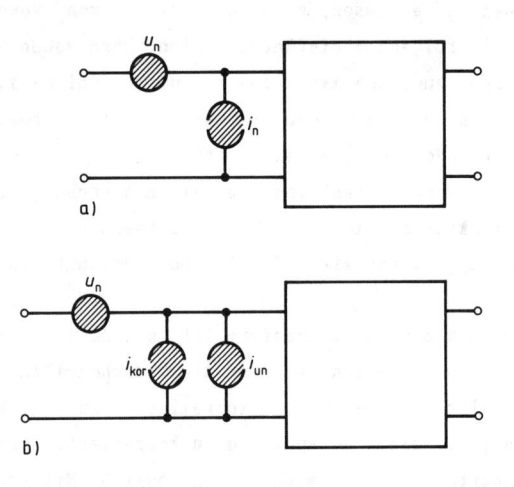

Abb. 3.7
a) Darstellung eines rauschenden Vierpols mit Strom- und Spannungsrauschgeneratoren;
b) äquivalente Darstellung mit Aufspaltung in korrelierte und unkorrelierte Rauschstromquellen.

den statistisch ungerichteten Charakter ihrer Entstehungsursache zu betonen. Wenn allerdings Rauschquellen korreliert sind, dann wird ihr Richtungssinn wichtig. Wir haben dies durch Einführung von Y_{kor} berücksichtigt. Dieser Leitwert existiert schaltungsmäßig weder für das Signal noch für i_{un}, sondern drückt nur die Abhängigkeit zwischen u_n und i_{kor} aus.

Wir betrachten einen Verstärker, an dessen Eingang eine Signalquelle

Rauschen

mit der Impedanz Z_G liegt. Nach (3.9) liegt dann die Rauschspannung $u_n = 2\sqrt{kTR_G\Delta f}$ am Verstärkereingang, entsprechend einer Rauschleistung N_1 (von noise). Die Signalleistung am Eingang ist S_1. Man bezeichnet das Verhältnis S_1/N_1 als den Rauschabstand (Störabstand, Signal-Geräusch-Verhältnis, signal-to-noise ratio SNR). S_2/N_2 ist die entsprechende Größe am Verstärkerausgang. Weil der Verstärker selbst Rauschen hinzufügt, gilt immer:

$$(S/N)_1 \geq (S/N)_2.$$

Wir bezeichnen die Leistungsverstärkung des Verstärkers mit v, so daß:

$$v = S_2/S_1$$

erfüllt ist. Die Rauschzahl ist definiert als:

$$F = \frac{(S/N)_1}{(S/N)_2} = \frac{N_2}{vN_1} \qquad (3.14)$$

oder nach S. 260, in db:

$$F_{db} = 10 \log \frac{(S/N)_1}{(S/N)_2}. \qquad (3.14a)$$

Für den idealen, rauschfreien Verstärker gilt $F = 1$ oder $F_{db} = 0$. F_{db} heißt das Rauschmaß.

Ausgehend von (3.14) kann man die Ausgangsrauschleistung N_2 als das Ergebnis dessen auffassen, das der Verstärker an Zusatzrauschen N_z hinzugefügt hat:

$$N_2 = vN_1 + N_z$$

oder: $F = 1 + N_z/(vN_1)$.

Dies fürt zur zusätzlichen Rauschzahl:

$$F_z = F - 1 = N_z/(vN_1). \qquad (3.14b)$$

Elektronische Netzwerke

Der ideale Verstärker hat $F_z = 0$.

Dies führt leicht zur Einführung der Rauschtemperatur T_r. Denn der Verstärker gibt die zusätzliche Rauschleistung N_z an den Verbraucher ab. Wir transformieren diese Größe auf den Eingang und erhöhen die Leistung der Rauschspannungsquelle, indem wir ihre Temperatur von T auf $T + T_r$ anheben. Der Verstärker soll nun ideal, also rauschfrei verstärken. Wir lesen aus Abb. 3.8 zusammen mit (3.14):

$$F = \frac{N_2}{vN_1} = \frac{vN_1 + v(N_z/v)}{vN_1} = \frac{T + T_r}{T} = 1 + \frac{T_r}{T} \qquad (3.15)$$

oder: $F_z = T_r / T$

ab. Ein idealer Verstärker hat die Rauschtemperatur 0. Eine Rauschtemperatur $T_r = 290$ K entspricht bei Zimmertemperatur einer zusätzlichen Rauschzahl $F_z = 1$ bzw. einer Rauschzahl $F = 2$ und dem Rauschmaß $F_{db} = 3$ db.

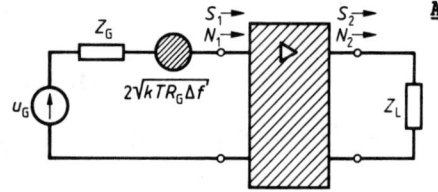

Abb. 3.8 Signal S und Rauschen N bei einem Verstärker mit internen Rauschquellen.

Alle Rauschgrößen, die wir bisher eingeführt haben, hängen sowohl von der Eingangsbeschaltung als auch vom Verbraucher ab. Zudem können sie noch von der Meßfrequenz beeinflußt werden. Die vom Generator an den Vierpol abgegebene Leistung, S_1 oder N_1, ist von der Anpassung von Z_G an den Eingangswiderstand des Vierpols bestimmt. Entsprechendes gilt für die an den Verbraucher abgegebenen Leistungen S_2 und N_2. Der Einfluß der Frequenz kommt zum Tragen, wenn Z_G, Z_L oder Eingangs- und Ausgangsimpedanz des Vierpols frequenzabhängig sind.

Um dies zu erläutern, betrachten wir einen rückwirkungsfreien Verstärker, so daß also insbesondere Z_L keinen Einfluß nimmt (Abb. 3.9). Es

Rauschen

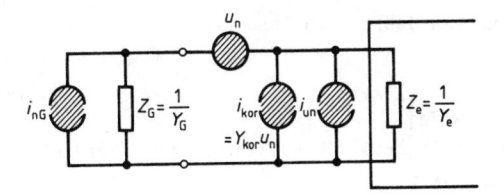

Abb. 3.9 Zur Berechnung der Rauschzahl F eines rückwirkungsfreien Verstärkers.

genügt daher, den Verstärker durch seine Eingangsimpedanz Z_e oder seine Eingangsadmittanz $Y_e = G_e + jB_e$ zu charakterisieren. Ähnlich wie in Abb. 3.7 repräsentieren wir das Zusatzrauschen N_z des Verstärkers - nur um seine Verstärkung reduziert - als unkorrelierte Stromquelle i_{un} bzw. als korrelierte Rauschquellen u_n und $i_{kor} = Y_{kor} u_n$ am Eingang des Verstärkers, der nun als rauschfrei zu betrachten ist. Der Generator wird durch seine Admittanz $Y_G = G_G + jB_G$ und - soweit sein Rauschverhalten betroffen ist - durch die Rauschstromquelle:

$$\overline{i_{nG}^2} = 4kTG_G \Delta f \qquad (3.16)$$

nach (3.9a) dargestellt. Wir berechnen die Rauschzahl nach (3.15), indem wir zunächst die Wirkleistung N_1 ermitteln, die der Generator an den Verstärker abgibt. Der Rauschstrom, der auf Grund von i_{nG} durch die Eingangsimpedanz des Verstärkers fließt, ist:

$$i_{eG} = \frac{Y_e}{Y_e + Y_G} i_{nG},$$

so daß an ihr die Rauschspannung:

$$u_{eG} = i_{eG}/Y_e$$

auftritt. N_1 ist der Realteil des gemischten Produkts aus diesen beiden Größen, so daß zusammmen mit (3.16):

$$N_1 = \text{Re}(u_{eG} i_{eG}^*) = \text{Re}\left(\frac{i_{nG}}{Y_e + Y_G} \frac{Y_e^* i_{nG}^*}{(Y_e + Y_G)^*}\right)$$

$$= \frac{|i_{nG}|^2 G_e}{|Y_e + Y_G|^2} = \frac{G_e}{|Y_e + Y_G|^2} 4kTG_G \Delta f \qquad (3.17)$$

Elektronische Netzwerke

folgt. Eine analoge Argumentation liefert für den Anteil, der zum unkorrelierten Zusatzrauschen führt, den Ausdruck:

$$N_{z,un}/v = \frac{|i_{un}|^2 G_e}{|Y_e+Y_G|^2} = \frac{G_e}{|Y_e+Y_G|^2} 4kTG_e \Delta f. \tag{3.18}$$

G_G und G_e sind die Wirkleitwerte (Konduktanz) von Generator- und Eingangswiderstand des Verstärkers.

Die Ströme, die auf Grund der korrelierten Quellen durch Z_e fließen, sind einerseits:

$$i_{en} = u_n/(Z_e+Z_G) = u_n Y_e Y_G/(Y_e+Y_G)$$

und andererseits:

$$i_{e,kor} = \frac{Y_e}{Y_e+Y_G} i_{kor} = u_n Y_e Y_{kor}/(Y_e+Y_G).$$

Dabei haben wir (3.13) genutzt. Beide zusammen sorgen für die Spannung:

$$u_{e,kor} = (i_{en}+i_{e,kor})/Y_e = \frac{Y_G+Y_{kor}}{Y_e+Y_G} u_n$$

am Eingangswiderstand Z_e des Verstärkers. Damit folgt als Beitrag der korrelierten Rauschquellen zum auf den Verstärkereingang transformierten Zusatzrauschen:

$$N_{z,kor}/v = \mathrm{Re}\{u_{e,kor}(i_{en}+i_{e,kor})^*\}$$
$$= \frac{|u_n|^2 G_e |Y_G+Y_{kor}|^2}{|Y_e+Y_G|^2} = \frac{G_e |Y_G+Y_{kor}|^2}{|Y_e+Y_G|^2} 4kTR_e \Delta f, \tag{3.19}$$

wobei R_e der Eingangswirkwiderstand (Resistanz) des Verstärkers ist. Wir fassen die Terme (3.17) bis (3.19) zusammen und gewinnen aus (3.15) die Rauschzahl:

$$F = 1 + \frac{(N_{z,un}+N_{z,kor})/v}{N_1} = 1 + \frac{G_e+R_e|Y_G+Y_{kor}|^2}{G_G}. \tag{3.20}$$

Die vier Größen G_e, R_e und das komplexe $Y_{kor} = G_{kor} + jB_{kor}$ bestimmen das Rauschverhalten des Verstärkers und gehen neben dem Leitwert Y_G des Generators in die Rauschzahl F ein. Man kann daher die Komponenten des Ersatzschaltbildes Abb. 3.9 ermitteln, indem man durch Parallelschalten von Blindleitwerten zum Verstärkereingang die Rauschzahl F verändert. Die so erhaltenen F-Werte in Abhängigkeit vom zugeschalteten Blind-

Rauschen

leitwert zeigen ein relatives Minimum, zu dem eine optimale Rauschzahl F_{opt} gehört. Sie ist nach (3.20) offenbar dann erreicht, wenn der modifizierte Generatorblindleitwert:

$$B_G = B_{G,opt} = - B_{kor}$$

wird. Man bezeichnet diesen Fall als Rauschabstimmung. Dafür wird:

$$F_{opt} = 1 + \frac{G_e + R_e(G_e + G_{kor})^2}{G_G}.$$

Nach dem Differenzieren nach G_G und Nullsetzen der Ableitung erhalten wir die Rauschanpassung mit:

$$G_{G,opt} = \sqrt{G_{kor}^2 + G_e/R_e}.$$

In diesem Fall ist die Rauschzahl minimal.

Bitfehlerrate. Wir haben die physikalischen Ursachen des Rauschens anhand von Bauelementen und Schaltungen in Begriffe gefaßt, die analogen Systemen angepaßt sind. Die wichtigste Größe ist dabei der Rauschabstand S/N. In digitalen Systemen bevorzugt man dagegen die Bitfehlerrate (BER, bit error rate). Sie ist das Verhältnis der Zahl der falsch interpretierten Bits (0 irrtümlich als 1 und 1 irrtümlich als 0) zur Gesamtzahl der verarbeiteten Bits. Eine typische Größe der Bitfehlerrate, wie sie beim Vergleich von digitalen Nachrichtenübertragungssystemen angesetzt wird, ist 10^{-9}. Je nach Anwendung können jedoch Werte von bis zu 10^{-15} gefordert werden. Wir haben bereits mit Abb. 2.1, S. 305, erläutert, daß in binären Systemen die beiden möglichen Zustände gut voneinander getrennt sind. Trotzdem kommt es zu Irrtümern. Denn wir müssen einerseits mit dem Rauschen der Empfängerschaltung und andererseits mit dem Rauschen im Signal selbst rechnen. Beide Rauschquellen führen dazu, daß wir am Ausgang des detektierenden Systems nicht mehr exakt die binäre 1 oder die binäre 0 erwarten dürfen, vielmehr kommt es zu einer Wahrscheinlichkeitsdichtefunktion im Ausgangsstrom oder der Ausgangspannung (Abb. 3.10). Sie gibt an, mit

Elektronische Netzwerke

welcher Wahrscheinlichkeit die Ausgangsgröße im infinitesimalen Intervall dy um einen gewählten Wert y auftritt. Schon allein weil der Wert des 0-Signals und damit das Signalrauschen kleiner sind als das 1-Signal, sind die Breiten der Wahrscheinlichkeitsdichtefunktionen um die binären Werte unterschiedlich.

Die Details der Wahrscheinlichkeitsdichtefunktion hängen von der Statistik des Signals sowie vom Rauschen der Empfängerschaltung und gegebenenfalls im Übertragungskanal ab, sind also prinzipiell zu erfassen. In komplexen Fällen ist jedoch eine geschlossene Behandlung nicht gelungen, so daß man zu Näherungen, wie z. B. Gaußsche Verteilung bei allen Rauschursachen, greifen muß. Ein Weg, die Bitfehlerrate BER zu ermitteln, ist in Abb. 3.10 angedeutet. Die berechneten Wahrschein-

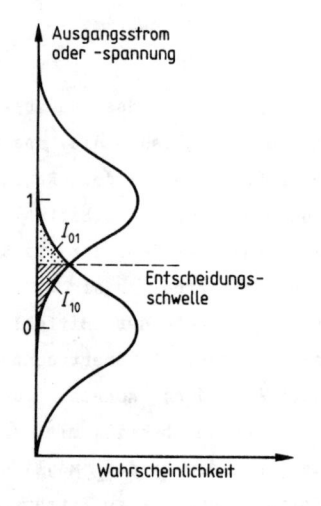

Abb. 3.10 Wahrscheinlichkeitsdichtefunktion bei digitalen Systemen.

lichkeitsdichtefunktionen reichen über die Entscheidungsschwelle, deren Wert als Parameter zur Optimierung des Systems anzusehen ist, in das Gebiet des jeweilig anderen binären Zustands hinüber. Zur Veranschaulichung sind beide Funktionen übertrieben breit gezeichnet. Ein als Null gesendetes Bit wird dann nach Maßgabe der gerasterten Fläche I_{01} unter dem Verteilungsausläufer irrtümlich als binäre 1 detektiert. **Ebenso** gibt die schraffierte Fläche I_{10} an, in welchem Maß eine binäre 1 als 0 identifiziert wird. Wenn die Null mit der Wahrscheinlichkeit $p(0)$ und die Eins mit der Wahrscheinlichkeit $p(1)$ im Signalzug enthalten sind, dann ist die gesamte Fehlerwahrscheinlichkeit:

$$BER = p(0)\,I_{01} + p(1)\,I_{10}.$$

Dies vereinfacht sich, weil im allgemeinen 0 und 1 jeweils zu 50% im Signal vorkommen, so daß die - allerdings sehr hohe - Hürde in der Ermittlung von BER in der Berechnung der Integrale I_{01} und I_{10} liegt.

Formel von Friiss. Immer dann, wenn es um den Entwurf mehrstufiger Verstärker geht, findet die Formel von Friiss ihre Anwendung. Sie besagt, daß es bei hinreichender Verstärkung entscheidend auf die Rauscharmut der ersten Verstärkerstufe ankommt, wenn das Gesamtsystem eine geringe Rauschzahl F haben soll. Zum Beweis der Formel gehen wir davon aus, daß sich das System in wohl voneinander getrennte Stufen teilen läßt, wobei wir das Koppelnetzwerk zwischen den Stufen jeweils der Folgestufe zuordnen (Abb. 3.11). Jede Stufe soll weiterhin einen

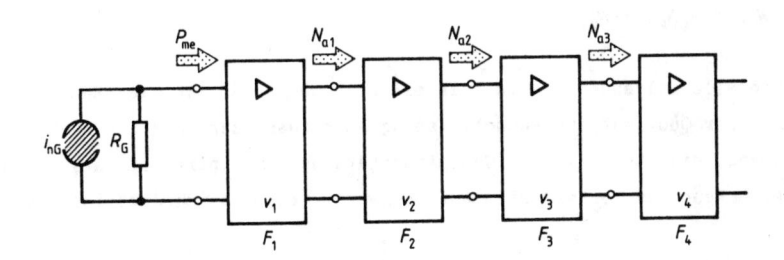

Abb. 3.11 Verstärkeranordnung zur Ableitung der Formel von Friiss.

positiven Ausgangswirkleitwert besitzen. Die Rauschstromquelle i_{nG} des Generators am Eingang der ersten Stufe liefert die verfügbare Leistung (available power):

Elektronische Netzwerke

$$P_{me} = kT\Delta f \tag{3.18}$$

für den betrachteten Frequenzbereich Δf. Wenn v_1 die Leistungsverstärkung der ersten Stufe ist, dann erscheint nicht nur das um v_1 verstärkte Rauschen P_{me} am Ausgang der ersten Stufe, sondern auch das in den Rauschquellen der ersten Stufe selbst erzeugte Zusatzrauschen N_{z1} (vgl. S. 327):

$$N_{a1} = v_1 kT\Delta f + N_{z1}. \tag{3.21a}$$

Dieses Rauschen wird in die zweite Stufe eingegeben und auf entsprechende Weise verstärkt, so daß am Ausgang der zweiten Stufe:

$$N_{a2} = v_2 N_{a1} + N_{z2} \tag{3.21b}$$

ansteht. Analoge Beziehungen lassen sich für die dritte und vierte Stufe:

$$N_{a3} = v_3 N_{a2} + N_{z3}$$

$$N_{a4} = v_4 N_{a3} + N_{z4} \tag{3.21c}$$

sowie alle folgenden Stufen aufstellen. Nach (3.14) ist die Rauschzahl F als der Quotient aus Rauschleistung am Ausgang zur Rauschleistung am Eingang, die aber mit der Gesamtverstärkung multipliziert ist, definiert. Wenn das Gesamtsystem auf nur zwei Stufen beschränkt ist, gilt also:

$$F = \frac{N_{a2}}{v_1 v_2 kT\Delta f}.$$

Nutzen wir (3.21a) sowie (3.21b) und (3.14b), so folgt daraus:

$$F = F_1 + \frac{F_2 - 1}{v_1}$$

mit F_1 und F_2 als Rauschzahlen der ersten bzw. zweiten Stufe. Wenn v_1 hinreichend groß ist, wird also in der Tat die Rauschzahl F_1 der ersten

Stufe bestimmend für das Gesamtsystem. Diese Aussage können wir leicht auf ein k-stufiges System verallgemeinern, indem wir Beziehungen vom Typ (3.21c) hinzuziehen. Wir erhalten so die allgemeine Formel:

$$F = F_1 + \frac{F_2-1}{v_1} + \frac{F_3-1}{v_1 v_2} + \ldots + \frac{F_k-1}{v_1 v_2 \ldots v_{k-1}}. \qquad (3.22)$$

Rauschen am pn-Übergang. Wir wollen im folgenden an einigen Beispielen erläutern, auf welche Weise das Rauschen in Halbleiterbauelementen beschrieben werden kann. Als erstes wählen wir den pn-Übergang, bei dem - wie bei den meisten Halbleiterbauelementen auch - das Schrotrauschen eine wichtige Rolle spielt. Daher müssen wir das Ersatzschaltbild der Diode nach Abb. 1.26, S. 64, um eine Rauschstromquelle $\sqrt{i_S^2}$ des Schrotrauschens ergänzen. Dies ist in Abb. 3.12 geschehen, wobei c die Dif-

Abb. 3.12 Rauschersatzschaltbild eines pn-Übergangs:
i_S Schrotrauschen;
i_F 1/f-Rauschen;
u_R Widerstandsrauschen.

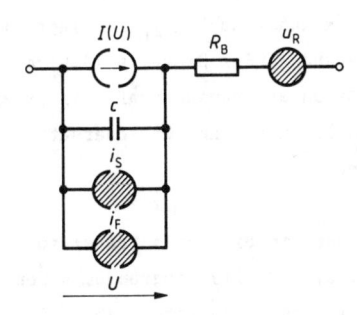

fusions- und Sperrschichtkapazitäten zusammenfaßt. Wir verwenden (3.11) und setzen den Diodenstrom nach (1.71), S. 60 ein. Dabei müssen wir allerdings beachten, daß Elektronen- und Löcherstrom unkorreliert sind, sie sich also nach (3.6) quadratisch addieren. Daher folgt für das Schrotrauschen:

$$\sqrt{i_S^2} = \sqrt{2q I_S (\exp \frac{qU}{kT} + 1) \Delta f} \qquad (3.23)$$

mit I_S als Sättigungsstrom des pn-Übergangs. Wenn Generations-Rekombinations-Rauschen in der Sperrschicht merklich wird, dann muß dieses Ergebnis nach (3.12) durch Einfügen eines empirischen Parameters m modifiziert werden. Führen wir mit (1.73), S. 63 den differentiellen

Elektronische Netzwerke

Widerstand r der pn-Diode ein, so folgt zusammen mit (1.71), S. 60:

$$\sqrt{\overline{i_s^2}} = \sqrt{2q(I + 2I_s)\Delta f} = \sqrt{2kT(1 + \frac{I_s}{I+I_s})\Delta f / r}.$$

Ein Vergleich mit (3.9a) zeigt, daß wir das Schrotrauschen formal als ein Widerstandsrauschen des differentiellen Diodenwiderstands r auffassen können, wenn wir nur die äquivalente Rauschtemperatur:

$$T_{\text{äqu}} = \frac{T}{2}(1 + \frac{I_s}{I+I_s}) \qquad (3.24)$$

einführen.

Das Ersatzschaltbild wird komplettiert durch das Funkel oder $1/f$-Rauschen i_F, das insbesondere bei tiefen Frequenzen dominiert, und das Widerstandsrauschen u_R. u_R läßt sich berechnen, indem wir den Bahnwiderstand R_B der Diode in (3.9) einsetzen. Da die Schottky-Diode dieselbe Strom-Spannungscharakteristik wie der pn-Übergang hat (vgl. (1.96), S. 86), ist ihr Rauschersatzschaltbild ebenfalls durch Abb. 3.12 gegeben.

Rauschen im bipolaren Transistor. Wir legen das Ersatzschaltbild nach Abb. 2.9, S. 119, zugrunde, sehen also von den Zuleitungswiderständen zum inneren Transistor ab. Bei hinreichend hohen Frequenzen ist das $1/f$-Rauschen abgeklungen, so daß wie beim pn-Übergang das Schrotrauschen dominiert. Dann erhalten wir das Ersatzschaltbild nach Abb. 3.13, das wir aus Abb. 2.9 abgeleitet haben und das wir mit Hilfe der Abb. 2.1b, S. 103, interpretieren.

Der wichtigste Strom im Transistor wird durch die Ladungsträger gebildet, die vom Emitter durch die Basis in den Kollektor injiziert werden. Wir hatten ihn mit $\gamma\beta_T I_e = \alpha I_e$ bezeichnet, wobei γ der Emitterwirkungsgrad und β_T der Transportfaktor sind, die nach (2.5), S. 105, mit der Stromverstärkung $\alpha = \gamma\beta_T$ verbunden sind. Nach (3.11) ergibt sich daher:

$$\sqrt{\overline{i_1^2}} = \sqrt{2q\alpha |\overline{I_e}|\Delta f}, \qquad (3.25a)$$

wobei I_e der Emitterstrom ist, der im Arbeitspunkt des Transistors fließt.

Abb. 3.13 Rauschersatzschaltbild des bipolaren Transistors bei nicht zu niedrigen Frequenzen.

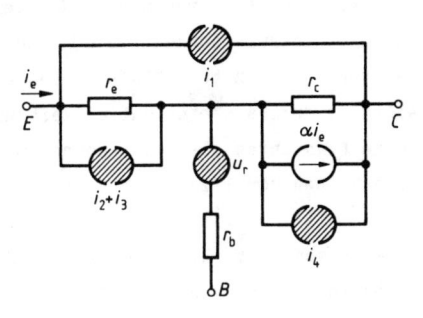

Der zweite Strombeitrag stammt von den in die Basis injizierten Ladungsträgern aus dem Emitter, die im Basisgebiet rekombinieren. Der zugehörige Strom ist $\gamma(1 - \beta_T) I_e$ mit dem zugehörigen Schrotrauschen:

$$\sqrt{\overline{i_2^2}} = \sqrt{2q\gamma(1-\beta_T)|\overline{I_e}|\Delta f}. \qquad (3.25b)$$

Damit unkorreliert, aber ebenfalls über die Emitterdiode fließend, ist der Strom $(1-\gamma) I_e$ der Minoritätsträger aus der Basis, so daß:

$$\sqrt{\overline{i_3^2}} = \sqrt{2q(1-\gamma)|\overline{I_e}|\Delta f} \qquad (3.25c)$$

als Rauschquelle folgt. Bei Heteroübergängen mit idealem Emitterwirkungsgrad muß i_3 verschwinden (vgl. S. 113 und S. 139). Die letzten beiden Rauschströme addieren sich quadratisch gemäß $\sqrt{\overline{i_2^2} + \overline{i_3^2}}$. Schließlich bleibt noch der Sperrstrom I_{sc} der Kollektordiode mit dem Rauschbeitrag:

$$\sqrt{\overline{i_4^2}} = \sqrt{2q|\overline{I_{sc}}|\Delta f}. \qquad (3.25d)$$

Der Basisbahnwiderstand r_b liefert ein Widerstandsrauschen u_r, das wir nach (3.9) berechnen können.

Rauschen beim FET. Wir haben auf S. 324 erwähnt, daß eine wesentliche Ursache für $1/f$-Rauschen in Grenz- und Oberflächen liegt. Diese sind schwierig zu kontrollieren und hängen in ihrer Qualität stark vom Herstellungsverfahren, also von dem Entwicklungsstand eines Bauelements ab. Dies macht die Angabe von Zahlenwerten schwierig. Trotzdem kann man sagen, daß $1/f$-Rauschen bei FETs, die vom Prinzip her stark von Grenzflächen beeinflußt werden, stärker ist als bei bipolaren Transistoren, bei denen schon bei wenigen 10 Hz die Grenze für $1/f$-Rauschen liegen kann. Die entsprechenden Werte sind einige 100 Hz bei Sperrschicht-FETs, rund 10 kHz bei MESFETs und wenige 10 kHz bei MOSFETs, eine qualitativ durchaus einsichtige Reihenfolge. Da FETs insbesondere bei höheren Frequenzen als sehr rauscharm gelten, sehen wir für die folgende Behandlung vom $1/f$-Rauschen ab.

Wir gehen von Abb. 2.24 und 2.34, S. 149 und 166 aus, die sich im gerasterten Kasten von Abb. 3.14 wiederfinden. Der Widerstand R_i des Sperrschicht-FET soll sehr klein sowie der Isolationswiderstand r_i des MOSFET sehr groß sein, so daß wir beide vernachlässigen können. Wir erwarten, daß das thermische Rauschen des Kanalwiderstandes bei jeder Art von FET sehr wichtig ist. Allerdings ist nicht ohne weiteres klar, welcher Wert für den Kanalwiderstand zu nehmen ist, da die Kennlinien zunächst rein Ohmsch linear verlaufen, ehe sie quadratisch in die

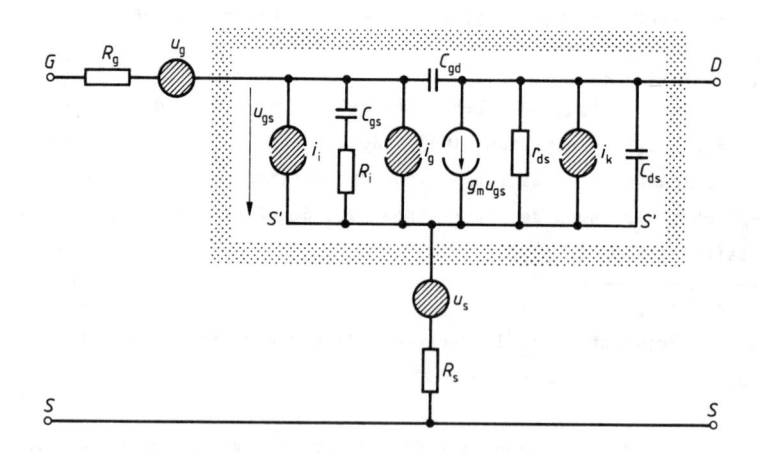

Abb. 3.14 Rauschersatzschaltbild eines FET. Innerer Transistor im gerasterten Kasten. Rauschquelle i_i entfällt, wenn kein Gatestrom fließt (wie beim MOSFET).

Sättigung abknicken (vgl. Abb. 2.23 und 2.33, S. 146 und 165). Zur Berechnung des Kanalrauschens geht man ähnlich wie bei der Ermittlung der Kennlinien vor (vgl. S. 145f oder 164), d. h. man betrachtet die Wirkung eines infinitesimal kleinen Stücks dR des Kanalwiderstandes. Auf Grund des verteilten Charakters der Kanaleigenschaften ist das Ergebnis, daß der Leitwert $2/3 \cdot g_m$ für das thermische Rauschen des Kanals maßgebend ist. Nach (3.9a) erhalten wir daher als Rauschstromquelle des Kanalwiderstands:

$$\overline{i_k{}^2} = \frac{2}{3}\,4kT\Delta f g_m. \tag{3.26a}$$

g_m ist die Steilheit des FET. Obwohl diese Ableitung für den Übergangspunkt vom Anlauf- zum Sättigungsbereich gemacht worden ist, hat sich doch ihre Gültigkeit für den gesamten Sättigungsbereich gezeigt.

Wenn die Ladung im Widerstandselement dR des Kanals statistisch schwankt, wird im gleichen Maß eine entgegengesetzte Ladung dq auf dem Gatemetall influenziert. Dadurch ergibt sich eine Rückwirkung auf die Steuerfunktion des Gate. Über die Kapazität C_{gs} beim Sperrschicht-FET bzw. C_i beim MOSFET fließt ein kapazitiver Gatestrom d$i_g = j\omega$dq, der zu einem Schwankungsquadrat $\overline{i_g{}^2}$ in Proportionalität zu ω^2 führt. Die Rechnung liefert für das induzierte Gaterauschen den Strom:

$$\overline{i_g{}^2} \approx \frac{kT}{2}\,\frac{\omega^2 C_i{}^2}{g_m}\,\Delta f, \tag{3.26b}$$

der wegen der gemeinsamen Entstehungsursache stark mit i_k korreliert ist. Sowohl i_k als auch i_g treten prinzipiell bei jedem FET auf.

i_k und i_g sind ein Beispiel für korrelierte Rauschquellen. Wir haben auf S. 326 darauf hingewiesen, daß es auf ihren Richtungssinn relativ zueinander ankommt, wenn wir weitergehende Berechnungen mit ihnen anstellen wollen.

Der Rauschstrom i_i ist bei merklichem Sperrstrom I_s durch die Gatediode nur im Sperrschicht-FET spürbar. Es handelt sich also um Schrotrauschen, das wir nach (3.11) als:

$$\overline{i_i^2} = 2q I_s \Delta f \qquad (3.26c)$$

beschreiben können. Damit haben wir in erster Näherung den inneren Transistor für den Sperrschicht-FET (mit i_i) und für den MOSFET (ohne i_i) behandelt (gerasterter Kasten der Abb. 3.14). Beim Sperrschicht-FET kann noch das thermische Rauschen u_s des Sourcewiderstandes R_s hinzukommen, der sich aus dem Bahnwiderstand zwischen Sourcekontakt und sourceseitigem Ende des Kanals ergibt (vgl. Abb. 2.21, S. 144). u_s berechnet sich nach (3.9). Auf demselben Weg können wir u_g berechnen, das vom Widerstand R_g der Gatemetallisierung stammt (vgl. Abb. 2.24, S. 149). R_g spielt insbesondere dann eine Rolle, wenn für Hochfrequenzanwendungen geringe Kanallängen gefordert werden.

Vorverstärker eines optischen Empfängers. Als letztes Beispiel zum Rauschen diskutieren wir den Empfänger einer optischen Nachrichtenübertragungsstrecke. Wir wissen, daß es nach der Formel (3.22) von Friiss vorwiegend auf das Rauschverhalten der Eingangsstufe ankommt. Deshalb haben wir in Abb. 3.15a nur diese erfaßt, auf die die Photodiode zusammen mit ihrem Lastwiderstand R_L arbeitet. Batteriespannungen haben wir weggelassen. Die Photodiode empfängt das optische Signal, dessen Wechselleistung wir mit P_{opt} bezeichnen, und wandelt sie nach (3.19), S. 330, in den Effektivwert des Photostroms:

$$i_{ph} = q \eta P_{opt} / (\sqrt{2}\, h\nu) \qquad (3.27)$$

um. η ist der Quantenwirkungsgrad. ν ist die Frequenz des übertragenen Lichts. Neben dem Wechselanteil kann das optische Signal auch eine Gleichkomponente enthalten, die zu einem Gleichstrom I_0 in der Photodiode führt. Weiterhin kann noch eine Hintergrundstrahlung auf die Photodiode wirken mit der Konsequenz einer weiteren Stromkomponente I_b. Wir wissen von S. 205, daß in einer Photodiode ein Sperrstrom als sogenannter Dunkelstrom I_d fließt. Wir fassen diese Beiträge als:

$$I_D = I_0 + I_b + I_d$$

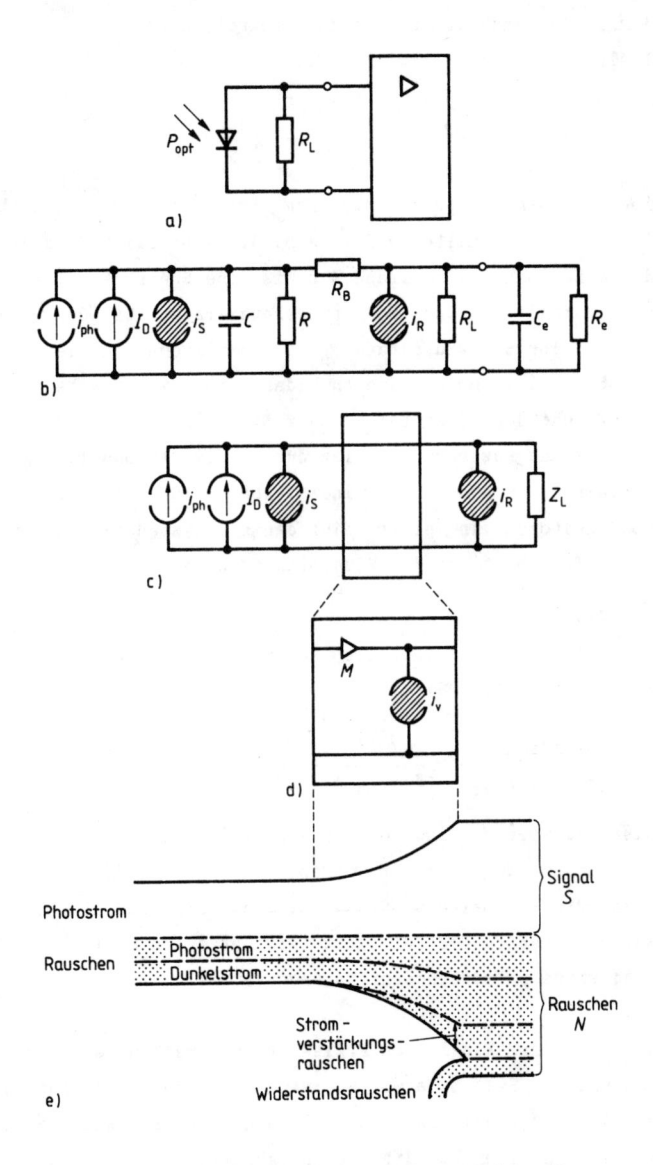

Abb. 3.15 Eingangsstufe eines Empfängers in einem optischen Nachrichtenübertragungssystem

zusammen. Der Kürze halber nennen wir I_D summarisch den Dunkelstrom.

Elektronische Netzwerke

Sowohl i_{ph} als auch I_D tragen zum Schrotrauschen bei, das wir nach (3.11) als:

$$\overline{i_s^2} = 2q(i_{ph} + I_D)\Delta f \tag{3.28}$$

schreiben können. Dieses Rauschen ist im Ersatzschaltbild der Abb. 3.15b und c enthalten und in Abb. 3.15e bildlich dargestellt. Die Photodiode hat einen Widerstand R sowie eine Sperrschichtkapazität, die sich mit parasitären und Halterungskapazitäten auf den Gesamtwert C aufsummiert. Ihr Bahnwiderstand R_B ist im allgemeinen vernachlässigbar klein (Abb. 3.15b). Neben diesen Widerständen verursachen der Lastwiderstand R_L und der Wirkanteil R_e der Eingangsimpedanz des Vorverstärkers thermisches Rauschen. Es ist durch die Stromquelle i_R repräsentiert, die sich in Abb. 3.15b findet. Abb. 3.15c faßt alle Widerstände und Kondensatoren in einer einzigen Lastimpedanz zusammen. Deren Wirkanteil $R_{äqu}$ bestimmt das Widerstandsrauschen:

$$\overline{i_R^2} = 4kT\Delta f/R_{äqu}. \tag{3.29}$$

Die Verknüpfung von (3.27) bis (3.29) miteinander liefert uns den Störabstand (vgl. S. 327):

$$\frac{S}{N} = \frac{i_{ph}^2 R_{äqu}}{(\overline{i_s^2} + \overline{i_R^2})R_{äqu}} = \frac{1/2\,[q\eta P_{opt}/(h\nu)]^2}{2q(i_{ph} + I_D)\Delta f + 4kT\Delta f/R_{äqu}}. \tag{3.30}$$

Im Zähler und über i_{ph} indirekt im Nenner ist P_{opt} enthalten. Wenn wir einen bestimmten Wert für S/N vorgeben, können wir das zugehörige P_{opt} errechnen. Diese optische Signalleistung, die zur Erreichung eines bestimmten Störabstandes gefordert ist, nutzt man häufig zur Charakterisierung eines optischen Übertragungssystems.

Wenn wir mit der Regel von Friiss Ernst machen, sollten wir eine Verbesserung des Systems erwarten, wenn wir die Verstärkung direkt in die Photodiode vorverlegen. Eine solche Möglichkeit gibt es in der Tat, wenn wir eine Lawinenphotodiode einsetzen (vgl. S. 209). Eine Lawinenphotodiode multipliziert sowohl Signal als auch Rauschen mit dem Faktor M.

Rauschen

Da die Stoßionisation als Verstärkungsmechanismus ein statistischer Vorgang ist, entsteht ein Zusatzrauschen. Wenn wir die durchgehende Verbindung der normalen pin-Photodiode in Abb. 3.15c durch das multiplizierende Netzwerk im Ersatzschaltbild der Lawinenphotodiode ersetzen (Abb. 3.15d), müssen wir eine zusätzliche Rauschstromquelle i_v einführen, die das Stromverstärkungsrauschen mit erfaßt (Abb. 3.15e). Eine mathematische Beschreibung dieses Effekts kann über einen Rauschfaktor erfolgen, dessen Abhängigkeit vom mittleren Multiplikationsfaktor M durch:

$$F = M \left[1 - (1 - k)\left(\frac{M-1}{M}\right)^2\right] \qquad (3.31)$$

gegeben ist. k ist das Verhältnis der Ionisationsraten von Löchern und Elektronen (vgl. S. 66f). Wir müssen i_{ph} nach (3.27) mit M, die Quadrate der Rauschströme in (3.28) und (3.29) dagegen mit $M^2 F$ multiplizieren. Auf diesem Weg erhalten wir für die Lawinenphotodiode im Vorverstärker:

$$\frac{S}{N} = \frac{1/2 \, [q\eta P_{opt}/(h\nu)]^2 M^2}{2q(i_{ph} + I_D) M^2 F \Delta f + 4kT\Delta f / R_{äqu}}$$

$$= \frac{1/2 \, [q\eta P_{opt}/(h\nu)]^2}{2q(i_{ph} + I_D) F \Delta f + 4kT\Delta f / (R_{äqu} M^2)}.$$

Wie der letzte Term im Nenner zeigt, ist tatsächlich eine Verbesserung des Rauschabstandes durch Vergrößerung der Multiplikation erreichbar, weil der Einfluß des Widerstandsrauschens abnimmt. Dies geht allerdings nur so lange, wie das Zustatzrauschen nach (3.31) hinreichend klein bleibt.

III. Integrierte Schaltungen

Der enorme Erfolg der Halbleiterelektronik in den letzten Jahrzehnten, der zu drastischen Umwälzungen in der Arbeitswelt und im gesellschaftlichen Leben geführt hat, hängt ursächlich mit der planaren Integrationstechnik zusammen. Mit dieser Technik ist es möglich, Millionen von Bauelementen nebeneinander in einer Halbleiterscheibe unterzubringen, sie "monolithisch zu integrieren" (monolithisch = aus einem Steinblock). Auf diesem Weg können umfangreiche Schaltungen, die komplexe Funktionen erfüllen, in einem sehr kleinen Festkörpervolumen zusammengefaßt werden, wodurch ein außerordentliches Maß an Zuverlässigkeit und Störsicherheit gewonnen wird. Obendrein erlaubt die planare Integrationstechnik eine Massenfertigung zu sehr niedrigen Kosten.

1. Elemente der planaren Integrationstechnik

Wir wollen anhand der folgenden Skizzen die Prinzipien der planaren Integrationstechnik illustrieren, wobei wir uns auf Si als den wirtschaftlich wichtigsten Halbleiter beschränken. Werden die einzelnen Prozeßschritte in sinnvoller Weise hintereinander ausgeführt, können Schaltungen realisiert werden, die Bauelemente nach Art von Abb. 2.1a, S. 103 oder 2.31, S. 162, enthalten.

Epitaxie. Unter Epitaxie versteht man ein Kristallzuchtverfahren, bei dem ein Kristallfilm auf einer einkristallinen Unterlage aufwächst, wobei die kristallographische Ordnung des Films durch das Substrat vorgegeben wird. In unserem Fall dienen Si-Scheiben als Substrat, die sich auf einem Suszeptor aus Graphit in einem Reaktor aus hochreinem Quarzrohr befinden (Abb. 1.1). Die Heizung erfolgt durch Einkopplung von Hochfrequenzleistung aus einer Spule in das Graphit oder durch Einbau des Reaktors in einen widerstandsbeheizten Ofen. Der Zustrom der Gasatmosphäre zum Wachstum geschieht entweder horizontal wie in Teil b von Abb. 1.1 oder - weniger gebräuchlich - vertikal von oben. In den letzten Fällen werden zur besseren Homogenisierung des Wachstums die Suszeptoren gedreht.

Integrierte Schaltungen

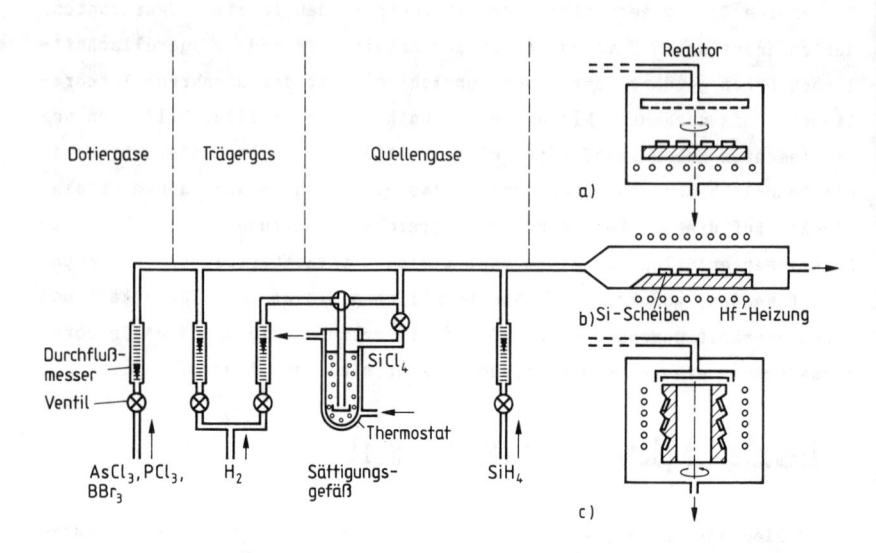

Abb. 1.1 Prinzipieller Aufbau einer Anlage zur Abscheidung von Si aus der Gasphase.
Bauformen von Epitaxiereaktoren:
a) Vertikalreaktor;
b) Horizontalreaktor;
c) Faßreaktor (barrel reactor).

Die Wachstumsatmosphäre besteht überwiegend aus hochreinem Wasserstoff, der durch Ventile und Durchflußmesser dosiert wird. Er kann z. B. auch durch ein thermostatisiertes Sättigungsgefäß mit dem bei Zimmertemperatur flüssigen Siliziumtetrachlorid $SiCl_4$ perlen, das sich mit besonderer Reinheit durch fraktionierte Destillation herstellen läßt. Der Wasserstoff trägt $SiCl_4$-Dampf mit sich in den Reaktor, wo er sich bei Temperaturen um 1100°C nach der Summenformel:

$$SiCl_4 + 2\,H_2 \rightleftarrows Si + 4\,HCl$$

zersetzt, d. h. es wächst Si epitaktisch auf den Si-Substraten auf, wenn das Reaktionsgleichgewicht auf der rechten Seite liegt. Liegt es auf der linken Seite, dann bildet sich $SiCl_4$ auf Kosten der Si-Scheiben, d. h. Si wird ätzend abgetragen. Die Verschiebung des

Gleichgewichts kann durch den $SiCl_4$-Gehalt im Gasstrom gesteuert werden. Damit ist ein Mittel gegeben, vor dem eigentlichen epitaktischen Wachstumsschritt die Si-Scheiben nochmals an Ort und Stelle (in situ) einer reinigenden Oberflächenbehandlung zu unterziehen.

Dieser zusätzliche Ätzprozeß der $SiCl_4$-Epitaxie ist aber neben der notwendigen hohen Temperatur ein Nachteil, da auch während des Wachstums des epitaktischen Films immer bis zu einem gewissen Grad der Ätzprozeß parallel abläuft. Dadurch wird das Si-Substrat teilweise angelöst, und dabei freiwerdende Dotierstoffe können in den epitaktischen Film ungewollt eingebaut werden (autodoping).

Daher bevorzugt man stattdessen Silan SiH_4 als Quellengas. Wiederum bildet H_2 den Hauptbestandteil der Gasatmosphäre. Die Silanepitaxie verläuft bei Temperaturen um 900°C weitgehend nur in einer Richtung als pyrolytische Zersetzung:

$$SiH_4 \longrightarrow Si + 2H_2.$$

Daher wächst der epitaktische Si-Film, ohne Rückdotierung durch Ätzen, auf dem Substrat.

Soll der epitaktische Film dotiert oder während des Wachstums umdotiert werden, dann werden Dotiergase zugesetzt. Dies sind z. B. BBr_3 mit dem Akzeptor B oder PCl_3 sowie $AsCl_3$ mit den Donatoren P bzw. As. Auch diese Gase zersetzen sich bei hohen Temperaturen an den Si-Scheiben, und die Dotierstoffe bauen sich gezielt in die epitaktische Schicht ein.

Ist die Unterlage, auf der das Si aufwächst, nicht einkristallin sondern amorph, wie z. B. SiO_2, dann fehlt das ordnungsgebende Element. Si wächst als polykristalliner Film auf. Man spricht auch von einem CVD-Prozeß (chemical vapour deposition).

Dielektrische Schichten und Metallfilme. Der wichtigste Isolator in

Integrierte Schaltungen

der Si-Technik ist das Oxid SiO_2. Zu dessen Herstellung genügt es, Si nach der Formel:

$$Si + O_2 \rightarrow SiO_2$$

aufzuoxidieren. Die dazu verwendete Apparatur sieht im wesentlichen wie die in Abb. 1.1 aus, nur daß dem Trägergas Sauerstoff in geringen Mengen zugesetzt wird. Die Si-Scheiben werden auf Temperaturen von 1000°C und darüber aufgeheizt, so daß ihre Oberfläche kontinuierlich zum Oxid "verbrennt". Man nennt das Verfahren die trockene Oxidation.

Bei der nassen Oxidation läßt man ganz ähnlich zu Abb. 1.1 das Trägergas durch ein mit Wasser gefülltes Sättigungsgefäß perlen, so daß nun Wasserdampf über die Si-Scheiben geführt wird. Damit läuft auf dem auf um 1000°C aufgeheizten Si die Reaktion:

$$Si + 2 H_2O \rightarrow SiO_2 + 2H_2$$

ab. Das Schichtwachstum ist bei der nassen Oxidation rascher als bei der trockenen, aber die Schichtqualität ist auch nicht so hoch.

Ein bei niedrigen Temperaturen ablaufendes Verfahren zur Schichtniederschlagung ist die Kathodenzerstäubung oder das "Sputtern". Das Substrat wird gegenüber der Quelle des aufzubringenden Materials, dem Target, in einer Vakuumapparatur untergebracht. Zwischen Substrathalter und Target wird in einem Ar-Gas eine elektrische Niederdruckentladung gezündet. Die dadurch entstehenden Ar^+-Ionen treffen auf das Target auf und schlagen Atome oder Molekülbruchstücke aus dem Targetmaterial heraus. Das herausgeschlagene Targetmaterial bedeckt schließlich das Substrat und andere freie Flächen. Es sind eine Vielzahl von Targetmaterialien kommerziell erhältlich.

Ähnliche Vakuumapparaturen wie beim Sputtern werden auch zum Aufdampfen von Metallfilmen zum Kontaktieren eingesetzt. Das aufzubringende Metall wird im Hochvakuum gegenüber dem Substrat in einem Tiegel untergebracht. Der Tiegel wird entweder thermisch durch einen hohen Strom beheizt, oder das Metall wird direkt durch einen aufprallenden starken Elektronenstrom zum Glühen gebracht. Das abdampfende Metall schlägt sich an allen erreichbaren Flächen, also auch auf dem Substrat, als dünner Film nieder.

Photolacktechnik und Strukturierung. Die eigentliche Miniaturisierung in lateraler Richtung verdankt die planare Technik den photographischen Verkleinerungsprozessen. Wir beschreiben das Prinzip anhand einer von vielen möglichen Varianten. Wenn wir uns über die zu erzeugende Struktur im klaren sind, indem wir z. B. einen Rechner mit Bildschirm zu Hilfe genommen haben, werden die Daten auf ein Magnetband überspielt. Dieses dient zur Steuerung eines Mustergenerators (pattern generator). Über Schrittmotoren wird eine Aperturblende je nach Vorgabe geöffnet oder verengt (Abb. 1.2), die verkleinert auf eine photoempfindliche Schicht abgebildet wird. Durch Verschieben von Blende und Photoschicht gegeneinander kann sukzessive die gewünschte Struktur belichtet werden.

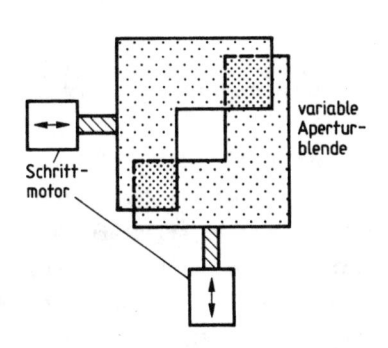

Abb. 1.2 Variable Aperturblende zur photographischen Herstellung einer Zwischenvorlage.

Abb. 1.3a gibt als Beispiel ein einfaches Muster, das sich in der photoempfindlichen Schicht auf einem Glasträger wiederfindet. Dieses "Schwarzweiß-Dia" dient nun als Vorlage für den Repetiervorgang (step and repeat). Das Muster wird - wiederum verkleinert - in einer weiteren Photoschicht auf einem Glasträger abgebildet, wobei es durch sukzessives, mechanisch hochpräzises Verschieben zeilen- und reihenweise

Integrierte Schaltungen

mehrere hundert Male reproduziert wird. Das Ergebnis ist die Muttermaske; Abb. 1.3b zeigt einen Ausschnitt. Da die Muttermaske empfindlich ist, werden von ihr für die Produktion integrierter Schaltungen im photographischen Kontaktverfahren 1:1-Kopien als Arbeitsmasken hergestellt. Die Arbeitsmasken tragen das Muster der Muttermaske meist in widerstandsfähigen Cr-Filmen auf Glassubstraten.

__Abb. 1.3__

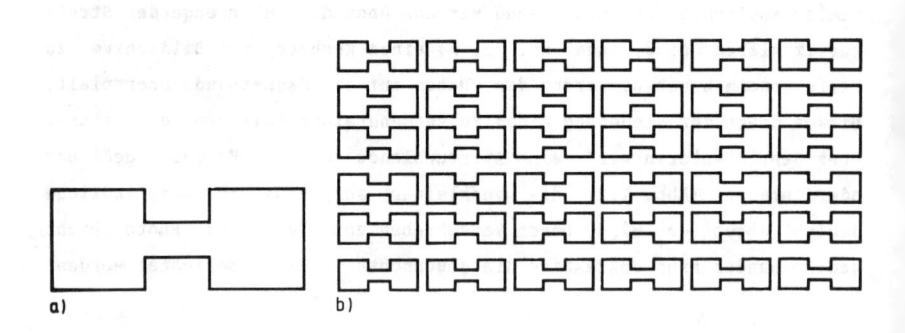

a)   b)

a) Im ersten Schritt erzeugtes Muster auf dem Phototräger.

b) Im Repetierverfahren erzeugtes, verkleinertes Muster auf dem Phototräger.

Das Prinzip der Übertragung des Musters auf die Halbleiterscheibe beschreiben wir am Beispiel der Abb. 1.4, wobei wir den letzten Schritt der Diffusion erst im nächsten Abschnitt genauer erläutern. Wir beginnen mit einem n-dotierten Si-Substrat, auf dem durch thermische Oxidation eine SiO_2-Schicht aufgebracht ist. Sie wird im zweiten Schritt b mit einer rund 1 µm dicken Schicht aus photoempfindlichem Lack bedeckt. Der zunächst flüssige Photolack wird als Tropfen auf die Halbleiterscheibe gegeben, der daraufhin in rasche Rotation um die Flächennormale versetzt wird. Durch diesen Zentrifugiervorgang bildet sich als Resultat aus Oberflächenspannung und Haftfähigkeit einerseits sowie Zentrifugalkräften andererseits ein gleichmäßig dicker Photolackfilm, der anschließend zwischen 100 und 200°C ausgehärtet wird.

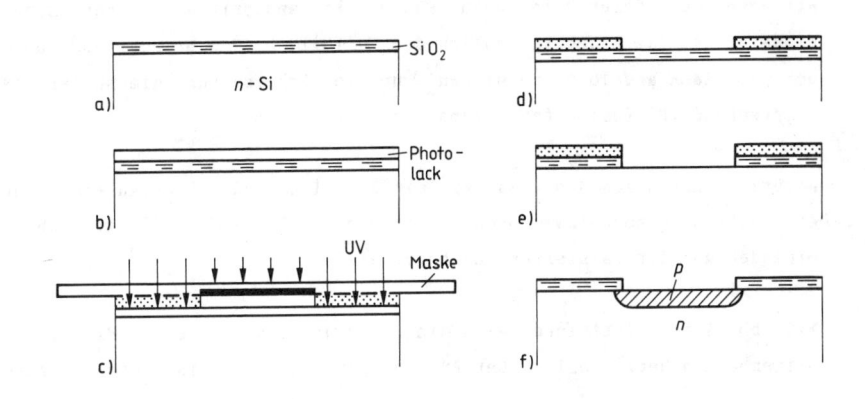

Abb. 1.4 Prinzip des photolithographischen Prozesses bei Verwendung von Negativlack. Als Beispiel Öffnung eines Fensters in der SiO_2-Schicht für die flächenselektive Diffusion.

Darauf wird die Arbeitsmaske entweder direkt auf die Halbleiterscheibe gelegt (Kontaktkopie) oder etwa 20 µm über ihr in Position gehalten (proximity printing). Abb. 1.4c deutet dies an, wobei die Maske mit ihren hellen und dunklen Bereichen nur schematisch wiedergegeben ist. Nun folgt die Flutung mit Strahlung aus dem nahen Ultravioletten, wodurch die belichteten Bereiche des Negativlacks auf molekularer Ebene vernetzen, d. h. für den anschließenden Entwicklungsprozeß unlöslich werden. Damit bleibt das Negativbild wie in Teilbild d im Photolack zurück. Darauf wird die SiO_2-Schicht flächenselektiv geätzt. Dies kann einmal auf naßchemischem Weg geschehen, indem die Halbleiterscheibe in gepufferte Flußsäure getaucht wird. Die gepufferte Flußsäure greift zwar die freiliegenden SiO_2-Bereiche an, nur wenig aber den belichteten Photolack, der das unter ihm liegende SiO_2 vor dem Wegätzen schützt. Damit ergibt sich nach hinreichend langer Ätzzeit das Teilbild e.

Als Alternative steht eines der Trockenätzverfahren zur Verfügung. Hierbei wird die Halbleiterscheibe im Zustand d in ein Vakuumgefäß gebracht und dem Beschuß von Ionen oder Atomen ausgesetzt. In einem dem Sandstrahlen vergleichbaren Prozeß wird das freiliegende SiO_2 abgetragen, nicht jedoch das SiO_2 unter dem Photolack, das erst nach dem

Integrierte Schaltungen

Abtragen des darüberliegenden Photolacks angegriffen werden kann. Wiederum ist das Ergebnis ähnlich dem Teilbild e. Nun braucht nur noch der Photolack abgelöst zu werden, um die Scheibe für die später zu besprechende Diffusion fertigzumachen.

Natürlich ist alles das, was wir mit Abb. 1.4 und 1.5 erläutern, nur ein Ausschnitt aus einem Vorgang, der sich zahllose Male direkt nebeneinander auf der Halbleiterscheibe abspielt.

Mit Abb. 1.5 illustrieren wir die Strukturierung eines Al-Films, um Leiterbahnen herzustellen. Der Ausgangspunkt a ist ein aufgedampfter

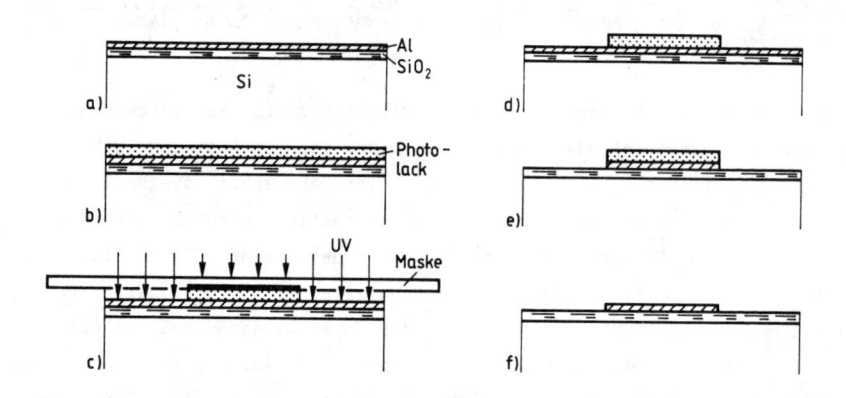

Abb. 1.5 Photolithographischer Prozeß mit Positivlack. Als Beispiel Strukturierung eines Metallfilms.

Al-Film, der durch den darunterliegenden Isolator SiO_2 vom Si-Substrat getrennt ist. Es folgt das Aufbringen des Photolacks durch Zentrifugieren (b) und das Belichten durch die Maske, die den Verlauf der Leiterbahnen vorgibt (c). Da es sich um einen Positivlack handelt, werden die belichteten Bereiche auf molekularer Ebene durch die UV-Strahlung aufgebrochen und für den anschließenden Entwicklungsprozeß lösbar. Daher bleibt das Positivbild d der Maske im Photolack zurück. Die freiliegenden Al-Bereiche können nun weggeätzt werden (e). Nach dem Ablösen des Photolacks bleibt schließlich die gewünschte

Elemente der planaren Integrationstechnik

Leiterbahnstruktur f zurück.

Herstellung von Dotierungsprofilen. Die beiden wichtigsten Verfahren zur Herstellung von Dotierungsprofilen, die entscheidend für die Funktion von Halbleiterbauelementen sind, sind die Festkörperdiffusion und die Ionenimplantation. Wir gehen von Abb. 1.6a aus, die den Verlauf

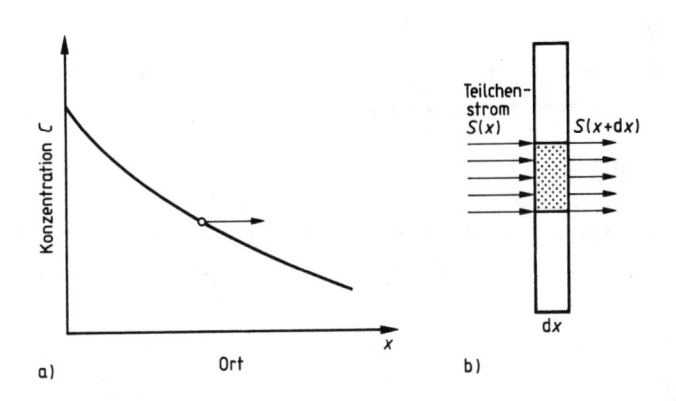

<u>Abb. 1.6</u> Zur Diffusion.

der Konzentration C eines Stoffes in Abhängigkeit von der Entfernung x von der Halbleiteroberfläche zeigt. Auf Grund der ungerichteten thermischen Molekularbewegung des Dotierstoffes bewegen sich die Dotieratome von den Orten höherer Konzentration zu denen niedriger Konzentration, d. h. im Sinne eines Ausgleichs von Konzentrationsgefällen. Nun besagt das erste Ficksche Gesetz, daß der Teilchenstrom S des Dotierstoffes dem Gradienten der Dotierstoffkonzentration proportional ist, d. h. in eindimensionaler Formulierung:

$$S = - D \frac{\partial C}{\partial x},$$

wobei der Proportionalitätsfaktor D mit Diffusionskoeffizient bezeichnet wird. D ist eine stoffspezifische Größe, die nahezu exponentiell von der Temperatur abhängt.

Integrierte Schaltungen

Wir betrachten nun ein Volumen der Dicke dx mit der Einheitsfläche als Querschnitt (Abb. 1.6b). Die Konzentration C des Dotierstoffs kann sich in diesem Volumen nur dann zeitlich ändern, wenn der Teilchenzustrom $S(x)$ von dem Abfluß $S(x+dx)$ verschieden ist, d. h. wenn die Divergenz von S nicht verschwindet. Wir erhalten - ganz ähnlich wie in (1.35a), S. 41, - die Kontinuitätsgleichung:

$$\frac{\partial C}{\partial t} + \frac{\partial S}{\partial x} = 0.$$

Fassen wir die beiden letzten Gleichungen zusammen, so folgt die Diffusionsgleichung oder das zweite Ficksche Gesetz:

$$\frac{\partial C}{\partial t} = D \frac{\partial^2 C}{\partial x^2}.$$

Zu dieser Gleichung gibt es eine Reihe von Partiallösungen, die mit Amplitudenfaktoren versehen zur allgemeinen Lösung zusammengesetzt

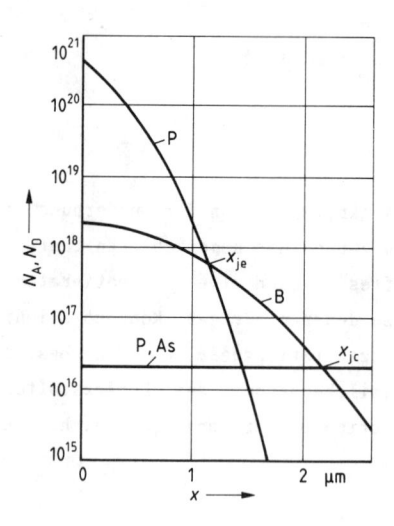

Abb.1.7 Dotierungsprofil eines bipolaren Transistors. x_{je} und x_{jc} markieren den Emitter- bzw. Kollektorübergang zur Basis.

werden können. Die allgemeine Lösung muß schließlich in ihren Amplituden den Anfangs- und Randbedingungen des jeweils gewählten Diffusionsvorgangs angepaßt werden. Abb. 1.7 zeigt ein Beispiel, bei dem von einer Grunddotierung der Donatoren P oder As von $2 \cdot 10^{16}$ cm^{-3} in der

Elemente der planaren Integrationstechnik

epitaktischen Schicht ausgegangen wird.

Zum besseren Verständnis ist es hilfreich, Abb. 2.1a, S. 103 als Endergebnis vor Augen zu haben. In einer ersten Diffusion wird zunächst der Akzeptor B eingebaut. Dabei wird zur lateralen Begrenzung auf der Halbleiterscheibe ein SiO_2-Fenster nach Abb. 1.4f eingesetzt. Der Akzeptor diffundiert nur an den freiliegenden Stellen direkt in das Si ein, wird aber sonst wegen des niedrigen Diffusionskoeffizienten D in SiO_2 zurückgehalten. Daher resultiert die p-Wanne der Abb. 1.4f mit ihrer nahezu viertelkreisförmigen lateralen Unterdiffusion an den SiO_2-Rändern.

Der letzte Schritt ist die P-Diffusion mit einer Randkonzentration von rund $5 \cdot 10^{20}$ cm^{-3}, wobei gleichzeitig natürlich auch B weiterdiffundiert, um dann endgültig die Randkonzentration von $2 \cdot 10^{18}$ cm^{-3} anzunehmen. Damit ergeben sich die Dotierungsprofile nach Abb. 1.7, die einen Schnitt durch den aktiven Teil des bipolaren Transistors in Abb. 2.1a, S. 103 darstellen. An der Stelle x_{jc} von der Halbleiteroberfläche gerechnet sind Donatoren- und Akzeptorenkonzentration N_D bzw. N_A einander gleich. Es handelt sich um den Kollektorbasisübergang. Bei x_{je} liegt der pn-Übergang der Emitterbasisdiode.

Tragen wir die wirksame Nettodotierung in ihrem Absolutwert auf, so entsteht Abb. 1.8. Die metallurgische Basisdicke d_{b0} (vgl. Abb. 2.3, Kap. I.2.1) ergibt sich als Differenz aus x_{jc} und x_{je}. Zur Verdeutlichung der Verhältnisse haben wir alle Zahlenangaben in den Abb. 1.7 und 1.8 besonders hoch gewählt.

Zur Diffusion werden in der Si-Technik Apparaturen eingesetzt, die denen der Abb. 1.1 entsprechen. Meist wird der Dotierstoff gasförmig dem Trägergas zugemischt, das bei Temperaturen um 1000° C über die Si-Scheiben im Reaktor streicht.

Ein weitverbreitetes Dotierverfahren, das allerdings einen hohen apparativen Aufwand erfordert, ist die Ionenimplantation. Dabei werden

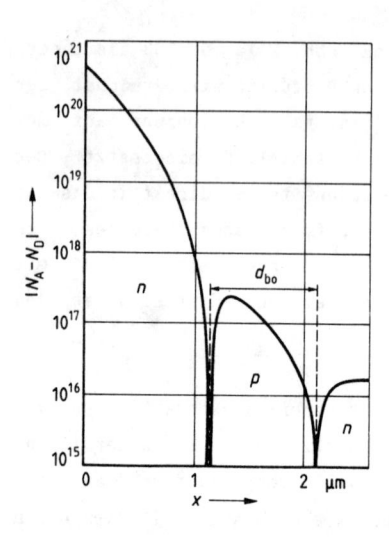

Abb. 1.8 Aus Abb. 1.7 abgeleitete npn-Struktur mit metallurgischer Basisdicke d_{bo}.

nach Durchlaufen einer Beschleunigungsstrecke von einigen 100 kV die ionisierten Dotieratome auf die Si-Scheibe geschossen. Sie kommen in einem Tiefenprofil zur Ruhe, das einer modifizierten Gaußverteilung entspricht. Nach dem Beschuß muß das Silizium einer Wärmebehandlung unterworfen werden, um einerseits die Strahlenschäden auszuheilen und andererseits den Dotierstoff elektrisch zu aktivieren.

Standardherstellungsverfahren. In Abb. 1.9 sind die wichtigsten Herstellungsschritte rekapituliert, die zur planaren Integration am Beispiel Transistor mit Widerstand führen. Zunächst wird das p-dotierte Si-Substrat mit einer SiO_2-Schicht versehen, in die gemäß Abb. 1.4 ein Fenster geätzt wird. In das freigelegte Si folgt lokal eine n^+-Diffusion, die später als "vergrabener Kollektor" dient. Meist werden dazu As oder Sb genommen, weil ihr Diffusionskoeffizient D relativ gering ist. Trotzdem diffundieren sie während des anschließenden epitaktischen Wachstums und der Oxidation in den n-dotierten Film aus. Die folgende Isolationsdiffusion, die eine hohe Akzeptorkonzentration mit dem Substrat verbindet, grenzt Inseln im epitaktischen Film gegeneinander

Elemente der planaren Integrationstechnik

ab. Jede dieser Inseln soll später ein Bauelemente enthalten. Eine elektrische Isolation der Inseln gegeneinander ist sehr wirksam erreichbar, wenn der p^+n-Übergang zwischen Insel einerseits und Substrat sowie Isolationsdiffusion andrerseits in Sperrichtung vorgespannt ist.

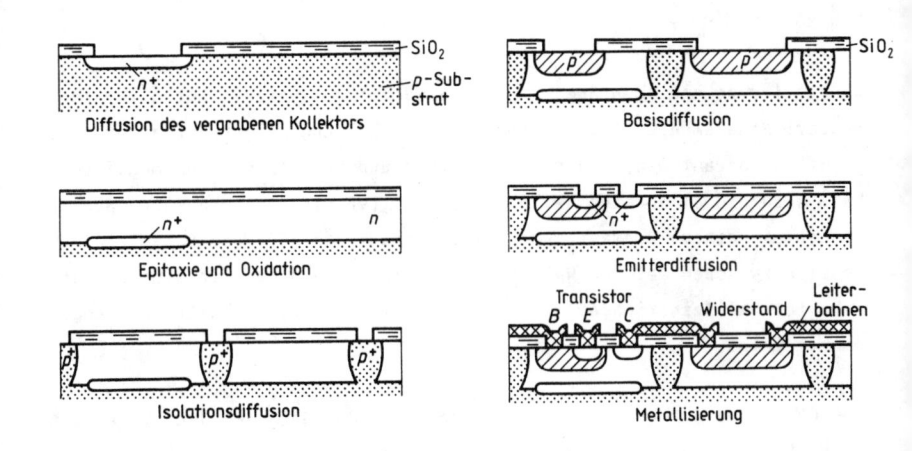

Abb. 1.9 Die wichtigsten Schritte während der Herstellung eines bipolaren Transistors und eines Widerstandes in planarer monolithischer Integration. Der Transistor enthält einen "vergrabenen" Kollektor.

Im weiteren Verlauf der Herstellung erfolgen – wiederum flächenselektiv – die Basisdiffusion als p sowie die Emitter- und gleichzeitig Kollektordiffusion als n^+. Die Formung der Leiterbahnen, etwa nach Abb. 1.5, beschließt die Herstellung. Das Ergebnis ist die Integration eines Widerstandes und eines Transistors monolithisch nebeneinander, wobei der vergrabene Kollektor mit seiner hohen Dotierung eine besonders niederohmige Verbindung zwischen Kollektorkontakt C und dem aktiven Bereich des bipolaren Transistors darstellt.

Mit den beschriebenen Techniken läßt sich auch ein Kondensator bauen. Dabei bildet ein Halbleiterbereich, der zwar hoch n-dotiert, aber ähnlich geformt wie der Widerstandskörper in Abb. 1.9 ist, die eine Elektrode der Kapazität. Die andere ist ein darübergelegter Metallfilm, der vom Halbleiter durch eine dünne SiO_2-Schicht als Dielektrikum

Integrierte Schaltungen

isoliert ist.

Nach den geschilderten Beispielen ist die Fabrikation von MOSFETs leicht verständlich. Es erübrigt sich allerdings eine Isolationsdiffusion, weil nur unter dem dünnen Gateoxid leitende Verbindungen entstehen können.

Kontaktierung und Montage. Eine Si-Scheibe (wafer) enthält viele hundert Bauelemente oder integrierte Schaltungen nebeneinander. Es kommt nun darauf an, sie zu vereinzeln und in Gehäuse zu montieren. Dazu wird die Si-Scheibe zeilen- und spaltenweise zwischen den Schaltungen mit einem Diamant angeritzt. Durch geringfügiges Belasten der Scheibe zwischen weichen Walzen bricht sie entlang der Ritzlinien. Wir erhalten Halbleiterquader mit je einer integrierten Schaltung, sogenannte Chips.

Das Chip wird durch Löten oder Kleben auf dem Gehäuseboden befestigt (Abb. 1.10), damit der Anschluß nach außen bewerkstelligt werden kann. Dazu werden Anschlußdrähte von den Kontaktflächen am Rand der integrierten Schaltung zu den Anschlußbeinchen im Gehäuse gezogen. Meist werden Golddrähte mit einem Durchmesser bis herunter zu 20 µm verwendet. Sie werden bei erhöhter Temperatur unter Druck mit den Kontaktflä-

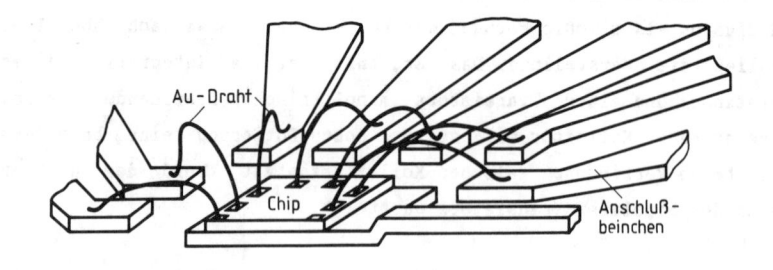

Abb. 1.10 Prinzip der Kontaktierung durch Bonddrähte.

chen auf dem Chip und auf den Anschlußbeinchen verschweißt. Das Raster der Anschlußbeinchen kann bis herunter zu 150 µm betragen. Schließlich

Elemente der planaren Integrationstechnik

wird das Bauelement mit plastischen Werkstoffen umpreßt oder umspritzt, wodurch die Anschlüsse in Position gehalten werden und ein stabiles Gehäuse für die Schaltung erreicht wird.

Ein zunehmend wichtiger werdendes Kontaktierverfahren, das sich besonders gut zur Automatisierung eignet, ist die "Spider"-Technik oder tape automated bonding (TAB). Wiederum gibt es zahlreiche Varianten. Abb. 1.11 illustriert das Prinzip. Das Chip ist an den Anschlußflächen

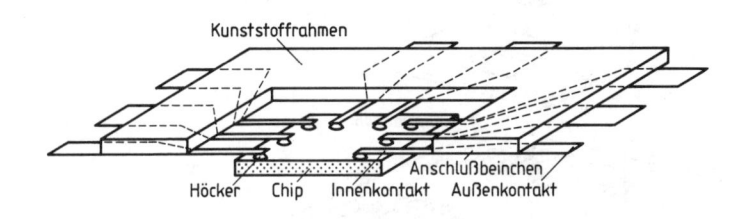

Abb. 1.11 Prinzip der Kontaktierung integrierter Schaltungen auf dem Chip in der "Spider"-Technik.

mit metallischen Höckern versehen, die mit den Anschlußbeinchen in einem Arbeitsgang kontaktiert werden. Abb. 1.11 zeigt das Ergebnis, wobei die Anschlüsse durch den Kunststoffrahmen fixiert werden. In dem dargestellten Zustand ist die Anordnung von dem Band gelöst, mit dem sie im Kontaktierautomat geführt wird. Danach wird die Verbindung der Außenkontakte mit den Leiterbahnen des eigentlichen Systemträgers durchgeführt. Gegebenenfalls wird schließlich noch eine Kunststoffumhüllung angebracht. Derartige Gehäuse können mehrere hundert Anschlüsse im Abstand von rund 150 µm aufweisen.

Die immer noch am weitesten verbreitete Gehäuseform ist das "Dual-inline"-Gehäuse oder dual in line package (DIP). Abb. 1.12 stellt dessen Teile in Keramikbauweise vor. Das Chip wird mit dem Gehäuseboden aus Al_2O_3-Keramik einerseits und mit den Leiterbahnen durch Bonddrähte andrerseits verbunden. Die Anschlußbeinchen, die Abb. 1.12 noch im Halterahmen zeigt, sorgen für die Verbindung von den Leiterbahnen nach

Integrierte Schaltungen

außen. Abstandsrahmen und Deckel schließen das Gehäuse ab. Nach Herausstanzen des Abschlußrahmens liegen die Anschlüsse frei und können nach unten abgeknickt werden. DIL-Gehäuse sind relativ voluminös. Sie zeigen relativ hohe parasitäre Induktivitäten und Kapazitäten. Weiterhin ist die Zahl ihrer Anschlüsse begrenzt.

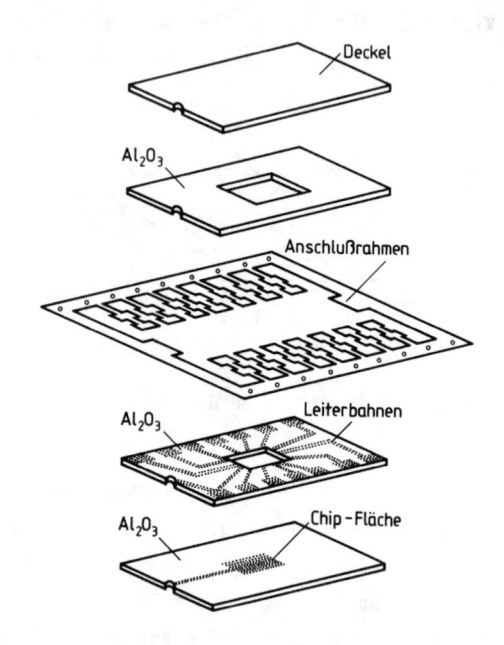

Abb. 1.12 Teiledarstellung des "Dual-in-line"-Gehäuses in Keramikbauweise.

Qualitätskontrolle und Anwendungen. Um die außerordentlichen Vorteile integrierter Schaltungen, wie hohe Zuverlässigkeit, Miniaturisierbarkeit und Realisierbarkeit neuer Funktionen, voll zum Tragen zu bringen, sind strenge Qualitätskontrollen an allen Stellen des langen Herstellungsprozesses erforderlich. Die dabei vorherrschenden Gesichtspunkte sind einmal extreme Reinheit der Ausgangsstoffe und Prozeßschritte sowie eine hohe Reproduzierbarkeit. Nur dann kann sichergestellt werden, daß die integrierte Schaltung als Endprodukt garantierte Parameter einhält und eine hohe Lebensdauer hat. Zum wirtschaftlichen Erfolg ist weiterhin erforderlich, daß die Produktionsprozesse mit großer Ausbeute ablaufen können.

Alle diese Anforderungen werden in hohem Maß erfüllt, so daß integrierte Schaltungen breite Anwendungen gefunden haben. Sie reichen von der speziellen Schaltung, die in großen Stückzahlen gefertigt wird, bis zu den allgemeinen Schaltungen, die von den Herstellern katalogmäßig bezogen werden können. Aus der letzten Gruppe nennen wir als Beispiele Operationsverstärker, Analog-Digital- und Digital-Analog-Wandler, Schaltungen für Telefonvermittlung und Endgeräte, für elektronische Uhren, für Rundfunk- und Fernsehgeräte sowie Kraftfahrzeug-Elektronik und Mikrocomputer-Bausteine.

2. Schaltungsintegration

Die monolithische Integration in planaren Halbleitern, deren Grundzüge wir in dem vorherigen Kapitel skizziert haben, stellt besondere Anforderungen an die Schaltungen, die mit ihr realisiert werden sollen. Daher haben sich eine Reihe von Konzepten elektronischer Schaltungen durchgesetzt, die die Möglichkeiten der planaren Integration in besonderer Weise ausnutzen. Dies macht ihren wirtschaftlichen Erfolg aus. Zu diesen Schaltungen gehören auf der analogen Seite die Operationsverstärker, unter Verwendung von bipolaren oder auch Feldeffekt-Transistoren, sowie auf der digitalen Seite Gatter in TTL-(transistor-transistor logic), ECL- (emitter-coupled logic) oder CMOS-Technik (complementary MOS). In letzter Zeit ist die Halbleitertechnologie so weit gereift, daß darüber hinaus sowohl bipolare und MOS-Transistoren als auch digitale und analoge Schaltungen nebeneinander in einem Chip integriert werden können.

2.1 Operationsverstärker

Operationsverstärker (operational amplifier, op amp) sind im wesentlichen hochwertige Verstärker, deren Daten von den Streuungen der Schaltungskomponenten weitgehend unabhängig sind, d. h. sie müssen nach S. 278, eine erhebliche Verstärkung bieten, damit eine hinreichende Rückkopplung möglich ist. Dies erfordert gleichzeitig eine Gleichspan-

Integrierte Schaltungen

nungskopplung zwischen den Verstärkerstufen. Das Ruhepotential an Ein- und Ausgang von Operationsverstärkern verschwindet. Ihre Eingangsimpedanz ist sehr groß, ihr Ausgangswiderstand sehr klein. Sie haben eine geringe Temperaturdrift und hohe Langzeitstabilität.

Ein Schaltungsbeispiel. Abb. 2.1 zeigt eine Schaltung, wie sie sich in

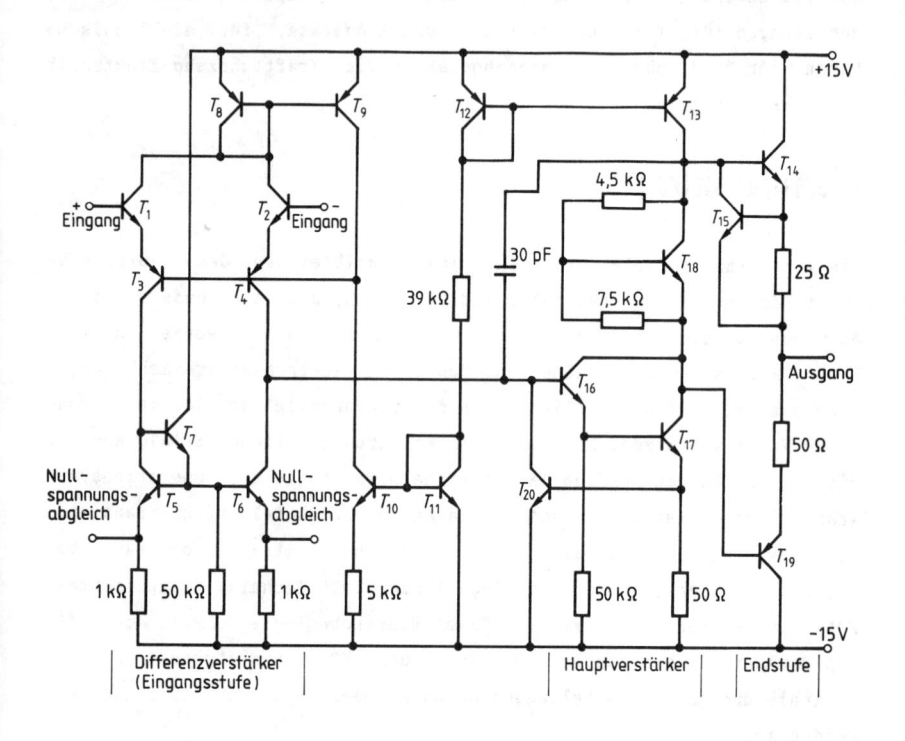

__Abb. 2.1__ Schaltungsauslegung für einen typischen bipolaren Operationsverstärker (Komponentendaten für Typ 741).

monolithischer Integration mit geringen Modifikationen bei einer Reihe von Operationsverstärkern wiederfindet. Wenn wir Daten von Komponenten angeben, dann beziehen sie sich auf den Typ 741. Wegen ihres hohen Platzbedarfs auf dem Chip enthält die Schaltung nur wenig Widerstände und nur einen Kondensator. Die Kapazität von 30 pF verbraucht rund 10 % der gesamten Chipfläche, gerechnet mit den Kontaktflächen der

Operationsverstärker

Schaltung, der größtflächige Widerstand von 39 kΩ rund 5 %, der größtflächige Transistor T_{19} dagegen nur 4 %, der als *pnp*-Transistor vom Substrattyp ausgelegt ist. Die beiden Eingangszweige, nichtinvertierender "Eingang +" und invertierender "Eingang −", sind parallel zueinander aufgebaut und liegen nebeneinander im Chip. Dadurch erfahren sie bei der hohen thermischen Leitfähigkeit des Siliziums praktisch dieselbe Temperaturdrift. Die Herstellungstoleranzen sind relativ zueinander sehr eng, obwohl sie absolut von Herstellungslos zu Herstellungslos sehr beträchtlich sein können. Die beiden Eingänge sind daher sehr symmetrisch zueinander.

Die Transistoren T_1 und T_3 einerseits sowie T_2 und T_4 andererseits bilden die beiden Züge eines Differenzverstärkers (differential amplifier), von dem wir aus Symmetriegründen vorerst nur eine Seite besprechen müssen. T_2 stellt einen Emitterfolger dar (vgl. S. 227ff), der wegen seines hohen Eingangswiderstands die Signalquelle wenig belastet. Der Emitter von T_2 wirkt als Ausgang auf T_4, der in Basisschaltung betrieben wird und T_6 als Lastwiderstand hat. T_4 sorgt für eine hohe Spannungsverstärkung. Denn da der Kollektorstrom von T_6 nur wenig von der Kollektor-Emitter-Spannung abhängt (vgl. Abb. 2.7, S. 116, im aktiven Bereich), ist T_6 hochohmig. Dieselbe Diskussion gilt ähnlich für den anderen Zweig des Differenzverstärkers, wenn wir nur T_1, T_3 und T_5 einsetzen. Wir können Unsymmetrien ausgleichen, wenn wir die nach außen geführten Nullspannungsabgleich-Anschlüsse mit einem Potentiometer gegen −15 V belegen. Der Eingang an der Basis von T_2 ist invertierend, weil das Ausgangssignal des Differenzverstärkers am Kollektor von T_4 abgenommen, im Hauptverstärker T_{16} und T_{17} phasenumkehrend verstärkt und von der als Emitterfolger auffaßbaren Endstufe auf den Verbraucher gegeben wird. Wir haben also insgesamt eine Phasendrehung um eine halbe Periode (vgl. Tab. 1.1, S. 230).

Der Transistor T_8 mit kurzgeschlossener Kollektordiode ist eine besonders einfache Realisierung einer Diode mit Mitteln der planaren Integrationstechnik. Sie erdet wechselstrommäßig die Kollektoren von T_1 und T_2, sorgt andererseits aber auch im Verein mit T_9 für eine Stabilisierung des Arbeitspunktes von T_3 und T_4 gegen Temperaturschwankungen. Die Kollektorpotentiale von T_5 und T_6 werden bis auf die Spannungsabfälle an den beiden Emitterdioden von T_7 und T_6 bzw. von T_{16} und T_{17} an -15 V herangeführt. Die Transistoren T_3 und T_4 sind in lateraler *pnp*-Bauweise realisiert, weil sie dadurch eine höhere Durchbruchsfestigkeit erhalten als *npn*-Transistoren in konventioneller Form. Dies kommt letztlich dem hohen Dynamikbereich des Operationsverstärkers zugute, der eingangs- und ausgangsseitig bei rund ± 13 V liegt.

Differenzverstärker und Zweiteilungssatz. Der Differenzverstärker in der Eingangsstufe von Abb. 2.1, dessen wesentliche Eigenschaften wir in groben Zügen diskutiert haben, ist für eine quantitative Analyse zu aufwendig. Wir beschränken uns daher im folgenden auf die Grundbausteine eines Differenzverstärkers, sehen also z. B. von der aktiven Last T_6 als Kollektorwiderstand und vom Emitterfolger T_2 am Eingang ab. Gehen wir weiterhin zur Emitterschaltung über, dann kommen wir zu einem Differenzverstärker, wie er tatsächlich in frühen Ausführungsformen von Operationsverstärkern genutzt wurde (Abb.2.2). Um zu einer wechsel-

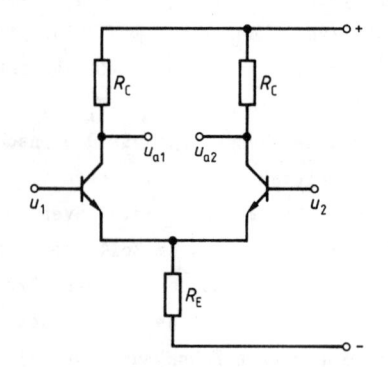

Abb. 2.2 Prinzipschaltbild eines Differenzverstärkers.

strommäßigen Kleinsignalbehandlung überzugehen, wählen wir das Ersatzschaltbild nach Abb. 2.9, S. 119, lassen aber r_c als sehr groß und den Basisbahnwiderstand r_b als hinreichend klein weg. Es bleibt der Widerstand r_{be} der Basis-Emitter-Diode, den wir nach (1.73), S. 63, berechnen können. Damit wird aus dem Differenzverstärker das Ersatzschaltbild

Abb. 2.3 Ersatzschaltbild eines emittergekoppelten Differenzverstärkers, wahlweise mit Emitterwiderstand R_E oder mit einer Parallelschaltung zweier Widerstände $2R_E$ (gestrichelt).

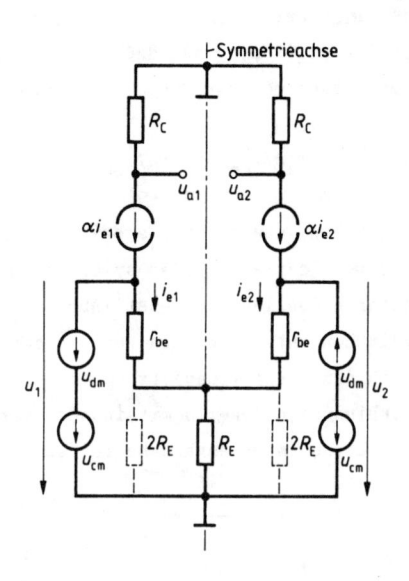

nach Abb. 2.3. Wir wollen den Differenzverstärker im Hinblick auf sein symmetrisches und sein antisymmetrisches Verhalten untersuchen. Daher ist es zweckmäßig, die Eingangssignale u_1 und u_2 in einen Gleichtaktanteil u_{cm} (common mode) und einen Gegentaktanteil u_{dm} (differential mode) zu unterteilen. Für eine gegebene Frequenz der äußeren Signale können wir daher immer die Zerlegung:

$$u_1 = u_{cm} + u_{dm} \quad \text{und:} \quad u_2 = u_{cm} - u_{dm} \tag{2.1}$$

oder: $u_{cm} = (u_1 + u_2)/2$ und: $u_{dm} = (u_1 - u_2)/2$

vornehmen (Abb. 2.3).

Wir betrachten zunächst die Gegentaktanregung, d. h. $u_{cm} = 0$. Da am Emitteranschlußpunkt von R_E nun derselbe Wechselstrom hinein- wie herausfließt, hat R_E keinen Einfluß auf die Schaltung. Der Emitteranschlußpunkt liegt wechselstrommäßig auf Erde. Zur weiteren Analyse können wir uns auf eine Seite der Schaltung konzentrieren, z. B. auf

Integrierte Schaltungen

die links von der Symmetrieachse in Abb. 2.3. Die Eingangsspannung $u = u_{dm}$ treibt einen Strom $-u_{dm}/r_{be}$ durch r_{be}. Damit liegt die Stromquelle αi_{e1} fest, so daß wir u_{a1} als Spannungsabfall über R_C kennen. Damit bekommen wir als Gegentaktverstärkung (differential-mode gain):

$$v_{dm} = u_{a1}/u_{dm} = -\alpha R_C/r_{be}. \tag{2.2}$$

Wir haben damit ein spezielles Beispiel für den Zweiteilungssatz gegeben, der auf jedes symmetrische Netzwerk anwendbar ist, das nur externe Quellen aufweist (Abb. 2.4a). Beliebige Verbindungen können zwischen entsprechenden Punkten der beiden Schaltungshälften bestehen. Nach dem Zweiteilungssatz können wir die beiden Hälften trennen und die Verbindungen jeweils miteinander verknüpfen (Abb. 2.4b), wenn wir die Schaltung im Gegentakt betreiben, also mit $u_1 = -u_2$.

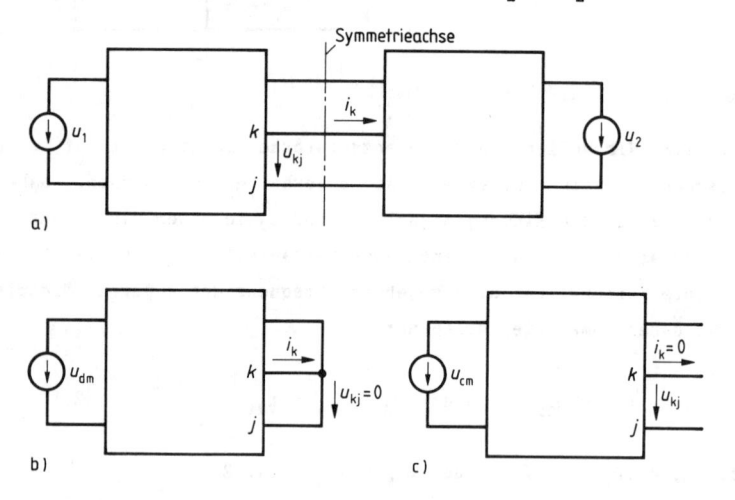

Abb. 2.4 Zweiteilungssatz.
a) Symmetrische Netzwerke mit externen Quellen;
b) Teilung bei Gegentaktansteuerung;
c) Teilung bei Gleichtaktansteuerung.

Zum Nachweis nutzen wir das Überlagerungsprinzip nach S. 237, indem wir zunächst $u_1 = u_{dm}$ anlegen, aber $u_2 = 0$. In der k-ten Verbindungslinie fließt der Strom i_k, und sie hat die Spannung u_{kj} gegenüber der j-ten Verbindung (Abb. 2.4a). Setzen wir demgegenüber $u_2 = -u_{dm}$ und $u_1 = 0$, dann muß aus Symmetriegründen wiederum der Strom i_k fließen, aber u_{kj}

Operationsverstärker

hat sich umgedreht. Wenn wir die beiden Fälle überlagern, kommen wir zu Abb. 2.4b.

Demgegenüber ist die Gleichtaktanregung durch $u_1 = u_2 = u_{cm}$ charakterisiert. Nun liefert das Überlagerungsprinzip verschwindende Ströme i_k, wenn wir die beiden Teile von Abb. 2.4a um die Symmetrieachse aufeinanderklappen. Die Spannungen bleiben erhalten. Daher ist nun eine Teilung nach Abb. 2.4c möglich, um die Schalungsanalyse zu vereinfachen.

Zur Illustration dieser Hälfte des Teilungssatzes kehren wir zu Abb. 2.3 zurück, wählen aber nun die Aufspaltung in die beiden parallelgeschalteten Emitterwiderstände $2R_E$ (gestrichelt eingezeichnet). Da $u_{dm} = 0$ und $u_1 = u_2 = u_{cm}$ sind, fließen nach dem Teilungssatz keine Ströme in den Verbindungen zwischen den beiden Hälften des Differenzverstärkers. Wir betrachten nur eine Hälfte und können:

$$-i_{e1} = u_{cm}/(2R_E + r_{be})$$

schreiben. Daher folgt als Gleichtaktverstärkung (common-mode gain):

$$v_{cm} = u_{a1}/u_{cm} = -\alpha R_C/(2R_E + r_{be}). \qquad (2.3)$$

Da eine wesentliche Aufgabe von Differenzverstärkern die gezielte Verstärkung eines Differenzsignals ist, dem ein hohes Gleichtaktsignal überlagert sein kann, ist ein wichtiges Gütekriterium die Gleichtaktunterdrückung (discrimination ratio, common-mode rejection ratio CMRR). Sie ist definiert als:

$$D = v_{dm}/v_{cm} = 1 + 2R_E/r_{be}, \qquad (2.4)$$

wenn wir (2.2) und (2.3) verknüpfen. Nehmen wir (1.73), S. 63 hinzu, dann sollten sowohl R_E als auch der Emitterstrom möglichst groß gewählt werden.

Jeder Differenzverstärker weist eine gewisse Unsymmetrie auf. Dies

Integrierte Schaltungen

führt beim Operationsverstärker (vgl. Abb. 2.1) zu einem endlichen Ausgangssignal u_a, auch wenn keine Differenzspannung u_{dm} an den Eingängen anliegt (durchgezogene Kurve in Abb. 2.5). Man nennt die Eingangsspannungsdifferenz, bei der u_a auf Null gebracht ist, die Eingangsnullspannung (input-offset voltage). Sie liegt typischerweise bei einigen mV. Dies und das Einsetzen der Übersteuerung bei rund + 14 V geben einen Eindruck von den Dimensionen in Abb. 2.5.

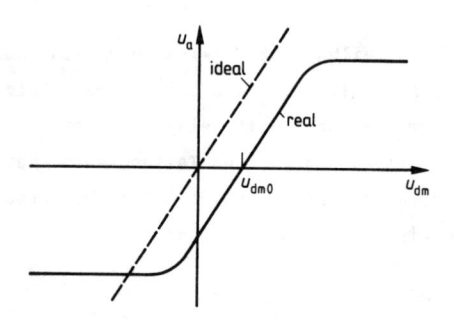

Abb. 2.5 Ausgangsspannung eines Operationsverstärkers in Abhängigkeit von der Eingangsspannungsdifferenz. u_{dm0}: Eingangsnullspannung.

Hauptverstärker und Endstufe. Operationsverstärker sind meist dreistufig aufgebaut. Abb.2.1 gibt ein Beispiel, wobei der Differenzverstärker als Eingangsstufe dient. Das Signal wird am Kollektor von T_4 unsymmetrisch abgenommen und auf den Hauptverstärker mit der Darlington-Stufe T_{16} und T_{17} gegeben. Die Endstufe mit den im Gegentakt arbeitenden Transistoren T_{14} und T_{19} liefert schließlich die notwendige Leistung an den Verbraucher.

Eine Darlington-Stufe wirkt wie ein einziger Transistor mit - gegenüber seinen Teiltransistoren T_1 und T_2 - erheblich heraufgesetzter Verstärkung in Emitterschaltung (Abb. 2.6). Um dies zu zeigen, beschränken wir uns nur auf die Wechselströme, die im Arbeitspunkt fließen. Wir wissen, daß nach Abb. 2.1c, S. 103., für die Transistorströme:

$$I_e + I_b + I_c = 0$$

und nach (2.18), S. 112, darüber hinaus $\beta = I_c/I_b$ gelten muß.

Bezeichnen wir mit den Indizes 1 und 2 die Größen des Transistors T_1 bzw. T_2 in Abb. 2.6, so folgt:

$$i_2 = I_{c1} + I_{c2} = \beta_1 i_1 - \beta_2 I_{e1} = \beta_1 i_1 + \beta_2 (I_{b1} + I_{c1})$$
$$= \beta_1 i_1 + \beta_2 i_1 (1 + \beta_1),$$

d. h. die Stromverstärkung der Darlington-Stufe:

$$\beta = i_2/i_1 = \beta_1 + \beta_2 (\beta_1 + 1) \approx \beta_1 \beta_2$$

Abb. 2.6 Darlington-Schaltung

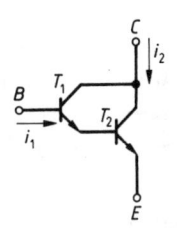

kann in der Tat sehr groß werden, wenn nur die Verstärkungsfaktoren β_1 und β_2 der Einzeltransistoren groß sind.

Der Kollektor der Darlington-Stufe T_{16} und T_{17} koppelt das verstärkte Signal einerseits an die Basis des pnp-Transistors T_{19} und andererseits - über den Transistor T_{18} - an die Basis von T_{14}, die beide als Emitterfolger auf den Verbraucher am Ausgang arbeiten. T_{14} und T_{19} sind im Ruhezustand gesperrrt. Wird allerdings das Signal positiv, dann leitet die Emitterdiode von T_{14} und schaltet den Transistor ein, während der komplementäre pnp-Transistor T_{19} gesperrt bleibt. In der negativen Halbperiode leitet T_{19}, während T_{14} gesperrt bleibt. Man bezeichnet dies als den Gegentakt-B-Betrieb. Demgegenüber ist der Transistor in einem einfachen Emitterfolger stets leitend (Abb. 1.4, S. 227) und verstärkt in der gesamten Schwingungsperiode. Dies ist der A-Betrieb.

Der einfache B-Betrieb würde zu Verzerrungen im Ausgangssignal führen, weil bei kleinen Spannungen weder T_{14} noch T_{19} eingeschaltet werden. Daher werden die Emitterdioden dieser beiden Transistoren bis nahe an die Knickspannung vorgepolt, so daß schon bei geringen zusätzlichen Spannungen Stromfluß einsetzt (vgl. Abb. 1.19, S. 45). Dazu dient T_{18}

Integrierte Schaltungen

mit den zugehörigen Widerständen. An T_{18} fallen 1,2 V ab, so daß für T_{14} und T_{19} je 0,6 V zur Verfügung stehen. T_{13} liefert den Strom für T_{18}, damit dieser einen kleinen differentiellen Widerstand bietet. Da T_{14} und T_{19} nun schwach vorgepolt sind, spricht man vom AB-Betrieb.

Die Endstufe selbst ist gegen Kurzschluß geschützt. Denn fließt ein zu hoher Strom in der für T_{14} leitenden Halbperiode, dann reicht der Spannungsabfall an dem 25 Ω-Widerstand in der Emitterleitung von T_{14}, um T_{15} einzuschalten. T_{15} zieht daraufhin den Basisstrom von T_{14} ab und sperrt ihn. Wird andrerseits der Strom durch T_{19} zu groß, dann schaltet der hohe Emitterstrom von T_{17} im Verein mit dem 50 Ω-Widerstand den Tansistor T_{20} ein. T_{20} leitet dann Strom von der Darlington-Stufe ab.

Jede der drei Stufen des Operationsverstärkers (vgl. Abb. 2.1) führt im allgemeinen zu einer Polstelle, von denen aber meist nur zwei wirksam werden. Wir erwarten daher einen Verstärkungsverlauf vom Typ:

$$v_u \sim \frac{1}{(s-p_1)(s-p_2)}$$

(vgl. z. B. (1.48), S. 274). Dies ist mit der ausgezogenen Kurve in Abb. 2.7 dargestellt. Wir erwarten daher eine Phasendrehung von 180°,

Abb. 2.7 Bode-Diagramm mit Polen eines Operationsverstärkers.

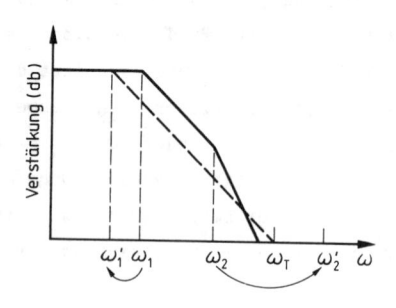

schon bevor die Verstärkung ohne Rückkopplung auf Eins abgefallen ist, d. h. der Verstärker ist instabil. Daher ist die Kapazität von 30 pF mitintegriert. Auf Grund des Miller-Effekts (vgl. S. 253), multipliziert mit der Verstärkung der Darlington-Stufe, verschieben sich die

Operationsverstärker

Pole ω_1 und ω_2 nach ω_1' bzw. ω_2'. Nun ist die Verstärkung Eins bei der Transitfrequenz ω_T bereits erreicht, ehe die volle Phasenverschiebung von $180°$ bei ω_2' wirksam werden kann. Die Kehrseite ist allerdings, daß die untere Eckfrequenz ω_1' bei nicht rückgekoppeltem Betrieb zu sehr niedrigen Frequenzen heruntergeschoben ist, ein Nachteil, der bei der hohen Verstärkung des Operationsverstärkers nicht sehr schwer wiegt.

Zwei Sätze zu Operationsverstärkern. Tab. 2.1 zeigt typische Daten von Operationsverstärkern, die ähnlich wie in Abb. 2.1 aufgebaut sind. Bei der Vielzahl von kommerziell erhältlichen Typen sind Abweichungen von den angegebenen Werten durchaus gegeben. So kann man z. B. für Operationsverstärker, die mit MOSFETs aufgebaut sind, sagen, daß sie einen höheren Eingangswiderstand und eine leistungslose Ansteuerung bieten, daß sie aber wegen der geringeren Steilheit der MOSFETs eine niedrigere Verstärkung und meist auch höheres Rauschen aufweisen.

Tab. 2.1 Typische Werte für Operationsverstärker

Eingangswiderstand	2 MΩ
Eingangskapazität	1,4 pF
Ausgangswiderstand	75 Ω
Aussteuerbarkeit (bei $R_L > 10$ kΩ)	±14 V
Spannungsverstärkung	100 db
Gleichtaktunterdrückung	90 db
Eingangsnullspannung (höchstens)	±5 mV
Anstiegsgeschwindigkeit	0,5 V/µs

Als Anstiegsgeschwindigkeit (slew rate) bezeichnet man die Änderung der Ausgangsspannung des Operationsverstärkers, die sich bei einem sprungförmigen Eingangsimpuls ergibt.

Die enorm hohen Werte für Verstärkung und Eingangswiderstand machen den Operationsverstärker zu einer außerordentlich vielseitigen Schaltung, für die ein besonderes Symbol eingeführt ist. Es ist in Abb. 2.8, zusammen mit den äußeren Widerständen R_1 und R_2, wiedergegeben.

Das Minuszeichen symbolisiert den invertierenden Eingang, das Pluszeichen den nichtinvertierenden Eingang beim Differenzverstärker (vgl. Abb. 2.1). Dieser letzte soll geerdet sein. Aus Abb. 2.8 lesen wir für

Integrierte Schaltungen

die Ausgangsspannung:

$$u_2 = - v_u u_e$$
ab, oder: $u_e = - u_2/v_u.$ (2.5)

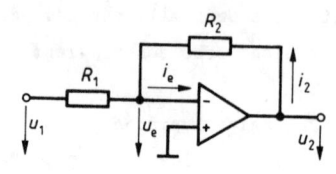

Abb. 2.8 Operationsverstärker mit äußerer Beschaltung R_1 und R_2.

Setzen wir typische Werte aus Tab. 2.1 ein, z. B. rund 10 V für u_2 und 100 db = 10^5 für die Spannungsverstärkung v_u des Operationsverstärkers, so wird u_e außerordentlich klein. Wir können die erste wichtige Aussage formulieren: Die Spannung am Eingang des Operationsverstärkers kann praktisch zu Null angenommen werden. Man bezeichnet daher auch den nichtgeerdeten Eingang des Operationsverstärkers als virtuellen Nullpunkt.

Der Eingangsstrom i_e errechnet sich aus:

$$i_e = u_e/R_e,$$

wobei R_e der Eingangswiderstand des Operationsverstärkers ist. Setzen wir (2.5) und R_e von Tab. 2.1 ein, so kommen wir zur zweiten wesentlichen Aussage: Der Eingangsstrom in den Operationsverstärker verschwindet praktisch.

Diese beiden Sätze bilden die Grundlage zur Analyse von Schaltungen mit Operationsverstärkern.

Schaltungen mit Operationsverstärkern. Operationsverstärker haben ihren Ursprung von analogen Rechenanlagen genommen, in denen sie bestimmte Rechenoperationen durchgeführt haben. Heute gibt es eine Vielzahl von Schaltungen, von denen wir wenige Beispiele anführen. Wir beginnen mit

Abb. 2.8 und lesen unter Nutzung der beiden erwähnten Sätze:

$$i_e = u_1/R_1 + i_2 = u_1/R_1 + u_2/R_2 = 0$$

ab. Wir können dies als:

$$u_2 = - (R_2/R_1) u_1$$

schreiben. Wir können also die Verstärkung durch Wahl der äußeren Beschaltung einstellen.

Die Schaltung in Abb. 2.9 kann eine gewichtete Addition ausführen. Denn es gilt:

$$u_a = - (R/R_1) u_1 - (R/R_2) u_2.$$

Abb. 2.9 Gewichtete Addition.

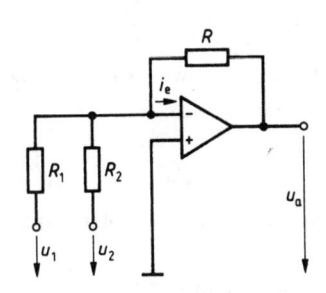

Eine Verallgemeinerung dieses Prinzips zeigt Abb. 2.10. Der Widerstand R_0 dient zur eindeutigen Erdung unter jeden Betriebsbedingungen. Zunächst gilt für den invertierenden Eingang:

$$(u_a - u_-)/R + (u_1 - u_-)/R_1 + (u_2 - u_-)/R_2 = 0$$

oder: $\dfrac{u_a}{R} = - \dfrac{u_1}{R_1} - \dfrac{u_2}{R_2} + u_- \left(\dfrac{1}{R} + \dfrac{1}{R_1} + \dfrac{1}{R_2}\right) = - \dfrac{u_1}{R_1} - \dfrac{u_2}{R_2} + \dfrac{u_-}{R_-},$ \hfill (2.6)

wobei wir unter R_- die Parallelschaltung von R, R_1 und R_2 verstehen. In ähnlicher Weise schreiben wir für den nichtinvertierenden Eingang:

$$u_+/R_0 - (u_3 - u_+)/R_3 - (u_4 - u_+)/R_4 = 0$$

Integrierte Schaltungen

oder: $u_+(\frac{1}{R_0} + \frac{1}{R_3} + \frac{1}{R_4}) = u_+/R_+ = u_3/R_3 + u_4/R_4.$ (2.7)

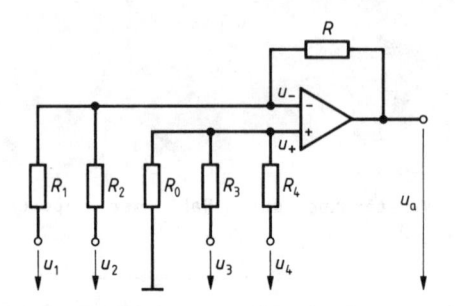

Abb. 2.10 Addierender Verstärker.

Da der Eingang des Operationsverstärkers virtuell kurzgeschlossen ist, also $u_+ = u_-$, folgt aus (2.6) und (2.7):

$$u_a = R[-\frac{u_1}{R_1} - \frac{u_2}{R_2} + \frac{R_+}{R_-}(\frac{u_3}{R_3} + \frac{u_4}{R_4})].$$

Eine Gewichtung der einzelnen Eingänge läßt sich durch Wahl der zugehörigen Widerstände erreichen.

Als letztes Bespiel beschreiben wir die Integration an Hand von Abb. 2.11. Zur Rückkopplung dient die Kapazität C, die sich über den Strom:

$$i_C = dQ/dt = C du_a/dt$$

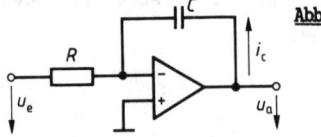

Abb. 2.11 Integration.

auflädt. Der Eingangsstrom des Operationsverstärkers verschwindet:

$$u_e/R + i_C = u_e/R + C du_a/dt = 0.$$

Damit erhalten wir:

$$u_a = -\frac{1}{RC}\int u_e dt + u_{eo},$$

wobei die Integrationskonstante u_{eo} von den Anfangsbedingungen abhängt. Über RC können wir die Zeitkonstante der Integration einstellen.

2.2 Familien digitaler Schaltungen

Wir hatten in Kap. II.2 dargelegt, daß zur Realisierung jeder logischen Schaltung NAND- oder NOR-Gatter ausreichen. In unserem Zusammenhang genügt es daher, wenn wir die Darstellung einer dieser Baugruppen mit Transistoren beschreiben. Daß die Transistoren mit den planaren Integrationstechniken von Kap. III.1 hergestellt werden, ist heute eine technische und vor allem wirtschaftliche Notwendigkeit. In der kurzen Geschichte der Halbleitertechnik hat es eine Fülle sehr unterschiedlicher Ansätze gegeben, Gatter im skizzierten Sinn zu bauen. Unter ihnen beherrschen einige wenige, die alle Silizium als Grundmaterial nutzen, die verschiedenen Anwendungen. Dementsprechend sind sie auch in einem breiten Spektrum von integrierten Schaltungen von zahlreichen Herstellern erhältlich.

Die dominanten Schaltkreisfamilien, die bipolare Transistoren nutzen, sind die TTL- und die ECL-Schaltungen. Auf der unipolaren Seite sind es überwiegend solche, die n-Kanal-FETs verwenden (vgl. S. 167), und vor allem CMOS-Schaltungen. Wir begnügen uns mit der Diskussion der TTL-, ECL- und CMOS-Schaltungen, weil aus CMOS die Prinzipien anderer MOS-Schaltungen leicht ableitbar sind.

TTL-Gatter. Die TTL-Schaltungen (transistor-transistor logic) haben sich aus einer Reihe von Vorläufern entwickelt. Abb. 2.12 zeigt ein NAND-Gatter in üblicher Ausführungsform, wobei die Werte der einzelnen Komponenten von den gewünschten Spezifikationen abhängen und Schaltungsvarianten möglich sind. Ein NAND-Gatter ist immer im Schaltungszusammenhang zu sehen, d. h. sein Ausgang arbeitet auf ein oder mehrere

Integrierte Schaltungen

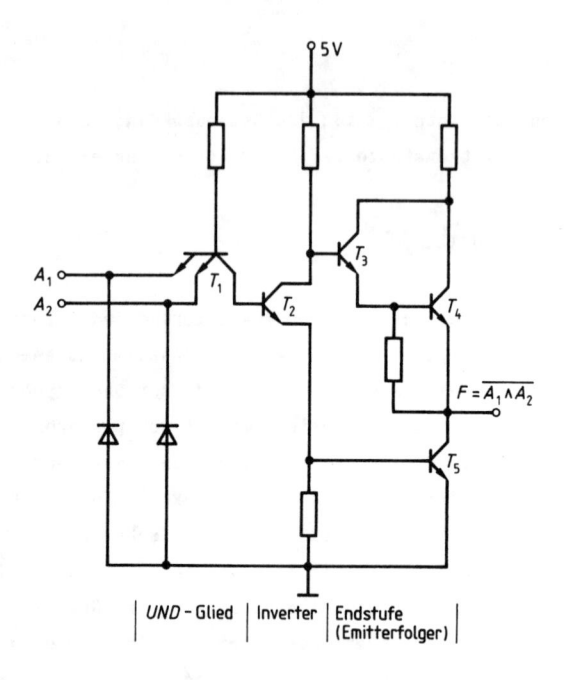

Abb. 2.12 Schaltungsbeispiel für ein NAND-Gatter in TTL-Technik.

nachfolgende NAND-Gatter, ebenso wie seine Eingänge von NAND-Gattern angesteuert werden. Wesentlich für seine Funktion ist der Multiemitter-Transistor am Eingang, der nur mit planaren Integrationstechniken realisierbar ist (vgl. Abb. 2.1a, S. 103). Nach Abb. 2.13 kann er als die Parallelschaltung von Transistoren aufgefaßt werden, die an Basis und Kollektor miteinander verbunden sind.

Wir gehen zu Abb. 2.12 zurück. Wenn nur einer - oder auch alle - der Emitter am Eingang auf niedrigem Potential liegen, also auf der logischen Null, dann leiten die zugehörigen Einzeltransistoren und damit der Gesamttransistor T_1. T_1 ist in der Sättigung, so daß sein Kollektorpotential - bis auf die Kollektor-Emitter-Sättigungsspannung von rund

Abb. 2.13 Prinzip eines Multiemitter-Transistors.

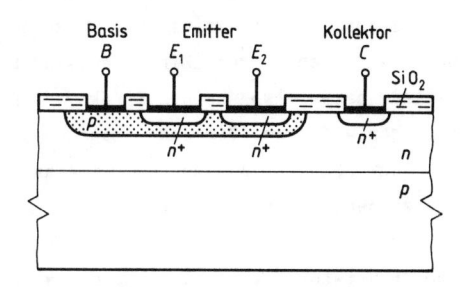

0,2 V - auf Null liegt. Dieser Zustand ändert sich nicht, solange auch nur ein einziger Eingang mit Null angesteuert wird. Sind demgegenüber sämtliche Eingänge auf hohem Potential, dann ist der Kollektor von T_1 wegen seiner Verbindung über T_2 zur Erde gegenüber der Basis negativ vorgespannt, d. h. die Kollektordiode von T_1 leitet, während die Emitterdiode gesperrt ist. T_1 wird invers betrieben und hat nur einen geringen Spannungsabfall; in anderen Worten: auch der Kollektor von T_1 liegt auf der logischen Eins. Vergleichen wir dies mit Abb. 2.2, S. 309, dann sehen wir, daß T_1 die UND-Funktion ausführt.

T_2 stellt einen Inverter dar. Denn zeigt der Kollektor von T_1 eine logische Null mit rund 0,4 V (0,2 V als Eingangspotential und rund 0,2 V als Kollektor-Emitter-Sättigung von T_1), dann ist T_2 gesperrt, da zum Einschalten mindestens die Emitterknickspannungen von T_2 und T_5 bereitgestellt werden müssen. Folglich liegt das Kollektorpotenial von T_2 auf hohem Potential. Liegt demgegenüber an der Basis von T_2 die logische Eins, dann wird T_2 eingeschaltet. Daher liegt der Kollektor von T_2 bis auf die Sättigungsspannung auf der logischen Null. Insgesamt verwirklichen T_1 und T_2 die NAND-Funktion (vgl. Abb. 2.5, S. 313). Dies ändert sich auch nicht durch die Endstufe; denn die Darlington-Kombination T_3 und T_4 (vgl. Abb. 2.6, S. 369) wirkt als Emitterfolger und gibt das Kollektorpotential von T_2 direkt an den Ausgang F weiter.

Durch T_5 wird das Schaltverhalten des Gatters verbessert (Abb. 2.12).

Integrierte Schaltungen

Denn wenn T_2 vom gesperrten Zustand zur Leitung übergeht, wird auch T_5 leitend. Daher kann die Lastkapazität am Ausgang F schneller umgeladen werden, weil der leitende Transistor T_5 zusätzliche Ströme bereitstellen kann. Die Dioden an den Eingängen sind bei normalen Spannungen im Sperrzustand, haben also keinen Effekt. Außer daß sie negative Eingangsspannungen auf eine Diodenknickspannung begrenzen, haben sie die Funktion, Schwingungen zu dämpfen, die an unerwünschten LC-Kombinationen entstehen können.

Sämtliche Transistoren außer T_4 gelangen während des normalen Betriebs zeitweilig in die Sättigung. Beim Abschalten eines Transistors kommt es daher zu erheblichen Verzögerungen, weil die Überschußladungen aus der Basis entfernt werden müssen. Im Gegensatz dazu sind Schottky-Dioden sehr viel schneller (S. 84). Man nutzt sie, indem man sie der Kollektordiode aller Transistoren mit Ausnahme von T_4 parallel schaltet. Weil die Einsatzspannung der Schottky-Diode auf Silizium bei etwa 0,4 V liegt, übernimmt sie im Sättigungsbetrieb den Strom von der Kollektordiode mit ihrer Knickspannung von rund 0,7 V. Abb. 2.14a zeigt eine

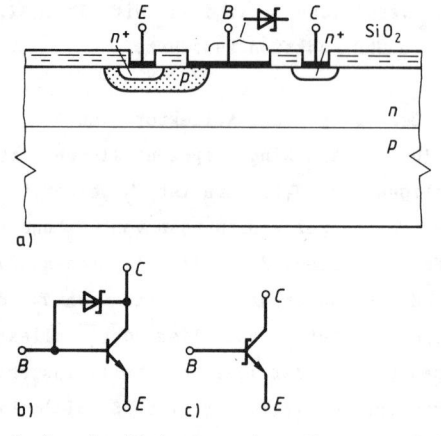

Abb. 2.14 Transistor mit Schottky-Diode.
a) Realisierung in planarer Integration;
b) Ersatzschaltbild;
c) Symbol für Schottky-Transistor.

einfache Realisierung in planarer Integrationstechnik. Die Basismetallisierung macht zum hochdotierten Basisbereich Ohmschen Kontakt (vgl. S. 84), während sie zum Kollektorgebiet der niedrigdotierten n-Schicht einen Schottky-Kontakt bildet. Die zugehörige Ersatzschaltung ist in Abb. 2.14b wiedergegeben. In diesem Zusammenhang spricht man

Familien digitaler Schaltungen

auch von einem Schottky-Transistor und von Schottky-TTL.

ECL-Gatter. Die Nachteile der TTL-Technik können überwunden werden, wenn die Transistoren nicht in den Sättigungsbereich getrieben werden. Dies geschieht bei den ECL-Gattern (emitter-coupled logic), allerdings auf Kosten einer größeren Schaltungskomplexität und eines höheren Leistungsverbrauchs. Zur Erläuterung des Prinzips zeigt Abb. 2.15 ein ECL-Gatter mit zwei Eingängen. Alle Transistoren werden stets im linearen Bereich betrieben. Dadurch wird die Ladungsspeicherung in der Basis und im neutralen Bereich des Kollektors, die bei Sättigung immer auftritt, vermieden.

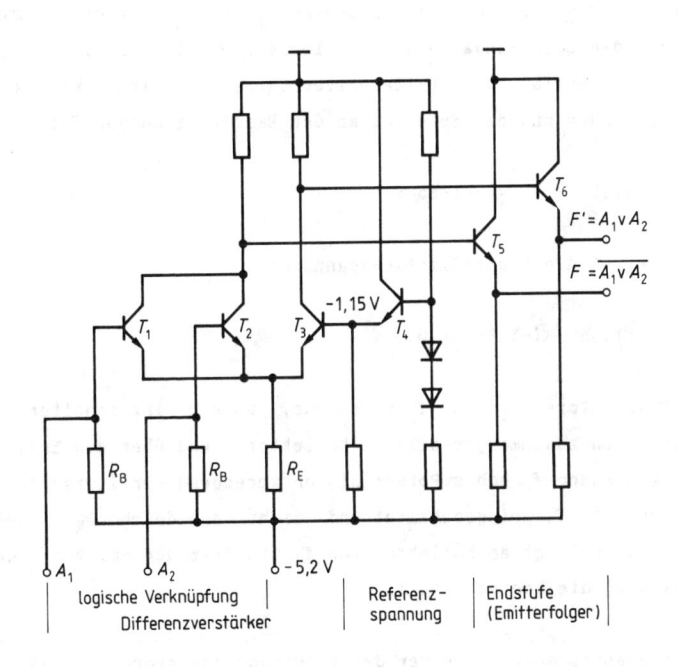

Abb. 2.15 OR/NOR-Gatter in ECL-Technik mit zwei Eingängen.

Wesentlich für das ECL-Gatter ist der emittergekoppelte Differenzverstärker am Eingang (vgl. Abb. 2.2, S. 364), von dem ein Zweig durch

Integrierte Schaltungen

eine feste Referenzspannung von typischerweise 1,15 V festgelegt ist (Abb. 2.15). Dies geschieht durch den Transistor T_4, der zusammen mit dem umgebenden Netzwerk die erforderliche Spannung an die Basis von T_3 liefert. Damit Temperaturschwankungen möglichst wenig Einfluß haben, liegen an der Basis von T_4 zwei Dioden, die im Zusammenhang mit den parallel liegenden Emitterdioden von T_3 und T_4 zu sehen sind. Selbst wenn jede einzelne Diodenspannung mit rund 2 mV/°C bei Temperatursteigerungen abfällt (vgl. S. 60f.), bleibt doch die Referenzspannung im wesentlichen stabil.

Die logische Verknüpfung geschieht im anderen Zweig des Differenzverstärkers mit den parallelen Transistoren T_1 und T_2. Wir gehen zunächst davon aus, daß alle Eingänge auf der logischen Null von -1,55 V liegen. Das Emitterpotential des Differenzverstärkers erhalten wir aus der Referenzspannung und der Spannung an der Emitterdiode von T_3:

$$V_E \approx -1,15 - 0,7 = -1,85 \text{ V}.$$

Dagegen reicht die Basis-Emitter-Spannung:

$$U_{be} \approx -1,55 - (-1,85) = 0,3 \text{ V}$$

an den Transistoren T_1 und T_2 nicht aus, um sie einzuschalten. Daher liegt an ihren zusammengeschalteten Kollektoren und über den Emitterfolger T_5 am Ausgang F hohes Potential, entsprechend der logischen Eins. Allerdings ist T_3 eingeschaltet und zieht den durch R_E fließenden Strom. Dadurch liegt am Kollektor von T_3 und über den Emitterfolger T_6 am Ausgang F' die logische Null.

Wenn andrerseits auch nur einer der Eingangstransistoren T_1 und T_2 mit seiner Basis auf hohem Potential von typischerweise -0,85 V liegt, also die logische Eins einwirkt, so leitet er. Damit liegt das Emitterpotential über die Diodenspannung der Emitterdiode des Transistors fest:

$$V_E \approx -0,85 - 0,7 = -1,55 \text{ V}.$$

Familien digitaler Schaltungen

Folglich ist T_3 wegen zu geringer Basis-Emitter-Spannung:

$U_{be} \approx -1{,}15 - (-1{,}55) = 0{,}4$ V

gesperrt, d. h. der Strom durch R_E fließt vollständig durch den eingeschalteten Transistor unter dem Paar T_1 und T_2. Daher liegt die logische Eins am Ausgang F' und die logische Null am Ausgang F. Dies ändert sich auch nicht, wenn alle Eingänge auf die logische Eins gelegt sind. Vergleichen wir das Ergebnis dieser Diskussion mit der Funktionstabelle in Abb. 2.3, S. 310, und mit der Abb. 2.6, S. 313, so finden wir, daß F' die logische ODER-Funktion und F die NOR-Funktion darstellen.

Zur Schaltungsauslegung müssen wir noch anmerken, daß durch die Basiswiderstände R_B auch unbeschaltete Eingänge auf das niedrige Potential der Spannungsversorgung gezogen werden. Durch die beiden getrennten Erdungsanschlüsse an Differenzverstärker und Endstufe wird eine parasitäre Verkopplung der beiden Stufen bei hohen Schaltgeschwindigkeiten vermieden. Denn die Vorteile der ECL-Technik liegen in ihrer großen Schnelligkeit und - wegen der Emitterfolger am Ausgang - in ihrer niedrigen, pegelunabhängigen Ausgangsimpedanz. Dies ist ein wesentlicher Gesichtspunkt, wenn Ausgangsleitungen getrieben werden sollen.

CMOS-Gatter. Neben den bipolaren Techniken, von denen TTL und ECL die wichtigsten sind, werden in breitem Umfang Konzepte eingesetzt, die FETs nutzen. Auf Grund ihrer einfachen Herstellbarkeit wurden zunächst Schaltungen entwickelt, die *p*-Kanal-FETs einsetzen (vgl. Abb. 2.35, S. 167). Sie wurden allmählich durch *n*-Kanal-FETs substituiert, die den Vorteil der höheren Beweglichkeit der Elektronen gegenüber den Löchern bieten (vgl. Tab. 1.6, S. 39). Diese sogenannten PMOS- und NMOS-Techniken sind in wesentlichen Punkten ähnlich wie die CMOS-Technik aufgebaut, die wohl die größte Wichtigkeit unter den unipolaren Techniken hat. Wir beschränken uns daher auf die CMOS-Gatter.

In Abb. 2.16a haben wir die Charakteristika eines Transistorpaares in CMOS-Technik skizziert. Der *p*-Kanal-Transistor ist ganz ähnlich aufge-

Integrierte Schaltungen

baut, wie wir es von früher her kennen (vgl. Abb. 2.31, S. 162), nur daß ein n-Substrat die Grundlage bildet. Um in dasselbe Substrat auch einen n-Kanal-FET integrieren zu können, muß zunächst der Leitungstyp des Substrats geändert werden, d. h. wir müssen eine p-Diffusionswanne einbringen. In diese Wanne kann nun der n-Kanal-FET mit seinen n^+-Gebieten für Source S und Drain D eingebettet werden. Wir erhalten so n- und p-Kanal-FETs Seite an Seite nebeneinander, woraus der Name comple-

Abb. 2.16 CMOS-Inverter

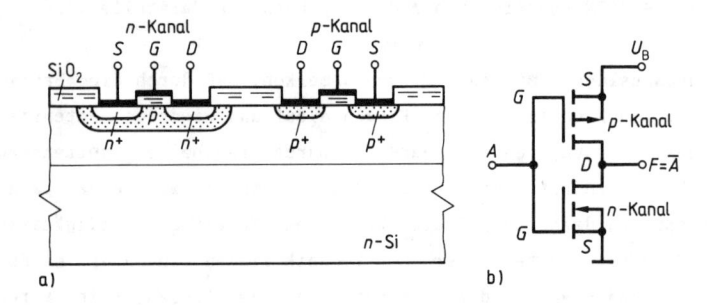

a) Prinzip in planarer Integration; b) Schaltbild.

mentary MOS oder CMOS abgeleitet ist. In der zusätzlichen p-Wanne liegt der Grund, daß CMOS-Schaltungen einen größeren Platzbedarf haben als die "reinen" P- und NMOS-Techniken. Der Vorteil der CMOS-Schaltungen ist ihr sehr geringer Leistungsverbrauch, weil immer einer der Transistoren sperrt und nur während des Schaltens Strom fließt. Dies wird aus dem zu einem Inverter zusammengeschalteten Transistorpaar in Abb. 2.16b klar. Wir legen z. B. den Eingang A auf hohes Potential, entsprechend der logischen Eins. Damit wird der n-Kanal-Transistor in Inversion getrieben - er leitet -, wohingegen der p-Kanal-Transistor nach wie vor sperrt. Folglich wird das niedrige Potential, die logische Null, auf den Ausgang F gegeben. Schalten wir den Eingang auf niedriges Potential um, dann kehren sich die Leitungsverhältnisse genau um: der p-Kanal-Transistor leitet, der n-Kanal-Transistor sperrt, und die logische Eins erscheint am Ausgang. Damit haben wir die Inverterfunktion verifiziert.

Familien digitaler Schaltungen

Natürlich fließen auch im gesperrten Zustand Restströme durch die Transistoren. Aber sie sind mit wenigen nA sehr klein.

Es bietet sich an, nach dem beschriebenen Prinzip logische Gatter aufzubauen. Abb. 2.17 zeigt Beispiele für zwei Eingänge, die sich

Abb. 2.17 CMOS-Logikglieder.

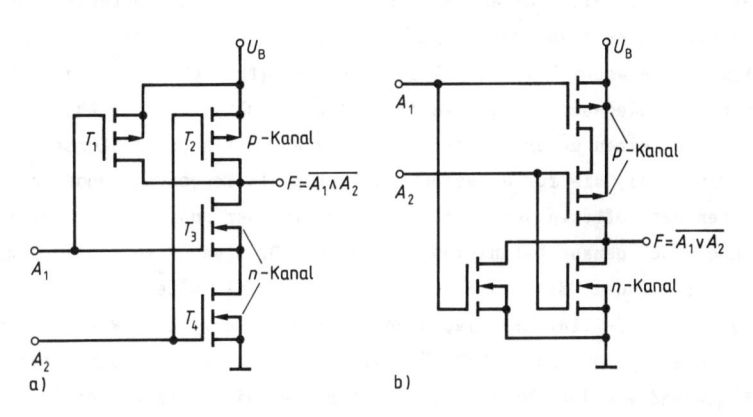

a) NAND-Gatter b) NOR-Gatter

leicht auf mehrere Eingänge erweitern lassen. Wir beschreiben die Funktion des NAND-Gatters in Abb. 2.17a. Wenn beide Eingänge auf der logischen Eins sind, leiten T_3 und T_4, während T_1 und T_2 sperren: am Ausgang erscheint die logische Null. Wenn nur einer oder beide Eingänge auf niedrigem Potential sind, dann liegt der Ausgang F auf hohem Potential. Denn die Leitung zur Erde ist unterbrochen, weil T_3 oder T_4 oder gar beide gesperrt sind, während durch mindestens einen der beiden Tarnsistoren T_1 und T_2 der Zugang zum hohen Potential gewährleistet ist. Vergleichen wir dies mit Abb. 2.5 auf S. 313, dann stellt Abb. 2.17a in der Tat ein NAND-Gatter dar. Die entsprechende Diskussion für das NOR-Gatter in Abb. 2.17b ist so evident, daß wir sie nicht weiter ausführen.

Kenngrößen von Gattern. Wir haben die verschiedenen Schaltungsfamilien

Integrierte Schaltungen

anhand von logischen Gattern erläutert, die nur zwei Eingänge hatten. In jedem Fall war aber leicht verständlich, wie die Schaltungen auf mehr Eingänge erweitert werden können. Die kommerziell erhältlichen Gatter bieten 2 bis 4, gelegentlich auch bis 8 Eingänge. Man bezeichnet diese Größe als den Eingangsfächer (fan in).

Auf der Ausgangsseite können nicht beliebig viele Folgegatter angesteuert werden, weil das ansteuernde Gatter nur eine begrenzte Leistung bereitstellen kann. Die Maximalzahl der Folgegatter beschreibt man mit Ausgangsbelastbarkeit oder Ausgangsfächer (fan out). Wenn man Schaltungen verschiedener Familien miteinander mischt, ist der Ausgangsfächer im allgemeinen unterschiedlich. Wir meinen mit Ausgangsfächer immer die Maximalzahl, die für denselben Gattertyp als Folgeschaltungen gilt. Wir haben des öfteren von der Schnelligkeit der Schaltungen gesprochen, ohne eine genaue Definition zu geben. Dies geschieht bei logischen Gattern, indem Eingangs- und Ausgangssignal miteinander verglichen werden (Abb. 2.18). Wir legen an den Eingang des Gatters einen Impuls, bei dem die 10- und 90 %-Punkte die Anstiegszeit (rise time) bestimmen. Ausgehend von der abfallenden Impulsflanke gilt Entsprechendes für die Abfallzeit (fall time). Wenn der Eingangsimpuls durch das Gatter läuft, schaltet der Ausgang erst verspätet um. Um dies quantitativ zu erfas-

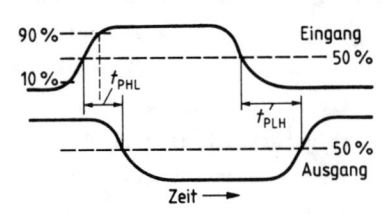

Abb. 2.18 Zur Definition der Verzögerungszeit t_p.

sen, werden die jeweiligen 50 %-Punkte der Impulse gewählt. Man erhält so eine Durchlauf-Verzögerungszeit t_{PHL} (propagation delay time) beim Schalten des Ausgangs von der logischen Eins (high) zur logischen Null (low). Eine entsprechende Zeit t_{PLH}, die durchaus verschieden von t_{PHL} sein kann, erhält man beim Rücksetzen des Gatterausgangs. Zur Charakterisierung des Gatters wird der Mittelwert:

$$t_P = (t_{PLH} + t_{PHL})/2$$

verwendet.

Den Leistungsverbrauch eines Gatters kann man ermitteln, indem man den Mittelwert der Ströme nimmt, die das Gatter in den beiden logischen Zuständen zieht. Insbesondere bei CMOS-Gattern kann bei höheren Schaltfrequenzen die Leistung dominierend werden, die während des Umschaltvorgangs notwendig ist. Man spricht dann vom dynamischen Leistungsverbrauch (dynamic power consumption). In diese Größen gehen die Lastkapazitäten am Ausgang sowie die Umschaltfrequenz ein.

Wenn man verschiedene Schaltungsfamilien miteinander vergleicht, dann nimmt man das Produkt aus Leistungsverbrauch und Verzögerungszeit t_P, das Leistungs-Verzögerungsprodukt (power-delay product), als Richtgröße.

In der folgenden Tab. 2.2 haben wir einige Richtwerte für die charakteristischen Größen der behandelten Techniken zusammengestellt. Selbst innerhalb einer Technik, wie z.B. TTL, können die Richtwerte um eine Größenordnung variieren, wenn die Schaltung, etwa durch Verwendung von Schottky-Dioden, verbessert und in ihrem Aufbau entsprechend komplexer geworden ist. Der in der Tabelle angegebene Richtwert von 10^{-4} mW Leistungsverbrauch pro CMOS-Gatter gilt für sehr niedrige Umschaltfrequenzen und erreicht die Werte der anderen Techniken im Bereich oberhalb von 10 MHz.

Zahlreiche Hersteller bieten eine Fülle von Schaltungen an, die auf den beschriebenen Gattern aufbauen. Wir erwähnen als Beispiele Flip-Flops, Schieberegister, Zähler, Multiplexer und Rechenschaltungen. Alle basieren auf Silizium. Während diese den weitaus größten Teil des Marktes ausmachen, sind in letzter Zeit auch Schaltungen auf der Basis von GaAs kommerziell erhältlich. Sie verwenden MESFETs (vgl. S. 142).

Integrierte Schaltungen

Tab. 2.2 Typische Daten logischer Gatter

	TTL	ECL	CMOS
Leistungsverbrauch (mW)	1-20	20-70	10^{-4}
Betriebsspannung (V)	5	5	5
Ausgangsfächer	10-20	10-15	50
Verzögerungszeit (ns)	1,5-30	0,75-5	10-90
Leistungs-Verzögerungsprodukt (pJ)	5-100	30-70	0,2-10

2.3 Integration analoger und digitaler Komponenten

Wir hatten bereits bei der Einführung des IGBT auf S. 183ff davon gesprochen, daß der bipolare Transistor einen größeren Strom bereitstellen kann als der MOSFET. In letzter Zeit macht man sich diese Tatsache in zunehmendem Maße auch bei integrierten Schaltungen zunutze, indem man an geeigneten Stellen bipolare Treiberstufen neben dem MOS-Teil der Schaltung mitintegriert. Diese Tendenz zur Mischintegration wird noch dadurch gefördert, daß in den meisten Fällen der Mehraufwand bei der Fabrikation unter 20 %, verglichen mit der Integration der bipolaren oder MOS-Schaltungen für sich allein, liegt. Denn moderne bipolare und MOS-Prozeßschritte in der Herstellung, welch letztere mehr und mehr CMOS sind (vgl. S. 381ff), laufen in ihrer Komplexität beständig aufeinander zu. Dies liegt nicht zuletzt daran, daß bei der Herstellung integrierter Schaltungen in breitem Umfang die Ionenimplantation (vgl. S. 356) eingesetzt wird.

Bipolare und CMOS-Schaltungen im Vergleich. Wenn wir im folgenden versuchen, die Vor- und Nachteile der bipolaren und CMOS-Schaltungstechniken gegeneinander abzuwägen, dann handelt es sich dabei weniger um Fragen des aktuellen Entwicklungsstandes. Die relevanten Eigenschaften sind vielmehr den Bauelementen inhärent. Ein solcher Vergleich birgt allerdings die Problematik in sich, daß wir den bipolaren Transistor als ein stromgesteuertes Bauelement mit dem spannungsgesteuerten MOSFET in Beziehung setzen. Zudem wollen wir uns auf die einfachsten theoretischen Beziehungen als eine erste Näherung beschränken. Nach (2.58), S. 165, ist der Drainstrom eines MOSFETs im Sättigungsbereich näherungsweise durch:

Integration analoger und digitaler Komponenten

$$I_{ds} = c_i \mu_n \frac{b}{2l} (U_{gs} - U_T)^2 \qquad (2.8)$$

gegeben, d. h. wir erhalten eine quadratische Abhängigkeit von der Steuerspannung U_{gs}. Aus dieser Beziehung läßt sich die Steilheit g_m ableiten. Wir zitierten mit (2.61), S. 166, das genäherte Resultat:

$$g_m = c_i \mu_n \frac{b}{l} (U_{gs} - U_T) = \sqrt{2 c_i \mu_n \frac{b}{l} I_{ds}}. \qquad (2.9)$$

Es zeigt eine Wurzelabhängigkeit der Steilheit vom Strom.

Wir wenden uns nun dem bipolaren Transistor zu. Nach der Diskussion des Prinzips eines Transistors (S. 105) ist für die Emitterschaltung der Emitterstrom I_e dem Kollektorstrom I_c nahezu gleich, so daß wir beide Größen wahlweise verwenden können. I_e ist im wesentlichen der Durchlaßstrom der Emitterdiode (vgl. (2.12), S. 109). Zusammen mit (1.71), S. 60, gilt bei hinreichend starker Durchschaltung in den Durchlaßbereich:

$$I_c \approx - I_s \exp(-\frac{q U_{be}}{kT}). \qquad (2.10)$$

Es liegt also eine exponentielle Abhängigkeit des Stroms von der Steuerspannung U_{be} vor, im Gegensatz zu der nur quadratischen nach (2.8). Um mit dem MOSFET vergleichbar zu werden, führen wir die Steilheit:

$$g_m = \frac{\partial I_c}{\partial U_{be}} = \frac{q I_c}{kT} \qquad (2.11)$$

ein. Hier erhalten wir eine lineare Abhängigkeit vom Strom. Vergleichen wir (2.9) mit (2.11) bei technisch machbaren Werten für gleiche Stromgrößen, dann ist die Steilheit eines bipolaren Transistors stets größer als die eines MOSFET. Der Abstand wird umso ausgeprägter, je größer der Strom wird. Dieser Aspekt gewinnt bei hohen Betriebsfrequenzen an Wichtigkeit, wenn die in einer Schaltung wirksamen Kapazitäten mit begrenztem Spannungshub ΔU rasch umgeladen werden müssen.

Zur Illustration betrachten wir einen Ausschnitt aus einer Kette von

Integrierte Schaltungen

NAND Gattern (Abb. 2.19), die im Zusammenhang einer logischen Schaltung genutzt werden mögen. Am Ausgangsknoten eines Gatters wird die Gesamtkapazität C wirksam, die bei jedem Schaltvorgang umgeladen werden muß.

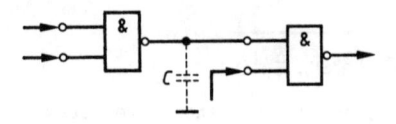

Abb. 2.19 Ausschnitt aus einer Gatterkette mit der am Ausgangsknoten wirksamen Gesamtkapazität.

C setzt sich aus der Kapazität C_{Ltg} der Leiterbahnen, die zur Verknüpfung mit den Folgegattern benötigt werden, und den Eingangskapazitäten der Folgegatter zusammen. Im Falle eines CMOS-Gatters ist dies die Isolatorkapazität C_i (vgl. S. 163) und im Falle eines bipolaren Gatters im wesentlichen die Diffusionskapazität C_D (vgl. S. 61f) des durchgeschalteten Emitterübergangs. Insbesondere bei höheren Strömen ist C_D merklich größer als C_i. Die Zeit, die zum Umladen von C bei einem bestimmten Strom I benötigt wird, ist:

$$t = C\Delta U/I.$$

Sie spielt eine wesentliche Rolle in der Verzögerungszeit eines Gatters (vgl. S. 385). Wenn wir diese Zeit für bipolare und MOS-Gatter ins Verhältnis setzen, so folgt:

$$\frac{t_{bip}}{t_{MOS}} = \frac{(C_{Ltg} + C_D)\Delta U_{bip}}{(C_{Ltg} + C_i)\Delta U_{MOS}}.$$

Wie immer die Größe von C_{Ltg} verglichen mit C_D oder C_i ist, so stellt sich heraus, daß t_{bip} erheblich kleiner als t_{MOS} ist (vgl. Tab. 2.2, S. 386). Denn ein bipolares Gatter kann mit erheblich niedrigeren Spannungshüben als ein MOS-Gatter umgeschaltet werden. Dies ist eine unmittelbare Konsequenz der exponentiellen Spannungsabhängigkeit, die wir im Zusammenhang mit (2.10) herausgestellt haben.

Integration analoger und digitaler Komponenten

Stellen wir die beiden Schaltungsklassen gegenüber, dann bietet die bipolare Technik überlegene Geschwindigkeit bei hervorragender Treiberleistung. CMOS-Schaltungen haben die geringere Verlustleistung, wenn sich auch dieser Vorteil wegen der zunehmenden Wichtigkeit der Umschaltleistung nach hohen Frequenzen hin verflüchtigt (vgl. S. 385). Da MOS-Schaltungen wegen der Selbstisolation der MOSFETs und wegen der Verwendung von polykristallinem Silizium als zweite Metallisierungslage hohe Packungsdichten erlauben, sind CMOS-Schaltungen besonders zur Großintegration geeignet. Mit ihnen sind sehr komplexe Logikschaltungen möglich. Analoge Funktionen, wie z. B. Differenzverstärker mit geringem Offset und hoher Verstärkung, lassen sich besonders gut mit bipolaren Schaltungen realisieren, zumal sie auch geringeres 1/f-Rauschen zeigen. Bei einer Verbindung beider Schaltungsklasssen werden CMOS-Schaltungen generell am Eingang und bipolare Transistoren eher am Ausgang eingesetzt. Immer dann, wenn an der Peripherie oder auch innerhalb eines Chips Treiber für große Leitungslängen, für Taktleitungen oder niederohmige Lasten erforderlich sind, wird man bipolare Schaltungen einsetzen.

BiCMOS. Die integrierten Schaltungen, die beide Schaltungsklassen monolithisch miteinander verbinden, faßt man unter dem Begriff BiCMOS

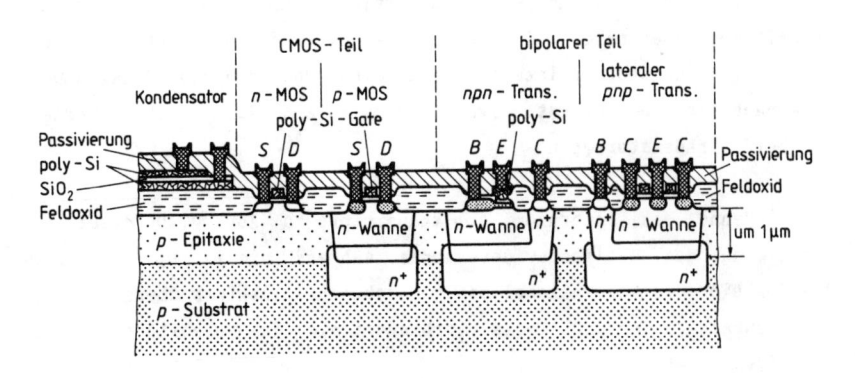

Abb. 2.20 Prinzipieller Aufbau einer BiCMOS-Schaltung.

Integrierte Schaltungen

(bipolar CMOS) zusammen. Ihr prinzipieller Aufbau ist in Abb. 2.20 dargestellt. Mit Ausnahme der n-Wannen sind sämtliche Dotierungsstrukturen durch Ionenimplantation hergestellt. Zur Erläuterung beschreiben wir die wichtigsten Schritte, in denen eine Struktur nach Art der Abb. 2.20 hergestellt wird.

Den Ausgangspunkt bildet ein p-dotiertes Si-Substrat, damit in der späteren Schaltung benachbarte npn-Transistoren effizient voneinander isoliert werden können. Danach folgt an geeigneten Stellen eine Sb-Implantation, um nach Art eines vergrabenen Kollektors (vgl. Abb. 1.9, S. 357) niederohmige n^+-Wannen zur Verfügung zu stellen. Während des nun folgenden epitaktischen Wachstums der rund 1 µm dicken p-dotierten Si-Schicht diffundiert Sb nach oben aus. Die n-Wannen werden flächenselektiv eingebracht, indem die epitaktische Schicht oberflächennah implantiert wird. In einer Nachdiffusion erfolgt die Verbindung mit den darunterliegenden n^+-Bereichen. Die Source- und Drainbereiche der MOSFETs werden ebenfalls durch Ionenimpantation hergestellt. Ihre Gateelektroden werden aus polykristallinem Si gefertigt, das auf dem wenige 10 nm dicken Gateoxid aufwächst (vgl. S. 347). Polykristallines Si wird auch für die Platten des erdfreien Kondensators verwendet, der auf dem rund 0,5 µm dicken Feldoxid am linken Rand von Abb. 2.20 liegt. Der bipolare Teil enthält neben dem vertikalen npn-Transistor, der mit Transitfrequenzen nahe 10 GHz auch das schnellste Bauelement ist, auch einen pnp-Transistor in lateraler Bauweise. Denn analoge Schaltungen, etwa nach Art eines Operationsverstärkers in Abb. 2.1, S. 362, verlangen beide Transistortypen.

Die n^+-Wanne des lateralen pnp-Transistors in Abb. 2.20 dient zur Reduzierung des Basisbahnwiderstandes, während sie im npn-Transistor die Funktion des konventionellen vergrabenen Kollektors übernimmt. Im n-Wannenbereich des CMOS-Teils verhindert sie den parasitären Thyristoreffekt (latch-up).

Neben der bereits erwähnten Verwendung des polykristallinen Si als Gate-Metallisierung, als Kondensatorplatte oder als zweite Verdrahtungsebene dient es noch weiteren Zwecken, die wir zunächst im Zusammenhang mit dem npn-Transistor diskutieren. Bei üblicher Bauweise wird der Emitterbereich im gleichen Prozeßschritt wie die Source- und Drainwanne des n-Kanal-MOSFETs implantiert. Wenn bei weiterer Miniaturisierung des CMOS-Prozesses, z. B. auf unter 1 µm Kanallänge, auch die Source- und Drainwannen flacher werden müssen, dann bleibt für den Emitter nur eine Tiefe von unter 0,2 µm. Bei derart kurzen Emitterbereichen bildet der metallische Emitterkontakt eine sehr wirksame Löchersenke. Folglich steigt der Löcherdiffusionsstrom im Emittergebiet, was eine Verschlechterung des Emitterwirkungsgrades nach sich zieht.

Nutzen wir stattdessen polykristallines Si am Emitter des npn-Transistors, dann wird die Rekombination an der Grenzfläche reduziert. Der metallische Kontakt ist relativ weit vom wirksamen Emittergebiet entfernt. Weiterhin dient das hochdotierte polykristalline Si als Diffusionsquelle, indem As in das darunterliegende, durch ein SiO_2-Fenster zugängliche epitaktische Si ausdiffundieren kann. Dadurch wird eine weitere Miniaturisierung möglich, weil die Metallkontakte nicht mehr auf eine kleine Implantationsfläche justiert werden müssen. Mit polykristallinem Si sind effektive Emitterflächen von 1 x 2 µm² erreichbar.

Schließlich dient das polykristalline Si im pnp-Transistor zur wirksamen Strukturierung der effektiven Basisdicke. Damit optimierte Transistoren erreichen trotz ihrer lateralen Bauweise Stromverstärkungen von mehreren hundert. Schaltungen, die in der Art von Abb. 2.20 aufgebaut sind, benötigen je nach Auslegung im Detail 14 bis 16 unterschiedliche Maskenschritte zur lateralen Strukturierung.

Zu den Einsatzgebieten von BiCMOS-Schaltungen gehören zunächst Motorsteuerungen, Treiber für hohe Spannungen oder geschaltete Spannungsregler. Dabei stehen bipolare Leistungsbauelemente im Vordergrund, die durch einen CMOS-Logikteil ergänzt werden ("smart power").

Integrierte Schaltungen

Als weiteres Gebiet sind Telekommunikation, wie z. B. Mobilfunk, Video- und Audio-Signalprozessoren zu nennen. Es handelt sich um sehr komplexe integrierte Systeme, bei denen der CMOS-Teil dominiert. Hinzu kommt die analogfähige Bipolartechnik.

Schließlich erwähnen wir noch hochintegrierte digitale Schaltungen, bei denen leistungsfähige *npn*-Transistoren an Ausgängen oder Schnittstellen als schnelle Treiber dienen. Hierzu gehören Speicher mit kurzen Zugriffzeiten oder auch digitale anwendungsspezifische integrierte Schaltungen (application-specific integrated circuit, ASIC).

Literaturverzeichnis

A. Die folgenden Werke sind **für den gesamten Stoff** geeignet:

A. Möschwitzer, K. Lunze, Halbleiterelektronik, VEB Verlag Technik, Berlin 1984.

H.-G. Unger, W. Schultz, G. Weinhausen, Elektronische Bauelemente und Netzwerke I und II, Vieweg, Braunschweig/Wiesbaden, 1979 bzw. 1981.

S. M. Sze, Physics of Semiconductor Devices, Wiley, New York, 1981.

B. Die folgende Literatur gibt ergänzende Informationen zu den einzelnen Kapiteln.

Zu Kap. I.1.1

C. Kittel, Introduction to Solid State Physics, Wiley, New York 1961.

W. von Münch, Elektrische und magnetische Eigenschaften der Materie, B. G. Teubner, Stuttgart 1987.

R. Paul, Halbleiterphysik, VEB Verlag Technik, Berlin 1974.

H. M. Rosenberg, The solid state, Clarendon Press, Oxford 1983.

L. Solymar, D. Walsh, Lectures on the Electrical Properties of Materials, Oxford University Press 1979.

E. Spenke, Elektronische Halbleiter, Springer, Berlin 1965.

[1.1] J. R. Chelikowsky, M. L. Cohen, Phys. Rev. B **14**, 556, 1976.

Zu Kap. I.1.2

Wie zu Kap. I.1.1: Solymar-Walsh; Paul; Spenke

H. K. Henisch, Semiconductor Contacts, Clarendon Press, Oxford 1984.

B. Kesel, J. Hammerschmidt, E. Lange, Signalverarbeitende Dioden, Springer, Berlin 1982.

R. Paul, Halbleitersonderbauelemente, VEB Verlag Technik, Berlin 1981.

B. L. Sharma, R. K. Purohit, Semiconductor Heterojunctions, Pergamon Press, Oxford 1974.

E. H. Rhoderick, R. H. Williams, Metal-Semiconductor Contacts, Clarendon Press, Oxford 1988.

[1.2] Y.-C. Ruan, W. Y. Ching, J. Appl. Phys. 62, 2885, 1987.

Zu Kap. I.1.3

Wie zu Kap. I.1.1: Paul; Spenke

R. Müller, Grundlagen der Halbleiterelektronik, Springer, Berlin 1971.

Zu Kap. I.2.1

Wie zu Kap. I.1.1: Spenke

M. Shur, GaAs Devices and Circuits, Plenum Press, New York – London 1986.

B. Morgenstern, Elektronik I, Vieweg, Braunschweig/Wiesbaden 1986.

W. Gerlach, Thyristoren, Springer 1979.

K. Heumann, C. Stumpe, Thyristoren, B. G. Teubner, Stuttgart 1969.

K. Heumann, Grundlagen der Leistungselektronik, B. G. Teubner, Stuttgart 1989.

Zu Kap. I.2.2

Wie zu Kap. I.2.1: Shur

G. Winstel, C. Weyrich, Optoelektronik II, Springer, Berlin 1986.

Zu Kap. I.2.3

Wie zu Kap. I.1.1: Paul und zu Kap. I.1.2: Kesel et al.

A. Schlachetzki, Halbleiterbauelemente der Hochfrequenztechnik, B. G. Teubner, Stuttgart 1984.

H. Weiß, K. Horninger, Integrierte MOS-Schaltungen, Springer,

Berlin-Heidelberg-New York 1982.

R. S. Pengelly, Microwave Field-Effect Transistors - Theory, Design and Applications, Research Studies Press, Letchworth, and J. Wiley, New York etc. 1986.

Zu Kap. I.2.4

Wie zu Kap. I.2.1: Shur; Heumann und zu Kap. I.2.3: Pengelly

R. H. Dennard: Scaling Limits of Silicon VLSI Technology, in: The Physics and Fabrication of Microstructures and Microdevices, eds. M. G. Kelly, C. Weisbuch, Springer Proc. in Physics 13, Springer 1986, p. 352-69.

W. Kellner, H. Kniepkamp, GaAs-Feldeffekttransistoren, Springer, Berlin etc. 1985.

R. W. Keyes, The Physics of VLSI Systems, Addison-Wesley Publ. Comp., Wokingham (England) etc. 1987.

H. Kroemer, Heterostructure Device Physics: Band Discontinuities as Device Design Parameters, in: VLSI Electronics Microstructure Science, vol. 10, ed. N. G. Einspruch, Academic Press, p. 121 - 166.

Zu Kap. I.3

Wie zu Kap. I.2.1: Gerlach und zu Kap. I.2.2: Winstel-Weyrich

G. Winstel, C. Weyrich, Optoelektronik I, Springer 1980.

J. Senior, Optical Fiber Communications, Prentice-Hall, London 1985.

R. Paul, Optoelektronische Halbleiterbauelemente, B. G. Teubner, Stuttgart 1985.

R. G. Hunsperger, Integrated Optics: Theory and Technology, Springer 1982.

W. Harth, H. Grothe, Sende- und Empfangsdioden für die Optische Nachrichtentechnik, B. G. Teubner, Stuttgart 1984.

T. P. Pearsall (ed.), GaInAsP Alloy Semiconductors, J. Wiley & Sons, 1982.

[3.1] B. O. Seraphin, H. E. Bennett, in: Semiconductors and Semimetals, vol. 3, eds. R. K. Willardson, A. C. Beer, Academic Press, New York/London 1967, p. 499.
H. H. Wieder, A. R. Clawson, G. E. McWilliams, Appl. Phys. Lett. 31, 468, 1977.
W. Kowalsky, A. Schlachetzki, F. Fiedler, phys. stat. sol. (a) 68, 153, 1981.
W. Kowalsky, H.-H. Wehmann, F. Fiedler, A. Schlachetzki, ibid. 77, K 75, 1983.

[3.2] F. Fiedler, A. Schlachetzki, Solid-St. Electron. 30, 73, 1987.

Zu Kap. II.1.1

Wie zu Kap. I.2.1: Morgenstern

B. Morgenstern: Elektronik II, Vieweg, Braunschweig/Wiesbaden, 1980.

U. Tietze, Ch. Schenk, Halbleiterschaltungstechnik, Springer, 1978.

D. J. Comer, Modern Electronic Circuit Design, Addison-Wesley, Reading, Mass., 1976.

Zu Kap. II.1.2

E. J. Angelo, Electronics: BJTs, FETs and Microcircuits, McGraw Hill, New York etc. 1969.

E. J. Angelo, Electronic Circuits, McGraw Hill, New York etc. 1964.

L. O. Chua, P.-M. Lin, Computer-Aided Analysis of Electronic Circuits, Prentice-Hall, Englewood Cliffs, N.J. 1975.

C. A. Holt, Electronic Circuits, J. Wiley, New York etc. 1978.

D. Mildenberger, Analyse elektronischer Schaltkreise, Bd. 1, Hüthig- und Pflaum-Verlag, München/Heidelberg 1975.

Zu Kap. II.1.3

Wie zu Kap. II.1.1: Comer und zu Kap. II.1.2: Angelo; Angelo; Holt.

P. M. Chirlian, Analysis and Design of Electronic Circuits, McGraw Hill, New York etc. 1965.

P. E. Gray, C. L. Searle, Electronic Principles, J. Wiley, New York etc., 1969.

Zu Kap. II.1.4

Wie zu Kap. II.1.1: Morgenstern; Comer und zu Kap. II.1.2: Angelo; Angelo; Holt.

J. Matauschek, Einführung in die Ultraschalltechnik, VEB Verlag Technik, Berlin 1962.

Zu Kap. II.2

Wie zu Kap. II.1.1: Comer; Morgenstern.

E. Gelder, Integrierte Digitalbausteine, Vogel-Buchverlag, Würzburg 1984.

H. Götzke, Programmgesteuerte Rechenautomaten, VEB Fachbuch Verlag, Leipzig 1968.

K. Waldschmidt, Schaltungen der Datenverarbeitung, B. G. Teubner, Stuttgart 1980.

Zu Kap. II.3

Wie zu Kap. I.2.1: Morgenstern

H. Beneking, Praxis des elektronischen Rauschens, Bibliograph. Inst. Mannheim 1971.

R. Müller, Rauschen, Springer, Berlin etc. 1979.

R. G. Smith and S. D. Personick, in: Semiconductor Devices for Optical Communication, ed. H. Kressel, Topics in Applied Physics, vol. 39, Springer, Berlin etc. 1980, p. 89-160.

K. Simonyi, Physikalische Elektronik, B. G. Teubner, Stuttgart 1972.

A. van der Ziel, Noise in Solid State Devices and Circuits, J. Wiley, New York etc., 1986.

Zu Kap. III.1

I. Ruge, Halbleiter-Technologie, Springer 1975.

W. Harth, Halbleitertechnologie, B. G. Teubner, Stuttgart 1981.

A. Schlachetzki, W. von Münch, Integrierte Schaltungen, B. G. Teubner, Stuttgart 1978.

H.-J. Hacke, Montage Integrierter Schaltungen, Springer 1987.

Zu Kap. III.2.1

Wie zu Kap. II.1.1: Tietze-Schenk; Morgenstern; Comer; zu Kap. II.1.2: Holt und zu Kap. III.1: Schlachetzki-von Münch

D. J. Hamilton, W. G. Howard, Basic Integrated Circuit Engineering, McGraw Hill, New York etc. 1975.

Zu Kap. III.2.2

Wie zu Kap. II.1.1: Tietze-Schenk; Comer; zu Kap.II.1.2: Holt; zu Kap. II.2: Waldschmidt; Gelder; zu Kap. III.1: Schlachetzki-von Münch und zu Kap. III.2.1: Hamilton-Howard;

R. Paul, Einführung in die Mikroelektronik, Hüthig, Heidelberg 1985.

H. Weiß, K. Horninger, Integrierte MOS-Schaltungen, Springer, Berlin etc. 1982.

Zu Kap. III.2.3

R. M. Warner, R. D. Schrimpf, IEEE Trans. Electron Dev. **ED-34**, 1061, 1987.

J. S. T. Huang: MOS/Bipolar Technology Trade-Offs for VLSI, in: VLSI Electronics Microstructure Science, vol. 9, ed. N. G. Einspruch, Academic Press 1985.

J. Fichtel, A. Rothermel, W. Eßer, B. Hosticka, W. Schardein, Mikroelektronik, 2, 108, 1988.

B. Zehner, H. Schaber, A. Wieder, ibid. 2, 114, 1988.

J. Arndt, ibid. 2, 124, 1988.

Schlagwortverzeichnis

Fett gedruckte Seitenzahlen geben die jeweils wichtigsten Erwähnungen an.

A
AB-Betrieb 370
A-Betrieb 369
Abschaltverstärkung 133
Abschnürspannung 145
Absorptionskante s. Bandkante
Absorptionskoeffizient, optischer 186ff
Addition, logische 310
Akzeptor 16,43,45,80,104, 127,163f,190,347,355f
Akzeptor, ionisierter 35
AlAs 138
Analogtransistor 182
Anisotropie der Bandstruktur 26
Anlaufbereich (MOSFET) 165
Anlaufbereich 147
Anode 127ff
Anreicherung 84,153,158f
Anreicherungstyp 150
Antiresonanz 303
Arbeitsgerade 221,223
Arbeitsmaske 350
ASIC 392
Ausgangsbelastbarkeit 384
Ausgangsfächer 384
Austrittsarbeit 81
α-Grenzfrequenz 123

B
Bahngebiet 50,54f,57,59,64,89,96, 101f,107,126,161,215,321
Bahngebiete, endlich lange 99
Band, verbotenes s. Bandabstand
Band-Band-Übergang 19,188,205
Bandabstand 18,21,74,79,89,112, 188
Bandaufwölbung 76,81,153
Bandbreite 269,275f
Bandkante 188,196,204
Bandkantendiskontinuität 76,139, 153,195
Bandkantensprung s. Bandkantendiskontinuität
Bandlücke s. Bandabstand
Basis (eines Kristallgitters) 11
   (eines Transistors) **104**
Basisbahnwiderstand 113
Basisdicke 107
Basisschaltung 106,226,230
Bauelemente, ladungsgekoppelte 168
Bändermodell 17ff,36,51,72,79,112
Bändermodell im Ortsraum 19,22
Bändermodell im Ortsraum s. Bänderstruktur im Ortsraum
Bereich, aktiver 115
Besetzungsinversion 198
Beweglichkeit 38
BiCMOS 389
Bipolartransistor 75,102ff,112, 136ff,183,387f
Bit 305
Bitfehlerrate 331ff
Bode-Diagramm 268
Boltzmannstatistik 28
Bond 358
Boolesche Algebra **304**,309ff
Brechungsindex 186,192
Breitbandverstärker 273
Byte 305
β-Grenzfrequenz 124

C
Cäsiumchlorid-Gitter 10
CCD s. Bauelemente, ladungsgekoppelte
Chip 358
Clapp-Schaltung 300
CMOS 362,375,382f
CMOS-Technik 361
Colpitts-Schaltung 300
CVD-Prozeß 347

D
Darlington-Stufe 368ff
Debye-Länge 50
Defektelektron 15
density-of-states effective mass 31
Diamantgitter 11
Dielektrizitätskonstante 42
Dielektrizitätskonstante, komplexe 192
Differenzverstärker 363ff
Diffusion 40,104,137,209,353ff
Diffusionsgesetz 40,353
Diffusionsgleichung 354
Diffusionskapazität 61f,388
Diffusionskoeffizient 41,353
Diffusionslänge 59,108
Diffusionstheorie 84f
Diffusionsspannung 47f,80f, 145,163,211
Digitaltechnik 304
Diodencharakteristik 46,84
Diodenlaser s. Laser
Disjunktion 310
Donator 16,33ff,43,45,55,80,82, 93,97,104,127,145,173,177f, 180,190,347,355
Donator, flacher 35
Donator, ionisierter 34
Donatorenniveau 33
Doppelheterostruktur 196
dotieren 16
Dotiergase 347
Dotierung 33ff,43,47,50,52f,69, 71f,95,103f,113,153,156,177, 353f,356
Drain **141**
Drainschaltung 232
Dreiphasen-CCD 168
Driftgeschwindigkeit 37
Dual-in-line 359
Dunkelstrom 203,207,341
Durchbruch 64f,111,114,140,147 159,176,210,214,231
Durchbruch, gemischter 71
Durchbruchspannung 44,71,**128**

399

Durchlaßbereich 44

E
Early-Effekt 113
Early-Spannung 116
ECL 361,379ff
Eigenleitung 16,31f,95,143,153
Einelektronnäherung 34
Einerkomplement 308
Einfangrate 91
Eingangsfächer 384
Eingangsnullspannung 368
Einheitszelle, primitive 9
Einsatzspannung 44,378
Einstein-Beziehung 41
Einsteinstatistik 28
Elektrolumineszenz 193
Elektron-Loch-Paar 32, 66
Elektronenaffinität 76
Elektronenleitung 14ff,37
Elektroneutralität 35,97
Elementhalbleiter 12
Emission, induzierte 197
Emission, spontane 197
Emission, stimulierte 197
Emissionsmodell 84
Emissionsrate 91
Emitter 104
Emitterergiebigkeit 104
Emitterfolger 227f,364,369
Emitterschaltung 106,220,230
Emitterwirkungsgrad 110,113
Energie, kinetische 19
Energieniveau für ein Elektron 18
Entartung 30,37,72,156
Entartung, doppelte 197
Entartungskonzentration 30
Epitaxie 345ff
Ersatzschaltbild 117

F
Feldeffekttransistor, FET; 102, 140ff
Fermi-Energie 28
Fermi-Integral 30
Fermistatistik 27ff
FET, selbstleitender 142
FET, selbstsperrender 142
Ficksches Gesetz s. Diffusionsgesetz
Flachbandfall 153,157,160
Friiss, Formel von 333,342
Fundamentalabsorption s. Bandkante
Funkelrauschen 324
Funktionstabelle 309
Füllfaktor 213

G
GaAs 5,12,20f,27,31,39f,67,138f 178f,189,196,213
Gate 141
Gatemetall 151
Gaterauschen, induziertes 339
Gateschaltung 232f
Gatter 312
Gegenkopplung 222,277
Gegentakt-B-Betrieb 369
Gegentaktverstärkung 366
Generation 88

Generations-Rekombinations-Rauschen 323
Gitter, einfach kubisches 9
Gitter, kubisch flächenzentriertes 11
Gitter, kubisch raumzentriertes 9
Gitterfehlanpassung 75
Gitterkonstante 12
Gitterschwingung s. Phonon
Gleichgewicht, detailliertes 32
Gleichgewicht, thermodynamisches, thermisches 32
Gleichgewichtsfall 27
Gleichtaktunterdrückung 367
Gleichtaktverstärkung 367
gradual channel approximation 144
Grenzfrequenz 72,122ff,149,167, 170,183,217,230,261,268,279
GTO 133
Gütezahl 274

H
h-Parameter 120
Haftstelle 91,204
Halbleiter 20
Halbleiter, binäre 21
Halbleiter, II/VI- 12
Halbleiter, III/V- 12,27,171
Halbleiter, nichtentartete 30
Halbleiter, quaternäre 21
Halbleiter, ternäre 21
Halbleiterlaser s. Laser
Haltestrom 129
Hartley-Schaltung 300
Heisenbergsche Unschärferelation 24
HEMT 5,75,176f
Heterostruktur 74,112f,138f,171, 208
Heteroübergang 74ff
Heteroübergang, anisotyper 75
Heteroübergang, isotyper 74f
Homoübergang 74

I
Idealitätsfaktor 87
IGBT 183
IGFET 142
Indexführung 201
Injektion, schwache 50,96
Injektion, starke 89
Injektor 137
Integration, planare 345f,353
Inversion 154,158f,173,184f,198
Inversion, schwache 158
Inversion, starke 158
Inverter 377
Ionenimplantation 143,353
Ionisierungsrate 66
Ionisierungsenergie 33,76
IRED 193
Isolationsdiffusion 356
Isolator 20,348

J
JFET 142

K
Kanal 141ff,162ff,171ff
Kanallänge 147

Kanalleitwert 148
Kantenemitter 196
Kapazitätsdiode 52
Kapazitätssteilheit 53
Kathode 127f
Kathodenzerstäubung 348
Kernleitwert 289
Kleinsignal-Ersatzschaltbild 87
Knickspannung s. Einsatzspannung
Kollektor 104
Kollektor, vergrabener 356
Kollektorschaltung 106,227,230
kompensieren 17
Konjunktion 309
Kontakte 44,84,100,127,140,143
 148,151,209,378
Kontaktkopie 351
Kontinuitätsgleichung 41,57,62,
 108
Korrelationskoeffizient 317
Kugelpackung, dichteste 11
Kurvenfaktor s. Füllfaktor
Kurzkanal-Effekt 173

L
Ladungsträgerlebensdauer 94
Laser 21f,75,196ff
Lawinendurchbruch 65
Lawinenphotodiode 209
Leckströme 89
LED 23,191ff
Leistung, verfügbare 333
Leistungsverbrauch 385
Leistungsverbrauch, dynamischer 385
Leistungs-Verzögerungsprodukt 385
Leistungswirkungsgrad 194
Leitfähigkeit, intrinsische s.
 Eigenleitung
Leitfähigkeit, spezifische 39
Leitungsband 18f,64f,72f,86,113,
 154
Leitwert-Matrix 120
Leuchtdiode s. LED
Loch s. Defektelektron
Lochmasse, effektive;
 schwere, leichte 27
Löcherbeweglichkeit 39
Löcherleitung 15,16f,37
Logik, negative 304
Logik, positive 304
Lumineszenzdiode s. LED

M
Masse, effektive 23,26f
Masse, longitudinale 26
Masse, transversale 27
Matrix, hybride 120
Maxwellsche Gleichungen 42
Metall-Halbleiterübergang 85
Metalle 20
Miller-Effekt 256,268,370
Miller-Indizes 13f
Millersches Theorem 353ff
Minoritätsträger 54
Mitkopplung 277
monolithisch 345
MOS-Kondensator 151
MOS-Struktur 151
MOSFET 142,150,154,162ff,183,
 339f,358,371,389f
Multiemitter-Transistor 376
Multiplikation, logische 309
Multiplikationsfaktor 67,111
Mustergenerator 349
Muttermaske 350

N
n-Basis 129
n-Kanal-FET 142
n-Leitung s. Elektronenleitung
NAND-Glied 304,312ff
Näherung, parabolische 25
Negativlack 351
Nettoeinfangrate 91
Netzebene 13f
Neunerkomplement 308
NICHT-Verknüpfung 310
NMOS-Technik 381
NOR-Glied 304,312ff
Nortons Theorem s. Satz v. Norton
Nullpunkt, virtueller 372
Nullstelle 269ff

O
Oberflächenemitter 196
ODER-Funktion 310
Ohmscher Bereich 147
Ohmscher Kontakt s. Kontakte
Ohmsches Gesetz 39
Oszillator 219,277f,295ff
Oxidation, trockene, nasse 348

P
p-Kanal-FET 142
p-Leitung s. Löcherleitung
Paarerzeugung 33
Pauli-Verbot 24
Permeable Base Transistor 181f
Phasenanschnittverfahren 132
Phonon 23,188
Photodiode 186,204ff
Photoelement 210
Photolack 350
Photoleiter 202ff
photolithographisch 351
photovoltaischer Effekt 210
Photon 23,186ff,190
Photostrom 202
Phototransistor 215ff
Photowiderstand 186
Pierce-Colpitts-Schaltung 301f
piezoelektrischer Effekt 301
PMOS-Technik 381
pin-Photodiode 204
pn-Übergang 43ff,214
pn-Übergang, abrupter 45
pn-Übergang, linearer 53
pn-Übergang, metallurgischer 45
Poisson-Gleichung 43,156
Pol 269ff
Potential, elektrostatisches 42
Positivlack 352
π-Modell, hybrides 257

Q
Quantenausbeute 194,203
Quasi-Ferminiveau 54f,180,197
quasifrei 15,26
Quasiimpuls 22,26

401

Quasineutralität s. Elektroneutralität
Quelle, gesteuerte 238
Quellengas 347

R
Rauschabstand 327
Rauschabstimmung 330
Rauschanpassung 331
Rauschen 315ff
Rauschen, $1/f$- 323f
Rauschen, weißes 320, 323
Rauschen, thermisches 318
Rauschleistung, maximale 320
Rauschleistung, verfügbare 320
Rauschmaß 327
Rauschtemperatur 328
Rauschzahl 327
Rauschzahl, optimale 330
Rauschzahl, zusätzliche 327
Reduktionssatz 246ff
Rekombination 23,32,54f,88ff,126 193f,204
Rekombination, indirekte 89
Rekombination, nichtstrahlende 190
Rekombination, strahlende 190,195
Rekombinationsgeschwindigkeit 100
Rekombinationsrate 32,93
Rekombinationszentrum 88f,92
Resonanzverstärker 273ff
Richardson-Konstante 87
Rückdotierung 347
Rückkopplung 276ff
Rückkopplungsfaktor 277
Rückwärts-Sperrbereich 127
Rückwärtsdiode 73

S
S-Parameter 121
Satz von Norton 242f
Satz von Thévenin 242
Sättigungsbereich 115,147,165
Sättigungsstrom 86,165
Sättigungswert 60
Schaltung, binäre 219
Schaltung, monolithisch integrierte 117
Schicht, epitaktische 103
Schieberegister 170
Schleifenverstärkung 278
Schottky-Barriere 84,179
Schottky-Gate-FET 143
Schottky-Kontakt 81ff,142f, 177,182f,336
Schottky-Photodiode 208
Schottky-Transistor 378f
Schottky-TTL 379
Schrotrauschen 321ff
Schutzring 210
Schwankungsquadrat 316
Schwellenspannung 145,164,171ff
Schwingquarz 301ff
semiisolierend 143
Shockley-Read-Hall-Theorie 91
Skalierung 170ff
Solarzellen 75,186,210ff
Source 141
Sourcefolger 233,244
Sourceschaltung 232
Spannungsquelle 234f,239

Spannungsstabilisierung 70
Sperrbereich 44,46
Sperrschicht-FET 142
Sperrschichtkapazität 50
Sperrschichtvaraktor 52
Spider-Technik 359
Sputtern 348
Static Induction Transistor 182
Steilheit 74,148,150,166,168, 173,339,387
Steuerelektrode 127,141
Stoßionisation 65
Stoßzeit 37
Störabstand s. Rauschabstand
Störleitung 17
Störstelle, isoelektronische 190
Störstellenabsorption 189
Strahlung, kohärente 197
Streumatrix 121
Streuung 37
Strom-Spannungs-Charakteristik 44,53,60
Stromgegenkopplung 222
Stromquelle 234,236f,239
Stromverstärkung 105,125ff,283f
Stromverstärkungsfaktor, inverser 113
Stromverstärkungsrauschen 343
Substitutionssatz 243f
Substrat 345
Superintegration 184

T
T-Ersatzschaltbild 257
Technologie, planare 43,103, 117,127,136
Temperaturabhängigkeit des Sperrstroms 60
Tetraeder 12
Thyristor 70,102,126ff,217
Thyristor, abschaltbarer 133
Thyristor, lichtaktivierter 217
Thyristor, lichtzündbarer 133
Thyristor, optisch zündbarer 217
Trägergas 348
Transadmittanz 289
Transadmittanz-Verstärker 290
Transferkennlinie 147
Transimpedanz-Verstärker 291ff
Transistor 5,70,102ff,134ff, 183ff,220ff,336f,354ff
Transistor, bipolarer 106
Transistor, innerer 118,148
Transistor, lateraler 136
Transistor, unipolarer 142
Transitfrequenz 124
Transitzeit 203
Transportfaktor 105
Triac 133
Trockenätzen 351
TTL-Gatter 361,375ff
Tunneldiode 71
Tunneln 64
Tunneln, thermisch unterstütztes 84
Tunnelstrom 72
Tunnelwahrscheinlichkeit 70

U
Übergang, direkter 22f

Übergang, indirekter 22f
Überlagerungsprinzip 236
Übertragungsleitwert 289
Übertragungsbeiwert 170
UND-Funktion 309
Unterdiffusion 355

V
Valenzband 18ff,64ff,112f,153, 190f
Varaktor 52
Varianz 316
Verarmung 153,155,158f
Verarmungstyp 149
Verarmungszone 46ff,94,96,125f, 144,155,207f
Verbindungshalbleiter 12
Verneinung, logische 310
Verstärker 219ff
Verstärkung 277
Verstärkungs-Bandbreite-Produkt 124,269
Verstärkungskurve 199
Verteilungsfunktion 27f
Vertikaltransistor 136
Verzerrungen 280
Verzögerungszeit 384
Vierpolparameter 110,117,119f
Vorwärts-Sperrbereich 128
Vorwärtssteilheit 289

W
Wellenvektor 24
Widerstand der Bahngebiete 89
Widerstand, differentieller 63
Widerstand, negativer differentieller 73
Widerstand, spezifischer 39
Widerstandsrauschen 318
Wien-Brücken-Oszillator 296
Wirkungsgrad 194,213,216
Wort, logisches 305
Wurtzitgitter 12

Y
y-Parameter 120

Z
Z-Diode 71
Zahl, binäre 305
Zehnerkomplement 307
Zener-Durchbruch 69
Zinkblendegitter 12
Zone, Brillouinsche 23
Zusatzrauschen 343
Zustandsdichte 23f,36,72,139
Zustandsdichte, effektive 25
Zweirichtungs-Thyristortriode 134
Zweiteilungssatz 257,364ff

Gerlach/Grosse
Physik

Eine Einführung für Ingenieure

Von Prof. Dr.
Eckard Gerlach,
Technische Hochschule
Aachen, und
Prof. Dr. **Peter Grosse,**
Technische Hochschule
Aachen

1989. 492 Seiten mit zahlreichen Bildern und Tabellen.
16,2 x 22,9 cm.
Kart. DM 48,–
ISBN 3-519-03212-0

Preisänderungen vorbehalten.

Aus dem Inhalt

Phänomenologie der Kräfte / Trägheitskraft / Größen, Einheiten, Dimensionen / Impuls / Arbeit, Energie / Feldstärke, Potential / Gravitation / Trägheitsmoment / Kreisel / Elastische Spannungen, Verformungen / Fließvorgang / Bernoulli-Gleichung, Zähe Flüssigkeiten / Relaxationsprozesse / Harmonische und nichtharmonische Schwingungen / Gekoppelte Schwingungen / Überlagerung und Zerlegung von Schwingungen / Phasen und Gruppengeschwindigkeit / Längs- und Querinterferenzen / Die Abbildungsgleichung und ihre Anwendung / Unschärfe, Verzerrung / Optische Geräte / Auflösungsvermögen / Interferenzmuster und Bildentstehung / Kontinuierliche und diskrete Spektren / Lichtquellen / Filter / Laser / Kinetische Gastheorie / Reales Gas / Kritischer Punkt / Temperaturmessung / Carnot-Maschine / Materie im elektrischen Feld / Strom und Widerstand / Strom und Magnetfeld / Induktion / Materie im Magnetfeld / Elektromagnetische Wellen / Optische Polarisationserscheinungen / Motoren, Generatoren / Wechselstromnetzwerke / Leitung in Festkörpern, Elektrolyten und Gasen / Das Atom und sein Kern / Bohrsches Atommodell / Schrödingergleichung / Mathematischer Anhang

B. G. Teubner Stuttgart